全国中级注册安全工程师职业资格考试精品教材

安全生产技术基础

ANQUAN SHENGCHAN JISHU JICHU

全国中级注册安全工程师职业资格考试用书编写组 **组编**

编写组成员

主　编　张美香
主　审　郭　进　孙庆伟　毋祎祎
参　编　左秋玲　王志冬　李惊宇　李亚斌
贾小静　李珊珊　蔺　敏　黎　鹏

哈尔滨工程大学出版社
Harbin Engineering University Press

图书在版编目(CIP)数据

安全生产技术基础 / 全国中级注册安全工程师职业资格考试用书编写组组编. — 哈尔滨 :哈尔滨工程大学出版社, 2018.8(2024.1 重印)

全国中级注册安全工程师职业资格考试精品教材

ISBN 978-7-5661-1951-3

Ⅰ. ①安… Ⅱ. ①全… Ⅲ. ①安全生产 - 资格考试 - 教材 Ⅳ. ①X93

中国版本图书馆 CIP 数据核字(2018)第 152155 号

责任编辑:张 彦
责任校对:李惊宇
封面设计:天 一

出版发行 哈尔滨工程大学出版社
社　　址 哈尔滨市南岗区南通大街 145 号
邮政编码 150001
发行电话 0451-82519328
传　　真 0451-82519699
经　　销 新华书店
印　　刷 新乡市春风印务有限公司
开　　本 787 mm×1 092 mm 1/16
印　　张 20
字　　数 512 千字
版　　次 2018 年 8 月第 1 版
印　　次 2024 年 1 月第 10 次印刷
书　　号 ISBN 978-7-5661-1951-3
定　　价 80.00 元
http://www.hrbeupress.com
E - mail:heupress@hrbeu.edu.cn

前言

安全生产是与人民群众生命财产安全息息相关的大事，是经济社会协调健康发展的标志。《注册安全工程师分类管理办法》指出，相关企业必须配备相应数量和级别的安全工程师。为了贯彻落实习近平新时代中国特色社会主义思想，适应我国经济社会安全发展需要，提高安全生产专业技术人员素质，根据2019年1月25日应急管理部与人力资源和社会保障部发布的《注册安全工程师职业资格制度规定》和《注册安全工程师职业资格考试实施办法》，以及2021年12月2日人力资源和社会保障部公布的2021年版《国家职业资格目录》，注册安全工程纳入国家职业资格目录，属于专业技术人员职业资格准入类。注册安全工程师级别设置为：高级、中级、初级。由此可知，注册安全工程师的地位已进一步得到提升，重视安全生产已成为政府和社会各领域的基本共识。

中级注册安全工程师职业资格考试是应相关政策要求，客观评价中级安全生产专业技术人员的知识水平和业务能力的考试。中级注册安全工程师职业资格考试设安全生产法律法规、安全生产管理、安全生产技术基础、安全生产专业实务四个科目。其中，安全生产法律法规、安全生产管理、安全生产技术基础为公共科目，安全生产专业实务为专业科目。安全生产专业实务科目分为：煤矿安全、金属非金属矿山安全、化工安全、金属冶炼安全、建筑施工安全、道路运输安全和其他安全（不包括消防安全），考生在报名时可根据实际工作需要选择其一。

为满足广大考生应试复习的需要，帮助考生在短时间内科学、有效地掌握中级注册安全工程师考试的相关知识，全国中级注册安全工程师职业资格考试用书编写组的专家们认真研读现行考试要求，并结合现行法律法规及行业规范，倾力打造了本系列图书。

本系列图书具有以下特点：

（1）紧扣考试大纲，突出重点难点。本系列图书紧扣现行考试大纲，将现行国家规范、标准的内容进行提炼，删繁就简，总结出重难点和常考点，帮助考生归纳精华知识点，使其在短时间内消化吸收，提高备考效率。

（2）多种形式复习，强化知识记忆。在讲解知识点时，本系列图书配以丰富的图形、表格等，使各知识点清晰明了，简明扼要。在安全生产专业实务科目中，单独设置"案例分析"模块，并通过"提示""链接""记忆技巧"等方式使考生轻松理解、掌握知识点。

（3）把握试题难易，注重强化练习。依据历年真题中知识点的考查分布，在内文中穿插"典型例题"，帮助考生在巩固知识点的同时进一步提升自己的应试能力。

此外，我们特向购买本系列图书的考生提供三大特色服务，考生可在学习本系列图书的同时通过观看视频、线上做题（天一网校 APP）、获取实时备考资讯等方式，实现线上、线下有效备考。

因图书出版具有特定的时效性，为保障考生利益以及做好后续产品维护，编写组将持续关注新颁布或修订的考试大纲、相关法律法规、标准规范等，如有调整将实时更新相应电子版文件至天一网校，并向购买本系列图书的考生免费提供。具体获取途径如下：注册登录 www. tianyiwangxiao. com→选择首页中的“资源下载”→选择“建筑工程”下的“注册安全工程师”，可获取图书增值服务。

本系列图书如有不足之处，恳请广大读者予以指正。

如有与本系列图书相关的问题或建议，欢迎您致电 4006597013 或者通过 QQ：1400594158 与我们联系，我们将以更加优质、便捷的方式为您提供多方位、多层次的服务。

扫描二维码
获取天一网校APP

全国中级注册安全工程师职业资格考试用书编写组

目录

第一章　机械安全技术基础

第 1 节　机械及其危险概述

一、机械及机械安全

机械:由若干个零、部件连接构成并具有特定应用目的的组合,其中至少有一个零、部件是可运动的,并且配备或预定配备动力系统。

此处的"机械"也包括为了同一应用目的,将其安排、控制得像一台完整机器那样发挥它们功能的若干台机器的组合。

机械安全是从人的需要出发,在使用机械的全过程的各种状态下,达到使人的身心免受外界因素危害的存在状态和保障条件。机械的安全性是指机器在按照预定使用条件下,执行预定功能,或在运输、安装、调整等时不产生损伤或危害健康的能力。

二、机械的种类

机械包括:单台的机械(如起重机、木材加工机械);实现完整功能的机组或大型成套设备(如组合机床、加工中心);可更换设备。

机械的种类繁多,按功能的不同可分为以下 10 类:农业机械(如牧业机械、林业机械、渔业机械、拖拉机)、动力机械(如蒸汽机、电动机)、轻工机械(如造纸机械、印刷机械)、工程机械(如铲土运输机械、挖掘机械、压实机)、金属成型机械(如铸造机械、锻压机械)、金属切削机械(如钻床、车床、磨床)、交通运输机械(如汽车、火车)、起重运输机械(如升降机、卷扬机)、通用机械(如阀门、压缩机、泵)、专用机械(如化工机械、冶金机械、采煤机械)。

典型例题

【单选题】凡土石方施工工程、路面建设与养护、流动式起重装卸作业和各种建筑工程所需的综合性机械化施工工程所必需的机械装备通称为工程机械。下列机械装备中,属于工程机械的是(　　)。

A. 卷扬机　　　　B. 拖拉机

C. 压缩机　　　　D. 挖掘机

D。**【解析】**常见的工程机械有挖掘机、打桩机、凿岩机、钢筋切割机、铲运机、工程起重机、压实机、混凝土搅拌机等工程机械。卷扬机属于起重运输机械,拖拉机属于农业机械,压缩机属于通用机械。

三、机械的危险与风险

危险即潜在的伤害源。危险可由其起源(如机械危险、电气危险),或其潜在伤害的性质(如电击危险、切割危险、中毒危险、火灾危险)进行限定。

机械性危险包括:

(1)在机器的预定使用期间,始终存在的危险,如危险运动部件的运动、焊接过程中产生的电弧、不利于健康的姿势、噪声排放、高温。

(2)意外出现的危险,如爆炸、意外启动引起的挤压危险、破裂引起的喷射、加速/减速引起的坠落。

与机器、机器零部件或其表面、工具、工件、载荷、飞射的固体或流体物料有关的机械性危险可能会导致:挤压;剪切;切割或切断;缠绕;吸入或卷入;冲击;滑倒、绊倒和跌落危险;刺伤或刺穿;摩擦或磨损;高压流体喷射(喷出危险)。

由机器、机器零部件(包括加工材料夹紧机构)、工件或载荷产生的机械性危险是有条件的。主要由以下因素产生:

(1)形状:切削元件、锐边、角形部件,即使其是静止的。

(2)相对位置:机器零件运动时可能产生挤压、剪切、缠绕区域的相对位置。

(3)抗翻转性(考虑动能)。

(4)质量和稳定性:在重力的影响下可能运动的零部件的势能。

(5)质量和速度:可控或不可控运动中的零部件的动能。

(6)加速度/减速度。

(7)机械强度不够:可能产生危险的断裂或破裂。

(8)弹性元件(弹簧)的位能或在压力或真空下的液体或气体的势能。

(9)工作环境。

非机械性危险包括:电气危险;热危险;噪声危险;振动危险;辐射危险;材料和物质产生的危险;机械设计时忽略人类工效学原则产生的危险;综合危险;与机器使用环境有关的危险。

机械产生的风险主要是指伤害发生的概率与伤害严重程度的组合。在机械设计阶段进行风险评估非常有益,因为如果在机械设计完成后或者机械已经制成了再追加保护和风险减小措施,会增加成本并可能会限制机械的易用性。机械风险评估除了在设计阶段、制造期间和试运行期间进行,还可以在发生事故或出现故障时进行。

典型例题

【单选题】机械使用过程中的危险可能来自机械设备和工具自身、原材料、工艺方法和使用手段多方面,危险因素可分为机械性危险因素和非机械性危险因素。下列危险因素中,属于非机械性的是(　　)。

A. 挤压　　B. 碰撞

C. 冲击　　D. 噪声

D。**【解析】**非机械性危险包括电气危险、热危险、噪声危险、振动危险、辐射危险、材料和物质产生的危险、机械设计时忽略人类工效学原则产生的危险、与机器使用环境有关的危险等。选项 A,B,C 都属于机械性危险。

四、机械的安全防护要求

机床上常见的传动机构有齿轮啮合机构、皮带传动机构、旋转机械等。这些机构高速旋转着，人体某一部位有可能被带进去而造成伤害事故，因而有必要把传动机构危险部位加以防护，以保护操作者的安全。在齿轮传动机构中，两轮开始啮合的地方最危险。在皮带传动机构中，皮带开始进入皮带轮的部位最危险。旋转机械转动轴上裸露的突出部分有可能钩住工人衣服等，给工人造成伤害。

（一）齿轮传动的安全防护要求

啮合传动有齿轮（直齿轮、斜齿轮、伞齿轮、齿轮齿条等）啮合传动、链条传动和蜗轮蜗杆等。

齿轮传动机构必须装置全封闭型的防护装置。不管啮合齿轮处于何种位置，机器外部绝不允许有裸露的啮合齿轮，因为即使啮合齿轮处于操作人员不常到的地方，但工人在维护保养机器时也有可能与其接触而带来不必要的伤害。在设计和制造机器时，应尽量将齿轮装入机座内，而不使其外露。对于一些历史遗留下来的老设备，如发现啮合齿轮外露，就必须进行改造，加上防护罩。齿轮传动机构没有防护罩不得使用。防护装置的材料可用钢板或铸造箱体，必须坚固牢靠，保证在机器运行过程中不发生振动。要求装置合理，防护罩的外壳与传动机构的外形相符，同时应便于开启，便于机器的维护保养，即要求能方便地打开和关闭。为了引起人们的注意，防护罩内壁应涂成红色，最好装电气联锁，使防护装置在开启的情况下机器停止运转。另外，防护罩壳体本身不应有尖角和锐利部分，并尽量使之既不影响机器的美观，又起到安全作用。

（二）皮带传动的安全防护要求

皮带传动的传动比精确度较齿轮啮合的传动比差，但是当过载时，皮带打滑，起到了过载保护作用。皮带传动机构传动平稳、噪声小、结构简单、维护方便，因此在机械传动中广泛应用。但是，由于皮带摩擦后易产生静电放电现象，故不适用于容易发生燃烧或爆炸的场所。

皮带传动装置的防护罩可采用金属骨架的防护网，与皮带的距离不应小于 50 mm，设计应合理，不应影响机器的运行。一般传动机构离地面 2 m 以下，应设防护罩。但在下列 3 种情况下，即使在 2 m 以上也应加以防护，以防皮带断裂，造成伤人：皮带轮中心距之间的距离在 3 m 以上；皮带宽度在 15 cm 以上；皮带回转的速度在 9 m/min 以上。

皮带的接头必须牢固可靠，安装皮带应松紧适宜。皮带传动机构的防护可采用将皮带全部遮盖起来的方法，或采用防护栏杆防护。

（三）旋转机械运动部分的安全防护要求

旋转机械的运动部分是最容易造成卷入危险的部位，为此，应针对不同类型的机械采取不同的防护措施以减少卷入危险的发生。

对于有凸起部分的转动轴，其凸起物能挂住衣物和人体，造成缠绕和伤害，故这类轴应做全面固定封闭罩。无凸起光滑的轴旋转时存在将衣物挂住，并将其缠绕进去的危险，故应在其暴露部分安装护套。

对于对旋式轧辊，即使相邻轧辊的间距很大，也有造成手、臂等被卷入的危险，应设钳型罩防护。对于辊轴交替驱动辊式输送机，应在运动辊轴的下游安装防护罩。通过牵引辊送料时，为防止卷入，应采取在开口处安装钳型条、减小空隙的方式进行防护。

关于机械的安全防护要求的其他内容，下面以典型例题的形式进行介绍。

典型例题

【单选题】机械设备运动部分是最危险的部位，尤其是那些操作人员易接触的零部件。下列针对不同机械设备转动部位的危险所采取的安全防护措施中，正确的是(　　)。

A. 针对轧钢机，在验式机轴处采用锥形防护罩防护

B. 针对辊式输送机，在驱动轴上游安装防护罩防护

C. 针对啮合齿轮，齿轮传动机构采用半封闭防护

D. 针对手持式砂轮机，在磨削区采用局部防护

A。【解析】对于辊轴交替驱动辊式输送机，应在运动辊轴(即驱动轴)的下游安装防护罩。故选项 B 错误。对于啮合齿轮，其传动机构必须装置全封闭型的防护装置。故选项 C 错误。对于手持式砂轮机，除了其磨削区域附近，均应加以密闭来提供防护。故选项 D 错误。

第 2 节　机械风险减小措施——本质安全设计

直接安全技术措施即本质安全设计措施。本质安全设计措施是指通过适当选择机器的设计特性和(或)暴露人员与机器的交互作用来消除危险或减小风险。本质安全设计措施是风险减小过程中的第一步，也是最重要的步骤。

一、考虑几何因素

几何因素包括：

(1)机械外形的设计应使得在控制位置上对工作区和危险区的直接观察范围最大，如减小盲点——考虑人类视觉的特点，在必要的地方选择和安装间接观察装置(如镜子等)，尤其是安全操作需要操作者持续进行直接控制时，例如：移动式机器的行走和工作区域；提升载荷或提升人员的机械的轿厢运行区；物料处理时，手持式或手导式机器的工具接触区域。机器的设计应使得在主控制位置上的操作者能确保危险区内没有暴露人员。

(2)机械部件的形状和相对位置。通过加大运动部件之间的最小间距来避免挤压和剪切危险，使得人体的相应部位可以安全地进入，或通过减小间距使人体的任何部位不能进入。

(3)避免锐边、尖角和凸出部分。在不影响其功能的情况下，可接近的机械部件不应出现可能造成伤害的锐边、尖角、粗糙面、凸出部位，以及可使人体部位或衣服“陷入”的开口。特别是对金属薄板，其边缘应除去毛刺、折边或倒角，并且对可能造成“陷入”的管口端，应进行覆盖。

(4)机器外形的设计应获得合理的操作位置并提供可接近的手动控制器(执行器)。

二、考虑物理特性

物理特性包括：

(1)将致动力限制到足够低，使得被致动的部件不会产生机械危险。

(2)限制运动部件的质量和(或)速度,从而限制其功能。

(3)根据排放源特性限制排放,采取措施减小排放源的噪声排放、振动源的振动、有害物质的排放、辐射排放。

三、考虑机械设计的技术

通用技术知识宜涵盖:

(1)机械应力。

(2)材料及其性质,如抗腐蚀、抗磨损、硬度、延展性、均匀性、毒性、易燃性。

(3)噪声、振动、有害物质、辐射的排放值。

对于具体的应用,通过技术的选用可消除一种或多种危险,或者减小风险,例如:

(1)预定用于爆炸性环境中的机器,采用:经适当选择的气动或液压控制系统以及机器执行器;本质安全的电气设备。

提示

上述(1)属于本质安全设计措施中的"使用本质安全工艺过程和动力源"。此外,使用本质安全工艺过程和动力源的还包括采用电压低于"功能特低电压"的电源(即安全电源),在机器的液压装置中使用阻燃和无毒液体。

(2)对特定的待加工产品(如溶剂),使用确保温度远远低于溶剂燃点的设备。

(3)使用可避免高噪声的替代设备,例如:以电气设备代替气动设备;在某些条件下,用水切割设备代替机械加工设备。

四、稳定性的规定

机器的设计应使其具有足够的稳定性,并使其在规定的使用条件下可以安全使用。需要考虑的因素包括:

(1)底座的几何形状。

(2)包括载荷在内的重量分布。

(3)由于机器部件、机器本身或机器所夹持部件运动引起的,且能够产生倾覆力矩的动态力。

(4)振动。

(5)重心的摆动。

(6)设备行走或不同安装地点(如地面条件、斜坡)的支承面的特性。

(7)外力,如风力、人力。

在机器生命周期的各个阶段内,包括搬运、运输、安装、使用、拆卸、停用和报废,都应考虑机器的稳定性。

五、维修性的规定

设计机器时,应考虑以下使机器可维护的维修性因素:

(1)可接近性,考虑环境和人体测量尺寸,包括工作服和所使用工具的尺寸。

(2)易于搬运,考虑人的能力。

(3)专用工具和设备的数目限制。

关于维修性的规定的其他内容,下面以典型例题的形式进行介绍。

典型例题

【多选题】维修性设计是指产品设计时从维修的观点出发,保证产品一旦出故障能容易地发现并进行维修。产品维修性设计应考虑的主要因素有(　　)。

A. 可达性　　B. 可靠性

C. 零部件的互换性　　D. 故障周期性

E. 维修人员的安全

ACE。【解析】产品维修性设计应考虑的主要因素有可达性、零部件的标准化与互换性、维修人员的安全,另外还需考虑将维修设定点安置在危险区外。其中,可达性包括设备内、外部的可达性和安装场所的可达性(即有足够的检修活动空间)。

六、遵循人类工效学原则

设计者在设计机器时,尤其应注意以下人类工效学要求:

(1)避免操作者在机器使用过程中采用紧张姿势和动作的必要性(如提供按照不同操作者调节机器的装置)。

(2)机器,尤其是手持式和移动式机器的设计,应考虑人力的可及范围、控制机构的操动,以及人的手、臂、腿等解剖学结构,使其容易操作。

(3)尽可能限制噪声、振动、热效应(如极端温度)。

(4)避免操作者的工作节奏与自动连续循环之间的联系。

(5)当机器和(或)其防护装置的结构特征使得环境照明不足时,应在机器上或机器内部提供对工作区和调整、设定与经常维护区的局部照明。应避免引起风险的闪动、眩光、阴影和频闪效应。如果不得不调整光源或光源的方位,则光源的位置不应对调整者造成任何危险。

(6)手动控制装置(执行器)的选用、位置和标记应满足的要求:清晰可见、可识别,必要处适当加标志;可毫不迟疑地或立刻进行安全操作,且作用明确;位置(对按钮)和运动(对手柄和手轮)与它们的作用一致;操作不能引起附加风险。

(7)指示器、刻度盘和视觉显示单元的选择、设计与位置应使得:它们在人员能觉察的参数和特征范围之内;对操作者的要求和预定使用而言,显示的信息应便于察看、识别和理解,即耐久、清晰、含义确切、易懂;操作者在操作位置能觉察到它们。

七、气动和液压危险

机器的气动和液压设备的设计应使得:

(1)不能超出回路的最大额定压力(如通过限压装置)。

(2)不能因压力波动或升高、压力损失或真空导致危险。

(3)不能因为泄漏或部件失效而导致危险的流体喷射或软管突发危险运动(如甩动)。

(4)储气罐、蓄气瓶或类似容器(如充气蓄能器)符合相关的设计标准、规则或法规。

(5)设备的所有元件,尤其是管路和软管,有防止受到外部有不利影响的保护措施。

(6)当机器与动力源断开后,储气罐等类似容器(如充气蓄能器)尽可能自动卸压,如果无法实现,则提供隔离、局部卸压及压力显示的措施。

(7)所有在机器与动力源断开后仍保持压力的元件,配备有清晰标识的排空装置,以及对机器进行任何设定或维护前必须对这些元件进行卸压的警告牌。

八、对控制系统应用本质安全设计措施

机器控制系统的正确设计可避免无法预料的或潜在的机器危险状况。导致机器危险状况的典型原因包括:控制系统逻辑的设计或修改不合理(无意的或有意的);控制系统的一个或几个部件暂时或永久的缺陷或失效;控制系统动力源的变化或失效;控制装置的选用、设计和位置不当。机器危险状况的典型例子有:意外启动;没有控制的速度变化;运动部件无法停止;机器部件或机器夹紧的工件掉落或飞出;保护装置不起作用(被废弃或失效)造成的机器动作。

控制系统的设计应将机器的部件、机器本身、机器夹持的工件和(或)载荷的运动限定在安全设计参数(如范围、速度、加速、减速、载荷能力)以内,应留有动态效应(如载荷摆动等)的裕量。

(一)启动内部动力源/接通外部能源供应

启动内部动力源或接通外部能源供应不应导致危险状态。例如:内燃机启动不应导致移动式机器的运动;接通主电源不应导致机器工作部件的启动。

(二)机构启动/停止

用于机构启动或加速运动的主要动作宜通过施加或增大电压或流体压力来实现,或者,如果考虑采用二进制逻辑元件,则通过由 0 状态变到 1 状态来实现(其中 1 代表最高能态)。

用于机构停止或减速运动的主要动作宜通过去除或降低电压或流体压力来实现,或者,如果考虑采用二进制逻辑元件,则通过由 1 状态变到 0 状态来实现(其中 1 代表最高能态)。

(三)动力中断后重新启动

如果动力中断后重新接通时,机器自发的重新启动可能产生危险,则应防止这种启动(如采用自持式继电器、接触器或阀门)。

(四)动力源中断

机器的设计应防止因动力源中断或波动过大造成的危险状态,至少应满足以下要求:

(1)应保持机器的停机功能。

(2)对于为了安全而需要持久操作的所有装置,应以有效的方式操作来保持安全(如锁紧、夹紧装置、冷却或加热装置、自行式移动机器的动力辅助导向)。

(3)因势能可能产生运动的机器部件或机器所夹持的工件和(或)载荷,应能保留允许其安全降低势能所需的必要时间。

(五)使用自动监控

如果执行功能的部件或元件的能力被削弱或因工艺条件变化产生危险,自动监控用于确保安全功能或由保护措施执行的功能不会失效。

在下一次安全功能启动之前,自动监控可以即时检测故障或者可以通过周期性检查来检测故障。在这两种情况下,保护措施均可立即被触发或被延迟到特定事件发生时触发(如机器循环开始时)。保护措施有:危险过程的停止;失效引起首次停机后,防止此过程重新启动;警报触发。

(六)可编程电子控制系统执行的安全功能

1. 硬件方面

硬件(包括传感器、执行器、逻辑运算器等)的选择、设计和安装应同时满足待执行的安全功能的功能和性能要求,特别是通过以下方式来实现:

(1)结构约束(如系统结构、硬件的容错能力、硬件的故障检测性能)。

(2)选择和(或)设计具有适当硬件随机危险失效概率的设备和装置。

(3)将避免系统性失效和控制器系统性故障的措施和技术纳入硬件中。

2. 软件方面

软件包括内部操作软件(或系统软件)和应用软件在内的软件,其设计应符合安全功能的性能规范。

应用软件不宜由用户进行重新编程。这可通过在不可重新编程的存储器中使用嵌入式软件[如微控制器、专用集成电路(ASIC)]来实现。

需要用户重新编程时,宜限制访问涉及安全功能的软件(如锁或授权人员的密码)。

3. 手动控制原则

手动控制应遵守以下原则:

(1)手动控制装置的设计和定位应符合人类工效学原则。

(2)每个启动控制装置附近均应配置一个停止控制装置。

(3)除某些有必要位于危险区的控制器之外,如急停控制器或示教盒,手动控制器应位于危险区内能触及的区域之外。

(4)控制装置和控制位置的定位应尽可能使操作者能观察到工作区或危险区。

(5)如果几个控制器可能启动同一危险元件,则控制回路的布置应使得在给定时间只能有一个控制装置是有效的。

(6)控制执行器的设计或防护应使其在有风险的场合只有通过主动操作才能起作用。

(7)对于依靠操作者持久、直接操控才能安全运行的机器功能,应采取措施确保操作者处于控制位置上(如通过控制装置的设计和位置)。

(8)对于无线控制装置,在没有接收到正确的控制信号,包括失去联络时,应执行自动停机功能。

九、最大程度降低安全功能失效的概率

(一)使用可靠的组件

"可靠的组件"是指在预定使用条件下(包括环境条件),在固定的使用期限或操作次

数内，能够经受住与设备使用有关的所有干扰和应力，且产生危险机器失灵的失效概率小的组件。

需要考虑的环境条件包括冲击、振动、冷、热、潮湿、粉尘、腐蚀和（或）磨蚀材料、静电、电磁场，由此产生的干扰包括绝缘失效、控制系统组件的功能暂时或永久失效。

（二）使用“定向失效模式”组件

“定向失效模式”组件或系统是指主要失效模式已事先知道，并且能预知使用时机器功能发生此类失效的影响的组件或系统。宜始终考虑使用这类元件，特别是在未采用冗余时。

（三）组件或子系统加倍（或冗余）

设计机器安全相关部件时，可能使元件加倍（或冗余），以便当一个组件失效时，另一个组件或其他多个组件能继续执行各自的功能，从而保证安全功能继续有效。

为了允许触发正确的动作，应通过自动监控或在某些情况下通过定期检查来检测组件的失效。

可采用多样化的设计和（或）技术来避免共因失效或共模失效。

十、限制暴露于危险

限制暴露于危险的具体要求见下表。

限制暴露于危险的具体要求

方式	具体要求
通过设备的可靠性限制暴露于危险	（1）机器各组成部件可靠性的提高可降低发生需要干预的事故的频率，从而减少暴露于危险。 （2）应采用可靠性已知的安全相关组件（如某些传感器）
通过加载（装料）/卸载（卸料）操作的机械化或自动化限制暴露于危险	（1）机器加载/卸载以及更为普遍的（工件、材料、物资等的）搬运操作的机械化和自动化减少人员在操作点暴露于危险，从而限制由这些操作产生的风险。 （2）可通过机器人、搬运装置、传送机构、鼓风设备实现自动化。可通过进料滑道、推杆和手动分度工作台等实现机械化。 （3）自动装料和卸料装置虽然更能预防机器操作者发生事故，但在进行故障校正时可能产生危险。应注意保证使用这些装置不会引发更多的危险。 （4）应使自身带有控制系统的自动装料和卸料装置与机器相关的控制系统相互连接
将设定和维护点的位置放在危险区之外来限制暴露于危险	应将维护、润滑和设定点放在危险区之外，从而最大程度减少进入危险区的需求

提示

维修性的规定、最大程度降低安全功能失效的概率及限制暴露于危险均与机械的可靠性设计有关。关于机械的可靠性设计的其他内容，下面以典型例题的形式进行介绍。

典型例题

【单选题】机械的可靠性设计原则主要包括使用已知可靠性的组件、关键组件安全性冗余、操作的机械化自动化设计、机械设备的可维修四项原则。下列关于这四项原则及其对应性的说法中,错误的是(　　)。

A. 操作的机械化自动化设计——一个组件失效时,另一个组件可继续执行相同功能

B. 使用已知可靠性的组件——考虑冲击、振动、温度、湿度等环境条件

C. 关键组件安全性冗余——采用多样化设计或技术,以避免共因失效

D. 机械设备的可维修——一旦出现故障,易拆卸、易检修、易安装

A。【解析】一个组件失效时,另一个组件可继续执行相同功能对应的是组件或子系统加倍(或冗余)。操作的机械化自动化设计包括可通过机器人、搬运装置、传送机构、鼓风设备实现自动化;可通过进料滑道、推杆和手动分度工作台等实现机械化。故选项 A 错误。

【多选题】本质安全设计措施是机械风险减小过程的重要步骤,下列选项中属于本质安全设计措施的有(　　)。

A. 机器设计的稳定性

B. 遵循人类工效学原则

C. 操作限制开关

D. 限制机械应力

E. 预设制动装置

ABD。【解析】本质安全设计措施中,机器的设计应使其具有足够的稳定性,并使其在规定的使用条件下可以安全使用。设计者在设计机器时,应遵循人类工效学原则。机械设计时应考虑通用技术,如:机械应力;材料及其性质;噪声、振动、有害物质、辐射的排放值等。

第 3 节　机械风险减小措施——安全防护及补充保护

一旦通过本质安全设计措施可能无法合理消除危险或充分减小风险,则应使用防护装置和保护装置来保护人员。可能不得不采用包括附加设备(如急停设备)在内的补充保护措施。某些安全防护装置可能用于避免暴露于多种危险。如用于防止进入机械危险区的固定式防护装置,同时也用于降低噪声等级和收集有毒排放物。

一、防护装置和保护装置的类型

(一)防护装置的类型

防护装置为机器的组成部分,用于提供保护的物理屏障。防护装置可以单独使用,也可以与带或不带防护锁定的联锁装置结合使用。防护装置可以称作外壳、护罩、盖、屏、门和封闭式防护装置。

防护装置主要有固定式防护装置、活动式防护装置、可调式防护装置、封装式防护装置、距离式防护装置、联锁防护装置、带防护锁定的联锁防护装置、带启动功能的联锁防护装置(带控制功能的防护装置)。具体如下:

（1）固定式防护装置是指以一定方式（如采用螺钉、螺帽、焊接）固定的，只能使用工具或破坏其固定方式才能打开或拆除的防护装置。

（2）活动式防护装置是指不使用工具就能打开的防护装置。

（3）可调式防护装置是指整体或者部分可调的固定式或活动式防护装置。

（4）封闭式防护装置是指防止从各个方向进入危险区的防护装置。

（5）距离式防护装置是指不完全封闭危险区的防护装置，但凭借其尺寸及其与危险区的距离防止或减少人员进入危险区，例如围栏或通道式防护装置。

（6）联锁防护装置是指与联锁装置联用的防护装置，同机器控制系统一起实现以下功能：在防护装置关闭前，其“遮蔽”的危险的机器功能不能执行；在危险机器功能运行时，如果打开防护装置，则发出停机指令；在防护装置关闭后，防护装置“遮蔽”的危险的机器功能可以运行。防护装置本身的关闭不会启动危险机器功能。

（7）带防护锁定的联锁防护装置是指与联锁装置、防护锁定装置联用的防护装置，同机器控制系统一起实现以下功能：在防护装置关闭和锁定前，其“遮蔽”的危险的机器功能不能够执行；在防护装置“遮蔽”的危险的机器功能所产生的风险消失之前，防护装置保持关闭和锁定状态；在防护装置关闭和锁定后，被防护装置“遮蔽”的危险的机器功能可以运行。防护装置本身的关闭和锁定不会启动危险机器功能。

（8）带启动功能的联锁防护装置（带控制功能的防护装置）是特殊联锁防护装置，一旦其到达关闭位置，便发出触发机器危险功能的命令，无需使用单独的启动控制。

链接

联锁式防护装置的开闭状态与防护对象的危险状态相联锁。

活动式防护装置与机器的构架相连接。

防护箱罩适用于防护传输距离不大的传动装置，栅栏式防护装置适用于防护范围比较大的场合，移动机械临时作业也可采用栅栏式防护装置作为现场防护。

（二）保护装置的类型

保护装置是指防护装置以外的安全装置。

保护装置的种类有联锁装置、使能（能动）装置、保持－运行控制装置、双手操纵装置、敏感保护设备、压敏保护装置、电敏保护设备、有源光电保护装置、机械约束装置、限制装置、有限运动控制装置、阻挡装置、急停装置等。具体如下：

（1）联锁装置是指用于防止危险机器功能在特定条件下（通常是指只要防护装置未关闭）运行的机械、电气或其他类型的装置。

（2）使能（能动）装置是指与启动控制一起使用并且只有连续操动时才能使机器运行的附加手动操作装置。

（3）保持－运行控制装置是指只有在手动控制器（执行器）动作时才能触发并保持机器功能的控制装置。

（4）双手操纵装置是指至少需要双手同时操作才能启动和保持危险机器功能的控制装置，以此为该装置的操作人员提供一种保护措施。

（5）敏感保护设备是指用于探测人体或人体局部，并向控制系统发出正确信号以降低被探测人员风险的设备。

(6)压敏保护装置是指用于感测人体或人体部位接触的“机械致动断路类”安全装置,它可以用作阻挡装置。

(7)电敏保护设备是指一起工作时可起到保护跳闸或存在感应作用的装置和(或)元件的集成,其组成至少包括:一个感应装置;控制/监控装置;输出信号开关装置。

(8)有源光电保护装置是指通过光-电发射和接收元件完成感应功能的装置,可探测特定区域内由于不透光物体出现引起的该装置内光线的中断。

(9)机械约束装置是指在机构中引入了能靠其自身强度防止危险运动的机械障碍(如楔、轴、撑杆、止转棒)的装置。机械约束装置也称机械抑制装置。

(10)限制装置是指防止机器或危险机器状态超过设计限度(如空间限度、压力限度、荷载力矩限度等)的装置。

(11)有限运动控制装置是指与机器控制系统一起,每一次致动只允许机器元件做有限运动的控制装置。

(12)阻挡装置是指物理障碍物(低位屏障、栏杆等)。其设置不能阻碍人员进入危险区,但能通过设置障碍物阻挡自由出入,减小进入危险区的概率。

(13)急停装置是指用于启动急停功能的手动控制装置。

典型例题

【单选题】安全保护装置是通过自身结构功能限制或防止机器某种危险,从而消除或减小风险的装置。常见种类包括联锁装置、能动装置、敏感保护装置、双手操作式装置、限制装置等。关于安全保护装置功能的说法,正确的是(　　)。

A. 联锁装置是防止危险机器功能在特定条件下停机的装置

B. 限制装置是防止机器或危险机器状态超过设计限度的装置

C. 能动装置是与停机控制一起使用的附加手动操纵装置

D. 敏感保护装置是探测周边敏感环境并发出信号的装置

B。【解析】联锁装置的用途是防止危险机器功能在特定条件下运行。能动装置是与启动控制一起使用的附加手动操纵装置。敏感保护装置是探测人体或人体局部并发出信号的装置。

【单选题】机械安全防护措施包括防护装置、保护装置及其他补充保护措施。机械保护装置通过自身的结构功能限制或防止机器的某种危险,实现消除或减小风险的目的。下列用于机械安全防护措施的机械装置中,不属于保护装置的是(　　)。

A. 联锁装置　　B. 能动装置

C. 限制装置　　D. 固定装置

D。【解析】选项 D 属于防护装置,不属于保护装置。

【单选题】消除或减少相关风险是实现机械安全的主要对策和措施,一般通过本质技术、安全防护措施、安全信息来实现。下列实现机械安全的对策和措施中,属于安全防护措施的是(　　)。

A. 采用易熔塞、限压阀　　B. 设置信号和警告装置

C. 采用安全可靠的电源　　D. 设置双手操纵装置

D。【解析】安全防护措施(或装置)主要包括设置防护装置、保护装置,以及应用其他补充的安全保护措施来实现机械安全。双手操纵装置属于保护装置。故选项 D 正确。

二、防护装置和保护装置的选择和使用

根据运动部件的性质和进入危险区的需求，给出了选择和使用防护装置和保护装置的指南，如下图所示。采用这些装置的主要目的是防止运动部件对人员产生危险。

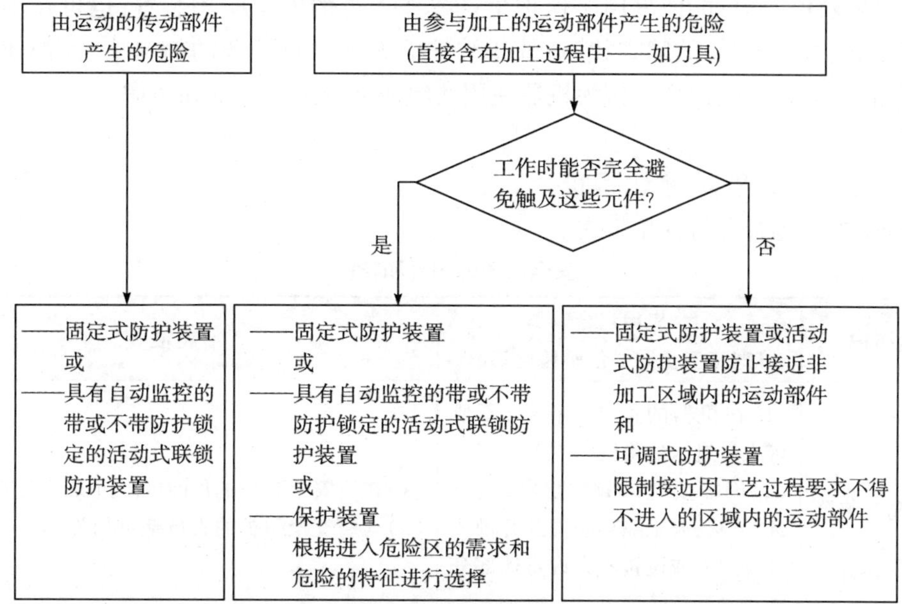

选择安全防护装置防止由运动部件产生的危险的指南

为特定类型的机器或危险区选用合适的安全防护装置时，应铭记固定式防护装置是简单的装置，并且用在机器正常运行（无失灵运行）期间不需要操作者进入危险区的场合。

随着需要进入危险区的频次增加，不可避免的导致固定式防护装置无法回到原处。这需要使用其他保护措施（活动式联锁防护装置、敏感保护设备）。

有时可能需要使用安全防护装置的组合。例如：与固定式防护装置联合使用的机械式加载（装料）装置用于将工件送入机器，从而消除进入主要危险区的需求。此时，可采用一个断开装置防止由机械式加载（装料）装置与可触及的固定式防护装置之间产生的次要卷入或剪切危险。

应考虑封闭控制位置或干涉区域，以提供针对多种危险的组合保护，这些危险包括：

（1）通过落物保护结构（FOPS）等予以保护的坠落或弹射物体产生的危险。

（2）排放危险（防止噪声、振动、辐射、有害物质对健康的危害等）。

（3）因环境造成的危险（如防止热、冷、恶劣天气等）。

（4）通过滚翻保护结构或倾翻保护结构等予以保护的机械滚翻或倾翻产生的危险。

对封闭式工作站，如室和舱的设计，应考虑与能见度、照明、大气条件、进入途径、姿势等相关的人类工效学原则。

机械正常运行期间不需要进入危险区时，宜选用下列安全防护装置：固定式防护装置；带或不带防护锁定的联锁防护装置；自关闭式防护装置；敏感保护设备，如电敏保护设备或压敏保护装置。

机械正常运行期间需要进入危险区时，宜选用下列安全防护装置：带或不带防护锁定的联锁防护装置；敏感保护设备，如电敏保护设备；可调式防护装置；自关闭式防护装置；双手操纵装置；带启动功能的联锁防护装置（带控制功能的防护装置）。

机器的设计应尽可能使得用于保护生产操作人员的安全防护装置，也可在不妨碍进行设定、示教、过程转换、故障查找、清洗或维护的人员执行任务的前提下，保护他们的安全。此类任务应在风险评估中作为机器使用的组成部分进行识别和考虑。

三、安全防护的场合和特征

安全防护的场合和特征见下表。

安全防护的场合和特征

安全防护	应用场合 （对应安全防护的危险区域）	特征
固定式防护装置	(1)在机器的正常工作中，不要求人员进入危险区。 (2)因需要送入和取出物料、工件、废料，要求隔离防护的开槽或开口尺寸或位置不允许身体部分能接触到危险区	(1)在所安全防护的危险区附近保护人员。 (2)与所安全防护的人员毫不相关
联锁防护装置	(1)因需要变换或调整工具、更换线圈、清除废料等，要求常规进入危险区。 (2)在机器正常工作过程中，不要求进入危险区	(1)在所安全防护的危险区附近保护人员。 (2)与所安全防护的人员毫不相关
可调式防护装置	(1)在机器正常工作过程中，不要求人员进入危险区。 (2)因需要送入和取出物料、工件、废料，要求隔离防护的开槽或开口尺寸或位置不允许身体部分能接触到危险区	(1)在所安全防护的危险区附近保护人员。 (2)与所安全防护的人员毫不相关。 (3)要求调整以适合于每个作业设置。 (4)依赖于对安装人员进行有效安全防护的培训和监督
活动式防护装置	在机器正常工作过程中必须进入危险区	(1)在所安全防护的危险区附近保护人员。 (2)依赖于对安装人员进行有效安全防护的培训和监督。 使用活动式防护装置，能够增加完成一个生产循环所需要的时间，显著降低机器的生产能力
存在感应装置；光电、射频和区域扫描装置；压敏垫和压敏边	在机器的正常工作过程中，制造过程需要人员进入危险区	(1)在所安全防护的危险区附近保护人员。 (2)操作人员和正在进行的操作之间无障碍。 (3)与所安全防护的人员毫不相关

（续表）

安全防护	应用场合（对应安全防护的危险区域）	特征
下降探头装置	在机器的正常工作过程中，制造过程需要人员进入危险区	(1)只有人员使用装置时起保护作用。 (2)依赖于对安装人员进行有效安全防护的培训和监督
双手操纵装置	(1)该机器配备了一个液压或气动、电气或电子驱动（伺服变速装置）的几分之一转的离合器。 (2)在机器的正常工作过程中，制造过程需要人员进入危险区	(1)只有在人员操纵装置时起保护作用。 (2)在操作人员和正在进行的操作之间无障碍
单控制器装置	(1)该机器配备了一个液压或气动、电气或电子驱动（伺服变速装置）的几分之一转的离合器。 (2)触发控制器在被随时启动后，机器进行一个完整的机器循环。 (3)在机器的正常工作过程中，制造过程需要人员进入危险区	(1)只有在人员操纵装置时起保护作用。 (2)在操作人员和正在进行的操作之间无障碍
警示装置和警示信号	警示装置和警示信号警告人员有将发生或快要临近的危险存在	警示装置、警示信号通过可听声音或可见光来给人员报警
安全距离防护	在机器循环的危险阶段，工件的定位和操作人员的位置排除了操作人员处于或接近危险区域的需要	(1)在机器的危险运动过程中，要求操作人员只有保持在离危险区具有安全距离的某个位置才起到保护作用。 (2)与所安全防护的人员毫不相关
安全夹持防护	在机器循环的危险阶段，要求操作人员在危险区域外用双手握持工件	在机器循环的危险阶段，要求操作人员只有在危险区域外用双手握持工件才能起到保护作用
安全开口防护	使用防护装置上的开口将工件放置在适当位置以防止触及危险区域	(1)将工件放置到适当位置时，在所安全防护的危险区附近保护人员。 (2)与所安全防护的人员毫不相关
安全定位防护（人员受限制）	正常生产过程中，要求生产过程有关的操作人员或辅助人员不能进入到危险区。限制他们必须停在相距危险区具有一定距离的位置，以使操作人员或辅助人员在危险运动停止以前不能接触到危险区	(1)只保护配备了控制装置的操作人员。 (2)在操作人员和正在进行的操作之间无障碍

（续表）

安全防护	应用场合 （对应安全防护的危险区域）	特征
安全操作规程	由用户制定的确保正确使用和操作防护装置或具有特定作业机器的程序	用户要确定是否确保安全工作实践达到了安全操作规程的要求。 确定安全操作规程是否达到要求，需要考虑（但不仅限于）下列因素： （1）任务复杂的场合。 （2）任务具有高风险的场合。 （3）培训、技能或工作经验有限制的场合。 （4）其他防护装置被拆除或绕开的场合。 （5）要求增加其他安全防护的场合
盖子	用于安全保护为润滑或检查而在防护装置或机器部件上提供的开口，这样的开口存在进入的危险	（1）在安全防护的危险区附近保护人员。 （2）与所安全防护的人员毫不相关
防护罩	（1）需要容纳金属切屑或冷却液。 （2）潜在有破碎的工具或工件碎片弹出	（1）在安全防护的危险区附近保护人员。 （2）与所安全防护的人员不相关

当机器需要操作者连续操控（如移动式机器、起重机），且操作者的错误能产生危险状态时，则应为该机器配备必要的、使其运行保持在规定限度内的装置。必要的装置包括：

（1）限制运动参数（距离、角度、速度、加速度）的装置。

（2）过载和力矩限制装置。

（3）防止与其他机器冲突或干涉的装置。

（4）防止对移动式机械的步行操作者或其他行人产生危险的装置。

（5）防止组件和成套件应力过大的扭矩限制装置或断裂点。

（6）限制压力或温度的装置。

（7）监控排放的装置。

（8）防止操作人员不在控制位置时运行的装置。

（9）防止稳定平衡器不在其位置时进行提升操作的装置。

（10）限制机器在斜面上倾斜的装置。

（11）确保组件在移动之前处于安全位置的装置。

四、防护装置和保护装置的设计要求

防护装置和保护装置应满足的一般要求：

（1）结构坚固耐用。

（2）不增加任何附加危险。

（3）不容易被绕过或使其无法操作。

（4）与危险区有足够的距离。

（5）对观察生产过程的视野障碍最小。

(6)只允许进入不得不进行操作的区域，进行工具的安装或更换及维修等必要的工作，且尽可能不移除防护装置或使保护装置不起作用。

链接

在人和危险源之间构成安全保护屏障是安全防护装置的基本功能，为此，安全防护装置应满足与其保护功能相适应的要求。除了上述一般要求外，安全防护装置还应满足下列要求：

(1)安全防护装置在机器的使用寿命内应能良好地执行其功能并保证其可靠性。

(2)安全防护装置应不容易拆卸。

(3)采用安全防护装置不可以增加操作难度或强度。

防护装置能实现的功能如下：

(1)防止进入被防护装置封闭的空间。

(2)容纳或捕获由机器抛出或掉下的材料、工件、切屑、液体，减少由机器产生的排放(噪声、辐射、有害物质，如粉尘、烟雾、气体等)。

提示

简单来说，防护装置能实现隔离、容纳、阻挡等作用。隔离主要是防止人体进入，阻挡主要是阻挡飞出物打击和高压液体喷射，防止人体灼烫。

此外，防护装置可能还需要具有与电、温度、火、爆炸、振动、能见度以及操作者位置人类工效学(如易用性、操作者的运动、姿势、重复运动)相关的独特特征。

应注意防止防护装置可能由以下因素带来的危险：

(1)防护装置的结构(锐边或尖角、材料、噪声排放等)。

(2)防护装置的运动(由动力驱动的防护装置和由容易掉下的重型防护装置产生的剪切或挤压区)。

五、通过安全防护减小排放

如果减少排放源排放的措施不够，则应为机器提供补充保护措施。

防止噪声的补充保护措施：隔声罩、安装在机器上的隔声屏、消声器。

防止振动的补充保护措施：隔振器(如置于振源和暴露人员之间的减震装置)；弹性架；悬浮座椅。

防止有害物质的补充保护措施：机器的密封(带负压的外壳)；带过滤的局部排气通风；用液体加湿；机器区域内特殊通风(气幕、操作舱)。

防止辐射的补充保护措施：采用过滤和吸收；使用衰减屏或防护装置。

六、补充保护措施

(一)实现急停功能的组件和元件

如果根据风险评估，机器需要安装实现急停功能的组件和元件，以避免正在发生或即将发生的紧急状态时，则应满足下列要求：

(1)执行器应容易识别、清晰可见且随手可及。

(2)应尽快停止危险过程，且不产生额外的危险，但如果这不可能实现或不能降低风险，则宜考虑执行急停功能是否为最佳解决方法。

(3)急停控制器应触发或允许触发某些必要的安全防护装置的运动。

一旦执行急停指令后急停装置的有效动作已经停止，应维持该指令的作用直至其复位为止。只有在触发急停指令的位置，才有可能复位。急停装置的复位不应重新启动机器，而仅是允许机器重新启动。

(二)被困人员逃生和救援措施

被困人员逃生和救援的措施可能主要是指：

(1)在可能使操作者陷入危险的设施中的逃生通道和躲避处。

(2)供急停后人工移动某些元件的安排。

(3)用于某些元件反向运动的布置。

(4)下降装置的锚定点。

(5)受困人员的呼救通信方式。

(三)隔离和能量耗散的措施

机器应具备通过采取以下措施实现隔离动力源和耗散储存能量的技术手段：

(1)将机器(或)指定的机器部件与所有动力供应隔离(脱开、分离)。

(2)将所有隔离单元锁定(或采用其他方式固定)在隔离位置。

(3)耗散能量，如果不可能或不可行，抑制(遏制)任何可增大危险的储存能量。

(4)通过安全工作程序验证所采取的措施是否已达到预期效果。

(四)提供方便且安全搬运机器及其重型零部件的装置

无法移动或无法用手搬运的机器及其零部件应配备或能够配备适当的附属装置，用于通过提升机构搬运。这些附属装置可能是：

(1)带吊索、吊钩、吊环螺栓或用于固定的螺纹孔的标准提升设备。

(2)当不可能从地面安装附属设备时，采用带起重吊钩的自动抓取设备。

(3)通过叉车搬运的机器的叉臂定位装置。

(4)集成到机器内的提升和装载机构和设备。

(五)安全进入机器的措施

机器的设计应使得操作及与安装和(或)维护相关的所有常规作业尽可能由人员在地面完成。如果无法实现，为了执行这些任务，机器应提供安全进入的机内平台、阶梯或其他设施；但是，宜注意确保这类平台或阶梯不会使操作者接近机器的危险区。

在工作条件下，步行区应尽量采用防滑材料防滑，并且根据步行区距离地面的高度提供适当的护栏。

在大型自动化设备中，应特别注意给出安全进入的途径，如通道、输送带过桥或跨越点。

进入位于一定高度的机器部件的设施应提供防止跌落的措施[如楼梯、阶梯及平台的护栏和(或)梯子的安全护笼]。必要时，还应为防止人员从高处跌落的个体防护装备提供锚定点(如在用于提升人员的机械的轿厢中或带升降控制站)。

只要有可能，开口都应朝向安全的位置，其设计应防止因意外打开产生的危险。

应提供必要的进入辅助设施(台阶、把手等)。控制装置的设计和位置应防止其被用作进入时的辅助设施。

如果提升货物和(或)人员的机械包含固定高度的停层，则应配备联锁防护装置，防止某一停层没有平台时发生人员跌落。当防护装置打开时，应防止提升平台运动。

第 4 节　机械风险减小措施——使用信息

一、一般要求

使用信息由文本、文字、标记、信号、符号或图表等组成，以单独或联合使用的形式向使用者传递信息。使用信息预定提供给专业和（或）非专业人员。

应向使用者提供关于机器预定使用的信息，特别是考虑到机器的所有运行模式。该信息应包含确保安全和正确使用机器所需的各项指南。因此，该信息应向使用者告知或警示剩余风险。适当时，该信息应指明：是否需要培训；是否需要个体防护装备；可能需要的附加防护装置或保护装置。

使用信息应以单独或组合的形式涵盖机器的运输、装配和安装、试运转、使用（设定、示教/编程或过程转换、操作、清洗、故障查找和维护）以及必要的拆卸、停用和报废。

二、使用信息的位置和属性

根据风险、使用者需要使用信息的时间和机器的设计，应决定在下述位置是否需要提供使用信息或部分信息：

（1）在机器内或机器上。

（2）在随行文件中（特别是使用手册）。

（3）在包装上。

（4）通过其他方式，如机器外的信号和警告。

在给出警告等重要信息时，应考虑采用标准化的语言。

三、信号和警告装置

视觉信号（如闪光灯）和听觉信号（如报警器）可能用作警告即将发生的危险事件，如机器启动或超速。此类信号也可能在触发自动保护措施前用作警示操作者。

这些信号应满足以下基本要求：

（1）在危险事件发生之前发出。

（2）含义确切。

（3）能被明显察觉到，并与所用的其他所有信号相区分。

（4）容易被使用者和其他人员明确识别。

关于信号装置的其他内容，下面以典型例题的形式进行介绍。

典型例题

【单选题】信号预警装置类别包括听觉信号、视觉信号以及视听组合信号，设计和应用视听信号应遵循安全人机工程学原则。关于视听信号安全要求的说法，正确的是（　　）。

A. 听觉信号在接收区的任何位置不低于 65 dB(A)

B. 紧急视觉信号亮度应至少是背景亮度的 5 倍

C. 视觉险情信号中，警告视觉信号的颜色应为红色

D. 所有视听信号应优先于其他险情信号

A。【解析】警告视觉信号的亮度应至少是背景亮度的 5 倍。紧急视觉信号的亮度应至少是警告视觉信号的 2 倍，即至少为背景亮度的 10 倍。故选项 B 错误。警告视觉信号应为黄色或橙黄色。紧急视觉信号应为红色。故选项 C 错误。任何险情信号应优先于其他所有视听信号。故选项 D 错误。

四、标志、符号（象形图）和书面警告

机械应加贴以下所有必要的标志：

(1)供其明确识别用的标志。至少包括：制造商的名称与地址；系列或型式的说明；序列号（如果有）。

(2)表明其符合强制性要求的标志。包括：标志；书面描述，如制造商的授权代表、机械的名称、制造年份以及预定用在潜在爆炸环境中。

(3)针对安全使用的标志。例如，旋转部件的最高转速；工具的最大直径；机器本身和（或）可移除部件的质量；最大工作载荷；穿戴个体防护装备的必要性；防护装置的调整数据；检查频次。

符号或书面警告不应只写"危险"二字。

与使用书面警告相比，宜优先使用易于理解的符号（象形图）。只宜采用机器使用时所处文化氛围内能够理解的符号和象形图。

五、安全色和安全标志

（一）安全色

安全色是指传递安全信息含义的颜色，包括红、蓝、黄、绿四种颜色。对比色是指使安全色更加醒目的反衬色，包括黑、白两种颜色。安全标记是指采用安全色和（或）对比色传递安全信息或者使某个对象或地点变得醒目的标记。

1. 红色

红色传递禁止、停止、危险或提示消防设备、设施的信息，应用于各种禁止标志，交通禁令标志，消防设备标志，机械的停止按钮、刹车及停车装置的操纵手柄，机械设备转动部件的裸露部位，仪表刻度盘上极限位置的刻度，各种危险信号旗等。

2. 黄色

黄色传递注意、警告的信息，应用于各种警告标志、道路交通标志和标线中警告标志、警告信号旗等。

3. 蓝色

蓝色传递必须遵守规定的指令性信息，应用于各种指令标志、道路交通标志和标线中指示标志等。

4. 绿色

绿色传递安全的提示性信息，应用于各种提示标志，机器启动按钮，安全信号旗，急救站、疏散通道、避险处、应急避难场所等。

5. 对比色

安全色与对比色同时使用时，应按下表规定搭配使用。

安全色的对比色

安全色	对比色
红色	白色
蓝色	白色
黄色	黑色
绿色	白色

黑色用于安全标志的文字、图形符号和警告标志的几何边框。

白色用于安全标志中红、蓝、绿的背景色，也可用于安全标志的文字和图形符号。

6. 安全色与对比色的相间条纹

安全色与对比色相间的条纹宽度应相等，即各占 50%，斜度与基准面成 45°。宽度一般为 100 mm，但可根据设备大小和安全标志位置的不同，采用不同的宽度，在较小的面积上其宽度可适当地缩小，每种颜色不能少于两条。

安全色与对比色的相间条纹的意义及应用如下：

(1) 红色与白色相间条纹，表示禁止或提示消防设备、设施位置的安全标记，应用于交通运输等方面所使用的防护栏杆及隔离墩、液化石油气汽车槽车的条纹、固定禁止标志的标志杆上的色带等。

(2) 黄色与黑色相间条纹，表示危险位置的安全标记，应用于各种机械在工作或移动时容易碰撞的部位，如移动式起重机的外伸腿、起重臂端部、起重吊钩和配重；剪板机的压紧装置；冲床的滑块等有暂时或永久性危险的场所或设备；固定警告标志的标志杆上的色带等。设备所涂条纹的倾斜方向应以中心线为轴线对称。两个相对运动（剪切或挤压）棱边上条纹的倾斜方向应相反。

(3) 蓝色与白色相间条纹，表示指令的安全标记，传递必须遵守规定的信息，应用于道路交通的指示性导向标志、固定指令标志的标志杆上的色带等。

(4) 绿色与白色相间条纹，表示安全环境的安全标记，应用于固定提示标志杆上的色带等。

7. 使用要求

使用安全色时要考虑周围的亮度及同其他颜色的关系，要使安全色能正确辨认。在明亮的环境中，照明光源应接近自然白昼光；在黑暗的环境中为避免眩光或干扰应减少亮度。

8. 检查与维修

凡涂有安全色的部位，每半年应检查一次，应保持整洁、明亮，如有变色、褪色等不符合安全色范围，逆反射系数低于 70% 或安全色的使用环境改变时，应及时重涂或更换，以保证安全色正确、醒目，达到安全警示的目的。

（二）安全标志

安全标志是指用以表达特定安全信息的标志，由图形符号、安全色、几何形状（边框）或文字构成。安全标志分禁止标志、警告标志、指令标志和提示标志四大类型。

1. 禁止标志

禁止标志是指禁止人们不安全行为的图形标志。禁止标志的基本形式是带斜杠的圆边框。

2. 警告标志

警告标志是指提醒人们对周围环境引起注意，以避免可能发生危险的图形标志。警告标志的基本形式是正三角形边框。

3. 指令标志

指令标志是指强制人们必须做出某种动作或采用防范措施的图形标志。指令标志的基本形式是圆形边框。

4. 提示标志

提示标志是指向人们提供某种信息(如标明安全设施或场所等)的图形标志。提示标志的基本形式是正方形边框。提示标志提示目标的位置时要加方向辅助标志。按实际需要指示左向时,辅助标志应放在图形标志的左方:如指示右向时,则应放在图形标志的右方。

5. 文字辅助标志

文字辅助标志的基本形式是矩形边框。文字辅助标志有横写和竖写两种形式。

(1)横写时,文字辅助标志写在标志的下方,可以和标志连在一起,也可以分开。禁止标志、指令标志为白色字;警告标志为黑色字。禁止标志、指令标志衬底色为标志的颜色,警告标志衬底色为白色。

(2)竖写时,文字辅助标志写在标志杆的上部。禁止标志、警告标志、指令标志、提示标志均为白色衬底,黑色字。标志杆下部色带的颜色应和标志的颜色相一致。

(3)文字字体均为黑体字。

6. 安全标志牌的使用要求

标志牌应设在与安全有关的醒目地方,并使大家看见后,有足够的时间来注意它所表示的内容。环境信息标志宜设在有关场所的入口处和醒目处;局部信息标志应设在所涉及的相应危险地点或设备(部件)附近的醒目处。

标志牌不应设在门、窗、架等可移动的物体上,以免标志牌随母体物体相应移动,影响认读。标志牌前不得放置妨碍认读的障碍物。标志牌的平面与视线夹角应接近90°,观察者位于最大观察距离时,最小夹角不低于75°。标志牌应设置在明亮的环境中。多个标志牌在一起设置时,应按警告、禁止、指令、提示类型的顺序,先左后右、先上后下地排列。

标志牌的固定方式分附着式、悬挂式和柱式三种。悬挂式和附着式的固定应稳固不倾斜,柱式的标志牌和支架应牢固地联接在一起。

7. 检查与维修

安全标志牌至少每半年检查一次,如发现有破损、变形、褪色等不符合要求时应及时修整或更换。在修整或更换激光安全标志时应有临时的标志替换,以避免发生意外的伤害。

提示

消除或减小相关风险措施的优先顺序:本质安全设计 > 安全防护及补充保护 > 使用信息。

第5节 机械制造生产场所安全技术要求

机械制造生产场所既是机械设备和物料集中堆放的场所,又是人员作业的地点。在此生产场所中,存在多种形式的危险,机械性危险和非机械性危险并存,极易引发职业病和伤亡事故,因此做好安全防护至关重要。

机械工业企业总平面布置应结合当地气象条件,使建筑物具有良好的朝向、采光和自然通风条件。高温、热加工、有特殊要求和人员较多的建筑物,应避免西晒。总平面布置应防止高温、有害气体、烟、雾、粉尘、强烈振动和高噪声对周围环境和人身安全的危害,并应符合国家现行有关工业企业卫生设计标准的规定。

一、照明

照明方式的确定应符合下列规定：

(1)工作场所应设置一般照明。

(2)当同一场所内的不同区域有不同照度要求时，应采用分区一般照明。

(3)对于作业面照度要求较高，只采用一般照明不合理的场所，宜采用混合照明。

(4)在一个工作场所内不应只采用局部照明。

(5)当需要提高特定区域或目标的照度时，宜采用重点照明。

照明种类的确定应符合下列规定：

(1)室内工作及相关辅助场所，均应设置正常照明。

(2)当下列场所正常照明电源失效时，应设置应急照明：需确保正常工作或活动继续进行的场所，应设置备用照明；需确保处于潜在危险之中的人员安全的场所，应设置安全照明；需确保人员安全疏散的出口和通道，应设置疏散照明。

(3)需在夜间非工作时间值守或巡视的场所应设置值班照明。

(4)需警戒的场所，应根据警戒范围的要求设置警卫照明。

(5)在危及航行安全的建筑物、构筑物上，应根据相关部门的规定设置障碍照明。

备用照明的照度标准值应符合下列规定：

(1)供消防作业及救援人员在火灾时继续工作场所，应符合现行国家标准《建筑设计防火规范》的有关规定。

(2)医院手术室、急诊抢救室、重症监护室等应维持正常照明的照度。

(3)其他场所的照度值除另有规定外，不应低于该场所一般照明照度标准值的10%。

安全照明的照度标准值应符合下列规定：

(1)医院手术室应维持正常照明的30%照度。

(2)其他场所不应低于该场所一般照明照度标准值的10%，且不应低于15 lx。

疏散照明的地面平均水平照度值应符合下列规定：

(1)水平疏散通道不应低于1 lx，人员密集场所、避难层(间)不应低于2 lx。

(2)垂直疏散区域不应低于5 lx。

(3)疏散通道中心线的最大值与最小值之比不应大于40∶1。

(4)寄宿制幼儿园和小学的寝室、老年公寓、医院等需要救援人员协助疏散的场所不应低于5 lx。

照明设计宜避免眩光，充分利用自然光，选择适合目视工作的背景，光源位置选择宜避免产生阴影。照明设计宜采取相应措施减少来自窗户眩光，如工作台方向设计宜使劳动者侧对或背对窗户，采用百叶窗、窗帘、遮盖布或树木，或半透明窗户等。

二、通道和设备布置

厂区道路的弯道、交叉路口的视距范围内，不得有妨碍驾驶员视线的障碍物。道路上部管架和栈桥等，在干道上的净高不得小于5 m。

凡容易发生危险事故的场所，应设置安全标志。无法直接感知处尚应设置声、光、色或者声光结合的事故报警信号装置。

设计带有机械传动装置的非标准设备及生产线时，其传动带(链)、明齿轮、联轴器、带轮、飞轮和转轴等转动部位的突出部位必须同时设计防护罩。

车间地面应平坦，不打滑。加工车间通道尺寸应符合下表的规定，并应在地面明显标出。

加工车间通道尺寸

运输方式	通道宽度/m				
	冷加工	铸造	锻造	热处理	焊接
人工运输	≥1	1.5	2～3	1.5～2.5	2～3
电瓶车单向行驶	1.8	2			
电瓶车对开	3		3～5	3～4	3～5
叉车或汽车行驶	3.5	3.5			
手工造型人行道	—	0.8～1.5			—
机器造型人行道	—	1.5～2			—

注：铁路进厂房入口通道宽度应为5.5 m。

生产线辊道、带式运输机等运输设备，在人员横跨处，应设带栏杆的人行走桥。平台、走台、坑池边和升降口有跌落危险处，必须设栏杆或盖板。需登高检查和维修的设备处宜设钢斜梯；当采用钢直梯时，钢直梯3 m以上部分应设护笼。

铸造车间人行道不得与浇注场地、铁水运行路线重叠交叉。

布置机床应不使零件或切屑等甩出伤人，必要时应设置挡板；机床朝向应有利于采光，操作人员不应受日光直射。

布置机床时，其安全距离不宜小于下表的规定。

机床布置的安全距离

项目	安全距离/m			
	小型机床	中型机床	大型机床	特大型机床
机床操作面间	1.1	1.3	1.5	1.8
机床后面、侧面离墙柱	0.8	1.0	1.0	1.0
机床操作面离墙柱	1.3	1.5	1.8	2.0

注：从机床活动机件达到的极限位置算起；机床与墙柱间的距离首先要考虑对基础的影响。

机床应设防止磨屑、切屑和冷却液飞溅的防护挡板。需在操作平台上操作的重型机床，其操纵台周围应设防护栏杆，栏杆不应低于1.05 m。

典型例题

【单选题】某工厂为了扩大生产能力，在新建厂房内需安装一批设备，有大、中、小型机床若干，安装时要确保机床之间的间距符合《机械工业职业安全卫生设计规范》。其中，中型机床之间操作面间距应不小于(　　)。

A. 1.1 m　　B. 1.3 m

C. 1.5 m　　D. 1.7 m

B。**【解析】**布置机床时，机床操作面间距：小型机床不宜小于1.1 m；中型机床不宜小于1.3 m；大型机床不宜小于1.5 m；特大型机床不宜小于1.8 m。

三、物料堆放与地面状态

生产场所应划分毛坯区，成品、半成品区，工位器具区，废物垃圾区，各区域的堆放应整齐有序；工器具应放在指定部位，物料摆放高度有一定限制。

产品坯料等应限量存入，白班存放为每班加工量的 1.5 倍，夜班存放为加工量的 2.5 倍，但大件不得超过当班定额。

厂房布置应按生产流程做到工序衔接紧密，物料传送路线短，操作检修方便，符合安全卫生要求。

厂房内生产物料、半成品及成品，其存放场地应用黄色或白色标记在地面上标出。当直接存放在地面上时，堆垛高度不应超过 1.4 m；超过时应设置支架、平台存放。

为生产而设置的坑、壕、池应有可靠的防护栏或盖板。

第 6 节　金属切削机床安全防护技术

一、金属切削机床

金属切削机床是指用切削、特种加工等方法加工金属工件，使之获得所要求的几何形状、尺寸精度和表面质量的机器。

金属切削机床的安全是指机床在按说明书规定的预定使用条件下（或给定期限内），执行其功能和在运输、安装、调整、维修、拆卸和处理时不对人员产生损伤或危害健康及设备损坏的情况。

金属切削机床的危险是指机床在静止或运转时，可能产生人员损伤或危害健康及设备损坏的情况。金属切削机床的危险部位（区）是指机床静止或运转时，可能使人员受到伤害、设备损坏的区域。

加工区是指机床上刀具切削工件经过的区域。工作区是指可能出现在工作过程的区域，包括机床运动部件所需的位置、上下料所需的位置，以及操作、调整和维护机床所需的位置。

二、机床存在的主要危险

机床存在的主要危险包括：

（1）机械危险［起因于形状、相对位置、质量和稳定性（位能）、质量和速度（动能）、机械强度不够、位能的聚集等］：挤压危险；剪切危险；切割或切断危险；缠绕危险；吸入或卷入危险；冲击危险；刺伤或扎伤危险；摩擦或磨损危险；高压流体喷射危险；机床零件/工件抛出危险；稳定性丧失危险；滑倒、绊倒和跌倒危险（与机床有关）。

（2）电气危险：直接触电（在正常工作电压下，直接接触带电体）；间接触电（由于绝缘失效，间接接触带电体）；绝缘不当。

（3）热危险：由热接触和热源辐射引起的烧伤和烫伤；由过热或过冷对健康造成的危害。

（4）噪声危险：听力丧失或其他生理紊乱；干涉语言通信和声讯信号。

（5）振动危险（导致各种精神疾病等）。

（6）辐射危险：电弧；激光；离子化辐射源；高低频电磁场。

(7)物质和材料产生的危险:接触或吸入有害液体、气体、烟雾、油雾和粉尘等;火灾和爆炸;生物和微生物危险。

(8)设计时忽视人类工效学产生的危险:不利健康的姿势或过度用力;没有充分考虑人体手臂或腿脚结构要求;忽视人员防护装备的使用;不适当的区域照明;精神过分紧张或准备不足等;人的差错。

(9)能量供应中断、机械零件破损及其他功能紊乱造成的危险:机床或控制系统能量供应中断;机床零件/工件意外甩出、压力液体或气体的意外喷出;控制系统故障或失灵;装配错误;倾覆、机床稳定性意外丧失。

(10)安全措施错误、安全装置安装不正确或定位不正确产生的危险:防护装置;安全(防护)装置;起动和停止装置;安全信号和信号装置;信息和报警装置;能量供应切断装置;急停装置;上料和下料装置;安全调整和(或)维修用的主要设备和附件;排气装置。

链接

金属切削机床的挤压危险主要存在于下列部位:刀具与刀座之间,刀具与夹紧机构或机械手之间,工作台与墙之间等。

金属切削机床的剪切危险主要存在于下列部位:刀具与刀座之间,主轴箱与立柱之间,工作台与滑鞍之间等。

金属切削机床零件/工件抛出危险(飞出物打击的危险)产生的原因有失控的动能、弹性元件的位能、液体的位能、气体的位能。

电离辐射的防护分为外照射防护和内照射防护。外照射的防护方法有三种,分别是时间防护、距离防护、屏蔽防护。

三、金属切削机床的安全要求和措施

(一)一般要求

应通过设计尽可能排除或减少所有潜在的危险因素。

通过设计不能避免或充分限制的危险,应采取必要的安全防护装置(防护装置、安全装置)。

对于无法通过设计排除或减少的,而且安全防护装置对其无效或不完全有效的遗留危险,应用信息通知和警告操作者。

(二)机床结构

1. 稳定性

机床的外形布局应确保具有足够的稳定性。使用机床时(按说明书规定的预定使用条件下),不应存在意外翻倒、跌落或移动的危险。由于机床的形状原因不能确保足够稳定性时,应在说明书中规定其固定措施。

2. 外形

可接触的外露部分不应有可能导致人员伤害的锐边、尖角和开口。

机床的各种管线布置排列应合理、无障碍,防止产生绊倒等危险。

机床的突出部分、移动部分、分离部分应采取安全措施，防止产生磕伤、碰伤、划伤、剐伤危险。

3. 运动部件

有可能造成缠绕、吸入或卷入等危险的运动部件和传动装置（如链、链轮、齿轮、齿条、皮带轮、皮带、蜗轮、蜗杆轴、丝杠、排屑装置等）应予以封闭或设置安全防护装置或使用信息，除非它们所处位置是安全的。

运动部件与运动部件之间或运动部件与静止部件之间，不应存在挤压危险和（或）剪切危险，否则应按有关规定采取安全措施。

有惯性冲击的机动往复运动部件应设置可靠的限位装置，必要时可采取可靠的缓冲措施。若设置限位装置有困难时，应采取必要的安全措施。有行程距离要求的运动部件同此要求。

可能由于超负荷发生损坏的运动部件应设置超负荷保险装置。因结构原因不能设置时，应在机床上（或说明书中）标明机床的极限使用条件。

运动中有可能松脱的零件、部件应设置防松装置。

对于单向转动的部件应在明显位置标出转动方向。

在紧急停止或动力系统发生故障时，运动部件应就地停止或返回设计规定的位置，垂直或倾斜运动部件的下沉不应造成危险。

运动部件不允许同时运动时，其控制机构应联锁。不能实现联锁的，应在控制机构附近设置警告标志，并在说明书中说明。

典型例题

【单选题】运动部件是金属切削机床安全防护的重点，当通过设计不能避免或不能充分限制危险时，应采取必要的安全防护装置，对于有行程距离要求的运动部件，应设置（　　）。

A. 限位装置　　B. 缓冲装置

C. 超负荷保护装置　　D. 防挤压保护装置

A。**【解析】**有行程距离要求的运动部件应设置可靠的限位装置，必要时可采取可靠的缓冲措施。若设置限位装置有困难时，应采取必要的安全措施。

4. 夹持装置

夹持装置应确保不会使工件、刀具坠落或被甩出。必要时，在说明书中规定随机供应的夹持装置的最高安全转速。

手动夹持装置应采取安全措施，防止意外危险，如钥匙或扳手停留在夹持装置上随机床运转。

机床运转的开始应与机动夹持装置夹紧过程的结束相联锁；机动夹持装置的放松应与机床运转的结束相联锁；装有自动上、下料装置的机床，允许在上、下料时主轴回转，但应防止工件被甩出的危险。

电磁吸盘的外壳防护等级应不低于 IP54，其保护接地应符合相关规定。

手动上下工件、刀具时，应采取安全措施，防止产生挤压手指等危险。

紧急停止或动力系统发生故障时，机动夹持装置或电磁吸盘应采取安全措施，防止危险产生。

采用气动夹持装置时，应避免将切屑和灰尘吹向操作者。

5. 平衡装置

与机床部件及其运动有关的构成危险的配重，应采取完善的安全防护措施（如将其置于机床体内或置于固定式防护装置内使用等），并应防止由于配重系统元件断裂而造成的危险。

采用动力平衡装置时，应防止动力系统发生故障时机床部件跌落。

6. 自动上、下料装置

采用自动上、下料装置时，应设置固定式防护装置，或联锁的活动式防护装置，或设置警告标志。

7. 刀库、换刀装置

采用刀库和换刀装置时，应设置固定式防护装置，或联锁的活动式防护装置，或设置警告标志，除非它们所处的位置是安全的。

8. 排屑装置

排屑装置不应对操作者构成危险，必要时可与防护装置的打开和机床运转的停止联锁。

9. 工作平台、通道、开口

不能在地面操作的机床，应设置钢梯和工作平台。平台和通道应防滑和防跌落，并尽量不应使操作者接近机床的危险区。必要时可设置踏板和栏杆。

根据操作需要，机床可设置用于进出的开口，开口的尺寸应符合有关规定。

（三）电气系统

为防止触电危险，电气设备的防护中，带电体的防护、电气设备绝缘防护以及电气设备保护接地应符合有关规定。

为防止意外危险，电气设备的保护中，电气设备过电流的保护、电动机过载保护、电动机超速保护以及电压波动、电源中断的保护应符合有关规定。

电气系统的导线、电缆和配线应符合相关规定。

电气设备应防止或限制静电放电，必要时可设置放电装置。

电气设备的电磁兼容宜符合有关规定。

（四）控制系统

1. 控制系统的安全及可靠

控制系统的有关安全部分是指从整个系统的最初控制装置或输入点的检测位置开始到机床最终执行机构或元件（如电动机）。

控制系统应确保其功能安全可靠，控制系统应能经受预期的工作负荷和外来影响、逻辑的错误（不包括操作程序）。

2. 控制装置的位置

控制装置的位置应确保操作时不会引起危险，并应符合下列要求：

（1）设置在危险区以外（紧急停止装置、移动控制装置等除外）。

(2)清晰可见,易与其他装置区分,必要时设置表示其功能和用途的标志。

(3)一个控制装置,而多重控制时(如键盘),执行的动作应清楚标明。

(4)不会引起误操作和附加危险。

(5)在操作位置不能观察到全部工作区的机床,应设置视觉或听觉的起动警告信号装置或警告信息,以便工作区内人员能及时撤离或迅速制止起动。

(6)有一个以上操作位置的机床,应设置控制联锁装置。

3. 起动

机床起动应符合下列要求:

(1)只应在人为的起动控制下,机床才能起动。包括:停止后重新起动;操作状况(如速度、压力)有重大变化时。

(2)活动式防护装置闭合时,机床不应立即起动。

(3)活动式防护装置脱开时,机床不应意外起动。

(4)有多个起动装置时,应设置选择装置,任何时候仅有一个起动装置起作用。

4. 停止

机床应设置停止装置,停止装置应位于每个起动装置附近。机床停止应符合下列要求:

(1)按下停止装置时,机床的运动应能完全安全地停下来。由于各种机床的危险情况不同,停止装置可停止机床运行中的部分或全部。

(2)机床运动停止时,执行机构的能量供应应切断,保证断开点“下游”不再有位能和(或)动能。

5. 紧急停止

紧急停止应符合规范规定及下列要求:

(1)能明确识别、容易看见,易于接近,且操作无危险。

(2)动作不应影响保护操作者或机床的装置的功能。

(3)使机床或运动部件尽快地停止运行。

(4)执行机构的任何动作应使控制装置锁紧,并持续到重调(不锁紧)。

(5)复位不应使机床起动,或起动任何危险部件的运动。

机床应设置一个或数个紧急停止装置,如在:主操作台;可移动的操作台;上、下料处(远离主操作位置时);刀库与加工区分离时,封闭区或刀库内和附近(若整个人体可能接近)。

6. 数控系统

数控系统应符合规范规定及下列要求:

(1)满足预期的操作条件和环境影响。

(2)设置访问口令或钥匙开关,防止程序被有意或无意改动。

(3)有关安全的软件未经授权不允许改变。

7. 控制系统故障

控制系统出现故障时,不应导致危险产生,特别是:机床不应意外起动;运动部件速度变化不应失控;运动部件不应停不下来;运动部件或机床上工件、刀具不应掉下或抛出,流体不应喷出;安全装置不应失效。

（五）物质和材料

1. 有害物质

机床用液体应符合下列要求：冷却液的选用应能使机床正常工作，并不会影响人体健康；机床用油应符合有关标准的规定；机床用涂料、油漆不应影响人体健康。

工作时产生有害气体或大量烟雾、油雾的机床，应采取有效的封闭措施和（或）设置有效的排气、吸雾装置。

工作时产生大量粉尘的机床，应采取有效的封闭措施和（或）设置有效的吸尘装置。

2. 火灾和爆炸

应采取措施防止气体、液体、粉尘等物质产生火灾和爆炸危险，特别是：

（1）应提示用户尽量使用难燃的冷却液和油液，若使用易燃冷却液、油液或加工易燃材料应采取防火、防爆措施，如：灭火器；防爆装置；易燃限制装置。

（2）照明灯的安装位置应避免冷却液飞溅引起的爆炸危险，否则应加防护装置。

（3）电气设备的耐燃保护应符合有关规定。

3. 生物和微生物

机床的油箱、冷却箱等应便于清理。油箱、冷却箱宜加盖，以防止外来物进入。应提示用户定期更换冷却液和油液。

4. 飞溅

应避免冷却液、切屑飞溅造成的滑倒、伤人等危险。如加工区的防护不足以防止溅向操作者，则应设置附加的防护挡板，或提示用户按其加工工件的形状和尺寸特征添设附加的防护挡板。

（六）人类工效学

机床的人类工效学设计应符合下列要求：

（1）工作强度、运动幅度、可见性、姿势等应与人的能力和极限相适应，并应符合有关规定。

（2）工作位置应适合操作者的身体尺寸、工作性质及姿势，并应符合有关规定。

（3）应防止操作时出现干扰、紧张、生理或心理危险，并应符合有关规定。

（4）操作机床会造成伤害的，应提示用户采用个人防护装置。

四、砂轮机的安全防护措施

砂轮机的主要危险包括：机械危险；电气危险；噪声的危险；粉尘或飞溅物的危险；操作不当的危险。

砂轮主轴的设计应满足能够在允许的最大负荷下工作。

砂轮或砂轮卡盘应采取防松措施。紧固砂轮或砂轮卡盘的主轴端部螺纹的旋向尽可能地与砂轮工作旋转方向相反。

砂轮主轴轴端螺纹长度如下图所示。紧固砂轮或砂轮卡盘的砂轮主轴端部螺纹长度应满足下列条件：

（1）砂轮主轴轴端螺纹应有足够的长度，以使整个压紧螺母旋入（$L>l$）。

（2）砂轮主轴轴端螺纹应延伸到砂轮中心孔内，但不得超过设计允许使用的最小厚度砂轮中心孔长度的 1/2($h>H/2$)。

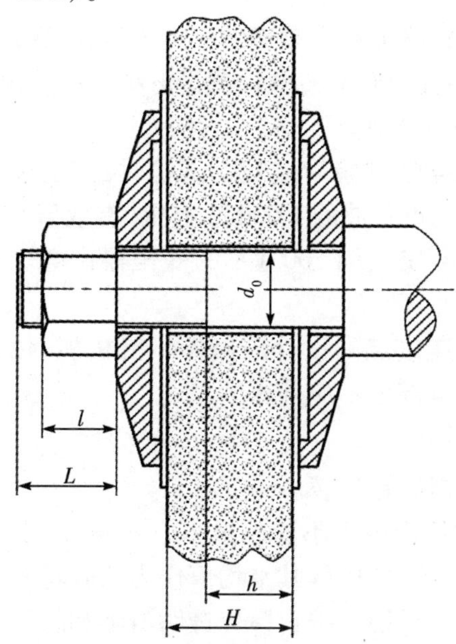

砂轮主轴轴端螺纹长度示意图

(一)砂轮防护罩的安全防护措施

防护罩开口角度应不大于 90°,而在砂轮安装轴水平面上方的开口角度应不大于 65°。半径 R 应不小于规定的砂轮卡盘半径。如果需要使用砂轮安装轴水平面以下砂轮部分加工时,防护罩开口角度可以增大到 125°,而在砂轮安装轴水平面的上方,防护罩开口角度仍应不大于 65°。

防护罩的圆周防护部分应能调节,或配有可调护板。当砂轮磨损时,砂轮的圆周表面与防护罩可调护板之间的距离(或是与防护罩开口的上端边缘之间的距离)一般应可调整至 1.6 mm 以下。砂轮卡盘外侧面与砂轮防护罩开口边缘之间的间距一般应不大于 15 mm。台式和落地砂轮机的防护罩一般应备有吸尘口。

(二)工件托架和砂轮卡盘的安全防护措施

砂轮机应配有支承加工件的托架。工件托架应坚固和易于调节,当砂轮磨损时,工件托架应能调整、并使工件托架和砂轮圆周表面的最大间隙仍可保持在 2 mm 以内。

砂轮应由两个直径相同的卡盘夹紧。砂轮和卡盘之间应衬以柔性材料(如石棉橡胶板等)制成的衬垫,并符合相关规定,其厚度为 1 ~ 1.5 mm;衬垫应将砂轮卡盘接触面全部覆盖,其直径应大于卡盘直径 2 mm。砂轮安装轴端螺纹旋向应与砂轮旋转方向相反。砂轮机运转中可能松脱的零件、部件应有防松装置。

砂轮卡盘的直径不得小于砂轮直径的 1/3。切断砂轮用砂轮卡盘的直径不得小于砂轮直径的 1/4。任何形式的砂轮卡盘,其左右两部分的直径和压紧面径向宽度尺寸应相等。

砂轮卡盘应能将驱动力可靠地传到砂轮上。砂轮卡盘应有足够的刚度,压紧面在紧固后应保持平整和均匀地接触。砂轮卡盘与砂轮两侧面的非接触部分应有足够的间隙,其最小尺寸为 1.5 mm。砂轮卡盘的各表面应保证平滑及无锐棱,且动平衡性能好。

砂轮圆周表面与可调护板边缘之间的间隙应小于 6 mm。

(三)电气的安全防护措施

温升试验的条件是砂轮机施加额定频率的额定电压,在额定功率下运转 30 min。

在温升试验的前后,用直流 500 V 兆欧计测量电源线或电源接线端子与保持接地端之间的绝缘电阻,其值不应小于 1 MΩ。

试验在温升试验和绝缘电阻试验后进行。试验时,在电源线或电源接线端子与保护接地端之间施加 50 Hz 的接近正弦波的 1 000 V 电压(有效值),历时 1 s 的耐压试验时,不发生击穿。试验电压由最小额定值为 500 VA 的变压器供电。不适宜经受该试验的元件应在试验期间断开。

保护接地装置连接件和连接点的设计应确保不受机械、化学或电化学的作用而削弱其导电能力。带电零件的带电部分不应外露。

(四)其他安全防护措施

噪声检查时砂轮可用模拟砂轮代替。

带除尘装置的砂轮机的粉尘浓度不应超过 10 mg/m^3。粉尘浓度测定时,可用 4 个采样头同时在规定位置上采样,此时,应取其平均值作为该砂轮机的粉尘浓度值。

轻型台式砂轮机应配有护目镜。护目镜应透明清晰和易于调节、固定。

典型例题

【单选题】砂轮装置由砂轮、主轴、卡盘和防护罩组成,砂轮装置的安全与其组成部分的安全技术要求直接相关。关于砂轮装置各组成部分安全技术要求的说法,正确的是(　　)。

A. 砂轮主轴端部螺纹旋向应与砂轮工作时的旋转方向一致

B. 一般用途的砂轮卡盘直径不得小于砂轮直径的 1/5

C. 卡盘与砂轮侧面的非接触部分应有不小于 1.5 mm 的间隙

D. 砂轮防护罩的总开口角度一般不应大于 120°

C。**【解析】**砂轮卡盘与砂轮两侧面的非接触部分应有足够的间隙,其最小尺寸为 1.5 mm。砂轮或砂轮卡盘应采取防松措施。紧固砂轮或砂轮卡盘的主轴端部螺纹的旋向尽可能地与砂轮工作旋转方向相反。砂轮卡盘的直径不得小于砂轮直径的 1/3。切断砂轮用砂轮卡盘的直径不得小于砂轮直径的 1/4。防护罩开口角度应不大于 90°,而在砂轮安装轴水平面上方的开口角度应不大于 65°。

五、砂轮的使用安全要求

(一)砂轮的检查

砂轮安装前应进行标记检查、目测检查或音响检查,如发现砂轮有裂纹或其他损伤,则严禁安装使用。

(二)砂轮的操作要求

安装砂轮前应核对砂轮主轴的转速,不准超过砂轮允许的最高工作速度。

砂轮与工件托架之间的距离应小于被磨工件最小外形尺寸的 1/2,最大不准超过 3 mm。调整后应紧固。砂轮防护罩上的护板和工件托架应在砂轮停转时调整。

磨削细长工件的外圆时应装有中心支架。用圆周表面做工作面的砂轮不允许使用侧面进行磨削，以免砂轮破碎。

砂轮使用的最高工作速度不得超过在砂轮上标明的速度。砂轮磨损后，允许调节砂轮主轴转速以保持砂轮的工作速度，但不得超过该砂轮上标明的速度。

砂轮安装在主轴上后，应将砂轮防护罩上的护板位置调整正确并紧固。

新安装的砂轮应先以工作速度进行空运转，空运转时操作者应站在安全位置，不应站在砂轮的前面或切线方向。

链接

砂轮机借助高速旋转砂轮的切削作用除去工件表面的多余层，其操作过程容易发生伤害事故。无论是正常磨削作业、空转试验，还是修整砂轮，操作者都应站在砂轮机的斜前方。不许站在砂轮正面操作，不允许多人共同操作。

砂轮机一般应设置专用的砂轮机房，不得安装在正对着附近设备、操作人员或经常有人过往的地方。如果因条件限制不能设置专用的砂轮机房，则应在砂轮机正面装设不低于1.8 m高度的防护挡板。

（三）砂轮的维护

砂轮主轴转速应定期检查，并做记录。

砂轮主轴安装砂轮部位应定期检查，有磕碰等异常现象时严禁使用。

发生砂轮破坏事故后，应及时检查砂轮防护罩是否有损伤，砂轮卡盘有无变形或不平衡，砂轮主轴端部螺纹和压紧螺母是否有损坏，检查合格后方可重新安装使用。

磨削机械的除尘装置应定期检查和维修，以保持其除尘能力。

其他相关内容考生可参考《砂轮机　安全防护技术条件》进行学习。

第7节　剪板机的安全防护技术

一、剪板机

由墙板、工作台和运动的上横梁（刀架）组成的机器，工作台上固定着下刀片，上横梁上固定着上刀片。刀片剪切角度可以是固定的，也可以是可调的，通常称为剪床或剪板机。

二、剪板机存在的主要危险

剪板机存在的危险包括：

（1）机械危险，由剪板机零部件或工件产生、机器内部能量积聚而产生。

（2）电气危险。

（3）热危险。

（4）噪声产生的危险。

（5）辐射产生的危险。

（6）使用机械或加工产生的材料和物质危险。

（7）机器设计时忽视人类工效学造成的危险。

（8）意外起动、意外超程、超速。

(9)能源供应故障、控制线路故障、装配错误、操作中断。

(10)跌落、飞出物体或液体,机器失稳和机器倾倒,滑倒、绊倒、跌落危险。

其中,(1)~(7)项为主要危险。

三、剪板机的安全要求和防护措施

(一)基本设计要求

不允许使用液压或气动装置来操纵制动器制动,除非有措施确保在流体或气体失压的情况下制动器能保持其功能,离合器能脱开。

设计应确保:

(1)用于制动器制动或脱开离合器的弹簧应为压缩型。

(2)应使用多个弹簧组件。

(3)弹簧的规格、尺寸、要求应一致。

(4)压紧弹簧调整时,压紧装置应锁定以防止弹簧松弛。

(5)应能防止弹簧的缠绕。

离合器和制动器的结合和脱开不应影响其安全功能。一般应采用离合器-制动器组合结构,以减少同时结合的可能性。

制动器和离合器设计时应保证任一元件的失效不能引起其他元件失效,以免快速出现危险性的失效。破裂或松动的零件不应引起制动器或离合器失效。

产生的热量如能产生危险情况,应采取散热措施。

不应使用带式制动器制动刀架滑块。

离合器在允许的极限使用条件下,应在正确的位置接合和中止行程。

离合器及其控制系统应确保在气动、液压或电气动力源失效的情况下离合器脱开,制动器立即制动。

剪板机气动控制系统的阀和其他需要润滑的零件应提供可视的自动润滑装置将油导入气动管路。

液压系统回路应使用安全阀进行保护。

关于剪板机的基本设计要求的其他内容,下面以典型例题的形式进行介绍。

典型例题

【单选题】离合器是操纵曲柄连杆机构的关键控制装置,在设计时应保证(　　)。

A. 任一零件失效可使其他零件联锁失效

B. 在执行停机控制动作时离合器立即接合

C. 刚性离合器可使滑块停止在运行的任意位置

D. 急停按钮动作应优先于其他控制装置

D。**【解析】**制动器和离合器设计时应保证任一元件的失效不能引起其他元件失效,以免快速出现危险性的失效。故选项A错误。在执行停机控制动作时离合器立即脱开,制动器立即接合。故选项B错误。刚性离合器只能使滑块停止在上死点,不能使滑块停止在运行的任意位置。故选项C错误。

(二)操作危险区的机械危险

剪板机的操作危险区是刀片及其关联区域,应采取安全防护措施来防止危险,当间隙不超过 6 mm 时,则不需要安全防护。

设计者、制造者和供应商应选择固定式防护装置保护暴露于危险区的人员。如固定式防护装置不可行,则应根据重大危险和操作方式选择联锁防护装置和光电保护装置。

对于从剪板机前面进入危险区的情况,安全防护装置的要求如下:

(1)固定式防护装置应防止从剪板机前面接近运动刀片和压料装置所形成的危险区。固定式防护装置应牢固地安装在机器上。应防止通过工作台上的沟槽和压料装置进入危险区。

(2)不带防护锁的联锁防护装置应与固定式防护装置结合使用,在任何危险运动过程中应能防止进入危险区(压料装置/剪切线)。只有防护装置关闭后才能启动剪切行程。相关联锁装置的设计和制造应符合规定。不带防护锁的联锁防护装置应安装在操作者伤害发生前没有足够时间进入危险区域的位置,安全距离应按照剪板机总响应时间和操作者的速度进行计算。

(3)采用光电保护装置时,只能从光电保护装置的检测区进入危险区。应提供附加的安全防护装置,阻止从其他方向进入危险区。附加的安全防护装置应确保人或任何身体部位不能进入危险动作区域。如果人体的任一部分引起了光电保护装置动作,任何危险动作应停止,亦不可能启动。复位装置应放置在可以清楚观察危险区域的位置,每一个检测区域严禁安装多个复位装置。如果后面由光电保护装置防护,每个检测区域应安装一个复位装置。光电保护装置应安装在操作者接触危险区域、伤害发生前危险运动已经停止的位置。安全距离的计算应根据剪板机的总停止响应时间和操作者接近危险区域的速度计算。

对于后挡料和前托料的要求如下:如果剪板机配备了可调整的前托料和后挡料,即使配备了后托料,后挡料的设计也不允许将后挡料调整到刀口之间。后挡料(电动或非电动)和前托料(如果配备)不能将其调整到刀口下方。

对于从剪板机侧面进入危险区的情况,应安装固定式防护装置防止进入刀口和压料脚构成的危险区域。

对于从剪板机后部进入危险区的情况,安全防护装置的要求如下:

(1)剪板机后部的固定式防护装置用于防止从剪板机后部接触刀架和电动后挡料,并且允许剪切后的板料移动到安全位置。

(2)联锁防护装置若处于打开位置,任何危险动作都应停止。应确认防护装置关闭后,剪刀、电动后挡料和辅助装置才能开始运动。如果允许人体全部进入防护区域,需要配备复位控制装置。

(3)光电保护装置应阻止从剪板机后部接触刀口、电动后挡料和辅助装置的危险运动。

在剪板机的后部应有托料装置、防止剪切后的落料造成伤害风险。如剪板机完成工作需从多个侧面接触危险区域,每一个侧面的防护都应符合要求。

剪板机应有单次循环模式,选择单次循环操作后,即使控制装置持续有效,刀架和压料脚也只能工作一个行程。

应确保剪切之前将剪切材料压紧,压紧后的板料在剪切时不能移动。

刀片不能仅靠摩擦安装固定。剪板机上的所有紧固件应紧固,并应采取防松措施,以免引起伤害。

关于剪板机的安全要求和防护措施的其他内容,下面以典型例题的形式进行介绍。

典型例题

【多选题】某厂李某在 Q11 -6X2500 型剪板机上剪切钢板，作业过程中，李某在送钢板时，右手伸进了剪板机的剪切面，并在此时误动了脚踏开关，剪板机瞬间动作，将李某右手食指、中指、无名指剪断。为避免此类事故再次发生，该厂针对剪板机设计上的缺陷，拟定了下列改进措施，正确的有(　　)。

A. 剪板机的操作危险区增加光电保护装置

B. 剪板机的侧面设置一个紧急停止按钮

C. 剪板机的操作危险区设置安全监控装置

D. 剪板机的操作危险区设置联锁防护装置

E. 将剪板机的后挡料装置调整到刀口下方

ACD。【解析】剪板机因具有较大危险性，必须设置紧急停止按钮，其安装位置应便于操作人员及时操作。紧急停止按钮一般应设置在剪板机的前面和后面。故选项 B 错误。剪板机后部危险性较大，必须设置后挡料装置。调整后挡料装置应注意，不得使其位于刀口之间或刀口下方。故选项 E 错误。

第 8 节　木工机械的安全防护技术

一、木工机械

木工机械是指使用切削、成型、接合装配和涂布等方法用于加工木材、人造板及其类似材料，使之获得所要求的几何形状、尺寸精度和表面质量的机器。

二、木工机械存在的主要危险

木材机械加工过程存在多种危险有害因素，包括机械因素、生物因素、化学因素、粉尘因素、火灾和爆炸因素、噪声因素、振动因素等，由此会造成机械伤害、生物效应危害、化学危害、粉尘危害、火灾和爆炸危险、噪声危害、振动危害等。

机械伤害是木工机械作业中常见的事故之一，主要包括刀具的切割伤害(如工人在操作过程中，因误触锯条造成手指割伤)、木料的冲击伤害(如木材加工作业中，因夹锯造成木材反弹伤人)、飞出物的打击伤害(如刀具切割木料时，刀具飞出伤人)等。木材机械加工对人体的伤害中，发生概率最高的是切割伤害。

木材机械加工过程中，因加工工艺、加工对象、作业场所环境等因素，不仅存在切割、冲击、粉尘、火灾、爆炸等危险，还存在对作业人员造成危害的生物效应危险。生物效应危险会引起人体皮肤症状、视力失调、过敏症状等，也可能引起呼吸系统刺激和病变症状等。

三、木工机械安全要求

(一) 木工圆锯机安全要求

木工圆锯机上的旋转圆锯片应设置防护罩。

因特殊原因，锯片不能设置防护罩时，应在锯片前上方设置安全挡板(或挡帘)，或者采取保证操作者安全的其他防护措施。

吊截圆锯机、万能摇臂圆锯机应设置能罩住锯片上部和锯轴端部的防护装置，并应能控制锯屑不往操作者方向排出，锯片下部暴露部分不应大于加工件厚度10 mm。在可能情况下，该防护装置应能随加工件厚度的变化而自动调整。

具有纵剖功能的手动进料圆锯机应设置分料刀。自动进料圆锯机应设置止逆器、压料装置和侧向防护挡板。

具有横截功能的圆锯机应设置压紧或夹持锯切工件的装置。应设置限制锯片移动的装置，锯片向操作人员一边移动时，不得超出工作台范围。圆锯机应保证能使锯片强制回位，并稳定在原始位置上。

自动进给纵剖木工圆锯机的开启锯轴和锯片部分的防护罩应与机器启动联锁。

木工圆锯机应按规定设置分料刀和止逆器。

机器必须设有急停操纵装置。

链接

圆锯机是以圆锯片对木材进行锯切加工的机械设备。锯片的切割伤害、木材的反弹打击伤害是其主要危险。手动进料圆锯机必须安装分料刀，分料刀应设置在出料端，以减少木材对锯片的挤压，防止木材的反弹。分料刀及其安装位置应具备下列特性：

(1)分料刀应采用抗拉强度不低于580 N/mm^{2}的钢或与其相当的材料制造，两侧面应平整(直线度在100 mm测量长度上为0.1 mm)，其宽度应介于锯身厚度与锯料宽度之间。

(2)分料刀的引导边应是楔形的，以便于导入。分料刀在全长上厚度要一致，其公差为±0.05 mm。

(3)分料刀应能作垂直调整，当按要求安装时，使其顶部不低于锯片圆周上的最高点。

(4)分料刀的结构应确保其安装和调整时能使其与锯片最靠近的点与锯片的距离不超过3 mm，其他各点与锯片的距离不得超过8 mm。

(5)分料刀前、后的廓线应是连续的曲线或直线，不应有任何削弱其刚度和强度的弯曲。

(6)分料刀的固定装置应保证分料刀与锯片主法兰盘之间的相对位置符合规定的公差。锯片升、降和倾斜时，分料刀与锯片主法兰盘之间的相对位置应能保持。

(7)分料刀刀刃的圆弧半径不应大于圆锯片半径。

(二)木工带锯机及锯条安全要求

木工带锯机的锯轮和锯条应设置防护罩。机器上锯轮处于最高位置时，其上端与防护罩内衬表之间的间隙不小于100 mm。锯条的防护罩要能同锯卡一起升降，除锯卡与工作台(或横船)之间的锯条部分外，锯条的其余部分都应封闭。

机器上锯轮机动升降操纵机构应与锯机启动操纵机构联锁。

机器下锯轮上应设置制动装置，制动持续时间不得超过25 s。

机器上应设置清除黏着在锯轮和带锯条上的锯屑、树脂等黏着物的装置。

带锯条的厚度应根据带轮的直径规格来选择，不应小轮径选用大厚度的锯条。

带锯条接头焊接应牢固平整，焊接接头不得超过3个，接头与接头之间的长度应为总长的1/5以上。接头厚度应与锯条厚度基本上保持一致。锯条接头对接时，接缝应在齿距中央。锯条接头搭接时，搭接宽度应视锯条的宽度和厚度而定，一般为9～11 mm。

机器必须设有急停操纵装置。

链接

带锯机是以一条开出锯齿的无端头的带状锯条为刀具，锯条由高速回转的上、下锯轮带动，实现直线纵向剖解木材的木工机械。为安全起见，应严格规范带锯机操控机构。带锯机操控机构的安全要求如下：

(1)启动按钮应设置在能够确认锯条位置状态、便于调节锯条的位置上。

(2)启动按钮应灵敏、可靠，不应因接触振动等原因而产生误动作。

带锯机锯条的齿深不得超过锯宽的1/4。

(三)木工平刨床安全要求

机器应设置支承工件安全加工的工作台和导向工件安全进给的导向板。

链接

工作台升降机构和导向板必须能自锁或必须设有锁紧装置。安装后的工作台面离地面高度应为750～800 mm。

手动进给木工平刨床的刀具在导向板前面，应设置固定在机器上的可调式或自调式的防护装置来防护。防护装置的类型可选择桥式防护装置或扇形板式防护装置。

手动进给木工平刨床的刀具从导向板后面进入刀轴，应设置固定在导向板上或是固定在导向板支承上的防护装置来防护。防护装置应设置为：随导向板移动；能覆盖刀体的全长和直径。

刀具的传动机构应设置固定式防护罩。

必须设置一个在前进给端操作者操作的位置可触达的急停操纵装置。

刀轴是刨刀床的工作装置。刀轴由刨刀体、主轴和刨刀片组成，装入刀片后的总成，称为刨刀轴或刀轴。刨刀体是用来安装刀片的金属本体，有棱柱形和圆柱形两种。刀轴、刀片及其装配的安全要求如下：

(1)平刨床使用刀轴的刨刀体应为圆柱形，手工操作的平刨床严禁使用方形和各种棱柱形刨刀体。组装后的刀槽应为半封闭形或封闭形。

(2)刨刀片的宽度应大于30 mm，重磨后的宽度不得小于原宽度的2/3。

(3)组装后的刨刀片径向伸出量应控制在1.1 mm之内，刀片在刨刀体端截面上的径向伸出量允许偏差不得大于0.05 mm。

(4)组装后的刀轴须经强度试验和离心试验，刀轴外露区域应尽量减小以保证安全。

(5)刀轴的驱动装置所有外露旋转件都必须有牢固可靠的防护罩，并在罩上标出单向转动的明显标志。它还必须设有制动装置，在切断电源后，保证刀轴在下述规定的时间内停止转动：刨床宽度≥300 mm 的为 10 s；刨床宽度＜300 mm 的为 5 s。此外，它还应设有刀轴定位的止动锁定机构，保障刀片装卸时的安全。

（四）单面木工压刨床安全要求

机器应设置支承工件安全加工的工作台和常闭式结构的指形止逆器；机器的工件输入端应设置限制机器安全加工最大切削深度的深度限位器。

机械进给的机器应设置防护装置使当从机器侧面进入运动零部件的区域时得到防护；当进入设置在切削深度限位器上方的运动零部件区域时，应通过固定式的防护装置或在打开位置固定的联锁活动式防护装置得到防护。

刀具传动机构应设置固定式的防护装置。若操作者需伸手进入这一防护区域进行维修或调整工作时，则可使用活动式防护装置，使用活动式防护装置时，防护装置开启应与机器启动联锁。

必须设置一个在前进给端操作者的操作位置可触达的急停操纵装置。

（五）护指键式和护罩式木工平刨床安全要求

平刨床刀轴防护装置应符合下列要求：

（1）每次切削前，护指键（或护罩）必须在刨床全宽上盖住刀轴。

（2）护指键式结构。相邻护指键的间距不得大于 8 mm。切削时仅打开与工件宽度相应的部分，其余护指键仍留在原位。留在原位的护指键一般要求还能自锁或已被锁紧。打开的切削通道的宽度大于工件宽度 8 mm 时，允许用导向板将侧隙调至 8 mm 以下。

（3）内护罩式结构。不参与切削的刀轴部分应由其他形式的辅助防护装置（如护板）盖住。且辅助的防护装置应始终与工件接触，不能接触的边缘距离在工作台开口区内应小于 8 mm。

（4）护指键或护罩应有足够的刚度和强度。全体护指键在承受 1 kN 的径向压力，且单个护指键在承受 70 N 径向压力时，或整体式护罩在承受 1 kN 径向压力时，它们径向位移后与刨刀刃间的余隙应大于 0.5 mm。

（5）护指键（或护罩）应有足够的闭合灵敏度，从接到闭合指令开始至关闭为止，其闭合时间建议不得超过 80 ms。

（6）护指键或护罩以及其辅助保护装置，不得涂覆耀眼和反光的色泽（如白色）。

四、木工机床安全要求

（一）机械危险的防护

1. 稳定性和运转中的断裂危险

稳定性和运转中的断裂危险的安全要求应符合相关规定。

2. 刀夹和刀具的结构

所有刀具、刀轴及它们的联接部分应用与其使用情况相适应的材料制造，即必须能承受最高转速的许用应力、切削应力和制动过程的应力。

旋转的刀具，除钻头外应作出最高许用工作转速的标记。

旋转刀具应按产品安全标准的要求进行平衡。

刀具、刀夹和刀体应可靠地固定在机床上，当起动、运转和制动时不会松脱。

在手动进给的机床上应限制刀片伸出刀体的伸出量。在安装、调整刀具时，可能引起转动而造成伤害的刀具主轴；制造者必须规定安全措施对此进行防护。

3. 制动系统

若刀具主轴的惯性运转过程中存在与刀具的接触危险，则机床上应装有一个自动制动器，使刀具主轴在足够短的时间内停止运动。足够短的时间是指：

(1)小于 10 s。

(2)小于起动时间，但不得超过具体机床标准中规定的时间(对于起动时间大于 10 s 的刀具主轴)。

4. 将抛射的可能性和影响降低到最小的装置

在存在抛射风险的机床上，必须设有相应的安全防护装置，例如：

(1)在单轴铣床上采用横向进给挡块进行开槽加工。

(2)在圆锯机上采用分料刀。

(3)在多锯片圆锯机和压刨床上采用止逆器。

(4)分料刀或工件导向装置，及一个止逆装置或夹紧装置。

这些装置应保证能防护机床的整个工作范围(高度、宽度)，能承受材料的冲击力，当包含有活动的零件，例如爪，则必须能在工作范围内自由活动以及易于保养。

提示

木工加工中，木料反弹是常见的危险，针对木料反弹应采取的措施包括安全送料装置、分料刀、防反弹安全屏护装置。

5. 工件的支承和导向

对于手推工件进给的机床，工件的加工必须通过工作台，导向板等来支撑和定位。必须考虑机床的加工能力和预定使用。

工作台必须能保证工件的安全进给，具体机床安全标准应规定保证安全进给的尺寸和其他有关技术要求。

导向板(导向装置)应能保证工件进给中的正确位置，并应符合具体机床安全标准规定的尺寸要求和其他有关技术要求。

为了避免工件导向的中断，工作台和导向板的工作面应光滑，且缺陷和凹坑尽量少，表面的平面度应按具体机床精度标准的规定。

6. 进入机床运动零部件的防护

手动进给机床上防止与刀具接触的防护装置。在刀具的切削范围内应加以防护。适合的防护装置应采用：可调式防护装置；自调式防护装置；触发装置；刀具的无切削区，若不要求操作者进入，应用固定式防护装置来保证安全；可拆卸的进给装置。

机械进给的机床上的安全措施。刀具和进给辊、输送链、移动工作台等进给机构必须被安全防护。安全防护装置可以是下列的一种或几种组合：固定式防护装置；活动式防护装置；可调式防护装置或自调式防护装置；其他安全装置(电子图像系统、触发装置、压敏系统等)；全封闭的防护，或栅栏式防护装置。

传动装置的防护(刀具主轴、进给等)。传动装置(如带和带轮、链和链轮、变速齿轮等)若不是装在机体内(由机床外壳来防护),则应采用固定式防护装置来防护;若操作者需进入这范围,则应用活动式防护装置来防护。

提示

木工机械的刀轴与电器应有安全联控装置。

(二)非机械危险的防护

1. 火和爆炸

由于出现加工材料和粉尘的堆集,而导致燃烧和爆炸的危险。阻碍和降低这种危险的预防措施应是:

(1)阻止和减少粉尘和木屑堆集在机床上或机罩内。

(2)使用符合规定的电气装置。

(3)采用适当的容器装易燃流体。

(4)减小与热表面的接触。

2. 噪声

机床的结构应使用降低噪声的方法,尤其在声源上,考虑技术进步和可用性的情况下,将噪声的危险降低到最小的限值。可采取的降噪措施如下:

(1)减少振动。使用平衡的刀具;充分支承工件,尤其是工件接近切削点的位置。其他相关部位也应支承,如加工大型工件时。

(2)振动的传递。振动阻断器能有效降低振动,并减少机床面板上的噪声排放。在设计上周密地考虑如安装元件的尺寸、联合安装的方法、材料的密度等。

(3)降低主轴转速。

(4)部分包围。应考虑使用机床外罩、防护罩、吸尘装置等作为机床的隔声部分。

(5)吸音材料。

(6)隔声罩。

(7)隔音材料。机床面板易发生振动,应采用片状隔音材料。

(8)气流。围绕刀具进行的气动设计,如采用开槽或钻孔的工作台唇部,能减小噪声。

(9)刀具。选用静音刀具进行加工能降噪。例如圆形刀具能减少刀具抛射、用螺旋状刀具取代直线型刀具、非整体式组合铣刀,减振如片状/层压刀片等,能降低噪音。

(10)优化吸尘罩。当刀具旋转产生的气流方向与吸尘气流的方向不一致时,就会产生噪声。

3. 木屑、粉尘和有害气体的排放

木屑、粉尘和有害气体的排放的防护见下表。

木屑、粉尘和有害气体的排放的防护

项目	内容
一般要求	机床的结构应能避免机床上的木屑、粉尘和有害气体等生产性废料所产生的危险。如果存在这样的危险,则机床上应设置能将上述列举的材料采集或吸收的装置。如果在正常工作中,机床不能封闭,则上述列举的吸收和采集装置应设在与排放源尽量接近之处。粉尘(和其他危险物质)产生的危险,可通过采用适当的措施来降低和控制

（续表）

项目	内容
控制措施	应采取措施有效地从机床上收取粉尘和木屑。或是装入一个吸尘系统和收集系统；或是通过充分考虑和适当安排排放口，使机床能与用户的吸尘系统连接
吸尘空气速度	为了保证木屑和粉尘从其形成位置被输送到采集系统，建议吸尘罩、输送管、导风板的结构基于抽出气体在导管中的速度为 20 m/s（对于含水率小于等于 18% 的木屑）和 28 m/s（对于含水率大于 18% 的木屑）来设计和安装

4. 电气设备

所有电气设备应符合相关要求。

5. 热危险

必须采取措施消除由于接触或接近高温的机床零件或材料所引起的任何伤害的危险。

6. 振动

建议机床上应尽量采取减振措施，以降低机床的振动。

7. 其他

机床工作台面离地高度应按具体机床标准和相关规定确定。照明、气动装置、液压装置、激光产品应符合规定。机床的调整、维护和润滑点应在危险区外。

第 9 节　铸造机械的安全防护技术

一、铸造机械

铸造机械是指熔炼金属，制造铸型，并将熔融金属浇入铸型，凝固后获得具有一定形状、尺寸和性能的金属铸件的机械设备。

铸造设备主要包括砂处理设备、造型造芯设备、金属冶炼设备和铸件清理设备。

二、铸造作业存在的主要危险

铸造机械作业过程中存在着多种危险有害因素，包括火灾爆炸、灼烫、机械伤害、尘毒危害、噪声振动、高温和热辐射。此外，铸造作业过程中也可能发生高处坠落。

引起火灾及爆炸的原因包括铁水飞溅在易燃物上、红热的铸件遇到易燃物、水落到铁水表面。爆炸危险更容易发生在铸造作业的浇铸工序中。

冲天炉、电炉是铸造作业中的常用金属冶炼设备，在冶炼过程会产生大量危险有害气体。电炉运行过程中会产生一氧化碳。

三、铸造机械安全要求

机器及零部件的设计结构应符合标准规定的要求。

机器外露零部件包括安装在机器上的附属装置应符合安全要求。

机器工作时，如存在因加工材料、碎块（材料、模具破裂）、弹丸、制件或液体等从机器中飞出或溅出而发生危险的情况，则应采取相应的提示防护措施或设置透明的防护罩、隔板等，其强度应能承受可以预料的负荷。

机器应根据自身的结构特点和工艺对象及操作方式设置相应的安全防护装置和阻挡装置。

机器的重要零部件必要时应进行探伤检查。

机器的气动系统、液压系统、电气系统应符合规范的要求。

机器的结构及各零部件应有足够的强度、刚度及稳定性。在按规定条件制造、安装、储运和使用时，不应对人员造成危险。

当动力或控制信号中断时，制动、夹紧、提升或下降等动作应保证处于安全状态。

四、铸造防尘技术措施

铸造机械作业过程中防治的重点是尘毒危害。

（一）防尘的工艺措施

1. 工艺布置

工艺设备和生产流程的布局应根据生产纲领、金属种类、工艺水平、厂区场地和厂房条件等结合防尘技术综合考虑，均应设计合理的除尘系统。

污染较小的造型和制芯工部在集中采暖地区应布置在非采暖季节最小频率风向的下风侧，在非集中采暖地区应位于全年最小频率风向的下风侧。

砂处理和清理等工部宜用轻质材料或实体墙等设施和车间其他工部隔开，大型铸造工厂的砂处理、清理工部可布置在单独的厂房内。

浇注区应布置在车间通风良好的位置。

合箱、落砂、开箱、清砂、打磨、切割、焊补等工序宜固定作业工位或场地，便于采取防尘措施。

大批量生产的清理工作台连续成排布置时，应将各工作台面分隔开。

在布置工艺设备时，应为除尘系统的工艺流程（包括除尘罩位置、风管敷设、平台位置、除尘器设置、粉尘集中处理或污泥清除等）的合理布局提供必要的平面位置和立体空间等条件。

工艺设备的运行控制，应与除尘系统的运行联锁控制，应确保通风除尘设备先于工艺设备提前运行和滞后于工艺设备停止运行。

2. 工艺设备

凡产生粉尘污染的定型设备（如混砂机、筛砂机、带式输送机、抛丸喷丸清理设备等），制造厂应配制密闭罩；非标设备在设计时应附有防尘设施。铸造工艺设备的排风量应符合规定。

炉料准备的称量、送料及加料应采用机械化装置。

散粒状干物料输送宜采取密闭化、管道化、机械化和自动化措施，减少转运点和缩短输送距离。

输送散粒状干物料的带式输送机应设密闭罩。带式输送机用作倾斜输送时，根据物料种类、粉尘特性及防尘要求，应不超过其最大允许倾角。卸料落差大于1.0 m时，应采用倾斜溜管向下部带式输送机卸料，受料点设密闭导料槽。

砂准备及砂处理生产应半密闭化或密闭化、机械化。

大量的粉状辅料宜采用密闭性较好的集装箱(袋)或料罐车运输,采用气力输送到铸造车间料仓内。

散粒状干物料料仓应密闭,并设料位指示器及仓顶无动力除尘器。

黏土砂混砂工艺不宜采用扬尘大的爬式翻斗加料机和外置式箱式定量器,宜采用带称量装置的密闭混砂机。

批量生产时,应采用生产线作业。

3. 工艺方法

宜采用溃散性好、粉尘危害性小的砂型生产工艺。在采用新工艺、新材料时应防止产生新的污染。

冲天炉熔炼不应加萤石。有色金属的熔炼宜采用无毒或低毒添加剂。

应改进各种加热炉窑的结构、提高燃料品质和改善燃烧方法,减少烟尘散发量。

回用热砂应进行降温除灰处理,根据生产率的高低,采用不同类型的冷却装置。

铸型落砂后的旧砂宜通过密闭振动给料、磁选,经由配置密闭排风罩的带式输送机运送。

4. 工艺操作

应选用附着杂质较少的炉料,并宜经过预处理。金属炉料宜存放在避雨处,焦炭宜经过筛选。在工艺允许的条件下,宜采用湿法作业。手工落砂时,铸件温度宜在 50 ℃以下,不宜采用压缩空气清铲。铸件的表面清理,不宜采用干喷砂作业。落砂、打磨、切割等操作条件较差的场合,宜采用机械手遥控隔离操作。

关于工艺操作的其他内容,下面以典型例题的形式进行介绍。

典型例题

【单选题】为降低铸造作业安全风险,在不同工艺阶段应采取不同的安全操作措施。下列铸造作业各工艺阶段安全操作的注意事项中,错误的是(　　)。

A. 配砂时应注意钉子、铸造飞边等杂物伤人

B. 落砂清理时应在铸件冷却到一定温度后取出

C. 制芯时应设有相应的安全装置

D. 浇注时浇包内盛铁水不得超过其容积的85%

D。**【解析】**配砂作业过程中的不安全因素主要有:粉尘污染;操作者被钉子、铁片、铸造飞边等杂物扎伤;操作者在混砂机运转时伸手取砂样或试图铲出型砂,造成被打伤或被拖进混砂机等。落砂清理作业是指待铸件冷却到一定温度后,将其从砂型中取出,并从铸件内腔中清除芯砂和芯骨的过程。此过程中可能发生烫伤事故。造型作业即制造砂型的工艺过程。造型机、制芯机多数以压缩空气为动力源,在结构、气路系统和操作中,应设有限位装置、联锁装置、保险装置等相应的安全装置,以防止设备发生事故或造成人身伤害。浇注作业通常包含烘包、浇注和冷却三个工序。在浇注前需要检查浇包是否符合要求,浇包盛铁水不得太满,不得超过容积的 80%,以避免溅出伤人;同时还要检查升降机构、倾转机构、自锁机构及抬架是否完好、灵活、可靠;在进行浇注时,如扒渣棒、火钳等所有与金属溶液接触的工具,都需要进行预热,避免发生与冷工具接触产生飞溅的情形。

(二)防尘的建筑措施

1. 厂房位置与朝向

在集中采暖地区,铸造车间应位于其他建筑物的非采暖季节最小频率风向的上风侧,在非集中采暖地区,其应位于全年最小频率风向的上风侧。

提示

简单来说,铸造车间应布置在厂区内不释放有害物质的生产建筑物的下风侧。

厂房主要朝向宜南北向。

2. 厂房平面布置

厂房平面形式应在满足生产纲领和工艺流程的前提下同时结合建筑、结构形式和通风降温、防尘、除尘等要求综合考虑。中、小型铸造厂房采用矩形平面布置时,不宜超过三跨,且宜将清理工部与其他工部隔开。在有良好通风防尘、除尘措施的情况下,铸造车间也可采用多跨矩形厂房。

铸造车间四周应有一定的绿化地带。

3. 厂房竖向设计

铸造厂房除设计有局部通风装置外,还应利用天窗、屋顶通风器或设置屋顶通风机进行全面通风。铸造厂房的天窗应防雨。排风天窗宜布置在热源的上方。熔化、浇注区应设避风天窗或屋顶通风器。落砂、清理区宜设避风天窗或屋顶通风器。

拱形屋架的高低跨不宜采用横向天窗;大量产生烟尘的工部以及风沙、寒冷、积雪地区不宜采用下沉式天窗;产生余热、烟尘的工部,不宜采用通风屋脊。

有桥式吊车的边跨,宜在适当高度位置设置能启动的窗扇,位于多尘、高温区的桥式吊车操作室应密闭、隔热,并采取通风、空调措施。

采用屋顶通风机进行全面通风的铸造车间,其高侧窗宜密闭。

(三)防尘的设备措施

所有破碎、筛分、混辗、清理等设备均应采取密闭或半密闭措施。应根据不同的粉尘污染情况,分别采取局部密闭罩、整体密闭罩或密闭室等不同的密闭方式。密闭装置应符合便于操作、拆卸、检修、结构牢固、轻便、组合严密与安全等原则,不应由于振动或受料块冲击而丧失其严密性。密闭罩宜采用凹槽结构。

(四)防尘的其他措施

防尘的其他措施包括湿法作业与真空清扫、个体防护等,应符合相关规程的规定。

(五)炉窑的除尘措施

1. 炼钢电炉

炼钢电弧炉的排烟净化方式应根据冶炼工艺、工艺布置、炉型、容量、厂房条件、水源情况、安全防护、职业卫生、环境保护、节能要求及维护管理水平等条件具体分析和综合考虑来决定。

排烟宜采用下列方式:炉外排烟;炉内排烟;炉内外结合排烟;屋顶排烟;导流式排烟罩 + 屋顶排烟;内排烟 + 屋顶排烟;炉侧连续装料兼炉侧(内)排烟 + 屋顶排烟等。

电弧炉的烟气净化设备应采用满足相应标准要求的除尘设备。

提示

满足相应标准要求的除尘设备如干式高效除尘器。

2. 冲天炉

冲天炉的烟尘净化方式应根据炉型、燃料种类、加料口开敞情况、水源条件、安全防护、职业卫生、环境保护、节能要求及维护管理等条件进行具体分析和综合考虑。

烟尘净化宜采用机械排烟净化设备:如袋式除尘器、电除尘器、高效旋风除尘器、滤筒式除尘器等,除尘器的粉尘排放浓度应符合大气排放标准要求。机械通风除尘系统宜采用二级除尘系统。

3. 有色金属熔炼炉与其他窑炉

熔铜、熔锌、熔镁、熔巴氏合金的坩锅炉、感应电炉(工频、中频)、电阻炉、反射炉均应设通风除尘系统。熔铝炉只需设排风装置。

原砂烘干用的平板干燥炉、立式干燥炉、卧式滚筒干燥炉、振动沸腾烘砂炉、三回程滚筒烘砂装置等均应设通风除尘系统,并应考虑防止结露、粘袋堵塞的措施。

(六)铸造原材料处理的除尘措施

铸造原材料处理包括破碎与辗磨处理,筛选分离处理,冷却处理,型砂、芯砂处理,物料的输送及卸料处理,物料储存等。下面主要介绍考试中涉及的破碎与辗磨处理的除尘措施。

颚式破碎机上部:当直接给料落差小于 1.0 m 时,可只做密闭罩而不排风;如用溜管或格栅给料,落差大于或等于 1.0 m 时,加料口应设置排风密闭罩。

颚式破碎机下部排料至带式输送机:当上部有排风,且下部落差小于 1.0 m 时,下部可只做密闭罩而不排风;不论上部有无排风,当下部落差大于或等于 1.0 m 时,下部应设置排风密闭罩。

不可逆锤式破碎机加料口应加以密闭,并设置密封阀,卸料口应设置排风密闭罩,并在加料口和卸料口的密闭罩上设置自然循环风管。

球磨机的旋转滚筒应设在全密闭罩内。

提示

防尘技术措施除了上述内容外,还包括造型制芯的除尘措施,落砂的除尘措施,清理、修整的除尘措施等,这些措施在考试中不涉及,简单了解有这方面的措施即可。

第 10 节　锻压机械的安全防护技术

一、锻压机械

锻压机械是指在锻压加工中用于成形和分离的机械设备。锻压机械主要用于金属成形,所以又称为金属成形机床。锻压机械是通过对金属施加压力使之成形的,力大是其基本特点,故多为重型设备。

在锻压车间里的主要设备有锻锤、压力机(水压机或曲柄压力机)、加热炉等。生产工人经常处在振动、噪声、高温灼热、烟尘,以及料头、毛坯堆放等不利的工作环境中,因此,对操作这些设备的工人的安全卫生应特别加以注意;否则,在生产过程中将容易发生各种安全事故,尤其是人身伤害事故。

二、锻压机械作业存在的主要危险

锻压机械作业主要是锻造。锻造是一种利用锻压机械对金属坯料施加压力,使其产生塑性变形以获取具有一定机械性能、形状和尺寸锻件的加工方法。锻造是金属压力加工的方法之一,是机械制造的一个重要环节,可分为热锻、温锻和冷锻。锻压机械在锻造过程中危险有害因素较多。

热锻加工过程中,坯料常加热至 800 ~ 1 200 ℃,操作工若不小心接触到高温坯料,则会被烫伤;高温坯料或锻件、飞溅的氧化皮等物质遇到易燃易爆物品时,还会引发火灾爆炸事故。热锻加工过程中,机械设备、工具或工件的错误选择和使用,人的违章操作等,都可能导致伤害。锻造过程中易发生下列机械伤害:送料过程中造成的砸伤,辅助工具打飞击伤,锤杆断裂击伤,锤头击伤,操作杆打伤,冲头打崩伤人,锻锤撞击伤人,锻件打飞伤人。因此,热锻加工过程中存在的危险有害因素有火灾、机械伤害、爆炸、灼烫。

三、锻压机械安全要求和措施

锻压机械及零部件、附属装置的设计应符合标准的规定。锻压机械设计时应进行风险评价并采取减小风险的措施。

通过设计不能避免的危险,应采取安全防护措施,对于无法通过设计、采取安全防护措施而避免的遗留危险应用信息通知或警告操作者。

不应有导致人员伤害的锐边、尖角(功能有要求的除外)。

锻压机械上的螺钉、螺母和销钉等紧固件,因其松动、脱落会导致零部件移位、跌落而造成事故时,应采取可靠的防松措施。

锻压机械应按自身的结构特点、工艺对象和操作方式设置相应的安全防护装置和阻挡装置。锻压机械应按其自身的结构特点,设置合适的安全监督控制装置,对锻压机械的安全运行状况进行监控。

锻压机械的启动装置必须确保能迅速开关设备,并确保设备能连续可靠地运行和停车。启动装置的结构应能避免锻压设备自动开动或意外开动。电动启动装置的按钮上需标有“启动”“停车”等字样,并且停车按钮的颜色为红色,其位置比启动按钮高 10 ~ 12 mm。

锻压机械的结构不但应保证设备运行中的安全,而且应能确保安装、拆卸和检修等环节的人身安全。因此,锻压机械应采取安全措施,保证操作人员的安全。启动装置的结构应能防止锻压机械意外动作。对于经过大修理的锻压设备,应先进行验收和试验,合格之后方能使用。高压蒸汽管道上应装有安全阀和凝结罐,以消除水击现象、降低突然升高的压力。模锻锤的脚踏板应置于用角钢制作的架子并配以钢板的挡板之下,以此作为保护措施,在操作中操作者只需将脚伸入挡板内操纵即可。安全阀的重锤必须封在带锁的锤盒内。

锻压加工过程中,当红热的坯料、机械设备、工具等出现不正常情况时,易造成人身伤害。因此,在加工过程中必须对设备采取安全措施加以控制。锻压作业中可采取以下几方面的安全技术措施:锻压机械的外露传动装置应设有防护罩,防护罩应用铰链安装在锻压设备的不动部件上;机械的突出部分不得有毛刺、尖边或棱角;任何类型的蓄力器都应有安全阀,安全阀校验后应加铅封,并定期进行检查;蓄力器通往水压机的主管上应装有当水耗量突然增高时能自动关闭水管的装置。

第 11 节　机械压力机的安全防护技术

一、机械压力机

机械压力机是指金属或非金属材料通过在模具间成形而进行冷加工的机器,从主传动到模具间的能量传递是用机械方式来完成的。这种能量传递可通过飞轮和离合器或直接传动机构来进行。

二、机械压力机存在的主要危险

机械压力机存在的主要危险包括:

(1)机械危险,包括挤压危险、剪切危险、切割或切断危险、缠绕危险、吸入或卷入危险,以及冲击、碰撞危险和零件甩出危险。

(2)电气危险。

(3)热危险。

(4)噪音危险。

(5)振动危险。

(6)材料和物质产生的危险。

(7)忽略人类工效学原则产生的危险。

三、机械压力机的安全防护装置

(一)一般要求

安全防护装置应符合相关规范的要求,并应至少满足下列安全功能要求之一:

(1)在滑块运行期间,人体的任一部分不能进入工作危险区。

(2)在滑块向下行程期间,人体的任一部分不能进入工作危险区。

(3)在滑块向下行程期间,当人体的任一部分进入危险区之前,滑块能停止向下行程或超过下死点。

安全防护装置的本体构件,应具有确保安全防护装置功能所需要的强度和刚度,坚固耐用。

安全防护装置应采用可靠的防震、防松措施。

安全防护装置的定位销,应采取防脱落措施。

带有电气控制的安全防护装置不得因电器元件故障或停电等而引起滑块的意外行程;应有“正常”和“事故”的指示信号;其电气控制线路的额定电压应不高于 220 V。

安全防护装置的外部电线和电缆应选用耐冷却液和耐油的,并符合相关规定。

有多套安全防护装置的，转换时应采用带钥匙的转换开关，各转换位置上应标明安全防护装置。

安全防护装置应符合压力机预定使用的用途，并考虑相关的机械危险和其他危险。注意区分安全保护装置和安全保护控制装置。安全保护装置主要指拉（推或拨）手式安全装置、固定栅栏式安全装置、活动式安全装置等。安全保护控制装置主要指双手操纵装置、光电保护装置等。

（二）双手操纵装置

双手操纵装置包括双手按钮式操纵装置和双手柄式操纵装置。

双手柄式操纵装置适用于直接操纵离合器的压力机。双手柄式操纵装置应使用双手同时操作两个操纵手柄时，才能使压力机的离合器接合。

双手按钮式操纵装置应双手同步操作两个按钮时，才能使压力机的离合器接合，应能防止意外操纵和不当使用。双手按钮式操纵装置，应确保在单次行程操作时，每次全行程终止（滑块到达上死点），即使双手或单手继续按压操纵按钮，滑块也不能再起动。只有双手离开操作按钮后，才能进行再起动。双手按钮式操纵装置应确保在中断控制后，需要恢复以前，应先全部松开操纵按钮才能再起动。

多人操纵的压力机上，每个操作者都应具有双手按钮，且只有全部操作者协同操作时，才能操作使用。

（三）光电保护装置

光电保护装置是采用冗余技术、具有双路输出信号、依据光幕中光线的通或断的状态输出控制压力机滑块机构运行或停止命令的装置。

1. 选用、安装

（1）选用要求：光电保护装置的保护高度应能覆盖压力机滑块机构运行方向（通常是铅垂线方向）的操作危险区。光电保护装置的保护长度应能覆盖操作危险区。

（2）安装要求：光电保护装置在压力机上安装时应符合压力机有关标准的规定，且应符合保护安全距离和保护高度位置的要求。

2. 输出信号

光电保护装置应采用冗余技术，在正常工作中，当光幕被遮光或电源被断开时至少有两路输出信号进入“断开”状态。

3. 基本功能

（1）工作功能：当光幕通光时，向压力机输出允许运行信号。

（2）感应功能：当光幕被遮光时，在响应时间内向压力机输出停止运行信号。感应功能应在供方规定的保护区域或限定的范围内有效。除非采用特殊手段，否则就不能调节保护区域或限定的范围。当将规定的试件放在保护区域或限定的范围内任何位置时，不论试件运动与否（运动速度范围为 0 ~ 2.5 m/s），光电保护装置都应在响应时间内输出遮光状态的信号。

（3）回程不保护功能：在压力机工作循环的一段区间内设置使用回程不保护功能，此功能也可以被设置在压力机的控制线路中。使用回程不保护功能时应正确计算和设置或采取其他必要的安全措施以避免发生危险。设置使用光电保护装置的回程不保护功能时会有可能的危险存在,使用时要谨慎。

(4)自保功能:为用户选择功能,此功能也可设置在压力机的控制线路中。

(5)自检功能:光电保护装置本身发生导致监测能力丧失的任何故障,都应在响应时间内进入异常状态,输出信号变为“断开”(即向所控制的压力机输出停止运行信号),不准许出现失灵;当引起异常状态的故障存在时,光电保护装置不能通过重新开启主电源从异常状态中复位;光电保护装置发生任何单一故障或者两个故障,如检测精度降低或完全丧失、响应时间超出规定值、一路或多路输出信号进入断路状态,都应在响应时间内进入异常状态,输出信号为“断开”。如单一故障,如果一个故障的进一步发生的结果,仍同于第一个故障的结果,则第一个故障和随之发生的故障视为一个单一故障。

剪板机和压力机均属于冲压剪切机械。

使用冲压剪切机械进行生产活动时,存在多种危险有害因素并可能导致生产安全事故的发生。在冲压剪切作业中,常见的危险有害因素有机械危害、电气危险、热危险、噪声危害、振动危害、材料和物质产生的危害、忽略人类工效学原则产生的危害。

冲压机的危险有害因素中,危险性最大的是机械伤害。

第12节 安全人机工程

一、安全人机工程学的研究对象

人:是指活动的人体,即安全主体。

机:是广义的,它包括劳动工具、机器(设备)、劳动手段和环境条件、原材料、工艺流程等所有与人相关的物质因素。

人机结合面:人和机在信息交换和功能上接触或互相影响的领域(或称“界面”)。

人机关系示意图如下图所示。

人机关系示意图

二、人、机的功能

人在人机系统中的主要功能:传感器;信息处理器;操纵器。

机器在人机系统中的主要功能:接收信息;储存信息;处理信息;执行功能。

三、人机功能分配

在人机系统中,人和机器各自担负着不同的功能,在某些人机系统中还通过控制器和显示器联系起来,共同完成系统所担负的任务。根据人与机器各方面特性的差别,可以有效地进行人机功能的分配,进而高效地实现系统效能。

(一)人的特性

人的特性主要可分为心理特性和生理特性两部分。

1. 心理特性

事故统计表明,由人的心理因素引起的事故约占事故总量的70% ~75%,人的心理因素包括能力、性格、需要、情绪和意志,它们的区别如下:

(1)能力是人顺利完成某种任务的心理特征。

(2)需要是有机体感到某种缺乏而力求获得满足的心理倾向,它是有机体自身和外部生活条件的要求在头脑中的反映,是人们与生俱来的基本要求。

(3)性格是人对现实的稳定的态度和习惯化的行为方式。

链接

人的性格千差万别,根据表现形式可分为冷静型、急躁型、迟钝型、轻浮型和活泼型。其中,冷静型不易导致安全生产安全事故的发生。

(4)情绪是由肌体生理需要是否得到满足而产生的体验。

(5)意志是人自觉确定目标并调节行动达到目标的心理过程。

能力标志着人的认识活动在反映外界事物时所达到的水平,影响能力的因素有观察力、注意力、思维想象力、操作能力,以及记忆力、感觉、知觉等。

2. 生理特性

人的生理特性包括多方面的内容,与人机系统关系最为密切的是体力劳动强度与疲劳。

根据《工作场所有害因素职业接触限值　第2部分:物理因素》,常见职业体力劳动强度分级见下表。

常见职业体力劳动强度分级表

体力劳动强度分级	职业描述
Ⅰ(轻劳动)	坐姿:手工作业或腿的轻度活动(正常情况下,如打字、缝纫、脚踏开关等);立姿:操作仪器,控制、查看设备,上臂用力为主的装配工作
Ⅱ(中等劳动)	手和臂持续动作(如锯木头等);臂和腿的工作(如卡车、拖拉机或建筑设备等运输操作);臂和躯干的工作(如锻造、风动工具操作、粉刷、间断搬运中等重物、除草、锄田、摘水果和蔬菜等)
Ⅲ(重劳动)	臂和躯干负荷工作(如搬重物、铲、锤锻、锯刨或凿硬木、割草、挖掘等)
Ⅳ(极重劳动)	大强度的挖掘、搬运,快到极限节律的极强活动

典型例题

【多选题】劳动强度是以作业过程中人体的能耗量、氧耗、心率、排汗率等指标为根据,其从轻到重分为Ⅰ,Ⅱ,Ⅲ,Ⅳ级。根据我国对常见职业体力劳动强度的分级,下列操作中,属于Ⅱ级劳动强度的有(　　)。

A. 摘水果　　　　B. 驾驶卡车

C. 操作风动工具　　　　D. 搬重物

E. 操作仪器

ABC。**【解析】**Ⅱ级(中等劳动)的职业描述为:手和臂持续动作(如锯木头等);臂和腿的工作(如卡车、拖拉机或建筑设备等运输操作);臂和躯干的工作(如锻造、风动工具操作、粉刷、间断搬运中等重物、除草、锄田、摘水果和蔬菜等)。

体力劳动强度分级见下表。

体力劳动强度分级表

体力劳动强度级别	劳动强度指数/n
Ⅰ	$n \leq 15$
Ⅱ	$15 < n \leq 20$
Ⅲ	$20 < n \leq 25$
Ⅳ	$n > 25$

链接

我国工作场所不同体力劳动强度分级的依据是接触时间率和湿球黑球温度。劳动者在一个工作日内实际接触高温作业的累计时间与 8 h 的比率称为接触时间率。湿球黑球温度也称 WBGT 指数,是综合评价人体接触作业环境热负荷的一个基本参量,单位为℃。

根据《工作场所物理因素测量　第 10 部分:体力劳动强度分级》,体力劳动强度指数计算公式为:

$$I = 10 \times R_t \times M \times S \times W$$

式中,I——体力劳动强度指数;R_t——劳动时间率,%;M——8 h 工作日平均能量代谢率,kJ/min · m^2;S——性别系数:男性 =1,女性 =1.3;W——体力劳动方式系数:搬 =1,扛 =0.40,推/拉 =0.05。

根据《工业企业设计卫生标准》,冬季寒冷工作环境地点采暖温度应符合下表要求。

冬季工作地点的采暖温度(干球温度)

体力劳动强度级别	采暖温度/℃
Ⅰ	≥18
Ⅱ	≥16
Ⅲ	≥14
Ⅳ	≥12

疲劳可分为精神疲劳(脑力疲劳或心理疲劳)和肌肉疲劳(体力疲劳或生理疲劳),精神疲劳是一种懒散的、不愿意再作任何活动的懒惰感觉,一般与中枢神经活动有关,提示劳动者迫切需要休息;肌肉疲劳是指过度紧张的肌肉局部出现酸痛的现象,一般仅与大脑皮层局部区域活动有关。

疲劳产生的因素包括工作条件因素和作业者自身因素,下面以典型例题的形式进行介绍。

典型例题

【单选题】疲劳分为肌肉疲劳和精神疲劳,肌肉疲劳是指过度紧张的肌肉局部出现酸痛现象,而精神疲劳则与中枢神经活动有关。疲劳产生的原因主要来自工作条件因素和作业者自身因素。下列引起疲劳的因素中,属于作业者自身因素的是(　　)。

A. 工作强度　　　　B. 熟练程度

C. 环境照明　　　　D. 工作体位

B。【解析】属于作业者自身引起疲劳的因素包括作业者的熟练程度、作业者的操作技巧、作业者的身体素质及对工作的适应性,作业者的营养、年龄、休息、生活条件及劳动情绪等。选项 A,C,D 属于工作条件因素。

心理疲劳的诱因包括劳动内容单调、劳动环境缺少安全感、劳动技能不熟练,以及劳动效果不佳等。肌肉疲劳和精神疲劳可能同时发生,也可能不同时发生。

消除精神疲劳的措施包括播放音乐克服作业的单调乏味、科学地安排环境色彩、科学地安排作业场所布局、改善操作者的工作环境、合理安排作息时间。

(二)机器的特性

机器的特性如下:

(1)在信息处理方面,机器能够正确地进行计算,但不能及时修正错误;处理柔软物体比人差;图形识别能力比人差。

(2)在安全可靠方面,机器应对意外事件不能灵活处理;但单调重复作业的能力强;机器可连续、长期地工作,且在稳定性方面比人强;机器的工作性能不易出错、固定不变,出错则不易修正。

(3)在学习能力方面,机器的学习能力差,灵活性差。

(4)在环境适应性方面,机器能更好地适应不良环境条件,如机器能适应粉尘、强风暴雨、放射性环境。

(5)在成本方面,使用机器的一次性投资较高,但在寿命期限内的运行成本较低。

(6)在信息的交流与输出方面,在作精细调整时,多数情况下机器没有人做得好,难作出精细的调整。

(7)在信息接收方面,机器的接收范围非常广泛。

(三)人机特性比较

人与机器的优缺点比较见下表。

人与机器的优缺点比较

项目	机器	人
速度	占优势	时间延时为 1 s
逻辑推理	擅长于演绎而不易改变其演绎程序	擅长于归纳,容易改变其推理程序
计算	快且精确,但不善于修正误差	慢且易产生误差,但善于修正误差
可靠性	经可靠性设计后,在完成规定的作业中可靠性很高,而且保持恒定。但自身的检查、维修能力非常薄弱,不能处理意外的事态。在超负荷条件下可靠性突降	人脑可靠性远超过机械,但极度疲劳与紧急事态下很可能变成极不可靠,人的技术水平、经验以及生理和心理状况对可靠性有很大影响,可处理意外紧急事态
连续性/耐久性	能长期连续工作,适应单调作业,需要适当维护;耐久性高,并大大超过人的能力	容易疲劳,不能长时间连续工作,且受性别、年龄和健康状态等影响,不适应单调作业;耐久性低
灵活性	如果是专用机械,不经调整则不能改作其他用途。机器的任何功能均需要预先设定,但偶然事件具有随机性,无法将全部的偶然事件处理能力预先设定到机器中	通过教育训练,可具有多方面的适应能力;在偶然事件处理能力方面,人可以根据事件的具体情况随机应变,采取灵活的处理方法,充分发挥人的高度灵活性和可塑性以应对意外。人的偶然事件处理能力优于机器

（续表）

项目	机器	人
输入灵敏度	具有某些超人的感觉，如有感觉电离辐射的能力	在较宽的能量范围内承受刺激因素，支配感受器适应刺激因素的变化，如眼睛能感受各种位置、运动和颜色，善于鉴别图像，能够从高噪声中分辨信号，易受（超过规定限度的）热、冷、噪声和振动的影响
智力	无（智能机器例外）	能应付意外事件和不可预测事件，并能采取预防措施
操作处理能力	操纵力、速度、精密度、操作量、操作范围等均优于人的能力。在处理液体、气体、粉体方面比人强，但对柔软物体的处理能力比人差	可进行各种控制，手具有非常大的自由度，能极巧妙地进行各种操作。从视觉、听觉、位置和重量感觉上得到的信息可以完全反馈给控制器
记忆	最适用于文字的再现和长期存储	可存储大量信息，并进行多种途径的存取，擅长于对原则和策略的记忆

人与机器的特征机能比较见下表。

人和机器的特征机能比较

比较的内容	人的特征	机器的特征
感受能力	人可识别物体的大小、形状、位置和颜色等特征，并对不同声音和某些化学物质也有一定的分辨能力	接收超声、辐射、微波、电磁波、磁场等信号，超过人的感受能力
控制能力	可进行各种控制，且在自由度、调节和联系能力等方面优于机器。同时，其动力设备和效应运动完全合为一体，能“独立自主”	操纵力、速度、精密度、操作数量等方面都超过人的能力，但不能“独立自主”，必须外加动力源才能发挥作用
工作能力	可依次完成多种功能作业，但不能进行高速运算，不能同时完成多种操纵和在恶劣环境条件下作业	能在恶劣环境条件下工作，可进行高速运算和同时完成多种操纵控制，单调、重复的工作也不降低效率
信息处理	人的信息传递率一般为 6 比/秒左右，接收信息的速度约每秒20 个，短时间内能同时记住信息约 10 个，每次只能处理 1 个信息	能储存大量信息和迅速取出信息，能长期储存，也能一次废除，信息传递能力、记忆速度和保持能力都比人高得多

人和机器各有自己的能力和长处，归纳如下：

（1）机器优于人的特性主要体现在特定信息反应能力、操作稳定性、环境适应能力等方面。

（2）人优于机器的特性主要体现在偶然事件处理能力、灵活性、图像识别等方面。

（四）人机功能分配

人机功能分配是指根据人和机器各自的长处和局限性，把人机系统中的任务分解，合理分配给人和机器去承担，使人与机器能够取长补短、相互匹配和协调，使系统安全、经济、高效地完成人和机器不能单独完成的工作任务。

人机功能分配依据人机特性进行，其一般原则见下表。

人机功能分配的一般原则

对象	适合分配的作业或工作
机器	持久的、笨重的、快速的、高可靠性的、高精度的、规律性的、单调的、高阶运算的、输出大功率的、操作复杂的、环境条件恶劣的作业以及检测人不能识别的物理信号的作业
人	指令和程序的安排，图形的辨认或多种信息输入，机器系统的监控、维修、设计、制造、故障处理及应付突然事件等工作

关于人机功能分配的其他内容，下面以典型例题的形式进行介绍。

典型例题

【多选题】根据人与机器各方面特性的差别，可以有效地进行人机功能的分配，进而高效地实现系统效能。下列关于依据人机特点进行功能分配的说法中，正确的有（　　）。

A. 机器的持续性、可靠性优于人，故可将需要长时间、可靠作业的事交由机器处理

B. 人的环境适应性优于机器，故难以将一些恶劣、危险环境下的工作赋予机器完成

C. 机器探测物理化学因素的精确程度优于人，但在处理柔性物体或多因素联合问题上的能力则较差

D. 人能运用更多不同的通道接收信息，并能更灵活地处理信息，机器则常按程序处理问题

E. 传统机器的学习和归纳能力不如人类，因此针对复杂问题的决策，目前仍然需要人的干预

ACDE。**【解析】**机器的环境适应性远高于人类，故可将危险、有毒、恶劣环境的工作赋予机器完成。故选项 B 错误。

【单选题】传统人机工程中的“机”一般是指不具有人工智能的机器。人机功能分配是指根据人和机器各自的优势和局限性，把“人－机－环”系统中的任务进行分解，然后合理地分配给人和机器，使其承担相应的任务，进而使系统安全、经济、高效地完成工作。基于人与机器的特点，关于人机功能分配的说法，错误的是（　　）。

A. 机器可适应单调、重复性的工作而不会发生疲劳，故可将此类工作任务赋予机器完成

B. 机器的环境适应性远高于人类，故可将危险、有毒、恶劣环境的工作赋予机器完成

C. 机器具有高度可塑性，灵活处理程序和策略，故可将一些意外事件交由机器处理

D. 人具有综合利用记忆的信息进行分析的能力，故可将信息分析和判断交由人处理

C。**【解析】**人具有高度的可塑性，同时具有高度的灵活性，可以根据情况随机应变，应付意外事件和排除故障，采取灵活的程序和策略处理问题。而机器工作程序需要预先设定，且机器应付偶然事件的程序非常复杂，因此任何高度复杂的自动系统均离不开人的参与。故选项 C 错误。

四、人机系统的安全与可靠性

（一）概述

人机系统是由相互作用、相互依存的人和机器两个子系统构成，能完成固定目标的一个整体系统。

人机系统按自动化程度可分为人工操作系统、半自动化系统和自动化系统。在自动化系统中，以机为主体，机器的正常运转完全依赖于闭环系统的机器自身的控制，人只是一个监视者和管理者，监视自动化机器的工作。只有在自动控制系统出现差错时，人才进行干预，采取相应的措施。自动化系统的安全性，主要取决于机器的本质安全、机器的冗余系统是否失灵及人处于低负荷时的应急反应变差。人工操作系统、半自动化系统的安全性，主要取决于人机功能分配的合理性、机器的本质安全及人为失误。

在人工操作系统和半自动化系统中，人机功能分配的原则是人机共体或机为主体；在自动化系统中，人机功能分配的原则是以机为主。

（二）人的可靠性

影响人的可靠性的因素：

（1）生理因素。如体力、耐久力、疾病、饥渴、对环境因素承受能力的限度等；大脑的意识水平影响。

（2）心理因素。因感觉灵敏度变化引起反应速度变化，因某种刺激导致心理特性波动，如情绪低落、发呆或惊慌失措等觉醒水平变化。

（3）个人素质。训练程度、经验多少、操作熟练程度、技术水平高低、责任心强弱等。

（4）操作因素。操作的连续性、操作的反复性、操作时间的长短、操作速度、频率及灵活性等。

（5）环境因素。对新环境和作业不适应，由于温度、气压、供氧、照明等环境条件的变化不符合要求，以及振动和噪声的影响，引起操作者生理、心理上的不舒适。

（6）管理因素。如不正确的指令，不恰当的指导，人际关系不融洽，工作岗位不称心等。

（7）社会因素。家庭不和、人际关系不协调等。

提高人的可靠性的措施：

（1）提高人的基本素质。

（2）机的设计要符合人的生理、心理特点。

（3）工作环境要符合人的特性。

（4）人机关系的设计要合理。

（5）人机环境系统的总体设计要合理。

（三）机器的可靠性

提高机器的可靠性的方法如下：

（1）减少机器本身故障，延长使用寿命。具体方法有：利用可靠性高的元件；利用备用系统；采用平行的并联配置系统；对处于恶劣环境中的运行设备应采取一定的保护措施；降低系统的复杂度；加强预防性维修。

（2）提高使用安全性。主要是加强安全装置的设计，尽量减少事故的损失，并避免对人体的伤害；同时，一旦发生故障可以终止事故，加强防护的作用。

（四）人机系统的可靠度计算

人机系统的可靠度是由人的可靠度和机的可靠度组成的。人机系统的可靠度可根据不同的系统模型来求出、通常情况下可看成串联系统。从人机系统考虑，若将环境作为干扰因素，而且此处假设环境是符合指标要求的，设其可靠度为1，则人机系统的可靠度为：

$$R_S = R_{人} R_{机器} = R_H R_M$$

1. 简单人机系统的可靠度计算

人的操作可靠度是指在一定条件下、一定工作时间间隔内人能正确操作的概率。应当指出，人的操作可靠度是指操作者经过训练之后，进入“稳定工作期”的可靠度，不包括学习阶段“初始失调期”的情况。

简单人机系统的可靠度 $R_S = R_H R_M$。人的可靠度 R_H 与基本可靠度、作业时间、操作频率、危险程度、生理心理因素和环境条件等因素有关。R_M 可通过可靠度函数求出，亦可通过大量统计数据得出。

2. 二人监控人机系统的可靠度计算

当系统由二人监控时，一旦发生异常情况应立即切断电源。该系统有以下两种控制情形。

（1）异常状况时，操作者切断电源的可靠度为 R_{Hb}（正确操作的概率）：

$$R_{Hb} = 1 - (1 - R_1)(1 - R_2)$$

（2）正常状况时，操作者不切断电源的可靠度为（不产生误动作的概率）：

$$R_{Hb} = R_1 R_2$$

从上述两个计算式可知，异常状况时两人控制的可靠度比一人控制的系统增大了；正常状况时两人控制的可靠度比一人控制的系统减少了，即产生误操作的概率增大了。

从监视的角度考虑，首要问题是避免异常状况时的危险，即保证异常状况时切断电源的可靠度，而提高正常情况下不误操作的可靠度则是次要的，因此这个监控系统是可行的。

所以二人监控的人机系统的可靠度 R_{Sr} 为：

（1）异常情况，$R'_{Sr} = R_{Hb} R_M = [1 - (1 - R_1)(1 - R_2)] R_M$。

（2）正常情况，$R''_{Sr} = R_{Hb} R_M = R_1 \cdot R_2 \cdot R_M$。

3. 多人表决的冗余人机系统的可靠度计算

上述二人监控作业是单纯的并联系统，所以正常操作和误操作两种概率都增加了，而由多数人表决的人机系统就可以避免这种情况。若由几人构成控制系统，当其中 r 个人的控制工作同时失误时，系统才会失败，我们称这样的系统为多数人表决的冗余人机系统。设每个人的可靠度均为 R，则系统全体人员的操作可靠度 R_{Hn} 为：

$$R_{Hn} = \sum_{i=0}^{r-1} C_n^i (1 - R)^i R^{(n-1)}$$

式中，C_n^i——n 个人中有 i 个人同意时事件数，$C_n^i = \frac{n!}{n!\ (n-i)!}$，且规定 $C_n^0 = 1$。

例如，由三人监视作业时，有两人以上同意才能切断电源，$n = 3$，$r = 2$，则其可靠度为：

$$R_{H3} = C_3^0 R^3 + C_3^1 (1 - R) \cdot R^2 = 3R^2 - 2R^3$$

若每人正确操作的概率为 $R = 0.90$，误操作的概率为 $F = 0.15$，则在三人监视二人表决的系统中，正确操作的概率 R_{H3} 及误操作的概率 F_{H3} 分别为：

$$R_{H3} = 3R^2 - 2R^3 = 0.972 > R = 0.90$$

$$F_{H3} = 3F^2 - 2F^3 = 0.06075 < F = 0.15$$

上例多数人表决的冗余人机系统中，异常状况下正确操作的可靠性和正常状况下不发生误操作的可靠性都增加了。这说明采用冗余性系统设计，尽管人还会不可避免地产生失误，但整个系统都具有较高的可靠性。

多数人表决的冗余人机系统可靠度的计算公式为：

$$R_{Sd} = \left[\sum_{i=0}^{r-1} C_n^i (1 - R)^i R^{(n-1)}\right] \cdot R_M$$

4. 控制器监控的冗余人机系统的可靠度计算

设监控器的可靠度为 R_{Mk}，则人机系统的可靠度 R_{Sk} 为：

$$R_{Sk}=[1-(1-R_{Mk}\cdot R_H)(1-R_H)]\cdot R_M$$

5. 自动控制冗余人机系统的可靠度计算

设自动控制系统的可靠度为 R_{Mz}，则人机系统的可靠度 R_{Sz} 为：

$$R_{Sz}=[1-(1-R_{Mz}\cdot R_H)(1-R_{Mz})]\cdot R_M$$

五、人机系统的安全设计

人机系统的安全设计应包括工作（规划）设计、岗位设计、显示器设计、控制器设计、作业环境设计、安全防护装置设计等方面。下面主要介绍考试中涉及的作业环境设计。

影响人机作业环境的因素很多，如照明、声音、色彩、温度、湿度等。

事故统计表明，不良的照明条件是事故发生的重要影响因素之一，事故发生的频率与工作环境照明条件存在着密切的关系。合适的照明不仅能提高近视力，也能提高远视力。视觉疲劳可通过闪光融合频率和反应时间来测定。环境照明强度越大，人观察物体越模糊。遇眩光时，作业人员的瞳孔短时间缩小，从而使视网膜上的照度降低，导致视觉模糊，视物不清楚，这种现象称为眩光效应。眩光会减弱被观察物体与背景的对比度，使观察物体时产生模糊的感觉。对工作环境进行照明设计时，应考虑视觉作业的照明与作业安全、视觉工效之间的关系。作业场所照明设计时应注意表面特性的显示、运用各种照明方式、避免强烈眩光的使用、避免强烈的颜色对比。

色彩对人的影响主要表现在情绪反应、生理反应和心理反应，色彩的生理反应会导致人的视觉疲劳。黄绿色和绿蓝色不易导致视觉疲劳，且认读速度快。蓝色和紫色最容易引起人眼睛的疲劳，红色、橙色次之。蓝色和绿色有一定的降低血压和减缓脉搏的作用。

在作业过程中，作业人员面对的墙壁避免过多使用黑色、深色或暗色，也避免采用对比强烈的颜色，避免使用有反射性或者有光泽的图片，地板亦是；也要避免过多使用白色等反射性强的颜色。对于控制台或工作台则应采用低的颜色对比；工作环境中也应避免采用高饱和色。

提示

声音、温度、湿度等影响因素考试中不涉及，具体内容不再介绍。

典型例题

【单选题】影响人机作业环境的因素很多，如照明、声音、色彩、温度、湿度等，色彩对人的影响主要表现在情绪反应、生理反应和心理反应，色彩的生理反应会导致人的视觉疲劳。下列颜色排序中，导致视觉疲劳程度由高到低的是（　　）。

A. 绿、红、蓝　　B. 红、绿、蓝

C. 蓝、红、绿　　D. 红、蓝、绿

C。**【解析】**色彩可以引起人的情绪性反应，也影响人的疲劳感。对引起眼睛疲劳而言，黄绿、绿、绿蓝等色最不易引起视觉疲劳且认读速度快、准确率高。蓝、紫色最易引起视觉疲劳，红色、橙色次之。

第二章　电气安全技术基础

第1节　电气事故概述

电气事故是指由电流、电磁场、雷电、静电和某些电路故障等直接或间接造成建筑设施、电气设备毁坏，人、动物伤亡，以及引起火灾和爆炸等后果的事件。

电气事故的分类如下图所示。

电气事故的分类

第2节　触电事故及防护技术

一、触电事故的分类与分布规律

触电事故是由电流形态的能量造成的事故，分为电击和电伤。

电击：电流通过人体或动物躯体而引起的生理效应。

电伤：电流转换成其他形式的能量（热效应、化学效应和机械效应等）作用于人体的伤害。

提示

大部分触电死亡既有电击的原因也有电伤的原因。电击是电流直接作用于人体造成的伤害。

大量的统计资料表明，触电事故的分布是具有规律性的。触电事故的分布规律为制定安全措施，最大限度地减少触电事故发生率提供了有效依据。根据国内外的触电事故统计资料分析，触电事故的分布具有如下规律。

（1）触电事故季节性明显。一年之中，二、三季度是事故多发期，尤其在6～9月份最为集中。夏季触电事故多发与天气炎热、多雨、潮湿等因素有关，易构成电流回路。夏季容易发生触电事故的原因主要有以下几点：

①夏季天气潮湿、多雨，降低了电气设备的绝缘性能。

②夏季正值农忙季节，农村用电量和用电场所增加，水泵、灌溉以及照明等临时用电增多，甚至有人直接用导线挂、勾架空配电线路获取电能，导致触电的概率增加。

③夏季房屋扩建、装修，工程施工建设项目增多，部分输电线路沿线房屋、建筑与电力线路安全距离不足，导致触电事故发生。

④夏季暴雨、台风等自然灾害频发，雷电多发，极易导致电杆倒杆、断线等事故的发生，使得地面导电性增强，从而诱发触电事故。

（2）低压设备触电事故多。低压触电事故远多于高压触电事故，其原因主要是低压设备远多于高压设备，且缺乏电气安全知识的人员多是与低压设备接触。因此，应当将低压方面作为防止触电事故的重点。

（3）携带式设备和移动式设备触电事故多。其原因主要是这些设备经常移动，工作条件较差，容易发生故障。另外，在使用设备时需用手紧握进行操作。

（4）电气连接部位触电事故多。电气连接部位机械牢固性较差，电气可靠性也较低，是电气系统的薄弱环节，较易出现故障。

（5）农村触电事故多。其原因主要是农村用电条件较差，设备简陋，技术水平低，管理不严，电气安全知识缺乏等。

（6）冶金、矿业、建筑、机械行业触电事故多。这些行业存在工作现场环境复杂（潮湿、高温），移动式设备和携带式设备多，现场金属设备多等不利因素，触电事故相对较多。

（7）青年、中年人以及非电工人员触电事故多。这主要是因为这些人员是设备操作人员的主体，他们直接接触电气设备，部分人还缺乏电气安全的知识。

（8）误操作事故多。其原因主要是防止误操作的技术措施和管理措施不完备。

触电事故的分布规律并不是一成不变的，在一定的条件下，也会发生变化。例如，对电气操作人员来说，高压触电事故反而比低压触电事故多。而且，在低压系统推广漏电保护装置，会使低压触电事故大大降低，低压触电事故与高压触电事故的比例便会发生变化。

上述规律为电气安全检查、电气安全工作计划、实施电气安全措施以及电气设备的设计、安装和管理等工作提供了重要的依据。

二、电击的类型

电击的类型如下图所示。

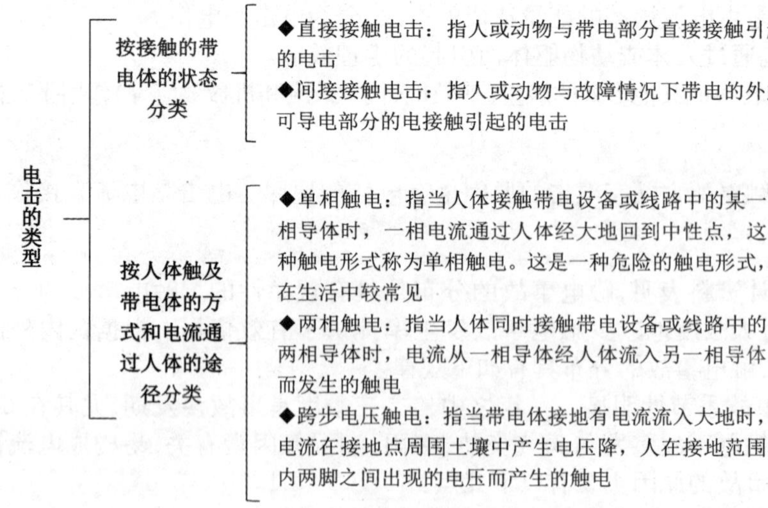

电击的类型

触电的基本形式如下图所示。

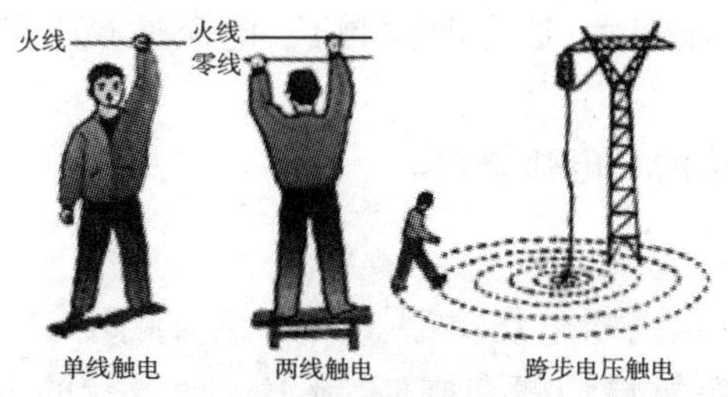

触电的基本形式

典型例题

【单选题】直接接触电击是触及正常状态下带电的带电体时发生的电击。间接接触电击是触及正常状态下不带电而在故障状态下带电的带电体时发生的电击。下列触电事故中,属于间接接触电击的是(　　)。

A. 作业人员在使用手电钻时,手电钻漏电发生触电

B. 作业人员在清扫配电箱时,手指触碰电闸发生触电

C. 作业人员在清扫控制柜时,手臂触到接线端子发生触电

D. 作业人员在带电抢修时,绝缘鞋突然被钉子扎破发生触电

A。**【解析】**根据题干,间接接触电击是触及正常状态下不带电而在故障状态下带电的带电体时发生的电击。手电钻正常状态不带电,因漏电(故障状态)而带电,使作业人员触电,符合间接接触电击的定义。

三、电伤的常见类型

电伤的常见类型如下图所示。

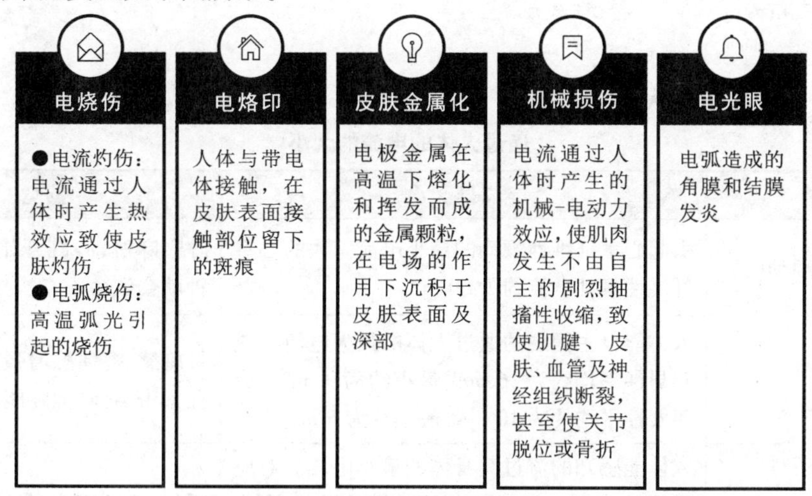

电伤的常见类型

电弧烧伤既可以发生在高压系统,也可以发生在低压系统。电弧烧伤的严重程度与电力系统电压密切相关。通常情况下,发生在高压系统的电弧烧伤造成的后果更严重。

电流通过人体可以造成电流灼伤，损伤程度主要取决于电流大小、通电时间长短和电流途径上的电阻大小。电流越大、通电时间越长、电流途径上的电阻越大，则电流灼伤越严重。

各种电伤中，最为严重的是电弧烧伤。

链接

要会根据电伤的症状判断电伤类型。例如，某脚手架工人在施工现场旁观看电焊工焊接构件后，两眼突发烧灼感和剧痛、流泪。他遭受的电气伤害为电光性眼炎。某工人带电修理照明插座时，电工改锥前端造成短路，眼前亮光一闪，改锥掉落地上，杨某手部和面部有灼热感，流泪不止。他遭到的电气伤害有电弧烧伤、灼伤。

四、电流对人体的作用

人体对电流作用没有预感，往往在短时间内人就会受到电流的伤害，电流通过人体，会引起一系列症状。小电流给人以不同程度的刺激，且人体组织会发生变异。数百毫安的电流通过人体使人致命的原因是引起心室纤维性颤动。电流除对人的机体直接起作用外，还可通过中枢神经系统起作用。电流导致心室纤维性颤动时，心脏颤动的幅值小且无规律。

提示

数十至数百毫安的小电流会引起人体发生呼吸麻痹和终止、心室纤维性颤动、电休克，这些情况都有一定的可能导致死亡，但最主要的还是心室纤维性颤动。

五、电流对人体伤害的取决因素

（一）通过人体的电流的大小

通过人体的电流的大小见下表。

通过人体的电流的大小

名称	定义及大小	感觉
心室纤维性颤动电流	引起心室纤维性颤动的最小电流。人的心室纤维性颤动电流约为 50 mA	呼吸麻痹，心脏开始颤动，数秒钟就会致命
摆脱电流	人体能自主摆脱的通过人体的最大电流。成年男性平均约为 16 mA，最小约为 9 mA。成年女性平均约为 10 mA，最小约为 6 mA	针刺感、疼痛感增强发生痉挛而抓紧带电体，但终能摆脱带电体
感知电流	人体能感知的流过其身体的最小电流。对应于概率 50% 的感知电流，成年男性约为 1.1 mA，成年女性约为 0.7 mA	手指、手腕麻或痛的感觉

心室纤维性颤动电流简称室颤电流。人的室颤电流与电流持续时间的关系如下图所示。该图表明，当电流持续时间超过心脏搏动周期时，人的室颤电流约为 50 mA。

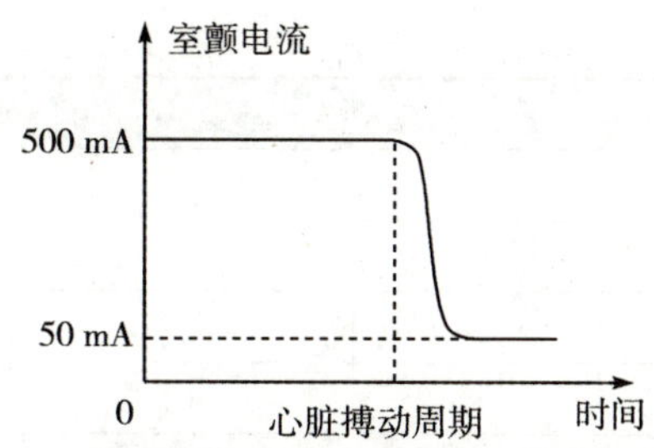

人的室颤电流与电流持续时间的关系

(二)通电时间的长短

电流在人体内作用的时间越长,电击危险性越大,主要原因如下:

(1)人体电阻减小。人体电阻由于出汗、击穿、电解而下降,电击持续时间越长,电击危险性越大。

(2)能量增加。电流持续时间越长,体内积累外界电能越多,伤害程度增高,表现为室颤电流减小。

(3)中枢神经反射增强。电击持续时间越长,中枢神经反射越强烈,电击危险性越大。

此外,当电流持续时间在 0.1 ~0.2 s 以下时,重合心脏易损期的可能性较小,电击的危险性也较小;当电击持续时间延长,重合心脏易损期的情况必然发生,电击危险性增大。

(三)电流通过人体的途径

电流通过人体的途径如下图所示。

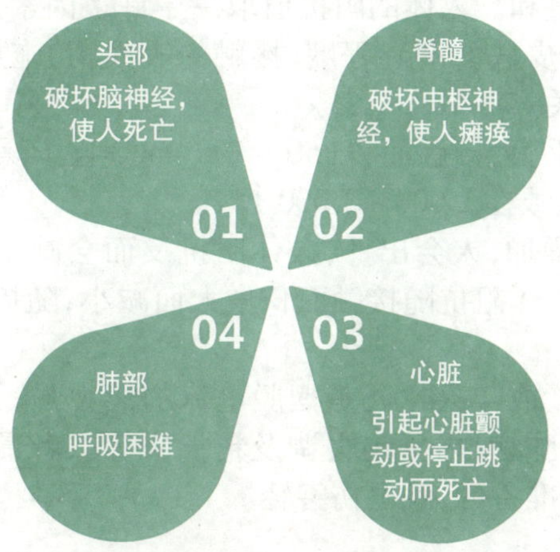

电流通过人体的途径

心脏电流系数被认为是作为各种电流路径心室纤维性颤动相对危险的大致估算。对于不同电流路径的心脏电流系数列于下表。

不同电流路径的心脏电流系数

电流路径	心脏电流系数
左手到左脚、右脚或双脚	1.0
双手到双脚	1.0
左手到右手	0.4
右手到左手、右脚或双脚	0.8

（续表）

电流路径	心脏电流系数
背脊到右手	0.3
背脊到左手	0.7
胸膛到右手	1.3
胸膛到左手	1.5
臀部到左手、右手或到双手	0.7
左脚到右脚	0.04

根据表格，胸膛到左手路径的心脏电流系数为1.5，是所有路径中最危险的路径。

（四）电流的种类

电流可分为直流电、交流电，其中交流电可分为工频电和高频电。这些电流对人体都有伤害，但伤害程度不同。人体忍受直流电、高频电的能力比忍受工频电能力强。所以，工频电对人体的危害最大。

（五）人的状况

人的状况包括人体阻抗、性别差异、年龄、健康状况等。

人体的不同部分如皮肤、血液、肌肉、其他的组织和关节对电流呈现的阻性和容性分量组成了人体阻抗。人体内阻抗是指与人体两个部位相接触的两电极间的阻抗，不计皮肤阻抗。皮肤阻抗是指皮肤上的电极与皮下可导电组织之间的阻抗。人体总阻抗是指人体内阻抗与皮肤阻抗的矢量和。人体的阻抗值取决于许多因素，尤其是电流路径、接触电压、电流的持续时间、频率、皮肤的潮湿程度、接触的表面积、施加的压力和温度。人体阻抗也与触电者个体特征有关。

在电流途经左手到右手、大接触面积（50～100 cm^2）且干燥的条件下，当接触电压在100～220 V时，人体电阻大致在2 000～3 000 Ω。

随着电流持续时间的增加，人会出汗，人体阻抗反而会减小。人体阻抗与接触面积、接触压力、温度成反比，即人体阻抗随接触面积增大而减小，随接触压力增大而减小，随温度升高而减小。

一般来说，肌肉发达者、成年人比儿童摆脱电流的能力强，男性比女性摆脱电流的能力强。电击对患有心脏病、肺病、内分泌失调及精神病等患者最危险，他们的触电死亡率最高。另外，对触电有心理准备的，触电伤害轻。

提示

综上所述，电流对人体的伤害程度与通过人体电流的大小、种类、持续时间、通过途径及人体状况等多种因素有关；电流对人体的作用与人的精神状态和人的心理因素有关。

六、触电的防护技术措施

（一）绝缘

绝缘是指用绝缘材料把带电体封闭起来，防止人体触及带电体。

1. 绝缘材料及其性能

绝缘材料的种类很多，可分为气体、液体、固体三大类。常用的气体绝缘材料有空气、氮气、六氟化硫、二氧化碳等。液体绝缘材料主要有矿物绝缘油、合成绝缘油（硅油、十二烷基苯、聚异丁烯、异丙基联苯、二芳基乙烷等）两类。固体绝缘材料可分为有机、无机两类。有机固体绝缘材料包括绝缘漆、绝缘胶、绝缘纸、绝缘纤维制品、塑料、橡胶、漆布漆管及绝缘浸渍纤维制品、电工用薄膜、复合制品和粘带、电工用层压制品等。无机固体绝缘材料主要有云母、玻璃、陶瓷及其制品。相比之下，固体绝缘材料品种多样，也最为重要。

绝缘材料有多项性能指标，最主要的是电性能和热性能，此外还包括力学性能、化学性能、吸潮性能、抗生物性能等。

（1）绝缘材料的电性能指标包括绝缘电阻、耐受电压（耐压强度）、泄漏电流、介质损耗、电阻率、介电常数等众多因素。绝缘材料的绝缘电阻相当于直流电阻。绝缘材料的介电常数越大则极化过程越慢。

（2）绝缘材料的热性能涉及耐热、耐弧、阻燃、软化温度、黏度等方面。绝缘材料的耐热性能与绝缘介质的很多电性能密切相关。在保证寿命的前提下，根据绝缘材料所允许的最高长期工作温度，将它们分成若干等级，称为绝缘材料的耐热等级。电工标准将绝缘材料的耐热等级分为 7 级，见下表。

绝缘材料的耐热等级

耐热等级	Y	A	E	B	F	H	C
长期允许使用的最高温度/℃	90	105	120	130	155	180	>180

某一等级绝缘材料的工作温度若超过上表规定的温度值，则其老化速率将超过预期值，寿命缩短。与上表所列耐热等级相对应的常用绝缘材料举例如下。

①Y 级绝缘材料：木材、棉花、纤维等天然的纺织品，以醋酸纤维和聚酰胺为基础的纺织品，易于分解和熔化点较低的塑料。

②A 级绝缘材料：工作于矿物油中的和用油或油树脂复合胶浸过的 Y 级材料，漆包线、漆布、漆丝的绝缘及油性漆、沥青漆等。

③E 级绝缘材料：聚酯薄膜和 A 级材料复合、玻璃布、油性树脂漆、聚乙烯醇缩醛高强度漆包线、乙酸乙烯耐热漆包线。

④B 级绝缘材料：聚酯薄膜，经合适树脂黏合或浸渍、涂覆的云母，玻璃纤维、石棉等制品，聚酯漆、聚酯漆包线。

⑤F 级绝缘材料：以有机纤维材料补强的云母制品，玻璃丝和石棉，玻璃漆布，以玻璃丝布和石棉纤维为基础的层压制品，以无机材料作为补强和石棉带补强的云母粉制品，化学热稳定性较好的聚酯或醇酸类材料，复合硅有机树脂漆。

⑥H 级绝缘材料：无补强或以无机材料为补强的云母制品、加厚的 F 级材料、复合云母、硅有机云母制品、硅有机漆、硅有机橡胶、聚酰亚胺复合玻璃布、复合薄膜、聚酰亚胺漆等。

⑦C 级绝缘材料：不采用任何有机黏合剂及浸渍剂的无机物，如石英、石棉、云母、玻璃和电瓷材料等。

链接

无机绝缘材料的耐弧性能优于有机材料。

可燃性材料的氧指数小于 21%；自熄性材料的氧指数为 21% ~27%；阻燃性材料的氧指数一般大于 27%。

绝缘材料受潮后，水分子会渗透进绝缘材料内部，在材料内部形成水膜，水膜中的水分子会影响绝缘材料的电学特性，导致绝缘电阻减小。绝缘材料的力学性能随时间延长而降低。

绝缘材料受到的破坏方式主要有绝缘击穿、绝缘老化和绝缘损坏。

(1)绝缘击穿。绝缘材料所具备的绝缘性能一般是指其承受的电压在一定范围内所具备的性能。当施加于绝缘材料上的电场强度高于临界值时,绝缘材料发生破裂或分解,电流急剧增加,完全失去绝缘性能,这种现象就是绝缘击穿。击穿电压是指使绝缘材料产生击穿的最小电压。击穿强度是指使绝缘材料产生击穿的最小电场强度(也叫耐压强度)。

①气体绝缘材料的击穿。气体绝缘材料的击穿是由碰撞电离导致的电击穿。电场不均匀程度的增加会导致气体的平均击穿场强下降。带电质点(主要是电子)在强电场中获得足够的动能,当它与气体分子发生碰撞时,能够使中性分子电离为正离子和电子。新形成的电子又在电场中积累能量而碰撞其他分子,使其电离,这就是碰撞电离。碰撞电离过程是一个链式反应过程,每一个电子碰撞产生一系列新电子,因而形成电子崩。电子崩向阳极发展,最后形成一条具有高电导的通道,导致气体击穿。

②液体绝缘材料的击穿。液体绝缘材料的击穿特性与其纯净度有关,一般认为纯净液体的击穿与气体的击穿机理相似,是由电子碰撞电离最后导致击穿。但液体的密度大,电子自由行程短,积聚能量小,因此击穿场强比气体高。工程上液体绝缘材料不可避免地含有气体、液体和固体杂质,其在强电场的作用下定向排列,运动到电场强度最高处联成小桥,小桥贯穿两电极间引起电导剧增,局部温度骤升,最后导致击穿。为了保证绝缘质量,在液体绝缘材料使用之前,必须对其进行纯化、脱水、脱气处理;在使用过程中应避免这些杂质的侵入。液体绝缘材料击穿后,绝缘性能在一定程度上可以得到恢复。

提示

气体绝缘材料击穿后绝缘性能会很快恢复。固体绝缘材料击穿后绝缘性能无法恢复。

③固体绝缘材料的击穿。固体绝缘材料的击穿有电击穿、热击穿、电化学击穿、放电击穿等形式。在绝缘结构发生击穿的过程中,电、热、放电、电化学等多种形式往往同时存在,很难截然分开。

关于固体绝缘材料的击穿的其他内容,下面以典型例题的形式进行介绍。

典型例题

【多选题】当施加于绝缘材料上的电场强度高于临界值时,绝缘材料发生破裂或分解,电流急剧增加,完全失去绝缘性能,这种现象称为绝缘击穿。下列关于绝缘击穿的说法中,正确的有(　　)。

A. 气体击穿是由碰撞电离产生的

B. 液体击穿和纯净度有关

C. 固体电击穿,击穿电压高,时间短

D. 固体热击穿,击穿电压高,时间长

E. 固体放电击穿,击穿电压低,击穿时间长

ABC。**【解析】**固体绝缘的电击穿是碰撞电离导致的击穿,特点是作用时间短、击穿电压高。固体热击穿的特点是作用时间长、击穿电压低。固体电化学击穿的特点是作用时间很长、击穿电压很低。故选项 D,E 错误。

(2)绝缘老化。电气设备在运行过程中,其绝缘材料由于受热、电、光、氧、机械力(包括超声波)、辐射线、微生物等因素的长期作用,产生一系列不可逆的物理变化和化学变

化，导致绝缘材料的电气性能和机械性能的劣化，称为绝缘老化。绝缘老化过程十分复杂，主要是热老化和电老化。

①热老化。一般在低压电气设备中，促使绝缘材料老化的主要因素是热。其热源可能是内部的，也可能是外部的。每种绝缘材料都有其极限耐热温度，当超过这一极限温度时，其老化将加剧，电气设备的寿命就缩短。

②电老化。它主要是由局部放电引起的。在高压电气设备中，促使绝缘材料老化的主要原因是局部放电。局部放电时产生的臭氧、氮氧化物、高速粒子都会降低绝缘材料的性能，局部放电还会使材料局部发热，促使材料性能恶化。

(3)绝缘损坏。绝缘损坏是指由于不正确选用绝缘材料，不正确地进行电气设备及线路的安装，不合理地使用电气设备等，导致绝缘材料受到外界腐蚀性液体、气体、蒸气、潮气、粉尘的污染和侵蚀，或受到外界热源、机械因素的作用，在较短或很短的时间内失去其电气性能或机械性能的现象。

2. 绝缘结构

由一种或若干种绝缘材料按一定方式构成的绝缘体称为绝缘结构。注意区分绝缘结构与绝缘材料的不同。绝缘材料是一种物质，而绝缘结构是由绝缘材料制作的部件。同一种绝缘材料可以制作出任意多种绝缘结构。

绝缘结构按功能可分为工作绝缘和保护绝缘两类。就保护绝缘而言，又可按其保护功能分为四种形式，分别为基本绝缘、附加绝缘、双重绝缘和加强绝缘。

(1)基本绝缘。带电部件上对触电起基本保护作用的绝缘结构称为基本绝缘。若带电部件上绝缘的主要功能不是防触电，而是为了电气上分隔带电部件以防止短路，则称为工作绝缘，工作绝缘属于功能性绝缘。有些情况下电气设备的工作绝缘和基本绝缘由同一绝缘结构兼任。

(2)附加绝缘。附加绝缘又叫辅助绝缘，它是为了在基本绝缘一旦损坏的情况下防止触电而在基本绝缘之外附加的一种独立绝缘结构。

(3)双重绝缘。双重绝缘是一种组合形式的绝缘结构，指由基本绝缘和附加绝缘共同组成的绝缘结构。

(4)加强绝缘。加强绝缘相当于双重绝缘保护程度的单独绝缘结构。“单独绝缘结构”不一定是一个单一体，它可以由几层组成，但层间必须结合紧密，形成一个整体，各层无法再拆分为基本绝缘和附加绝缘各自进行单独的试验。

具有双重绝缘的电气设备属于Ⅱ类设备。Ⅱ类设备无须再采取接地、接零等安全措施，因此，对双重绝缘和加强绝缘的设备可靠性要求较高。双重绝缘和加强绝缘的设备应满足以下安全条件。

(1)绝缘电阻：在直流电压为 500 V 的条件下测试，工作绝缘的绝缘电阻不得低于 2 MΩ，保护绝缘的绝缘电阻不得低于 5 MΩ，加强绝缘的绝缘电阻不得低于 7 MΩ。

(2)交流耐压试验的试验电压：工作绝缘为 1 250 V、保护绝缘为 2 500 V、加强绝缘为 3 750 V。耐压持续时间为 1 min，试验中不得发生闪络或击穿。

(3)Ⅱ类设备应能保证在正常工作时，以及在打开门盖和拆除可拆卸部件时，人体不会触及仅由工作绝缘与带电体隔离的金属部件。其外壳上不得有易于触及上述金属部件的孔洞。利用绝缘外护物实现加强绝缘，则要求外护物必须用钥匙或工具才能开启，其上不得有金属件穿过，并有足够的绝缘水平和机械强度。Ⅱ类设备应在明显位置标上作为Ⅱ类设备技术信息一部分的“回”形标志。例如标在额定值标牌上。

(4) Ⅱ类设备的电源连接线应符合加强绝缘要求，电源插头上不得有起导电作用以外的金属件，电源连接线与外壳之间至少应有两层单独的绝缘层。

(二)屏护和间距

1. 屏护

屏护是指将带电体用箱闸、护罩、护盖、遮栏等物理隔离方式同外界隔离开。屏护装置分为永久性屏护装置和临时性屏护装置。电器开关的可动部分一般不能使用绝缘，而需要屏护。高压设备不论是否有绝缘，均应采取屏护。

屏护装置为了保证其有效性，须满足如下条件：

(1)屏护装置所用材料应有足够的机械强度和良好的耐火性能。为防止因意外带电而造成触电事故，对金属材料制成的屏护装置必须可靠连接保护线。

(2)屏护装置应有足够的尺寸，与带电体保持足够的安全距离。遮栏高度不应低于1.7 m，下部边缘离地不应超过0.1 m，栏条间距离不应大于0.2 m。栅栏的高度，户内不应小于1.2 m、户外不应小于1.5 m；网眼遮栏与裸导体之间的距离，低压设备不宜小于0.15 m，10 kV 设备不宜小于0.35 m。户外变配电装置围墙的高度一般不应小于2.5 m。屏护装置应安装牢固，金属材料制成的屏护装置应可靠接地(或接零)。

(3)遮栏、栅栏应根据需要挂标示牌，遮栏出入口的门上应根据需要安装信号装置和联锁装置。

2. 间距

间距是指带电体与大地、带电体与其他设备及带电体与带电体之间应保持一定的电气安全距离。安全距离是指为防止人体触及或接近带电体，防止车辆或其他物体碰撞或接近带电体等造成的危害所需要保持的距离。安全距离的大小主要取决于电压的高低、设备运行状况和安装方式。

架空线路严禁跨越屋顶为可燃材料的建筑物。对其他必须跨越的建筑物时，架空线路的导线在最大计算弧垂情况下与其他建筑物的距离，不应小于下表所列数值。

导线与建筑物的最小距离

线路电压/kV	≤1	10	35
垂直距离/m	2.5	3.0	4.0
水平距离/m	1.0	1.5	3.0

导线与地面的距离，不应小于下表所列数值。

导线与地面的最小距离(m)

线路经过地区	线路电压	
	3～10 kV	3 kV 以下
居民区	6.5	6
非居民区	5.5	5
交通困难地区	4.5	4

链接

35 kV 架空线路与非居民区地面的最小距离为6.0 m。35 kV 架空线路与居民区地面的最小距离为7.0 m。

导线与山坡、峭壁、岩石地段之间的净空距离，在最大计算风偏情况下，不应小于下表所列数值。

导线与山坡、峭壁、岩石之间的最小距离(m)

线路经过地区	线路电压	
	3～10 kV	3 kV 以下
步行可到达的山坡	4.5	3.0
步行不能到达的山坡、峭壁和岩石	1.5	1.0

低压电路检修时，所携带的工具与带电体之间间隔不小于0.1 m即可。

使用起重机时应注意，当用电电压为1 kV及1 kV以下时，起重机具至线路导线间的最小距离不应小于1.5 m；当用电电压为10 kV时，起重机具至线路导线间的最小距离不应小于2 m；当用电电压为35 kV时，起重机具至线路导线间的最小距离不应小于4 m。

关于间距的其他内容，下面以典型例题的形式进行介绍。

典型例题

【单选题】间距是架空线路安全防护技术措施之一，架空线路之间及其与地面之间、与树木之间、与其他设施和设备之间均需保持一定的间距。关于架空线路间距的说法，错误的是（　　）。

A. 架空线路的间距须考虑气象因素和环境条件

B. 架空线路应与有爆炸危险的厂房保持必需的防火间距

C. 架空线路与绿化区或公园树木的距离不应小于3 m

D. 架空线路穿越可燃材料屋顶的建筑物时，间距不应小于5 m

D。**【解析】**架空线路严禁跨越屋顶为可燃材料的建筑物。故选项D错误。

(三)保护接地

保护接地是把故障情况下可能呈现危险的对地电压的导电部分与大地紧密连接起来的接地。只要适当地控制保护接地电阻的大小，即可以限制漏电设备对地电压在安全范围内。

在380 V不接地低压系统中，单相接地电流很小，为限制设备漏电时外壳对地电压不超过安全范围，一般要求保护接地电阻 $R_E \leq 4\ \Omega$，当配电变压器或发电机的容量不超过100 kV·A时，可取 $R_E \leq 10\ \Omega$。保护接地的主要型式包括TT系统和IT系统。

1. TT系统(保护接地系统)

TT系统是指电源端有一点直接接地，电气装置的外露可导电部分直接接地，此接地点在电气上独立于电源端的接地点，如下图所示。TT系统是电气设备外壳接地的保护，主要适用于低压用户，即用于未装备配电变压器，从外面直接引进低压电源的小型用户。

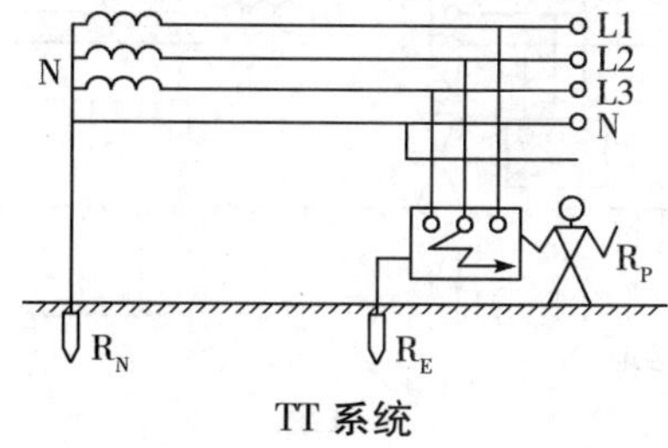

TT系统

TT 系统中第一个字母“T”表示电力系统的中性点直接接地，第二个字母“T”表示电气设备的金属外壳直接接地。

TT 系统能大幅度降低漏电设备外壳对地电压，但一般不能将其降低至安全范围以内。因此，采用 TT 系统时，应装设能在规定的故障持续时间内切断电源的自动化安全装置。

在接地配电网中，如漏电设备上没有任何安全措施，其上对地电压为相电压。而在 TT 系统中，当设备漏电时，其上对地电压和零线对地电压分别为：

$$U_E = \frac{R_E}{R_N + R_E}U$$

$$U_N = \frac{R_N}{R_N + R_E}$$

式中，R_N为工作接地的接地电阻。由于 R_E与 R_N同在一个数量级，漏电设备上故障电压明显降低，但几乎不可能被限制在安全范围内。另一方面，故障电流不是短路电流，对于一般的过电流保护，不能迅速切断电源，故障将长时间存在。

链接

对地电压指带电体与零电位大地之间的电位差。TT 系统中，若低压中性点接地电阻 $R_N=2.2\ \Omega$，设备外壳接地电阻 $R_E=2.8\ \Omega$，配电线路相电压 $U=220\ \text{V}$，当用电设备发生金属性漏电（即接触电阻接近于零）时，该设备对地电压近似计算如下：漏电设备对地电压 $=220\times2.8/(2.2+2.8)=123.2(\text{V})$。

一般情况下不能采用 TT 系统。只有在采用其他防止间接接触电击的措施确有困难且土壤电阻率较低的情况下，才可考虑采用 TT 系统。而且采用 TT 系统还必须同时采用快速切除接地故障的自动保护装置或采取其他防止电击的措施，并保证零线没有电击的危险。

采用 TT 系统时，被保护设备的所有外露导电部分均应与接向接地体的保护导体连接起来。采用 TT 系统时应当保证，在允许故障持续时间内漏电设备的故障对地电压不超过某一限值，即 $U_E=I_ER_E\leqslant U_L$。为实现上述要求，可在 TT 系统中装设剩余电流保护装置（漏电保护装置）或过电流保护装置，并优先采用前者。

TT 系统适用于三相星形连接的低压中性点直接接地的配电网。

2. IT 系统（保护接地系统）

IT 系统是指电源端的带电部分不接地或有一点通过阻抗接地，电气装置的外露可导电部分直接接地，如下图所示。IT 系统适用于各种不接地配电网，如某些 1 ~ 10 kV 配电网，煤矿井下低压配电网等。

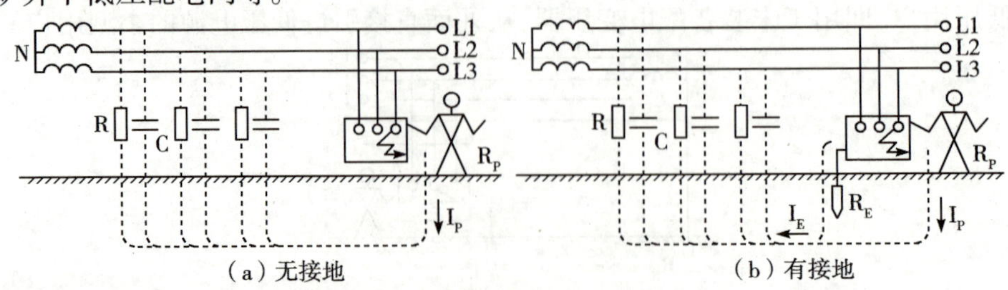

TT 系统

IT系统低压配电网中，单相接地电流很小。

3. 接地装置的选择

各种接地装置利用直接埋入地中或水中的自然接地极，可利用下列自然接地极：埋设在地下的金属管道，但不包括输送可燃或有爆炸物质的管道；金属井管；与大地有可靠连接的建筑物的金属结构；水工构筑物及其他坐落于水或潮湿土壤环境的构筑物的金属管、桩、基础层钢筋网。

发电厂、变电站等接地装置除应利用自然接地极外，还应敷设以水平人工接地极为主的接地网，并应设置将自然接地极和人工接地极分开的测量井。

提示

当自然接地体的接地电阻符合要求时，可不敷设人工接地体。

严禁利用金属软管、管道保温层的金属外皮或金属网、低压照明网络的导线铅皮以及电缆金属护层作为接地线。

金属软管两端应采用自固接头或软管接头，且金属软管段应与钢管段有良好的电气连接。

4. 接地装置的敷设

接地线应采取防止发生机械损伤和化学腐蚀的措施。接地线在与公路、铁路或管道等交叉及其他可能使接地线遭受损伤处，均应用钢管或角钢等加以保护；接地线在穿过已有建(构)筑物处，应加装钢管或其他坚固的保护套，有化学腐蚀的部位还应采取防腐措施；接地线在穿过新建构筑物处，可绕过基础或在其下方穿过，不应断开或浇筑在混凝土中。

接地装置由多个分接地装置部分组成时，应按设计要求设置便于分开的断接卡。

自然接地体至少应有两根导体在不同地点与接地网相连。接地体顶端离地面的深度不应小于0.6 m(农田地带则不应小于1 m)，且应在冰冻层以下，目的是减小自然因素对接地电阻的影响。

电气装置的接地必须单独与接地母线或接地网相连接，严禁在一条接地线中串接两个及两个以上需要接地的电气装置。

链接

接地体的引出导体应高出地面至少0.3 m。为了减少电压的影响，接地体的地下水平距离应符合下列要求：与建筑物墙基之间，大于或等于1.5 m；与独立避雷针之间，大于或等于3 m。

5. 接地线、接地极的连接

接地极的连接应采用焊接，接地线与接地极的连接应采用焊接。异种金属接地极之间连接时接头处应采取防止电化学腐蚀的措施。

接地装置地下部分的连接应采用焊接，并且应采用搭焊，不得存在虚焊缺陷。

接地线、接地极采用电弧焊连接时应采用搭接焊缝，其搭接长度应符合下列规定：扁钢应为其宽度的2倍且不得少于3个棱边焊接；圆钢应为其直径的6倍；圆钢与扁钢连接时，其长度应为圆钢直径的6倍；扁钢与钢管、扁钢与角钢焊接时，除应在其接触部位两侧进行焊接外,还应由钢带或钢带弯成的卡子与钢管或角钢焊接。

采用金属绞线作接地线引下时,宜采用压接端子与接地极连接。利用各种金属构件、金属管道为接地线时,连接处应保证有可靠的电气连接。

关于接地装置连接的其他内容,下面以典型例题的形式进行介绍。

典型例题

【单选题】电气设备在运行中,接地装置应始终保持良好状态,接地装置包括接地体和接地线。关于接地装置连接的说法,正确的是(　　)。

A. 有伸缩缝的建筑物的钢结构可直接作接地线

B. 接地装置地下部分的连接应采用搭焊

C. 接地线与管道的连接可采用镀铜件螺纹连接

D. 接地线的连接处有振动隐患时应采用螺纹连接

B。【解析】接地装置地下部分的连接应采用焊接,并且应采用搭焊,不得存在虚焊缺陷。建筑物的钢结构、工业管道、起重机轨道可以用来做接地线,但是为了保证接地线的连续可靠,需要在伸缩处另外设置跨接线。接地线与管道的连接可采用镀锌螺纹连接或镀锌抱箍螺纹连接,并在有振动隐患的位置采用必要的防松措施。

(四)保护接零的要求

保护接零是指电气设备在正常情况下不带电的金属部分与电网的保护零线的相互连接。其基本作用是当某带电部分碰连设备外壳时,通过设备外壳形成该相对零线的单独短路,短路电流能促使线路上过电流保护装置迅速动作,从而把故障部分电源断开,消除触电危险。虽然保护接零也能降低漏电设备上的故障电压,但一般不能降低到安全范围以内,但可以迅速切断电源。

1. 保护接零系统

保护接零系统主要是 TN 系统。

TN 系统(保护接零系统)是指电源端有一点直接接地,电气装置的外露可导电部分通过保护中性导体或保护导体连接到此接地点。在 TN 系统中,中性线用 N 表示,专用的保护线用 PE 表示,共用的保护线与中性线用 PEN 表示。

根据中性导体和保护导体的组合情况,TN 系统的型式有以下三种。

(1)TN-S 系统:整个系统的中性导体和保护导体是分开的,如下图所示。该系统适用于有爆炸危险、火灾危险性较大及其他安全要求较高的场所。

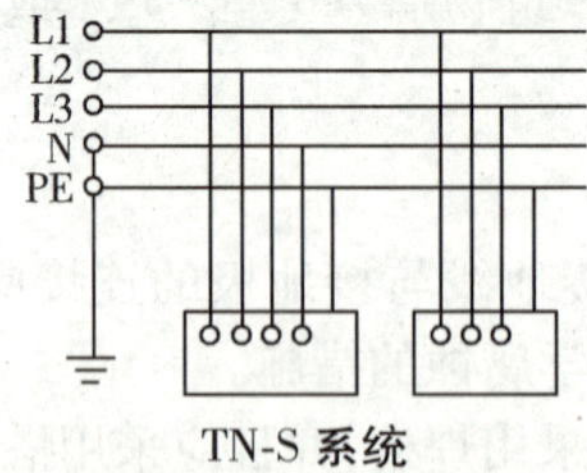

TN-S 系统

链接

有独立附设变电站的车间,应选用的接零系统是 TN－S 系统。

(2)TN-C 系统:整个系统的中性导体和保护导体是合一的,如下图所示。该系统适用于无爆炸危险、火灾危险性小、用电设备较少、用电线路简单且安全条件较好的场合。

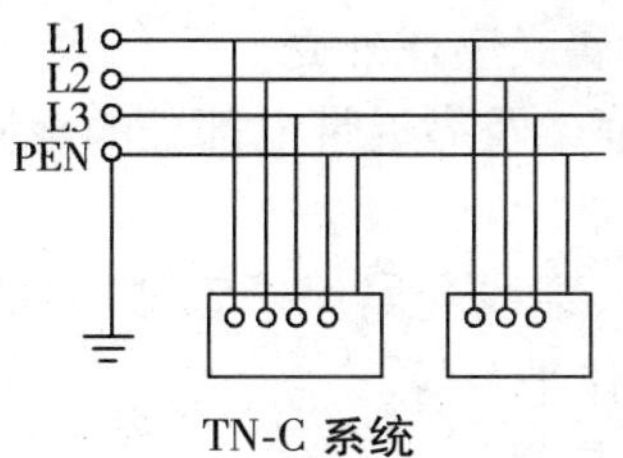

TN-C 系统

(3)TN-C-S 系统:系统中一部分线路的中性导体和保护导体是合一的,如下图所示。该系统适用于厂内低压配电的场所及民用楼房。

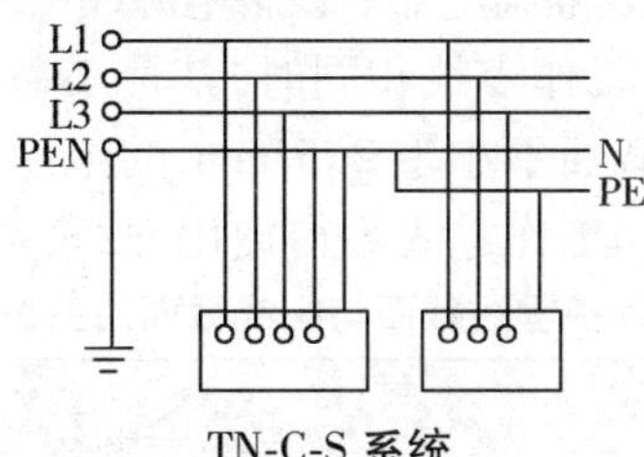

TN-C-S 系统

在 TN-S 接零保护系统中,电气设备的金属外壳必须与保护零线连接。保护零线应由工作接地线或配电室配电柜电源侧零线处引出。

2. 保护接零要求

TN 系统中电气装置的所有外露可导电部分,应通过保护导体与电源系统的接地点连接。

TN 系统中配电线路的间接接触防护电器切断故障回路的时间,应符合下列规定:

(1)配电线路或仅供给固定式电气设备用电的末端线路,不宜大于 5 s。

(2)供给手持式电气设备和移动式电气设备用电的末端线路或插座回路,TN 系统的最长切断时间不应大于下表的规定。

TN 系统的最长切断时间

相导体对地标称电压/V	切断时间/s
220	0.4
380	0.2
>380	0.1

TN 系统中,配电线路采用过电流保护电器兼作间接接触防护电器时,其动作特性应符合规定;当不符合规定时,应采用剩余电流动作保护电器。

保护零线和工作零线自工作接地线或配电室配电柜电源侧零线处分开后,不得再做电气连接。

施工现场保护接零的低压系统,变压器或发电机的工作接地电阻不应大于 4 Ω。总容量不大于 100 kV · A 的变压器或发电机的工作接地电阻不得大于 10 Ω。

保护零线应在配电系统的始端、中间和末端处做重复接地,每处重复接地电阻不得大于 10 Ω;在工作接地电阻允许达到 10 Ω 的电力系统中,所有重复接地的等效电阻值不应大于 10 Ω。工作零线不得做重复接地。

下列电气设备及设施的外露可导电部分,应做保护接零:

(1)电气设备工具的金属外壳。

(2)电气设备传动装置的金属底座或外壳。

(3)配电装置的金属箱体、框架及靠近带电部分的金属围栏和金属门。

(4)互感器二次绕组的一端。

(5)电缆的金属外皮和铠装、穿线金属保护管、敷线的钢索、吊车的底座和轨道、提升机的金属构架、滑升模板金属操作平台等。

(6)金属结构的办公室及工具间。

用电设备的保护零线不得串联接零。

保护零线不得接入保护电器及隔离电器。设备电源线中的保护零线必须连接,不得截断。

保护零线所用材质与相线、工作零线相同时,其最小截面应符合下表的规定。与电气设备相连接的保护零线应采用截面不小于 2.5 mm^2 的绝缘多股铜线。保护零线应采用统一标志的绿/黄双色线,电源线和工作零线不得使用绿/黄双色线。

保护零线截面与相线截面的关系

相线芯线截面 S/mm^2	保护零线最小截面/mm^2
$S \leqslant 16$	S
$16 < S \leqslant 35$	16
$S > 35$	$S/2$

3. 重复接地

在保护接零系统中,零线仅靠在电源端一处接地是不够安全可靠的。为了提高安全可靠性,还应在零钱的干线上和分支线路的终端以及中间沿线间隔一定距离进行重复多点接地。

重复接地是指 PE 线或 PEN 线上除了工作接地以外的其他点再次接地。其作用有以下几个方面:

(1)降低漏电设备外壳的对地电压。重复接地点越多,对降低零线对地电压越有效,对人体也越安全。

(2)减轻零线断线时的触电危险和避免烧毁单相电气设备。在有重复接地的保护接零系统中,当发生零线断线时,实际上此时由保护接零转变为保护接地,断线点后的零线及所有接零设备外壳对地电压要低得多,大大降低了危险程度。

(3)缩短保护装置的动作时间。一旦发生短路故障,重复接地电阻与工作接地电阻便形成并联电路,线路阻值减小,加大了短路电流,使保护装置更快地动作,缩短故障持续时间。

(4)改善架空线路的防雷性能。如在架空线路进户线的入口附近或分支线的终端处的零线上实行重复接地,对雷电流有分流作用。

4. 等电位联结

对于 TN 系统而言,等电位联结是十分重要的且必需的附加保护之一。等电位联结可以提高 TN 系统的安全性。

等电位联结是指多个可导电部分间为达到等电位进行的联结。等电位联结分为总等电位联结、辅助等电位联结和局部等电位联结。

(1)总等电位联结是指在保护等电位联结中,将总保护导体、总接地导体或总接地端子、建筑物内的金属管道和可利用的建筑物金属结构等可导电部分连接到一起。

（2）辅助等电位联结是指在导电部分间用导线直接连通，使其电位相等或接近，而实施的保护等电位联结。

（3）局部等电位联结是指在一局部范围内将各导电部分连通，而实施的保护等电位联结。

建筑物内的总等电位联结，应符合下列规定。

（1）每个建筑物中的下列可导电部分，应做总等电位联结：总保护导体（保护导体、保护接地中性导体）；电气装置总接地导体或总接地端子排；建筑物内的水管、燃气管、采暖和空调管道等各种金属干管；可接用的建筑物金属结构部分。

（2）来自外部的上述（1）规定的可导电部分，应在建筑物内距离引入点最近的地方做总等电位联结。

（3）总等电位联结导体，应符合导体选择的有关规定。具体如下：

①总等电位联结用保护联结导体的截面积，不应小于配电线路的最大保护导体截面积的 1/2，保护联结导体截面积的最小值和最大值应符合下表的规定。

保护联结导体截面积的最小值和最大值

导体材料	最小值/mm^2	最大值/mm^2
铜	6	25
铝	16	按载流量与 25 mm^2 铜导体的载流量相同确定
钢	50	

②辅助等电位联结用保护联结导体截面积的选择，应符合下列规定：联结两个外露可导电部分的保护联结导体，其电导不应小于接到外露可导电部分的较小的保护导体的电导。联结外露可导电部分和装置外可导电部分的保护联结导体，其电导不应小于相应保护导体截面积的 1/2 的导体所具有的电导。

③局部等电位联结用保护联结导体截面积的选择，应符合下列规定：保护联结导体的电导不应小于局部场所内最大保护导体截面积 1/2 的导体所具有的电导。保护联结导体采用铜导体时，其截面积最大值为 25 mm^2。保护联结导体为其他金属导体时，其截面积最大值应按其与 25 mm^2 铜导体的载流量相同确定。

当电气装置或电气装置某一部分发生接地故障后间接接触的保护电器不能满足自动切断电源的要求时，尚应在局部范围内将上述（1）所列可导电部分再做一次局部等电位联结；亦可将伸臂范围内能同时触及的两个可导电部分之间做辅助等电位联结。

链接

在触电危险性较大的环境中，应使用 TN－S 系统（保护接零系统），其用电设备的金属外壳除须连接保护导体（PE 线）外，还应与等电位导体妥善连接。

（五）保护导体

保护导体旨在防止间接接触电击，包括保护接地线、保护接零线和等电位联结线。为保证保护导体的可靠性，应正确区分保护导体类型，以便选择保护导体的材料和尺寸。下图为某车间的保护导体连接图，图中未画出载流的相导体和 N 导体，G 为 I 类用电设备，

①②为等联结线，③为保护接地线，④⑤为保护接零线。

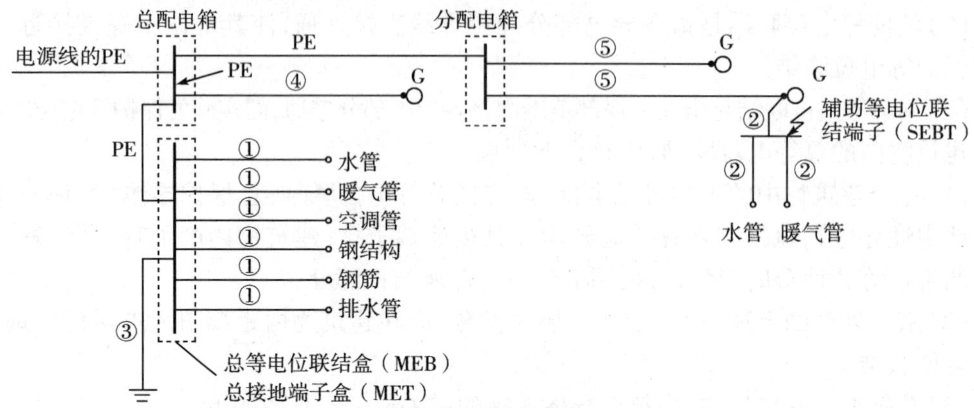

某车间的保护导体连接图

低压交流电气装置的保护导体的相关要求如下。

（1）不属于电缆的一部分或不与相线共处于同一外护物之内的每根 PE，其截面积不应小于下列数值：

①有防机械损伤保护，铜为 2.5 mm^2，铝为 16 mm^2。

②没有防机械损伤保护，铜为 4 mm^2，铝为 16 mm^2。

（2）PEN 应符合下列要求：

①PEN 应只在固定的电气装置中采用，铜的截面积不应小于 10 mm^2 或铝的截面积不应小于 16 mm^2。

②PEN 应按可能遭受的最高电压加以绝缘。

③从装置的任一点起，N 和 PE 分别采用单独的导体时，不允许该 N 再连接到装置的任何其他的接地部分，允许由 PEN 分接出的 PE 和 PE 超过一根以上。PE 和 N，可分别设置单独的端子或母线，PEN 应接到为 PE 预设的端子或母线上。

关于保护导体的其他内容，下面以典型例题的形式进行介绍。

典型例题

【单选题】保护导体分为人工保护导体和自然保护导体。关于保护导体的说法，错误的是(　　)。

A. 低压系统中允许利用不流经可燃液体或气体的金属管道作为自然保护导体

B. 多芯电缆的芯线、与相线同一护套内的绝缘线可作为人工保护导体

C. 交流电气设备应优先利用建筑物的金属结构作为自然保护导体

D. 交流电气设备应优先利用起重机的轨道作为人工保护导体

D。**【解析】**在低压系统中允许利用不流经可燃液体或气体的金属管道作为自然保护导体。故选项 A 正确。除多芯电缆的芯线、与相线同一护套内的绝缘线可作为人工保护导体外，固定敷设的绝缘线或裸导体也可作为人工保护导体。故选项 B 正确。交流电气设备应优先利用起重机的轨道作为自然保护导体。此外，交流电气设备还应优先利用建筑物的金属结构、配线的钢管等作为自然保护导体。故选项 C 正确，选项 D 错误。

【单选题】保护导体旨在防止间接接触电击，包括保护接地线、保护接零线和等电位联结线。关于保护导体应用的说法，正确的是（ ）。

A. 低压电气系统中可利用输送可燃液体的金属管道作保护导体

B. 保护导体干线必须与电源中性点和接地体相连

C. 保护导体干线应通过一条连接线与接地体连接

D. 电缆线路不得利用其专用保护芯线和金属包皮作保护接零线

B。**【解析】**用于输送可燃液体或气体的金属管道，供暖管道、供水、中水、排水等金属管道，不应用作保护导体。低压电气系统中可利用不输送可燃液体或气体的金属管道作保护导体。保护导体干线应通过两条连接线与接地体连接，以提高线路可靠性，保证安全。在保证电气特性不受机械的、化学的或电化学的损害和侵蚀，导电性能可以满足要求的情况下，电缆线路可以利用其专用保护芯线和金属包皮作保护接零线。有保护作用的 PEN 线不能安装单极开关和熔断器。当各设备都设置保护线时，为了保证良好接地，各设备的保护线不得串联连接。

（六）漏电保护装置

漏电保护装置根据动作原理的不同分为电压型漏电保护装置和电流型漏电保护装置。电压型漏电保护装置的检测元件的一端接设备外壳，另一端单独接地或接入为中性点，当设备漏电，其外壳对地电压达到危险数值时，检测元件动作，通过开关电器迅速切断电源。这种保护装置结构简单，但只能防止间接接触电击，不能防止直接接触电击。电流型漏电保护装置的保护方式有剩余电流型和泄漏电流型两类，但一般所指都是前者。剩余电流漏电保护装置的工作原理是由零序电流互感器获取漏电信号，经转换后使线路开关跳闸，这种保护装置既能防止间接接触电击，也能防止直接接触电击。触电防护技术措施中更多采用剩余电流动作保护装置。下面主要介绍剩余电流动作保护装置。

剩余电流动作保护装置（Residual Current operated protective Devices，简称 RCD）是一种漏电保护装置，是防止人身触电、电气火灾及电气设备损坏的一种有效的防护装置。

1. 对直接接触电击事故的防护

在直接接触电击事故的防护中，RCD 只作为直接接触电击事故基本防护措施的补充保护措施（不包括对相与相、相与 N 线间形成的直接接触电击事故的保护）。

用于直接接触电击事故防护时，应选用无延时的 RCD，其额定剩余动作电流不超过 30 mA。

2. 对间接接触电击事故的防护

一般要求：

（1）间接接触电击事故防护的主要措施是采用自动切断电源的保护方式，以防止由于电气设备绝缘损坏发生接地故障时，电气设备的外露可接近导体持续带有危险电压而产生有害影响或电气设备损坏事故。当电路发生绝缘损坏造成接地故障，其接地故障电流值小于过电流保护装置的动作电流值时，应安装 RCD。

（2）RCD 用于间接接触电击事故防护时，应正确地与电网系统接地型式相配合。

对 TN 系统的防护要求：

（1）采用 RCD 的 TN-C 系统，应根据电击防护措施的具体情况，将电气设备外露可接近导体独立接地,形成局部 TT 系统。

(2)在 TN 系统中,应将 TN-C 系统改造为 TN-C-S、TN-S 系统或局部 TT 系统后,方可安装使用 RCD。在 TN-C-S 系统中,RCD 只允许使用在 N 线与 PE 线分开部分。

对 TT 系统的防护要求:TT 系统的电气线路或电气设备应装设 RCD 作为防电击事故的保护措施。

对 IT 系统的防护要求:IT 系统的电气线路或电气设备可以针对外露的可接触不同电位的导电部分保护性安装 RCD。

3. 应安装 RCD 的设备和场所

下列设备和场所应安装末端保护 RCD:

(1)属于Ⅰ类的移动式电气设备及手持式电动工具。(注释:电气产品分为四类。其中Ⅰ类产品的防电击保护不仅依靠设备的基本绝缘,而且还应包含一个附加的安全预防措施,该措施是将可能触及的可导电的零件与已安装的固定线路中的保护线或 TT 系统的独立接地装置联接起来,以使可触及的可导电的零件在基本绝缘损坏的事故中不带有危险电压)

(2)工业生产用的电气设备。

(3)施工工地的电气机械设备。

(4)安装在户外的电气装置。

(5)临时用电的电气设备。

(6)机关、学校、宾馆、饭店、企事业单位和住宅等除壁挂式空调电源插座外的其他电源插座或插座回路。

(7)游泳池、喷水池、浴室、浴池的电气设备。(注释:指相关规定属于应安装保护装置区域内的电气设备)

(8)安装在水中的供电线路和设备。

(9)医院中可能直接接触人体的医用电气设备。

(10)农业生产用的电气设备。

(11)水产品加工用电。

(12)其他需要安装 RCD 的场所。

低压配电线路根据具体情况采用二级或三级保护时,在电源端、负荷群首端或线路末端(农业生产设备的电源配电箱)安装 RCD。

链接

对一旦发生剩余电流超过额定值切断电源时,因停电造成重大经济损失及不良社会影响的电气装置或场所,应安装报警式剩余电流保护装置。如:

(1)公共场所的应急电源、通道照明。

(2)确保公共场所安全的设备。

(3)消防设备的电源,如消防电梯、消防水泵、消防通道照明等。

(4)防盗报警的电源。

(5)其他不允许停电的特殊设备和场所。

4. 可不装 RCD 的情况

具备下列条件的电气设备和场所,可不装 RCD:

(1)使用安全电压供电的电气设备。

(2)一般环境条件下使用的具有加强绝缘(双重绝缘)的电气设备(如Ⅱ类和Ⅲ类电器等)。

(3)使用隔离变压器且二次侧为不接地系统供电的电气设备。

(4)具有非导电条件场所的电气设备。

(5)在没有间接接触电击危险场所的电气设备。

5. RCD 的技术参数

RCD 的技术参数额定值应与被保护线路或设备的技术参数和安装使用的具体条件相配合。

RCD 的额定电流(I_n)值为 6 A,10 A,16 A,20 A,25 A,32 A,40 A,50 A,63 A,80 A,100 A,125 A,160 A,200 A,250 A,315 A,400 A,500 A,630 A,700 A,800 A。

RCD 的额定剩余动作电流($I_{\Delta n}$)值为 0.006 A,0.01 A,0.03 A,0.05 A,0.1 A,0.2 A,0.3 A,0.5 A,0.8 A,1 A,3 A,5 A,10 A,20 A,30 A。

提示

由 RCD 的额定剩余动作电流值可知,我国标准规定的额定漏电动作电流值分 15 个等级。

额定剩余不动作电流($I_{\Delta n0}$)的优先值为 $0.5I_{\Delta n}$。$0.5I_{\Delta n}$ 值仅指工频交流剩余电流。

RCD 的分断时间要求:

(1)直接接触补充保护用的 RCD,其最大分断时间见下表。

直接接触保护用的 RCD 的最大分断时间

$I_{\Delta n}$/A	I_n/A	最大分断时间/s		
		$I_{\Delta n}$	$2I_{\Delta n}$	0.25A
任何值	任何值	0.1	0.08	0.04

(2)间接接触保护用 RCD 的最大分断时间见下表。

间接接触保护用的 RCD 的最大分断时间

$I_{\Delta n}$/A	I_n/A	最大分断时间/s		
		$I_{\Delta n}$	$2I_{\Delta n}$	$5I_{\Delta n}$
>0.03	任何值	0.3	0.2	0.15

(3)两级保护的最大分断时间见下表。

两级保护的最大分断时间

二级保护	一级保护	
最大分断时间	延时级差为 0.1 s	延时级差为 0.2 s
	0.2 s	0.3 s

注:延时型 RCD 的延时时间的级差不小于 0.1 s。

(4)三级保护的最大分断时间见下表。

三级保护的最大分断时间

三级保护	总保护		中级保护	
最大分断时间	延时级差为0.2 s	延时级差为0.1 s	延时级差为0.2 s	延时级差为0.1 s
	0.5 s	0.3 s	0.3 s	0.2 s

链接

电流型漏电保护装置的动作参数主要是动作电流和动作时间。电流型漏电保护装置可根据其工作时的动作电流分为多个等级。其中,动作电流在30 mA及以下的漏电保护装置属于高灵敏度,主要用于防触电事故;动作电流在30 mA以上、1 000 mA及以下的漏电保护装置属于中灵敏度,主要用于防触电事故和漏电火灾;动作电流在1 000 mA以上的漏电保护装置属于低灵敏度,主要用于防漏电火灾和监视单相接地故障。

典型例题

【单选题】漏电保护装置可用来防止间接接触触电、直接接触触电、漏电火灾,也可用于检测和切断各种相对地故障。某单位选用漏电保护装置($I_{\Delta n}=30$ mA,$T_{\Delta n}\leqslant 0.1$ s)防止触电事故,根据该装置性能参数判断,其属于(　　)。

A. 中灵敏度、延时型漏电保护装置　B. 中灵敏度、快速型漏电保护装置

C. 高灵敏度、延时型漏电保护装置　D. 高灵敏度、快速型漏电保护装置

D。【解析】根据题干,动作电流 $I_{\Delta n}=30$ mA 可判断该装置属于高灵敏度漏电保护装置。延时型漏电保护装置只能用于动作电流30 mA以上的漏电保护,不能用于高灵敏度漏电保护。因此,该装置属于高灵敏度的快速型漏电保护装置。

(七)电气分隔防护

电气分隔技术措施在我国过去称为电气隔离。

1. 电气分隔的定义

电气分隔是指将系统的某一部分的危险带电部位与系统其他部分绝缘,并与周围环境中其他可导电部分(含大地)绝缘,以避免电击危险的防护措施。

2. 电气分隔的两种类别

低压系统电气分隔主要有简单分隔和保护分隔两种类别。

(1)简单分隔是指采用基本绝缘使回路之间、回路与地之间分隔。

(2)保护分隔是指采用双重绝缘、加强绝缘或基本绝缘加电气保护屏蔽这三种方法之一,将一个电气回路与另一个电气回路分隔。

3. 电气分隔防护的性质及安全条件

电气分隔是故障防护措施,是在基本防护措施基础上采取的间接电击防护措施。但从原理上看,电气分隔有部分直接电击防护的作用,如发生于带电导体与大地之间的直接电击,但对发生于带不同电位带电导体之间的直接电击则无防护作用。

采用隔离变压器的电气分隔防护措施一般用于向单台单相设备供电的回路,若有三相设备或多台设备,需要补充其他一些条件。

工程应用中采用电气分隔防护时，应遵守一些规则，这些规则是为了确保电气分隔防护的有效性而提出来的，称为安全条件。电气分隔的安全条件见下表。

电气分隔的安全条件

项目	要求
电源条件	(1)电气分隔回路必须由单独的电源供电，这个电源可以是一台隔离变压器，也可以是一个安全等级相当于隔离变压器的其他电源，如各绕组间等效分隔的电动机－发电机组等。 (2)电源电压不应大于交流 500 V(有效值)。 (3)使用隔离变压器时，单相变压器容量不得超过 25 kV · A，三相变压器不得超过 40 kV · A，变压器一、二次绕组间至少应达到简单分隔，一般要求达到保护分隔的，其绝缘电阻和耐压也应达到规定要求。例如用于交流 220 V 的隔离变压器，进行绝缘电阻试验后立即进行工频耐压试验，要求承受 3 750 V 电压不小于 1 min
回路条件	(1)被分隔部分只允许有一个回路。 (2)被分隔回路的带电部分应保持独立，严禁与其他回路、保护导体或大地等有任何电气连接。 (3)实行电气分隔的单台用电设备，其外露可导电部分严禁与任何其他可导电部分相连，包括大地，以避免从分隔回路以外引入危险电压。 (4)被分隔的回路采用软电线电缆时，其中易受机械损伤的路段全长都应可见，以便及时发现故障。 (5)被分隔回路线缆尽量与其他回路线缆分开敷设，且应采用无金属外皮的多芯电缆或穿绝缘套管、绝缘线槽、绝缘槽盒的绝缘电线。当与其他回路线缆一起敷设时，应满足下列要求： ①被分隔回路额定电压不低于其他回路中最高的标称电压。 ②每个回路都具有过电流保护
对多台电气设备电气分隔的补充要求	(1)被分隔回路的外露可导电部分应用绝缘的不接地的等电位联结导体互相连通，这些导体不得与任何其他可导电部分相连。简单来说，为防止隔离回路中各设备相线漏电，各设备的金属外壳采用等电位联结，并不需要接地。 (2)被分隔回路中所有插座必须带有供等电位联结用的专用插孔。 (3)除了为Ⅱ类设备供电的软电缆外，所有软电缆都必须包含一根用于等电位联结的保护芯线。 (4)在不同设备上发生二次碰壳故障时，应确保有一台设备的过电流保护装置动作自动切断电源，切断时间应满足电击防护要求。 (5)被分隔回路线路长度与标称电压之积不宜大于 100 000 V · m

链接

简单来说，电气分隔是指工作回路与其他回路实现电气上的隔离。其安全原理是在隔离变压器的二次侧构成了一个不接地的电网，防止在二次侧工作的人员被电击。

用于电气分隔的隔离变压器还应满足下列要求：

(1)隔离变压器的输入绕组与输出绕组没有电气连接，并具有双重绝缘的结构。

(2)隔离变压器二次侧线路电压过高或线路过长，将会降低回路对大地的绝缘水平，增加故障电路接地风险，降低电气隔离的可靠性。

(八)特低电压(ELV)限值

特低电压限值用以指导正确选择人体在正常和故障两种状态下使用各种电气设备，并处于各种环境状态下可触及导电零件的电压限值。

1. 环境状况

环境状况 1:皮肤阻抗和对地电阻均可忽略不计,如人体浸没条件。

环境状况 2:皮肤阻抗和对地电阻降低,如潮湿条件。

环境状况 3:皮肤阻抗和对地电阻均不降低,如干燥条件。

环境状况 4:特殊状况,如电焊、电镀。

2. 稳态电压限值

下表给出了正常状态和故障状态下,环境状况为 1 至 3 的稳态直流电压和频率范围为 15 ~ 100 Hz 的稳态交流时的电压限值;对于接触面积小于 1 cm^2 的不可握紧部分,给出了更高的电压限值。

稳态电压限值

环境状况	电压限值/V					
	正常(无故障)		单故障		双故障	
	交流	直流	交流	直流	交流	直流
1	0	0	0	0	16	35
2	16	35	33	70	不适用	
3	33[a]	70[b]	55[a]	140[b]	不适用	
4	特殊应用					

注:(1)[a] 表示对接触面积小于 1 cm^2 的不可握紧部件,电压限值分别为 66 V 和 80 V。

(2)[b] 表示在电池充电时,电压限值分别为 75 V 和 150 V。

3. 特低电压区段

所谓特低电压区段,是指如下范围:

(1)交流(工频):无论是相对地或相对相之间均不大于 50 V(有效值);

(2)直流(无纹波):无论是极对地或极对极之间均不大于 120 V。

4. 特低电压限值

限值是指任何运行条件下,任何两导体间不可能出现的最高电压值。我国的安全电压限值规定为:工频有效值的限值为 50 V、直流电压的限值为 120 V。

我国标准还推荐:当接触面积大于 1 cm^2、接触时间超过 1 s 时,干燥环境中工频电压有效值的限值为 33 V、直流电压限值为 70 V;潮湿环境中工频电压有效值的限值为 16 V、直流电压限值为 35 V。

链接

隧道内工频安全电压有效值的限值为 16 V。

5. 安全电压额定值

低压电气装置特低电压可分为下图所示类别。

ELV { 安全防护 { SELV——安全特低电压；PELV——保护特低电压 }；设备工作：FELV——功能特低电压 }

低压电气装置特低电压的类别

安全特低电压以下简称安全电压。

我国将安全电压额定值（工频有效值）的等级规定为：42 V；36 V；24 V；12 V 和 6 V。具体选用时，应根据使用环境、人员和使用方式等因素确定：

（1）特别危险环境中使用的手持电动工具应采用 42 V 安全电压。

（2）有电击危险环境中使用的手持照明灯和局部照明灯应采用 36 V 或 24 V 安全电压。

（3）金属容器内、特别潮湿处等特别危险环境中使用的手持照明灯应采用 12 V 安全电压。

（4）水下作业等场所应采用 6 V 安全电压。

当设备采用 24 V 以上安全电压时，必须采取防护直接接触电击的措施。

6. 安全电压的安全条件

使安全电压达到电击防护安全性要求的条件大致可分为三类，即关于电压值的规定、关于电源的规定和关于回路的规定，下面分别进行介绍。

电压值的选取。电压值划有三个限，以区段 I 电压限值（交流 50 V、直流 120 V）为基值，这三个限的标幺值分别为 1，0.5 和 0.25。具体如下：

（1）安全电压在干燥环境中作间接电击防护时，应在具有基本绝缘的前提下采用交流 50 V 或直流 120 V 以下标称电压。

（2）安全电压在干燥环境件下作直接电击防护时，应采用交流 25 V 或直流 60 V 及以下标称电压。

（3）任何情况下，标称电压不超过交流 12 V 或直接 30 V，可不采取其他直接电击防护措施。但有专门标准规定的特殊场所例外。

电源条件。安全电压必须由安全电源供电，安全电源的含义，不仅包括正常工作时电压值在安全电压范围内，还包括发生各种可能的故障时不会引入更高电压。常用的安全电源主要有以下几种：

（1）安全隔离变压器或与其等效的具有多个隔离绕组的发电机 - 电动机组。

链接

安全隔离变压器的额定输出不应超过：对单相变压器，为 10 kV · A；对多相变压器，为 16 kV · A。

注意区分隔离变压器和安全隔离变压器。专业术语上，用于电气分隔的变压器称为隔离变压器，用于安全电压的变压器称为安全隔离变压器。

（2）电化学电源（如蓄电池）或与电压较高回路无关的其他独立电源（如柴油发电机组）。

（3）即使在故障时仍能确保输出端子上的电压不超过特低电压限值的电子装置。

回路配置。回路配置主要考虑外界引入高电位产生电击的问题，即避免产生额外的电击危险性，主要使用电气分隔和基本绝缘的技术方案，具体措施规定很烦琐，主要原则有以下三条：

（1）安全电压回路带电部分与其他非安全电压回路间实施保护分隔。

(2)安全电压回路带电部分与其他非安全电压回路应有基本绝缘,但不必要达到基本分隔或保护分隔。

(3)安全电压回路带电部分与地之间应具有基本绝缘,回路内的外露可导电部分不能接地,不能与其他回路的保护导体和外露可导电部分连接。

关于安全电压的安全条件的其他内容,下面以典型例题的形式进行介绍。

典型例题

【单选题】安全电压既能防止间接接触电击,也能防止直接接触电击。安全电压通过采用安全电源和回路配置来实现。下列实现安全电压的技术措施中,正确的是(　　)。

A. 安全电压回路应与保护接地或保护接零线连接

B. 安全电压设备的插座应具有接地保护的功能

C. 安全隔离变压器二次边不需装设短路保护元件

D. 采用安全隔离变压器作为特低电压的电源

D。**【解析】**符合现行国家标准要求的安全隔离变压器、安全等级等同于规定的内装安全隔离变压器的电源可以作为特低电压的电源。当采用安全特低电压配电时,回路的带电部分与地之间应具有基本绝缘,其外露可导电部分不得与地、保护导体以及其他回路的外露可导电部分做电气连接。安全特低电压系统的插头和插座不应具有保护接地线的接点。安全隔离变压器的一次边和二次边都需要装设短路保护元件,实现短路保护。

(九)非导电环境

通过在作业场所采取的安全措施也可降低甚至消除电击危险性,技术要点在于对场所中外界可导电部分的处理。

理论上,如果不管在正常还是故障情况下,作业场所的人员都无法同时触及可能带不同电位的可导电部分,这种场所就可以称为非导电环境。由于大地本身就是一个可导电部分,与大地有紧密联系的建筑物地板、墙、顶棚等都有导电进入大地的可能,因此,工程上所谓的非导电环境,是指利用不导电的材料制成地板、墙壁、顶棚等,使人员所处环境成为一个有较高对地绝缘水平的场所。在这种环境中,当人体一点与带电部分接触时,不可能通过大地形成电流回路,从而保证了人身安全。

非导电环境是故障防护措施。工程上,非导电环境应符合以下安全条件:

(1)地板和墙壁每一点对地绝缘电阻,应用于交流 500 V 及以下标称电压时应不小于 50 kΩ,应用于 500 V 以上标称电压时应不小于 100 kΩ。规定绝缘电阻阻值,主要是为了保证绝缘的有效性。

(2)在非导电环境内若存在伸臂范围以内的可导电部分,应采取措施使人不能同时触及任意两个部分,以避免电击危险。

(3)为了保证对地绝缘的特征,非导电环境内不得设置接地的 PE 线。

(4)非导电环境内的外界可导电部分不得向外界传导电位。

(5)非导电环境内的非导电性应具有稳定性与持久性,即在预期使用期限内,其绝缘能力不得随环境(湿度、温度)的变化或时间的推移而降低至规定要求以下。

提示

预防直接接触电击的基本措施是绝缘、屏护和间距。但双重绝缘是预防间接接触电击的措施。

预防间接接触电击的基本措施是保护接地和保护接零。

兼防直接接触和间接接触电击的措施有安全电压、剩余电流动作保护。

剩余电流动作保护和等电位联结属于电击防护的附加措施。

第3节 静电事故与防护技术

静电事故是生产工艺过程中和人们行动过程中所产生相对静止的正、负电荷形式的能量造成的事故。

一、静电的产生

(一)产生静电的内因

能否产生静电,取决于相互接触的两种物质的逸出功是否相同;能否积累静电,则决定于静电的消散条件。

众所周知,物质由分子组成,分子由原子组成。平时原子核的正电荷数与核外电子的负电荷数相等,不显电性,如果电子要离开原来物质表面,就必须克服原物质中的原子对它的束缚力而做功,这个功就叫“逸出功”。当两种物质紧密接触后(相距小于 25×10^{-8} cm)再分离时,由于不同的物质逸出功一般也不同,一些电子就会从其中一种物质转移到另一种物质中去。这样,失去电子的物质就会带正电,得到多余电子的物质则带负电,这样就产生了静电带电现象。摩擦能使两种物质紧密接触的面积增加,并不断接触与分离,所以能产生较多静电荷。此外,材料的断裂、撕裂等都会产生静电。可见,所有物质,无论是金属还是非金属,无论是固体、液体还是气体,在一定条件下都可能发生电子转移而产生静电。

静电产生后能否保持和积累,取决于物体本身电阻率的大小,以及对地电阻的大小,即取决于消散条件。一般说来,物体电阻率越高,对地电阻越大,带电后就越不易消散。

(二)产生静电的外因

产生静电的外因概括起来有四种方式:

(1)紧密接触、迅速分离(即接触 - 分离)。在工业生产中,剥离、撕裂、撞击、粉碎、筛选、滚压、搅拌、喷涂、过滤等工序都具备这个静电起电条件。

(2)附着带电。某种带电粒子或带电粉尘等附着到对地绝缘的物体上,就能使物体带电或改变其带电状况。

(3)感应起电。一个原来不带电的电导体,如果接近一个带电体,则导体上就会感应出电荷。

(4)极化起电。绝缘体接近带电体时,其内部或外表出现电荷的现象称为极化。在盛装带静电的物体时,绝缘容器的外壁具有带电性,就是这个原因。

以下生产工艺过程都比较容易产生静电：

(1)固体物质大面积的摩擦，如纸张与辊轴摩擦、橡胶或塑料碾炼、传动带与带轮或辊轴摩擦等；固体物质在压力下接触而后分离，如塑料压制、上光等；固体物质在挤出、过滤时与管道、过滤器等发生摩擦，如塑料的挤出、赛璐珞的过滤等。

(2)高电阻率的液体在管道中流动且流速超过 1 m/s 时；液体喷出管口时；液体注入容器发生冲击、冲刷或飞溅时等。

(3)液体气体或压缩气体在管道中流动和由管口喷出时，如从气瓶放出压缩气体、喷漆等。

(4)固体物质的粉碎、研磨过程，悬浮粉粉尘的高速运动等。

(5)在混合器中搅拌各种高电阻物质，如纺织品的涂胶过程等。

产生静电荷的多少与生产物料的性质和料量、摩擦力大小和摩擦面积、液体和气体的分离或喷射强度、粉体粒度等因素有关。

二、静电的危害

静电在一定条件下会形成很高的电压，固体静电可达 200 kV 以上，人体静电也可达 10 kV 以上。其总电量不大，能量也不大，但常常会使生产和人身遭到危害。静电放电是静电消失的主要途径之一，在放电的过程中常伴有响声和火花。静电的这些特点会造成以下危害：

(1)引起火灾和爆炸。静电能量虽然不大，但因其电压很高而容易发生放电，出现静电火花，在有可燃物质的作业场所，可能由静电火花引起火灾；在有气体、蒸气爆炸性混合物或有粉尘纤维爆炸性混合物的场所，可能由静电火花引起爆炸。静电火花放电，可能发生在人体接近带电物体的时候，也可能发生在带静电电荷的人体接近接地体的时候。

(2)静电电击。电击程度与所储存的静电能量有关，能量愈大，电击愈严重。但由于一般情况下，静电的能量较小，虽然不会直接使人致命，但会在电击后产生恐惧心理，工作效率下降。静电电击还可能会使人摔倒或从高处坠落，从而对人造成二次伤害。

(3)静电妨碍生产。在某些生产过程中，如不消除静电，将会妨碍生产或降低产品质量。例如，在电子产品的生产过程中，静电放电是导致元器件击穿危害和对电子设备的运行产生干扰的主要原因。

典型例题

【多选题】在工业生产和日常生活中，受材质、工艺设备、工艺参数和环境条件等因素的影响，会产生和积累大量静电，对生产生活造成较大危害。关于静电危害的说法，正确的有(　　)。

A. 接地的人体接近带静电物体时不会发生火花放电，但会伤害人体

B. 生产过程中积累的静电放电造成的瞬间冲击性电击可能致人死亡

C. 在爆炸性混合物场所，静电积累可能产生静电火花引起爆炸或火灾

D. 带静电的人体接近接地导体时可能发生火花放电，是爆炸或火灾的因素

E. 生产过程中产生的静电可能妨碍生产或降低产品质量

CDE。【解析】接地的人体接近带静电物体时可能会发生火花放电，带静电的人体接近接地导体或其他导体时，也可能会发生火花放电，从而导致爆炸或火灾。故选项 A 错误。生产过程中积累的静电放电造成的瞬间冲击性电击不会使人致命，其原因是生产工艺过程中积累的静电能量不大。故选项 B 错误。

【单选题】工艺过程中产生的静电可能引起爆炸和火灾，也可能给人以电击，还可能妨碍生产。下列燃爆事故中，属于静电因素引起的是(　　)。

A. 实验员小王忘记关氢气阀门，当他取出金属钠放在水中时产生火花发生燃爆

B. 实验员小李忘记关氢气阀门，当他在操作台给特钢做耐磨实验过程中发生燃爆

C. 司机小张跑长途用塑料桶盛装汽油备用，等他开到半路给汽车加油时瞬间发生燃爆

D. 维修工小赵未按规定穿防静电服维修天然气阀门，当他用榔头敲击钉子时瞬间发生燃爆

C。【解析】静电放电火花会成为可燃性物质的点火源，引发爆炸和火灾事故。选项 A 中的点火源为钠与水进行化学反应而产生的化学反应热；选项 B，D 中的点火源为摩擦、撞击而产生的机械火花；选项 C 中的点火源是汽油在塑料桶中摇晃而产生的静电。故选项 C 正确。

三、放电与引燃

典型静电放电的特点和其相对引燃能力见下表。

典型静电放电的特点和其相对引燃能力

放电种类	发生条件	特点及引燃性
电晕放电	当电极相距较远，在物体表面的尖端或突出部位电场较强处较易发生	有时有声光，气体介质在物体尖端附近局部电离，不形成放电通道。感应电晕单次脉冲放电能量小于 20 μJ，有源电晕单次脉冲放电能量则较此大若干倍，引燃、引爆能力甚小
刷形放电	在带电电位较高的静电非导体与导体间较易发生	有声光，放电通道在静电非导体表面附近形成许多分叉，在单位空间内释放的能量较小，一般每次放电能量不超过 4 mJ，引燃、引爆能力中等
火花放电	要发生在相距较近的带电金属导体间	有声光，放电通道一般不形成分叉，电极上有明显放电集中点，释放能量比较集中，引燃、引爆能力很强
传播型刷形放电	仅发生在具有高速起电的场合，当静电非导体的厚度小于 8 mm，其表面电荷密度大于或等于 2.7×10^{-4} C/m^{2}时较易发生	放电时有声光，将静电非导体上一定范围内所带的大量电荷释放，放电能量大，引燃、引爆能力强

在下列环境下，更易发生引燃、引爆等静电危害：可燃物的温度比常温高；局部环境氧含量（或其他助燃气含量）比正常空气中高；爆炸性气体的压力比常压高；相对湿度较低。

四、静电危害的安全界限

（一）静电放电点燃界限

导体间的静电放电能量按下式计算：

$$W=\frac{1}{2}CV^2$$

式中，W——放电能量，单位为 J；C——导体间的等效电容，单位为 F；V——导体间的电位差，单位为 V。

当其数值大于可燃物的最小点燃能量时，就有引燃危险。

当两导体电极间的电位低于 1.5 kV 时，将不会因静电放电使最小点燃能量大于或等于 0.25 mJ 的烷烃类石油蒸气引燃。

在接地针尖等局部空间发生的感应电晕放电不会引燃最小点燃能量大于 0.2 mJ 的可燃气。

（二）物体带电安全管理界限

当固体器件的表面电阻率或体电阻率分别在 1×10^{8} Ω 及 1×10^{6} Ω·m 以下时，除了与火炸药有关情况外，一般在生产中不会因静电积累而引起危害。对某些爆炸危险程度较低的场所（如环境湿度较高、可燃物最小点燃能量较高等情况）在正常情况下，表面电阻率或体电阻率分别低于 1×10^{11} Ω 和 1×10^{10} Ω·m 时，也不会因静电积累引起静电引燃危险。

用非金属材料制造液体贮存罐、输送管道时，材料表面电阻和体电阻率分别低于 1×10^{10} Ω 及 1×10^{8} Ω·m。

在气体爆炸危险场所外露静电非导体部件的最大宽度及表面积，参见下表。

外露静电非导体部件的最大宽度及表面积

环境条件		最大宽度/cm	最大表面积/cm^2
0 区	Ⅱ类 A 组爆炸性气体	0.3	50
	Ⅱ类 B 组爆炸性气体	0.3	25
	Ⅱ类 C 组爆炸性气体	0.1	4
1 区	Ⅱ类 A 组爆炸性气体	3.0	100
	Ⅱ类 B 组爆炸性气体	3.0	100
	Ⅱ类 C 组爆炸性气体	2.0	20

固体静电非导体（背面 15 cm 内无接地导体）的不引燃放电安全电位对于最小点燃能量大于 0.2 mJ 的可燃气是 15 kV。

轻质油品装油时，油面电位应低于 12 kV。

轻质油品安全静止电导率应大于 50 pS/m。

对于采取了基本防护措施的，内表面涂有静电非导体的导电容器，若其涂层厚度不大于 2 mm，并避免快速重复灌装液体，则此涂层不会增加危险。

（三）引起人体电击的静电电位

人体与导体间发生放电的电荷量达到 2×10^{-7} C 以上时就可能感到电击。当人体的电容为 100 pF 时，发生电击的人体电位约 3 kV。

当带电体是静电非导体时,引起人体电击的界限,因条件不同而变化。在一般情况下,当电位在 30 kV 以上向人体放电时,将感到电击。

五、静电防护管理措施

(一)静电危害控制方案

在静电危险场所,应制定静电危害控制方案,其内容应包括:可能产生的静电危害;静电危害的表现形式;静电危害的产生原因;静电危害的控制措施;人员的培训计划;防静电措施的验证。

(二)人员

在静电危险场所工作的人员,应定期进行防静电危害培训。培训应同本单位的实际工作结合,培训的内容应包括法规的培训、防静电措施的执行方法、必要的演习及知识的补充。

对短期来访的外来人员,应配备公用的个体防静电装备。进入静电危害区域前,应由有经验的工作人员以适合的方式告知有关规定。

(三)检查

任何技术措施都有可能随时间的推移而失效,在工作中应按照静电危害控制方案对采取的防静电措施进行定期检查。检查的频率取决于控制对象的用途、耐久性及失效的风险。

(四)标志与记录

所有静电危险场所应设立明显的危险标志。静电危险场所必须有接地点、应使用的防静电物品、必备的衣物、静电危险区及运动方面的限制等标志。

所有的工作都应被记录在案并保存。

六、静电防护技术措施

(一)基本防护措施

减少静电荷产生:对接触起电的物料,应尽量选用在带电序列中位置较邻近的,或对产生正负电荷的物料加以适当组合,使最终达到起电最小。在生产工艺的设计上,对有关物料应尽量做到接触面积和压力较小,接触次数较少,运动和分离速度较慢。

使静电荷尽快地消散:在静电危险场所,所有属于静电导体的物体必须接地,但接地措施能够消除部分感应静电,无法从根本上消除感应静电。对金属物体应采用金属导体与大地做导通性连接,对金属以外的静电导体及亚导体则应作间接接地。静电导体与大地间的总泄漏电阻值在通常情况下均不应大于 1×10^6 Ω。每组专设的静电接地体的接地电阻值一般不应大于 100 Ω,在山区等土壤电阻率较高的地区,其接地电阻值也不应大于 1 000 Ω。对于某些特殊情况,有时为了限制静电导体对地的放电电流,允许人为地将其泄漏电阻值提高到 $1\times10^4\sim1\times10^6$ Ω,但最大不得超过 1×10^9 Ω。局部环境的相对湿度宜增加至 50% 以上。增湿可以防止静电危害的发生,但这种方法不得用在气体爆炸危险场所 0 区,也不适合用于高温绝缘体。生产工艺设备应采用静电导体或静电亚导体,避免采用静电非导体。对于高带电的物料,宜在接近排放口前的适当位置装设静电缓和器。在某些物料中,可添加适量的防静电添加剂,以降低其电阻率。在生产现场使用静电导体制作的操作工具应接地。

带电体应进行局部或全部静电屏蔽,或利用各种形式的金属网,减少静电的积聚。同时屏蔽体或金属网应可靠接地。

在设计和制作工艺装置或装备时,应避免存在静电放电的条件,如在容器内避免出现细长的导电性突出物和避免物料的高速剥离等。

控制气体中可燃物的浓度,保持在爆炸下限以下。

限制静电非导体材料制品的暴露面积及暴露面的宽度。

在遇到分层或套叠的结构时避免使用静电非导体材料。

在静电危险场所使用的软管及绳索的单位长度电阻值应在 $1\times10^3\sim1\times10^6\ \Omega/m$。

在气体爆炸危险场所禁止使用金属链。

使用静电消除器迅速中和静电:静电消除器是利用外部设备或装置产生需要的正或负电荷以消除带电体上的电荷。静电消除器原则上应安装在带电体接近最高电位的部位。消除属于静电非导体物料的静电,应根据现场情况采用不同类型的静电消除器。静电危险场所要使用防爆型静电消除器。

此外,还要从工艺控制方面进行静电防护,下面以典型例题的形式进行介绍。

典型例题

【单选题】存在摩擦而且容易产生静电的工艺环节,必须采取工艺控制措施,以消除静电危害。关于从工艺控制进行静电防护的说法,正确的是(　　)。

A. 将注油管出口设置在容器的顶部

B. 采用导电性工具,有利于静电的泄漏

C. 增加输送流体速度,减少静电积累时间

D. 液体灌装或搅拌过程中进行检测作业

B。**【解析】**静电防护的工艺控制措施包括选用合适的材料、限制管道内物料的运行速度、增加静电松弛过程、消除附加静电等。应将注油管出口延伸至容器底部,以避免液体在容器内喷射、溅射。故选项 A 错误。降低输送流体速度,减少静电积累时间。故选项 C 错误。在液体灌装或搅拌过程中不得进行检测作业,不得进行取样、测温操作,以防止静电放电。故选项 D 错误。

(二)固态物料防护措施

非金属静电导体或静电亚导体与金属导体相互联接时,其紧密接触的面积应大于 20 cm^2。

架空配管系统各组成部分,应保持可靠的电气连接。室外的系统同时要满足国家有关防雷规程的要求。

防静电接地线不得利用电源零线、不得与防直击雷地线共用。

在进行间接接地时,可在金属导体与非金属静电导体或静电亚导体之间,加设金属箔,或涂导电性涂料或导电膏以减少接触电阻。

油罐汽车在装卸过程中应采用专用的接地导线(可卷式),夹子和接地端子将罐车与装卸设备相互联接起来。接地线的联接,应在油罐开盖以前进行;接地线的拆除应在装卸

完毕，封闭罐盖以后进行。有条件时可尽量采用接地设备与启动装卸用泵相互间能联锁的装置。

在振动和频繁移动的器件上用的接地导体禁止用单股线及金属链，应采用6 mm^2以上的裸绞线或编织线。

（三）液态物料防护措施

灌装铁路罐车时，烃类液体在鹤管内的容许流速按下式计算：

$$VD \leqslant 0.8$$

式中，V——烃类液体流速的数值，单位为m/s；D——鹤管内径的数值，单位为m。

大鹤管装车出口流速可以超过按上式所得计算值，但不得大于5 m/s。

灌装汽车罐车时，烃类液体在鹤管内的容许流速按下式计算：

$$VD \leqslant 0.5$$

式中，V——烃类液体流速的数值，单位为m/s；D——鹤管内径的数值，单位为m。

在输送和灌装过程中，应防止液体的飞散喷溅，从底部或上部入罐的注油管末端应设计成不易使液体飞散的倒T形等形状或另加导流板；或在上部灌装时，使液体沿侧壁缓慢下流。

对罐车等大型容器灌装烃类液体时，宜从底部进油。若不得已采用顶部进油时，则其注油管宜伸入罐内离罐底不大于200 mm。在注油管未浸入液面前，其流速应限制在1 m/s以内。

烃类液体中应避免混入其他不相容的第二物相杂质如水等。并应尽量减少和排除槽底和管道中的积水。当管道内明显存在不相容的第二物相时，其流速应限制在1 m/s以内。

在贮存罐、罐车等大型容器内，可燃性液体的表面，不允许存在不接地的导电性漂浮物。

当液体带电很高时，如在精细过滤器的出口，可先通过缓和器后再输出进行灌装。带电液体在缓和器内停留时间，一般可按缓和时间的3倍来设计。

烃类液体的检尺、测温和采样：

（1）当设备在灌装、循环或搅拌等工作过程中，禁止进行取样、检尺或测温等现场操作。在设备停止工作后，需静置一段时间才允许进行上述操作。所需静置时间见下表。

静置时间（单位：min）

液体电导率/(S/m)	液体容积/m^3			
	<10	10~50（不含）	50~5 000（不含）	>5 000
$>10^{-8}$	1	1	1	2
$10^{-12}\sim10^{-8}$	2	3	20	30
$10^{-14}\sim10^{-12}$	4	5	60	120
$<10^{-14}$	10	15	120	240

注：若容器内设有专用量槽时，则按液体容积小于$1\times10\ m^3$取值。

（2）对油槽车的静置时间为2 min以上。

（3）对金属材质制作的取样器，测温器及检尺等在操作中应接地。有条件时应采用具有防静电功能的工具。

（4）取样器、测温器及检尺等装备上所用合成材料的绳索及油尺等，其单位长度电阻

值应为 $1\times10^{5}\sim1\times10^{7}\ \Omega/m$ 或表面电阻和体电阻率分别低于 $1\times10^{10}\ \Omega$ 及 $1\times10^{8}\ \Omega\cdot m$ 的静电亚导体材料。

(5)在设计和制作取样器、测温器及检尺装备时，应优先采用红外、超声等原理的装备，以减少静电危害产生的可能。

(6)在可燃的环境条件下灌装、检尺、测温、清洗等操作时，应避开可能发生雷暴等危害安全的恶劣天气，同样强烈的阳光照射可使低能量的静电放电造成引燃或引爆。

在烃类液体中加入防静电添加剂，使电导率提高至 250 pS/m 以上。

当在烃类液体中加入防静电添加剂来消除静电时，其容器应是静电导体并可靠接地，且需定期检测其电导率，以便使其数值保持在规定要求以上。

当不能以控制流速等方法来减少静电积聚时，可以在管道的末端装设液体静电消除器。

当用软管输送易燃液体时，应使用导电软管或内附金属丝、网的橡胶管，且在相接时注意静电的导通性。

在使用小型便携式容器灌装易燃绝缘性液体时，宜用金属或导静电容器，避免采用静电非导体容器。对金属容器及金属漏斗应跨接并接地。

容器的清洗过程应该避免可燃的环境条件，并且在清洗后静置一定时间才可使用。

(四)气态粉态物料防护措施

在工艺设备的设计及结构上应避免粉体的不正常滞留、堆积和飞扬；同时还应配置必要的密闭、清扫和排放装置。

粉体的粒径越细，越易起电和点燃。在整个工艺过程中，应尽量避免利用或形成粒径在 75 μm 或更小的细微粉尘。

气流物料输送系统内，应防止偶然性外来金属导体混入，成为对地绝缘的导体。

应尽量采用金属导体制作管道或部件。当采用静电非导体时，应具体测量并评价其起电程度。必要时应采取相应措施。

必要时，可在气流输送系统的管道中央，顺其走向加设两端接地的金属线，以降低管内静电电位。也可采取专用的管道静电消除器。

对于强烈带电的粉料，宜先输入小体积的金属接地容器，待静电消除后再装入大料仓。

大型料仓内部不应有突出的接地导体。在顶部进料时，进料口不得伸出，应与仓顶取平。

当筒仓的直径在 1.5 m 以上时，且工艺中粉尘粒径多数在 30 μm 以下时，要用惰性气体置换、密封筒仓。

工艺中需将静电非导体粉粒投入可燃性液体或混合搅拌时，应采取相应的综合防护措施。

收集和过滤粉料的设备，应采用导静电的容器及滤料并予以接地。

对输送可燃气体的管道或容器等，应防止不正常的泄漏，并宜装设气体泄漏自动检测报警器。

高压可燃气体的对空排放，应选择适宜的流向和处所。对于压力高、容量大的气体(如液氢)排放时，宜在排放口装设专用的感应式消电器。同时要避开可能发生雷暴等危害安全的恶劣天气。

(五)人体静电的防护措施

当气体爆炸危险场所的等级属0区和1区,且可燃物的最小点燃能量在0.25 mJ以下时,工作人员需穿防静电鞋、防静电服。当环境相对湿度保持在50%以上时,可穿棉工作服。

静电危险场所的工作人员,外露穿着物(包括鞋、衣物)应具防静电或导电功能,各部分穿着物应存在电气连续性,地面应配用导电地面。

禁止在静电危险场所穿脱衣物、帽子及类似物,并避免剧烈的身体运动。

在气体爆炸危险场所的等级属0区和1区工作时,应佩戴防静电手套。

防静电衣物所用材料的表面电阻率小于$5\times10^{10}\ \Omega$。

可以采用安全有效的局部静电防护措施(如腕带),以防止静电危害的发生。

提示

综上所述,静电防护的主要措施有环境危险程度控制、工艺控制、接地、增湿、加入抗静电添加剂、采用静电消除器等。接地的主要作用是消除导体上的静电。在高绝缘材料中加入抗静电添加剂,可加速静电释放,消除静电危险。

第4节　雷电灾害与防护技术

一、雷电灾害

雷电灾害是指由雷电造成的人员伤亡、火灾、爆炸或电气、电子系统等严重损毁,造成重大经济损失和重大社会影响。

按照雷电灾害造成的人员伤亡或直接经济损失程度,将雷电灾害划分为以下四个等级:

(1)特大雷电灾害,是指一起雷击造成4人以上身亡,或3人身亡并有5人以上受伤,或没有人员身亡但有10人以上受伤,或直接经济损失500万元及以上的雷电灾害事故。

(2)重大雷电灾害,是指一起雷击造成2~3人身亡,或1人身亡并有4人以上受伤,或没有人员身亡但有5~9人受伤,或直接经济损失100万元以上至500万元以下的雷电灾害事故。

(3)较大雷电灾害,是指一起雷击造成1人身亡,或没有人员身亡但有2~4人受伤,或直接经济损失20万元以上至100万元以下的雷电灾害事故。

(4)一般雷电灾害,是指一起雷击造成1人受伤或直接经济损失20万元以下的雷电灾害事故。

二、雷电的种类、危害和参数

(一)雷电种类和危害

雷电可分为直击雷、球形雷、感应雷和雷电冲击波,其主要危害有火灾和爆炸、触电、大规模停电、设备和设施毁坏,对热性质、电性质、机械性质等方面都存在破坏作用。

1. 直击雷

直击雷是云层与地面凸出物之间的放电形成的。直击雷可在瞬间击伤击毙人畜。巨大的雷电流流入地下,令在雷击点及其连接的金属部分产生极高的对地电压,可能直接导致接触电压或跨步电压的触电事故。

2. 球形雷

球形雷是一种球形、发红光或极亮白光的火球，运动速度大约为 2 m/s。球形雷能从门、窗、烟囱等通道侵入室内，极其危险。

3. 感应雷

感应雷，也称雷电感应，可分为静电感应和电磁感应两种。静电感应是由于雷云接近地面，在地面凸出物顶部感应出大量异性电荷所致。雷云与其他部位放电后，凸出物顶部的电荷失去束缚，以雷电波形式，沿突出物极快地传播。电磁感应是由于雷击后，巨大雷电流在周围空间产生迅速变化的强大磁场所致。这种磁场能在附近的金属导体上感应出很高的电压，造成对人体的二次放电，从而损坏电气设备。

4. 雷电冲击波

雷电冲击波是由于雷击而在架空线路上或空中金属管道上产生的冲击电压沿线或管道迅速传播的雷电波。其传播速度为 3×10^{8} m/s。雷电可毁坏电气设备的绝缘，使高压窜入低压，造成严重的触电事故。例如，雷雨天，室内电气设备突然爆炸起火或损坏，人在屋内使用电器或打电话时突然遭电击身亡都属于这类事故。

提示

直击雷和感应雷均能产生雷电冲击波。一次直击雷的全部放电持续时间很短，通常不超过 500 ms。

5. 雷电的危害

伴随直击雷和雷电感应出现的极高冲击电压和强大电流具有很大的破坏力，将直接导致火灾、爆炸、触电、设备和设施毁坏。其中，直击雷的破坏作用最大，主要体现在以下三个方面：

(1) 电作用的破坏。雷电产生极高的冲击电压，大电流可击穿电气设备的绝缘，毁坏电气设备和电力线路，造成大规模停电事故。绝缘损坏引起的短路火花和雷电的放电火花，还可能引起火灾和爆炸事故。雷电直接对人体放电、二次放电、球雷打击、雷电流产生的接触电压和跨步电压，可直接造成人体触电伤亡。

(2) 热作用的破坏。热的破坏作用主要表现在巨大的雷电流通过导体，在极短的时间内转换成大量的热能，造成易燃物的燃烧或造成金属熔化飞溅而引起火灾或爆炸。如果雷击在易燃物上，更容易引起火灾。球形雷的侵入可直接引起火灾和爆炸。

(3) 机械作用的破坏。巨大的雷电流通过被击物时，瞬间产生大量的热能，使被击物内部的水分或其他液体急剧气化，剧烈膨胀为大量气体，在被击物体内部出现强大的机械压力，致使被击物破坏或爆炸。

此外，静电作用力和电磁力也具有很强的破坏作用，雷击时的气浪也有一定的破坏作用。

除上述内容外，雷电危害还表现如下：

(1) 雷电引起的二次放电会造成电击事故，也能引起爆炸和火灾。

(2) 直击雷放电能够引燃邻近的可燃物，造成火灾。

(3)巨大的雷电流通过被击物可能烧毁导体。

(4)球雷本身可能会伤害人员,也可能引起可燃物发生火灾甚至爆炸。

典型例题

【单选题】雷电可破坏电气设备或电力线路,易造成大面积停电、火灾等事故。下列雷电事故中,不属于雷电造成电气设备或电力线路破坏事故的是(　　)。

A. 直击雷落在变压器电源侧线路上造成变压器爆炸起火

B. 直击雷落在超高压输电线路上造成大面积停电

C. 球雷侵入棉花仓库造成火灾烧毁库里所有电器

D. 雷电击毁高压线绝缘子造成短路引起大火

C。【解析】雷电事故包括火灾、爆炸、触电、设备设施及线路毁坏等。球雷侵入棉花仓库造成火灾烧毁库里所有电器属于雷电的火灾危害。

(二)雷电参数

雷电参数是防雷设计的重要依据之一。雷电参数系指雷暴日、雷电流幅值、雷电流陡度、冲击过电压等参数。

1. 雷暴日

只要一天之内能听到雷声的就算一个雷暴日。通常说的雷暴日都是指一年内的平均雷暴日数,单位 d/a。我国把年平均雷暴日不超过 15 d/a 的地区划为少雷区,超过 40 d/a 划为多雷区。

2. 雷电流幅值

雷电流幅值是指主放电时冲击电流的最大值。雷电流幅值可达数十至数百千安。

3. 雷电流陡度

雷电流陡度是指雷电流随时间上升的速度。雷电流冲击波波头陡度可达到 50 kA/μs,平均陡度约为 30 kA/μs。做防雷设计时,一般取波头形状为斜角波,时间按 2.6 μs 考虑。雷电流陡度越大,对电气设备造成的危害也越大。

4. 冲击过电压

雷击时的冲击过电压很高。直击雷冲击过电压由斜角波和半余弦波组成。前一部分决定于雷电流的大小和雷电流通道的电阻;后一部分决定于雷电流通道的电感。

三、建筑物的防雷设计要求

(一)建筑物的防雷分类

建筑物应根据建筑物的重要性、使用性质、发生雷电事故的可能性和后果,按防雷要求分为三类。

在可能发生对地闪击的地区,遇下列情况之一时,应划为第一类防雷建筑物:

(1)凡制造、使用或贮存火炸药及其制品的危险建筑物,因电火花而引起爆炸、爆轰,会造成巨大破坏和人身伤亡者。

(2)具有 0 区或 20 区爆炸危险场所的建筑物。

(3)具有 1 区或 21 区爆炸危险场所的建筑物,因电火花而引起爆炸,会造成巨大破坏和人身伤亡者。

在可能发生对地闪击的地区,遇下列情况之一时,应划为第二类防雷建筑物:

(1)国家级重点文物保护的建筑物。

(2)国家级的会堂、办公建筑物、大型展览和博览建筑物、大型火车站和飞机场、国宾馆,国家级档案馆、大型城市的重要给水泵房等特别重要的建筑物。

【注:飞机场不含停放飞机的露天场所和跑道。】

(3)国家级计算中心、国际通信枢纽等对国民经济有重要意义的建筑物。

(4)国家特级和甲级大型体育馆。

(5)制造、使用或贮存火炸药及其制品的危险建筑物,且电火花不易引起爆炸或不致造成巨大破坏和人身伤亡者。

(6)具有1区或21区爆炸危险场所的建筑物,且电火花不易引起爆炸或不致造成巨大破坏和人身伤亡者。

(7)具有2区或22区爆炸危险场所的建筑物。

(8)有爆炸危险的露天钢质封闭气罐。

(9)预计雷击次数大于0.05次/a的部、省级办公建筑物和其他重要或人员密集的公共建筑物以及火灾危险场所。

(10)预计雷击次数大于0.25次/a的住宅、办公楼等一般性民用建筑物或一般性工业建筑物。

在可能发生对地闪击的地区,遇下列情况之一时,应划为第三类防雷建筑物:

(1)省级重点文物保护的建筑物及省级档案馆。

(2)预计雷击次数大于或等于0.01次/a,且小于或等于0.05次/a的部、省级办公建筑物和其他重要或人员密集的公共建筑物,以及火灾危险场所。

(3)预计雷击次数大于或等于0.05次/a,且小于或等于0.25次/a的住宅、办公楼等一般性民用建筑物或一般性工业建筑物。

(4)在平均雷暴日大于15 d/a的地区,高度在15 m及以上的烟囱、水塔等孤立的高耸建筑物;在平均雷暴日小于或等于15 d/a的地区,高度在20 m及以上的烟囱、水塔等孤立的高耸建筑物。

典型例题

【多选题】建筑物的防雷分类按其火灾和爆炸的危险性、人身伤害的危险性、政治经济价值可分为第一类防雷建筑物、第二类防雷建筑物、第三类防雷建筑物。下列建筑物的防雷分类中,正确的有(　　)。

A. 具有0区爆炸危险场所的建筑物,是第一类防雷建筑物

B. 有爆炸危险的露天气罐和油罐,是第二类防雷建筑物

C. 省级档案馆,是第三类防雷建筑物

D. 大型国际机场航站楼,是第一类防雷建筑物

E. 具有2区爆炸危险场所的建筑物,是第三类防雷建筑物

ABC。【解析】选项D,E均属于第二类防雷建筑物。

（二）建筑物的防雷措施

1. 基本规定

各类防雷建筑物应设防直击雷的外部防雷装置，并应采取防闪电电涌侵入的措施。第一类防雷建筑物和部分第二类防雷建筑物，尚应采取防闪电感应的措施。

各类防雷建筑物应设内部防雷装置，并应符合下列规定：

（1）在建筑物的地下室或地面层处，下列物体应与防雷装置做防雷等电位连接：建筑物金属体；金属装置；建筑物内系统；进出建筑物的金属管线。

（2）除上述措施外，外部防雷装置与建筑物金属体、金属装置、建筑物内系统之间，尚应满足间隔距离的要求。

2. 第一类防雷建筑物的防雷措施

第一类防雷建筑物防直击雷的措施应符合下列规定：

（1）应装设独立接闪杆或架空接闪线或网。架空接闪网的网格尺寸不应大于 5 m×5 m 或 6 m×4 m。

（2）排放爆炸危险气体、蒸气或粉尘的放散管、呼吸阀、排风管等的管口外的下列空间应处于接闪器的保护范围内：当有管帽时应按规定确定；当无管帽时，应为管口上方半径 5 m的半球体；接闪器与雷闪的接触点应设在上述两项所规定的空间之外。

（3）排放爆炸危险气体、蒸气或粉尘的放散管、呼吸阀、排风管等，当其排放物达不到爆炸浓度、长期点火燃烧、一排放就点火燃烧，以及发生事故时排放物才达到爆炸浓度的通风管、安全阀，接闪器的保护范围应保护到管帽，无管帽时应保护到管口。

（4）独立接闪杆的杆塔、架空接闪线的端部和架空接闪网的每根支柱处应至少设一根引下线。对用金属制成或有焊接、绑扎连接钢筋网的杆塔、支柱，宜利用金属杆塔或钢筋网作为引下线。

（5）独立接闪杆和架空接闪线或网的支柱及其接地装置与被保护建筑物及与其有联系的管道、电缆等金属物之间的间隔距离，以及架空接闪线（网）至屋面和各种突出屋面的风帽、放散管等物体之间的间隔距离，应分别按相关公式计算，且不得小于 3 m。

（6）独立接闪杆、架空接闪线或架空接闪网应设独立的接地装置，每一引下线的冲击接地电阻不宜大于 10 Ω。在土壤电阻率高的地区，可适当增大冲击接地电阻，但在 3 000 Ω · m以下的地区，冲击接地电阻不应大于 30 Ω。

第一类防雷建筑物防闪电感应应符合下列规定：

（1）建筑物内的设备、管道、构架、电缆金属外皮、钢屋架、钢窗等较大金属物和突出屋面的放散管、风管等金属物，均应接到防闪电感应的接地装置上。金属屋面周边每隔 18～24 m 应采用引下线接地一次。现场浇灌或用预制构件组成的钢筋混凝土屋面，其钢筋网的交叉点应绑扎或焊接，并应每隔 18～24 m 采用引下线接地一次。

（2）平行敷设的管道、构架和电缆金属外皮等长金属物，其净距小于 100 mm 时，应采用金属线跨接，跨接点的间距不应大于 30 m；交叉净距小于 100 mm 时，其交叉处也应跨接。当长金属物的弯头、阀门、法兰盘等连接处的过渡电阻大于 0.03 Ω 时，连接处应用金属线跨接。对有不少于 5 根螺栓连接的法兰盘，在非腐蚀环境下，可不跨接。

（3）防闪电感应的接地装置应与电气和电子系统的接地装置共用，其工频接地电阻不宜大于 10 Ω。防闪电感应的接地装置与独立接闪杆、架空接闪线或架空接闪网的接地装置之间的间隔距离，应符合相关规定。当屋内设有等电位连接的接地干线时，其与防闪电感应接地装置的连接不应少于 2 处。

3. 第二类防雷建筑物的防雷措施

第二类防雷建筑物外部防雷的措施，宜采用装设在建筑物上的接闪网、接闪带或接闪杆，也可采用由接闪网、接闪带或接闪杆混合组成的接闪器。接闪网、接闪带应按规定沿屋角、屋脊、屋檐和檐角等易受雷击的部位敷设，并应在整个屋面组成不大于 10 m×10 m 或 12 m×8 m 的网格；当建筑物高度超过 45 m 时，首先应沿屋顶周边敷设接闪带，接闪带应设在外墙外表面或屋檐边垂直面上，也可设在外墙外表面或屋檐边垂直面外。接闪器之间应互相连接。

专设引下线不应少于 2 根，并应沿建筑物四周和内庭院四周均匀对称布置，其间距沿周长计算不应大于 18 m。当建筑物的跨度较大，无法在跨距中间设引下线时，应在跨距两端设引下线并减小其他引下线的间距，专设引下线的平均间距不应大于 18 m。

外部防雷装置的接地应和防闪电感应、内部防雷装置、电气和电子系统等接地共用接地装置，并应与引入的金属管线做等电位连接。外部防雷装置的专设接地装置宜围绕建筑物敷设成环形接地体。

有爆炸危险的露天钢质封闭气罐，当其高度小于或等于 60 m、罐顶壁厚不小于 4 mm 时，或当其高度大于 60 m、罐顶壁厚和侧壁壁厚均不小于 4 mm 时，可不装设接闪器，但应接地，且接地点不应少于 2 处，两接地点间距离不宜大于 30 m，每处接地点的冲击接地电阻不应大于 30 Ω。

4. 第三类防雷建筑物的防雷措施

第三类防雷建筑物外部防雷的措施宜采用装设在建筑物上的接闪网、接闪带或接闪杆，也可采用由接闪网、接闪带和接闪杆混合组成的接闪器。接闪网、接闪带应按规定沿屋角、屋脊、屋檐和檐角等易受雷击的部位敷设，并应在整个屋面组成不大于 20 m×20 m 或 24 m×16 m 的网格；当建筑物高度超过 60 m 时，首先应沿屋顶周边敷设接闪带，接闪带应设在外墙外表面或屋檐边垂直面上，也可设在外墙外表面或屋檐边垂直面外。接闪器之间应互相连接。

专设引下线不应少于 2 根，并应沿建筑物四周和内庭院四周均匀对称布置，其间距沿周长计算不应大于 25 m。当建筑物的跨度较大，无法在跨距中间设引下线时，应在跨距两端设引下线并减小其他引下线的间距，专设引下线的平均间距不应大于 25 m。

防雷装置的接地应与电气和电子系统等接地共用接地装置，并应与引入的金属管线做等电位连接。外部防雷装置的专设接地装置宜围绕建筑物敷设成环形接地体。

5. 其他防雷措施

当采用接闪器保护建筑物、封闭气罐时，其外表面外的 2 区爆炸危险场所可不在滚球法确定的保护范围内。

在独立接闪杆、架空接闪线、架空接闪网的支柱上，严禁悬挂电话线、广播线、电视接收天线及低压架空线等。

(三) 建筑物防雷装置

防雷装置用于减少闪击击于建(构)筑物上或建(构)筑物附近造成的物质性损害和人身伤亡，由外部防雷装置和内部防雷装置组成。外部防雷装置由接闪器、引下线和接地装置组成。内部防雷装置由防雷等电位连接和与外部防雷装置的间隔距离组成。

1. 接闪器

接闪器由拦截闪击的接闪杆、接闪带、接闪线、接闪网以及金属屋面、金属构件等组成。其中,金属屋面可作为第二、三类防雷建筑物接闪器。接闪器截面锈蚀30%以上时应进行更换。

接闪杆采用热镀锌圆钢或钢管制成时,其直径应符合下列规定:

(1)杆长1 m以下时,圆钢不应小于12 mm,钢管不应小于20 mm。

(2)杆长1~2 m时,圆钢不应小于16 mm,钢管不应小于25 mm。

(3)独立烟囱顶上的杆,圆钢不应小于20 mm,钢管不应小于40 mm。

接闪杆的接闪端宜做成半球状,其最小弯曲半径宜为4.8 mm,最大宜为12.7 mm。当独立烟囱上采用热镀锌接闪环时,其圆钢直径不应小于12 mm;扁钢截面不应小于100 mm^2,其厚度不应小于4 mm。架空接闪线和接闪网宜采用截面不小于50 mm^{2}热镀锌钢绞线或铜绞线。

专门敷设的接闪器应由下列的一种或多种方式组成:独立接闪杆;架空接闪线或架空接闪网;直接装设在建筑物上的接闪杆、接闪带或接闪网。

专门敷设的接闪器,其布置应符合下表的规定。布置接闪器时,可单独或任意组合采用接闪杆、接闪带、接闪网。

接闪器布置

建筑物防雷类别	滚球半径 h_r/m	接闪网网格尺寸/m
第一类防雷建筑物	30	≤5×5或≤6×4
第二类防雷建筑物	45	≤10×10或≤12×8
第三类防雷建筑物	60	≤20×20或≤24×16

2. 引下线

引下线是指用于将雷电流从接闪器传导至接地装置的导体。引下线宜采用热镀锌圆钢或扁钢,宜优先采用圆钢。当独立烟囱上的引下线采用圆钢时,其直径不应小于12 mm;采用扁钢时,其截面不应小于100 mm^2,厚度不应小于4 mm。引下线截面锈蚀30%以上时应进行更换。

专设引下线应沿建筑物外墙外表面明敷,并应经最短路径接地;建筑外观要求较高时可暗敷,但其圆钢直径不应小于10 mm,扁钢截面不应小于80 mm^2。

建筑物的钢梁、钢柱、消防梯等金属构件,以及幕墙的金属立柱宜作为引下线,但其各部件之间均应连成电气贯通,可采用铜锌合金焊、熔焊、卷边压接、缝接、螺钉或螺栓连接;其截面应按规定取值;各金属构件可覆有绝缘材料。

采用多根专设引下线时,应在各引下线上距地面0.3~1.8 m处装设断接卡。当利用混凝土内钢筋、钢柱作为自然引下线并同时采用基础接地体时,可不设断接卡,但利用钢筋作引下线时应在室内外的适当地点设若干连接板。当仅利用钢筋作引下线并采用埋于土壤中的人工接地体时,应在每根引下线上距地面不低于0.3 m处设接地体连接板。采用埋于土壤中的人工接地体时应设断接卡,其上端应与连接板或钢柱焊接。连接板处宜有明显标志。

在易受机械损伤之处,地面上1.7 m至地面下0.3 m的一段接地线,应采用暗敷或采用镀锌角钢、改性塑料管或橡胶管等加以保护。

3. 接地装置

接地装置是指接地体和接地线的总和，用于传导雷电流并将其流散入大地。

在符合相关规定的条件下，埋于土壤中的人工垂直接地体宜采用热镀锌角钢、钢管或圆钢；埋于土壤中的人工水平接地体宜采用热镀锌扁钢或圆钢。接地线应与水平接地体的截面相同。人工钢质垂直接地体的长度宜为 2.5 m。其间距以及人工水平接地体的间距均宜为 5 m，当受地方限制时可适当减小。

人工接地体在土壤中的埋设深度不应小于 0.5 m，并宜敷设在当地冻土层以下，其距墙或基础不宜小于 1 m。接地体宜远离由于烧窑、烟道等高温影响使土壤电阻率升高的地方。

在敷设于土壤中的接地体连接到混凝土基础内起基础接地体作用的钢筋或钢材的情况下，土壤中的接地体宜采用铜质或镀铜钢或不锈钢导体。

在高土壤电阻率的场地，降低防直击雷冲击接地电阻宜采用下列方法：采用多支线外引接地装置，外引长度不应大于有效长度，有效长度应符合规定；接地体埋于较深的低电阻率土壤中；换土；采用降阻剂。

防直击雷的专设引下线距出入口或人行道边沿不宜小于 3 m。

接地装置埋在土壤中的部分，其连接宜采用放热焊接；当采用通常的焊接方法时，应在焊接处做防腐处理。

链接

有一种防雷装置，当雷电冲击波到来时，该装置被击穿，将雷电流引入大地，而在雷电冲击波过去后，该装置自动恢复绝缘状态，这种装置是避雷器。避雷器应装设在被保护设施的引入端。

避雷设施主要用来保护电力设备、电力线路和建（构）筑物等，也用作防止高电压侵入室内的安全措施。适用于保护室内低压设备的避雷设施是电涌保护器。

独立接闪针可与其他接地装置共用。

阀型避雷器的接地电阻一般不应大于 5 Ω；独立避雷针冲击接地电阻不应大于 10 Ω；独立接闪杆、架空接闪线或架空接闪网应设独立的接地装置，每一引下线的冲击接地电阻不宜大于 10 Ω。

四、雷电灾害应急处置

雷电灾害的应急处置管理应按照“政府主导、部门联动、社会参与”的防灾减灾机制，建立健全雷电灾害应急处置预案。

雷电灾害应急处置采取分级处置的原则。

雷电灾害现场应急处置包括组织营救、伤员救治、疏散撤离和妥善安置受到威胁的人员，及时上报灾情和人员伤亡情况，分配救援任务，协调各级各类救援队伍的行动，查明并及时组织力量消除次生、衍生灾害，组织公共设施的抢修和援助物资的接收与分配等工作。

第 5 节　电气装置事故及防护技术

一、电气装置常见事故

电气装置常见事故有：

(1) 引起火灾或爆炸。

（2）异常带电。

（3）异常停电。

（4）安全相关系统失效。

 链接

电气装置故障危害是由于电能或控制信息在传递、分配、转换过程中失去控制而产生的。电气装置故障包括误合闸、电气元件损坏、异常接地等。

二、电气设备电击的防护类型

电气设备按电击防护的方法可设计制造成0类电气设备、0Ⅰ类电气设备、Ⅰ类电气设备、Ⅱ类电气设备、Ⅲ类电气设备。

0类电气设备：防止电击保护依赖基本绝缘，即没有把可触及的导电部分连接到电气设备的固定布线中保护导体的措施，一旦基本绝缘失效，电击保护则依赖于环境。

0Ⅰ类电气设备：防止电击保护也依靠基本绝缘，但在0类的基础上，把仅用基本绝缘隔开的易触及金属部件连接到器具内部的一个接地点，不与外面的接地相连接。

Ⅰ类电气设备：防止电击保护不仅依靠基本绝缘，而且它还包含一个附加的安全保护措施，将可触及的导电部分与电气设备中固定布线的保护接地导线连接起来，使可触及的导电部分在基本绝缘损坏时不能变成带电体。

Ⅱ类电气设备：防止电击保护不仅依靠基本绝缘，而且还包含附加的安全保护措施，如双重绝缘或加强绝缘，不提供保护接地或不依靠电气设备条件。

Ⅱ类电气设备可分为下列类型之一：

（1）绝缘外壳Ⅱ类电气设备。电气设备有坚固的、基本上连续的绝缘材料外壳，除了一些小零件外（如铭牌、螺钉和铆钉），外壳遮封了所有金属部分，这些小零件由至少相当于加强绝缘与带电部分隔开。

（2）金属外壳Ⅱ类电气设备。电气设备有基本上连续的金属外壳，除了应用双重绝缘显然是行不通而使用加强绝缘的那些部分外，在这类电气设备中全部使用双重绝缘。

（3）组合的Ⅱ类电气设备。类型（1）和（2）组合的电气设备。

Ⅲ类电气设备：防止电击保护依靠安全特低电压（SELV）供电，电气设备中不产生高于特低电压的电压。

【注：Ⅰ，Ⅱ，Ⅲ仅代表采用方法而不是指安全的等级。】

三、外壳防护等级（IP代码）

防护等级是指按标准规定的检验方法，外壳对接近危险部件、防止固体异物进入或水进入所提供的保护程度。IP代码是指表明外壳对人接近危险部位、防止固体异物进入或水进入的防护等级以及与这些防护有关的附加信息的代码系统。

外壳防护等级第一位数字所表示的对防止固体异物进入的要求应符合下表的规定。

第一位数字所表示的对防止固体异物进入的要求

数字	防护范围	说明
0	无防护	对外界的人或物无特殊的防护
1	防止大于 50 mm 的固体外物侵入	防止手掌等因意外而接触到电器内部的零件,防止直径大于50 mm尺寸的外物侵入
2	防止大于 12.5 mm 的固体外物侵入	防止人的手指接触到电器内部的零件,防止直径大于12.5 mm尺寸的外物侵入
3	防止大于 2.5 mm 的固体外物侵入	防止直径或厚度大于 2.5 mm 的工具、电线及类似的小型外物侵入而接触到电器内部的零件
4	防止大于 1.0 mm 的固体外物侵入	防止直径或厚度大于 1.0 mm 的工具、电线及类似的小型外物侵入而接触到电器内部的零件
5	防止外物及灰尘	完全防止外物侵入,虽不能完全防止灰尘侵入,但灰尘的侵入量不会影响电器的正常运作
6	防止外物及灰尘	完全防止外物及灰尘侵入

外壳防护等级的第二位数字所表示的对防止水进入的要求应符合下表的规定。

第二位数字所表示的对防止水进入的要求

数字	防护范围	说明
0	无防护	对水或湿气无特殊的防护
1	防止水滴侵入	垂直落下的水滴不会对电器造成损坏
2	倾斜 15°时,仍可防止水滴侵入	当电器由垂直倾斜至 15°时,滴水不会对电器造成损坏
3	防止喷洒的水侵入	防雨或防止与垂直方向的夹角小于 60°方向所喷洒的水侵入电器而造成损坏
4	防止飞溅的水侵入	防止各个方向飞溅而来的水侵入电器而造成损坏
5	防止喷射的水侵入	防止来自各个方向由喷嘴射出的水侵入电器而造成损坏
6	防止大浪侵入	装设于甲板上的电器,可防止因大浪的侵袭而造成的损坏
7	防止浸水时水的侵入	电器浸在水中一定时间或水压在一定的标准以下,可确保不因浸水而造成损坏
8	防止沉没时水的侵入	电器无限期沉没在指定的水压下,可确保不因浸水而造成损坏

四、电气设备安全设计的基本要素

电气设备安全设计的基本要素包括:规定使用期限内的安全(预期寿命);承受预见危险的能力;具备电击危险防护的能力;具备耐热能力;具备防直接接触保护的能力;具备防间接接触保护的能力;可靠的电气连接和机械连接;防止静电积聚的措施;规定燃料和工作介质;选择适应的材料;人体工效学的应用。

五、电气设备电击危险防护

可以采用绝缘保护技术,直接接触保护技术、间接接触保护技术等对电气设备按设计用途使用时由于电能直接作用而造成的危险提供足够的保护。

为保证正常运行和防止由于电流的直接作用造成的危险,电气设备必须有足够的绝缘电阻、介质强度、耐热能力、防潮湿、防污秽、阻燃性、抗漏电起痕性等电气绝缘性能。

在基本绝缘损坏时,有可能产生故障接触电压的危险,附加绝缘或加强绝缘应单独考核。

为防止意外接触带电部分,可以采用电气设备结构与外壳,或将其装置在封闭的电气作业场中等直接接触保护技术。外壳等用作防止直接接触保护的部件只允许用工具拆卸或打开。由安全特低电压供电的电气设备,并且直接接触时,只有一个频率,作用时间和能量大小限制在一个无危险程度的电流流过,则可不采用上述的直接接触保护措施。

电气设备必须保证基本绝缘发生故障或出现电弧时,故障接触电压不产生危害。电气设备必须有接地保护,或双重绝缘结构,或安全特低电压供电的防护措施。双重绝缘结构和安全特低电压供电的防护措施中不允许有保护接地装置。所有由于工作电压、故障电流、泄漏电流或类似作用而会发生危害的部位,必须留有足够的电气间隙和爬电距离。

应采取适当的措施,防止电气设备自身或旁邻设备产生的高温、电弧、辐射、气体、噪声、振动等电能和非电能的间接作用所造成的危险。应采取适当的措施,防止电气设备由于过载、冲击、压力、潮湿、异物等外界因素的间接作用而造成的危险。

六、低压电器的安全要求

(一)低压电器的选用

1. 低压成套装置

低压成套装置是指由低压电器(如控制电器、保护电器、测量电器)及电气部件(如母线、载流导体)等按一定的要求和接线方式组合而成的成套设备,故也常称低压成套设备。低压成套设备可划分为成套电控设备和成套配电设备两大类。前者为各种生产机械的电力传动设备;而后者是用来接受与分配电能、以供动力、电热与照明等设备用电的。下面主要介绍低压成套配电设备。

选用低压成套设备时,应明确产品的安装条件以便确定适当的防护措施。安装条件包括安装地点情况(一般可以进入的电气室、还是限制人员进入的电气室)和安装现场的气候条件(户内、户外,温度、湿度变化情况及污染情况等)。前者决定产品采取何种结构形式(开启式或封闭式)才能满足人身安全防护方面的要求,后者则决定产品是否需采取某些特殊的防护措施,如规定适当的防护等级、增设防护棚、排水装置和控温装置,以及必要时的降容措施等。

国产成套电控与配电设备一般均可配备金属外壳构成封闭式产品,如控制(配电)柜,控制(配电)箱和控制台等,也可不配备外壳构成开启式产品如控制(配电)板,控制(配电)屏等。开启式产品一般仅在限制人员进入的电气室中安装使用,即触电危险性较小的作业场所,如办公室。当作业场所作业环境较差、触电危险性大时,应选用封闭式产品,如热处理车间、锅炉房、铸造车间等。

当作业场所有导电性粉尘、易燃物质时,必须选用密闭式或防爆式产品。

典型例题

【多选题】低压配电箱(柜)是低压成套电器。为保证低压配电箱(柜)安全可靠运行,并便于操作、搬运、检修、试验和监测,布置配电箱(柜)时应采取必要的安全措施。下列不同场所配电箱(柜)的配置中,正确的有(　　)。

A. 办公室配置开启式配电箱

B. 热处理车间配置封闭式配电柜

C. 有导电性粉尘的车间配置密闭式配电柜

D. 锅炉房配置开启式配电箱

E. 铸造车间配置封闭式配电柜

ABCE。【解析】配电箱(柜)制作材料应为不燃材料。配电箱(柜)落地安装时,箱(柜)底面应高于地面 50 ~ 100 mm。对于有明火且易触电的锅炉房,应选用封闭式配电箱(柜)。故选项 D 错误。

2. 低压控制电器

常用的低压控制电器有断路器、隔离开关和负荷开关。其中,断路器用于切断过载电流或短路电流;负荷开关只能用于切、合负荷电流,而不能切断过载或短路电流;隔离开关不能带负荷切、合,只能在无负荷时拉开,作为明显的断路点。因断路器在分断时没有明显断路点,故在断路器的电源侧应装设隔离开关,以便检修时将隔离开关拉开,使与电源明显隔断。负荷开关由于通常都具有明显断开点,所以它也可以代替隔离开关使用。

3. 低压保护电器

低压保护电器的作用通常分短路保护、过负荷(即过载)保护及漏电保护(即触电保护与接地保护)三类。短路保护一般是由熔断器或自动开关中的电磁脱扣器来实现的,过负荷保护一般是由热继电器、过电流继电器或自动开关中的热脱扣器来实现的;漏电保护则通常由漏电继电器或自动开关中的漏电脱扣器来完成。为防止短路或长期过负荷而烧毁供配电电气设备,对短路保护要求在发生短路故障时能迅速动作;过负荷保护要求根据过载的严重程度延时动作,过载越严重要求动作时间越短;对于漏电保护,就整个低压电网来讲,一般采取分级保护方案,即单台用电设备和家庭用电的漏电保护为第一级保护,分支线保护或分路保护为第二级保护,动作低压电网总开关的漏电保护为第三级保护。

关于低压保护电器的其他内容,下面以典型例题的形式进行介绍。

典型例题

【单选题】低压保护电器主要用来获取、转换和传递信号,并通过其他电器对电路实现控制。关于低压保护电器作用过程或适用场合的说法,正确的是(　　)。

A. 热继电器热元件温度达到设定值时通过控制触头断开主电路

B. 熔断器易熔元件的热容量小,动作很快,适用于短路保护

C. 热继电器和热脱扣器的热容量较大,适用于短路保护

D. 在有冲击电流出现的线路上,熔断器适用于过载保护

B。【解析】热继电器的保护作用是基于电流的热效应。热继电器热元件温度达到设定值时通过控制触头断开的是控制电路,而非主电路。控制电路断开后,接触器

失电,从而断开主电路。故选项 A 错误。热继电器和热脱扣器的热容量和动作延时均较大,不能用作短路保护,只能用作过载保护。故选项 C 错误。熔断器作为短路和过电流的保护器,是应用最普遍的保护器件之一。熔断器是利用串联在线路上的易熔元件,遇到短路电流时迅速熔断来实施保护。熔断器易熔元件的热容量小,动作很快,适用于短路保护。但是在有冲击电流出现的线路上,熔断器不可用作过载保护元件。故选项 B 正确,选项 D 错误。

(二)低压电器安装要求

低压电器的安装高度应符合设计规定;当设计无规定时,应符合下列规定:

(1)低压电器的底部距离地面不宜小于 200 mm。

(2)操作手柄转轴中心与地面的距离宜为 1 200 ~ 1 500 mm,侧面操作的手柄与建筑物或设备的距离不宜小于 200 mm,落地安装的箱柜底面离地面的高度宜为 50 ~ 100 mm。

低压电器的安装应符合产品技术文件的要求;当无明确规定时,宜垂直安装,其倾斜度不应大于 5°。

低压电器的固定应符合下列规定:

(1)低压电器根据其不同的结构,可采用支架、金属板、绝缘板固定在墙、柱或其他建筑构件上。金属板、绝缘板应平整;当采用卡轨支撑安装时,卡轨应与低压电器匹配,不应使用变形或不合格的卡轨。

(2)当采用膨胀螺栓固定时,应按产品技术要求选择螺栓规格;其钻孔直径和埋设深度应与螺栓规格相符;不应使用塑料胀塞或木楔固定。

(3)紧固件应采用镀锌制品或厂家配套提供的其他防锈制品,螺栓规格应选配适当,电器的固定应牢固、平稳。

(4)有防振要求的电器应增加减振装置,其紧固螺栓应有防松措施。

(5)固定低压电器时,不得使电器内部受额外应力。

电器的外部接线应符合下列规定:

(1)接线应按接线端头标识进行。

(2)接线应排列整齐、美观,导线绝缘应良好、无损伤。

(3)电源侧进线应接在进线端,负荷侧出线应接在出线端。

(4)电器的接线应采用有金属防锈层或铜质的螺栓和螺钉,并应有配套的防松装置,连接时应拧紧,拧紧力矩值应符合产品技术文件的要求,且应符合规范规定。

(5)外部接线不得使电器内部受到额外应力。

(6)裸带电导体与电器连接时,其电气间隙不应小于与其直接相连的电器元件的接线端子的电气间隙。

(7)具有通信功能的电器,其通信系统接线应符合产品技术文件的要求。

成排或集中安装的低压电器应排列整齐,标识清晰;器件间的距离应符合设计要求。需要接地的电器金属外壳、框架必须可靠接地。

七、低压电气设备的安全要求

常见的低压电气设备包括手持电动工具和移动式电气设备。

(一)手持电动工具

手持电动工具应用场合划分为:

(1)一般作业场所,可使用Ⅱ类工具。

(2)在潮湿作业场所或金属构架上等导电性能良好的作业场所,应使用Ⅱ类或Ⅲ类工具。

(3)在锅炉、金属容器、管道内等作业场所,应使用Ⅲ类工具或在电气线路中装设额定剩余动作电流不大于30 mA的剩余电流动作保护器的Ⅱ类工具。

手持电动工具的使用条件包括:

(1)在一般场所使用Ⅰ类工具,还应在电气线路中采用剩余电流动作保护器、隔离变压器等保护措施。

(2)Ⅲ类工具的安全隔离变压器,Ⅱ类工具的剩余电流动作保护器及Ⅱ类、Ⅲ类工具的电源控制箱和电源耦合器等应放在作业场所的外面。在狭窄作业场所操作时,应有人在外监护。

(3)在湿热、雨雪等作业环境,应使用具有相应防护等级的工具。

(4)当使用带水源的电动工具时,应装设剩余电流动作保护器,额定剩余动作电流和动作时间的要求应符合规定,且应安装在不易拆除的地方。

链接

手持式电动工具没有0类和0Ⅰ类,只有Ⅰ类、Ⅱ类和Ⅲ类。从使用安全角度看,使用手持式电动工具造成的触电死亡,几乎都是因使用Ⅰ类工具引起的。因此,选择Ⅰ类手持式电动工具不安全。选择Ⅲ类手持式电动工具虽然安全,但由于要用专用变压器,投资增加,使用起来也不方便,因此,目前市售的手持电动工具已全部是Ⅱ类电动工具。

(二)移动式电气设备的安全要求

1. 接零或接地

接零或接地是携带型设备的主要安全措施之一,携带式或移动式单相设备的零线(或地线)不宜单独敷设,而应当和电源线采取同样的防护措施。最好采用带有接零(地)芯线的橡皮套软线(橡皮电缆)作电源线,其专用芯线用做接零(地)线。保护接零和地线均应采取截面为0.75 ~1.5 mm^2 的铜线。

携带式或移动式单相设备的电源插座和插销应有专用的接零(地)插孔和插头。其结构应能保证插入时接零(地)插头在导电插头之前接通,拔出时接零(地)插头在导电插头之后拔出,同时,其结构还应保证接零(地)插头往往做得大一些。凡是接零(地)要求者,不得使用两孔插座。

在公共场所及生活室内,如地板由木材或其他绝缘材料制成,其触电危险性较小,采取接零(或接地)会将大地电位引入室内,增加触电的危险,因此,不应采取接零(或接地)措施。这时,零线必须采取与相线相同的绝缘线。这类场所的单相线路往往分布很广,相、零线容易弄错;同时考虑到要有利于切除短路和过载事故,减轻火灾的危险,相线和零线上都应装设熔断器。

2. 安全电压

在特别危险的场合,可采用安全电压的单相携带式措施。安全电压也应由双线圈变压器供给，由于安全电压单相设备要求装设一套降压设备，又因为电气设备（特别是动力设备）材料消耗随着额定电压的降低而增加，所以这种设备是不经济的。但是，在某些特定的场合，采用安全电压单相设备是一种可靠的安全措施。

3. 隔离变压器

鉴于不接地电网中单相触电的危险性小于接地电网中单相触电的危险性，在接地电网中可以装设一台隔离变压器，并由该隔离变压器给单相设备供电。隔离变压器的变压比是1∶1，即一次绕组、二次绕组电压是相等的，隔离变压器二次线圈与一次线圈、与变压器外壳、与大地均保持良好的绝缘。因此，单相设备配用隔离变压器之后，不存在电压配合问题，可以直接接用；与没有隔离变压器不同的只是转变为单相设备在不接地电网中运行，从而减轻了触电的危险。

为了防止隔离变压器本身漏电造成事故，变压器外壳应当接零。变压器二次绕组不应接零或接地；否则，会破坏二次绕组不接地的运行方式。

4. 双重绝缘与防护用具

带有双重绝缘结构的携带式电气设备是一种新型的、安全性能较高的电气设备。

采用绝缘鞋、绝缘手套、绝缘垫板等防护用具，使人与大地或人与单相设备的外壳（包括与其相连的金属导体）隔绝开来，这虽然不算先进的方法，但目前还是一种可行的安全措施。不过应当指出，为了防止机械伤害，使用手电钻是不允许戴线手套的。

链接

移动式电气设备多数是Ⅰ类设备。

手持电动工具和移动式电气设备的其他安全要求如下：

（1）在有爆炸和火灾危险的环境中，除中性线外，应另设保护零线。

（2）单相设备的相线或中性线上应装有熔断器和双极开关。

（3）Ⅰ类设备必须采取保护接地或保护接零措施，Ⅱ类和Ⅲ类设备则没有此要求。

八、高压电气设备的安全要求

（一）变（配）电所

变（配）电所所址的选择，应根据下列要求综合考虑确定：接近负荷中心；靠近供电电源；便于架空和电缆线路的引入和引出；交通运输方便；避开有剧烈振动的场所；避开易燃、易爆厂房、库房，其最小水平距离应符合防火、防爆的有关规定；所址标高宜在50年一遇高水位之上；有扩建的可能。

变（配）电站各间隔的门应采用非燃烧或难燃烧材料制作，且门应向外开启。若高配电压室长度大于7 m或者低配电压室长度大于10 m，应至少设置两个门。若配电室的长度大于8 m应设置两个出口，若两个出口距离大于60 m，应增加出口。

室内单台电气设备的总油量大于100 kg或者室外单台电气设备的总油量大于1 000 kg时，应设置贮油设施或挡油设施（按容纳油量20%设计）。

高压装置应设置屏护、遮栏，且在遮栏上挂相应的标示牌。

对于10 kV接地系统应设置零序电流保护；对于10 kV非接地系统应设置绝缘监视；对于10 kV变（配）电站应设置过电流保护、熔断器保护、电流速断保护和防雷保护等。

（二）高压开关柜

高压开关柜的“五防”功能：

（1）防止误分、误合断路器。只有操作指令与操作设备对应才能对被操作设备操作。

（2）防止带负荷分、合隔离开关。断路器合闸状态下不能操作隔离开关。

（3）防止在带电时误合接地开关。只有在断路器分闸状态，才能操作隔离开关或手车从工作位置退至试验位置，才能合上接地开关。

（4）防止接地刀闸处于闭合位置时关合隔离开关。

（5）防止误入带电间隔。只有隔室不带电时，才能打开门进入隔室。

关于高压开关安全要点的内容，下面以典型例题的形式进行介绍。

典型例题

【单选题】高压断路器和高压负荷开关是断开变压器高压侧电源的重要电器。关于使用高压断路器和高压负荷开关的说法，错误的是（　　）。

A. 倒闸时先拉开隔离开关再拉开断路器

B. 高压断路器与高压隔离开关串联使用

C. 高压负荷开关必须串联有高压熔断器

D. 跌开式熔断器可用来操作空载变压器

A。**【解析】**倒闸（即切断电路）时的正确操作是先拉开断路器再拉开隔离开关，合闸（即接通电路）时的正确操作是先合上隔离开关再合上断路器。故选项 A 错误。

九、电力线路的安全要求

架空线路容易发生短路、触电事故，且易受污染。其导线多采用钢芯铝绞线、硬铜绞线、硬铝绞线和铝合金绞线等。其中，腐蚀性较强的区域多采用铜导线。架空线路的机动性强、造价较低，容易维修和施工。

电缆线路受外界影响较小，可靠性较高，在腐蚀性气体、易燃易爆等场所应用较广泛。

室内配线应预防腐蚀性物质、灰尘、外部机械力和热源等有害因素的影响，其类型根据环境、负荷、建筑物等因素确定。

电力线路的安全条件有导电能力、力学强度、导线连接、线路防护、过电流保护以及绝缘和间距、线路管理等多个方面。

线路导线太细将导致其阻抗过大，受电端得不到足够的电压。

导线连接必须保持紧密。导线连接处的力学强度不得低于原导线力学强度的 80%。导线连接处的绝缘强度不得低于原导线的绝缘强度。铜导线与铝导线之间的连接应尽量采用铜 - 铝过渡接头。接头部位电阻不得大于原导线电阻的 120%。

电力线路的过电流保护不仅仅指过载保护，还包括短路保护。

第 6 节　电气火灾或爆炸事故与防护技术

一、电气火灾爆炸的原因

电气火灾爆炸的原因包括：危险温度引起的火灾爆炸、电火花和电弧引起的火灾和爆炸。

电气火灾是由电气引燃源引起的火灾和爆炸。电气装置在运行中产生的危险温度、电火花和电弧是电气引燃源的主要形式。爆炸性气体、粉尘环境及火灾危险环境，电气线路、开关、熔断器、插座、照明器具、电热器具、电动机等均可能引起火灾和爆炸。油浸电力变压器、多油断路器等电气设备不仅有较大的火灾危险，还有爆炸的危险。在火灾和爆炸事故中，电气火灾爆炸事故占有很大比例。从全国的火灾事故统计可知，由电气引起的火灾事故起数仅次于一般明火，占第二位。就引起火灾的原因而言，电气原因已居首位。

作为火灾和爆炸的电气引燃源，电气设备及装置在运行中的危险温度、电火花和电弧是电气火灾爆炸的要因。

（一）危险温度引起的火灾和爆炸

危险温度引起火灾爆炸的原因分析如下：

（1）短路引起的危险温度。短路指不同电位导电部分对地之间的低阻性短接。发生短路时，线路中电流增大为正常时的数倍乃至数十倍，载流导体由于来不及散热，温度急剧上升，除对电气线路和电气设备产生危害外，还形成危险温度。短路的暂态过程会产生很大的冲击电流，在流过设备瞬间产生很大的电动力，造成电气设备损坏。

（2）过载引起的危险温度。电气线路或设备长时间过载也会导致温度异常上升，形成引燃源。过载的原因主要有如下几种情况：

①电气线路或设备设计选型不合理，或没有考虑足够的裕量，以致在正常使用情况下出现过热。

②电气设备或线路使用不合理，负载超过额定值或连续使用时间过长，超过线路或设备的设计能力，由此造成过热。

③设备故障运行造成设备和线路过负载，如三相电机单相运行或三相变压器不对称运行均可能造成过负载。

④电气回路谐波能使线路电流增大过载。如三相四线制电路三次及奇数倍谐波电流会引起中性线过载危险。由于各相三次谐波电流在中性线上相位相同而相互叠加，如果三相负载不平衡，中性线再叠加上不平衡电流后发热将更为严重。在非线性负载日益增多，能产生大量三次谐波的气体放电灯等非线性负载大量使用的情况下，中性线严重过载将带来火灾的隐患。产生三次谐波的设备主要有节能灯、计算机、变频空调、微波炉、镇流器、焊接设备、UPS 电源等。如节能荧光灯，因灯管内电弧的负阻特性产生谐波电流主要为三次谐波电流。

（3）漏电引起的危险温度。电气设备或线路发生漏电时，因其电流一般较小，不能促使线路上的熔断器的熔丝动作。一般当漏电电流沿线路比较均匀地分布、发热量分散时，火灾危险性不大。而当漏电电流集中在某一点时，可能引起比较严重的局部发热，引燃成灾。

（4）接触不良引起的危险温度。电气接头连接不牢固、焊接不良或接头处有杂物，都会增加接触电阻而导致接头过热。刀开关、断路器、接触器的触点、插销的触头等，如果没有足够接触压力或表面的粗糙不平，均可能增大接触电阻，产生危险温度。对于铜、铝接头，由于铜和铝的理化性能不同，接触状态会逐渐恶化，导致接头过热。

（5）铁芯过热引起的危险温度。变压器、电动机等电气设备铁芯涡流损耗和磁滞损耗异常增加，将造成铁芯温度升高，产生危险温度。

（6）散热不良引起的危险温度。电气设备在运行时必须确保一定散热度或采取通风措施。如果这些措施失效，如通风道堵塞、风扇损坏、散热油管堵塞、安装位置不当、环境温度过高或距离热源太近等，均可能导致电气设备和线路过热。

(7)机械故障引起的危险温度。由交流异步电动机拖动的设备,如果转动部分被卡死、轴承损坏或缺油,造成堵转或负载转矩过大,都会引起电流显著增大而导致电动机过热。交流电磁铁在通电后,如果衔铁被卡死,不能吸合,则线圈中的大电流持续不降低,也会造成过热。由电气设备相关机械摩擦导致的发热。

(8)电压异常引起的危险温度。相对于额定值,电压过高和过低均属于电压异常。电压过高时,除使铁芯发热增加外,对于恒阻抗设备,还会使电流增大而发热。电压过低时,除可能造成电动机堵转、电磁铁衔铁吸合不上,使线圈电流大大增强而发热外,对于恒功率设备,还会使电流增大而发热。

(9)电热器具和照明器具引起的危险温度。其正常情况下的工作温度就可能形成危险温度,如电炉电阻丝工作温度为 800 ℃,电熨斗为 500 ~ 600 ℃,白炽灯灯丝为 2 000 ~ 3 000 ℃,100 W 白炽灯泡表面温度为 170 ~ 220 ℃。日光灯镇流器散热不良也能产生危险温度。

(10)电磁辐射能量引起的危险温度。在连续发射或脉冲发射的射频(9 kHz ~ 60 GHz)源的作用下,可燃物吸收辐射能量可能形成危险温度。

(二)电火花和电弧引起的火灾和爆炸

电火花和电弧引起火灾和爆炸的原因分析如下:

(1)电火花。电火花可分为工作火花和事故火花。事故火花既包括由线路故障或设备故障引起的火花,也包括由静电、雷电、电磁感应等外部原因引起的火花,如熔丝熔断时产生的火花。电气设备正常操作过程中产生的电火花称为工作火花,如绕线式异步电动机的电刷与滑环的滑动接触处产生的火花,开关开合时产生的火花,电源插头拔出时产生的火花,手持电钻碳刷产生的火花;控制开关、断路器、接触器正常工作时产生的电火花,插销拔出或插入时的火花。电火花不仅能引起可燃物燃烧,还能使金属熔化构成二次引燃源。

(2)电弧。电气电极之间的击穿放电可产生电火花,大量电火花汇集起来即构成电弧。电弧温度高达 8 000 ℃,能使金属熔化、飞溅,构成二次引燃源。

二、电气火灾的扑救

电气火灾一般有两个特点:一是着火后电气设备可能是带电的,如不注意可能引起触电事故;二是有些电气设备(如电力变压器、多油断路器等)本身充有大量的油,可能发生喷油甚至爆炸事故,扩大火灾范围。因此进行电气灭火时,应首先注意这两方面问题,首先切断电源,若来不及断电则应进行带电灭火,同时注意充油设备的灭火要求。

(一)切断电源

电气设备或电气线路发生火灾,应首先切断电源,拉开断路器或磁力开关。如果没有及时切断电源,扑救人员身体或所持器械可能触及带电部分,造成触电事故。使用导电的灭火剂,如水枪射出的直流水柱、泡沫灭火器射出的泡沫等射至带电部分,也可能产生触电事故。火灾发生后,电气设备可能因绝缘损坏而碰壳短路,电气线路也可能因电线断落而发生接地短路,使正常时不带电的金属构架、地面等部位带电,也可能导致发生接触电压或跨步电压触电的危险。因此发现起火后,首先要设法切断电源,切断电源时应注意以下几点:

(1)火灾发生后,由于受潮或烟熏,开关设备绝缘能力降低。因此拉闸时,应尽可能使用绝缘工具操作。

(2)高压线路或设备发生火灾时,应首先切断电源;先低压后高压,应拉开断路器后拉开隔离开关,以免引起电弧造成弧光短路。

(3)切断电源的地点要选择适当,防止切断电源后影响灭火工作,如果是夜间救火,应考虑断电后的临时照明问题。

(4)剪断电线时,非同相电线应在不同部位剪断,以免造成短路;剪断空中电线时,剪断位置应选择在靠近支持物的负载侧,以防止电线剪断后落下来造成接地短路或触电事故。

(5)如果需要电力部门切断电源,应迅速用电话联系。

(二)带电灭火

为了争取灭火时间来不及断电,或因生产需要和其他原因不允许断电时,则应迅速选择干粉、二氧化碳等不导电的灭火器材进行带电灭火。带电灭火需注意以下几点:

(1)选择适当的灭火器。二氧化碳或干粉灭火器的灭火剂均不导电,可用于带电灭火。(轻水)泡沫灭火器和预混型合成泡沫灭火器的灭火剂(水溶液)有一定的导电性,而且对电气设备的绝缘有影响,不允许带电灭火。

(2)用水枪灭火时适宜采用喷雾水枪,这种水枪通过水柱的泄漏电流较小,带电灭火比较安全,水枪喷嘴至带电体的距离:电压 110 kV 以下应不小于 3 m,220 kV 及以上应不小于 5 m。用二氧化碳等不导电灭火剂灭火时,机体、喷嘴至带电体的最小距离:10 kV 应不小于 0.4 m,35 kV 应不小于 0.6 m。用普通直流水枪灭火时,为防止通过水柱的泄漏电流通过人体,应将水枪喷嘴接地,也可让灭火人员穿戴绝缘手套和绝缘靴或穿戴均压服工作。

(3)人体与带电体之间要保持足够的安全距离。救火人员及所使用的消防器材与接地故障点的距离:室内不小于 4 m,室外不小于 8 m。需进入上述范围的救火人员应穿上绝缘靴。

(4)对架空线路等空中设备进行灭火时,人体位置与带电体之间的仰角不超过 45°,以防导线断落伤人。当架空线路与爆炸性气体环境邻近时,其间距不得小于杆塔高度的 1.5 倍。

(5)如遇带电导线断落地面,应划出半径 8 ~ 10 m 的警戒区,防止发生跨步电压触电。

(6)电缆燃烧会释放出氯化氢和氯等有毒气体,灭火时应使用防毒面具。

(三)充油设备灭火要求

充油设备中油闪点多在 130 ~ 140 ℃,有较大的危险性。如果只在设备外部起火,可用二氧化碳、六氟丙烷、干粉等灭火器带电灭火。如火势较大,应切断电源。如油箱破坏、喷油燃烧、火势很大时,除切断电源外,有事故储油坑的应设法将油放进储油坑,坑内和地上的油火可用泡沫扑灭,要防止燃烧着的油流入电缆沟而顺沟蔓延,电缆沟内的油火只能用泡沫覆盖扑灭。

发电机和电动机等旋转电器着火时,为防止轴和轴承变形,可使其慢慢转动,用喷雾水灭火,并使均匀冷却,也可用二氧化碳或蒸汽灭火,但不宜用干粉、砂子、泥土灭火,以免修复困难。

三、电气防火防爆技术措施

电气防火防爆可采取消除或减少爆炸性混合物、消除引燃源、隔离、爆炸危险环境接地和接零等技术措施，具体要求如下。

(1)消除或减少爆炸性混合物，可通过封闭作业、保持良好通风、危险空间充填空气，防止形成爆炸性混合物等措施实现。

(2)消除引燃源，主要是正确选用和安装电气设备和电气线路，并保持其安全运行。此部分内容较多，下文将单独介绍。

(3)隔离。电压为 10 kV 及以下的变电所、配电所不宜设在有火灾危险区域的正上面或正下面。若与火灾危险区域的建筑物毗连时应符合下列要求：

①电压为 1 ~ 10 kV 配电所可通过走廊或套间与火灾危险环境的建筑物相通，通向走廊或套间的门应为难燃烧体的。

②变电所与火灾危险环境建筑物共用的隔墙应是密实的非燃烧体，管道和沟道穿过墙和楼板处，应采用非燃烧性材料严密堵塞。

③变压器室的门窗应通向非火灾危险环境。

提示

通常情况下，毗连变电室、配电室的建筑物，其门、窗应向外开，以便发生危险时人员能够及时逃向安全区域。

(4)爆炸危险环境接地和接零。有爆炸危险场所的接地较一般场所要求高，必须将所有设备的金属部分、金属管道以及建筑物的金属结构全部接地(或接零)，并连接成连续的整体；接地(或接零)干线宜在爆炸危险场所的不同方向且不少于两处与接地体相连，以提高连接的可靠性。采用 TN－S 作供电系统时需装设双极开关，双极开关应能同时切断相导体和中性导体。作为保护导体时，铜导体最小截面不得小于 4 mm^2，钢导体最小截面不得小于 6 mm^2。除生产上有特殊要求的以外，一般环境不要求接地(或接零)的部分仍应接地(或接零)。例如，在不良导电地面处，交流 380 V 及以下、直流 440 V 及以下的电气设备正常时不带电的金属外壳，交流 127 V 及其以下、直流 110 V 及以下的电气设备正常时不带电的金属外壳，还有安装在已接地金属结构上的电气设备，以及敷设有金属包皮且两端已接地的电缆用的金属构架均应接地(或接零)。在不接地配电网中，必须装设一相接地时或严重漏电时能自动切断电源的保护装置或能发出声、光双重信号的报警装置。在变压器中性点直接接地的配电网中，为了提高可靠性，缩短短路故障持续时间，系统单相短路电流应当大一些。

四、正确选用和安装电气设备和电气线路

正确选用和安装电气设备和电气线路，并保持其安全运行是电气防火防爆的重要措施。不同危险环境应采用不同的防爆措施，因此也有必要正确掌握危险环境相关知识。

(一)爆炸性气体环境

1. 一般规定

在爆炸性气体环境中应采取下列防止爆炸的措施：

(1)产生爆炸的条件同时出现的可能性应减到最低程度。

(2)工艺设计中应采取的消除或减少可燃物质的释放及积聚的措施有工艺流程中宜采取较低的压力和温度,将可燃物质限制在密闭容器内;工艺布置应限制和缩小爆炸危险区域的范围,并宜将不同等级的爆炸危险区或爆炸危险区与非爆炸危险区分隔在各自的厂房或界区内;在设备内可采用以氮气或其他惰性气体覆盖的措施;宜采取安全连锁或发生事故时加入聚合反应阻聚剂等化学药品的措施。

(3)防止爆炸性气体混合物的形成或缩短爆炸性气体混合物的滞留时间可采取的措施有工艺装置宜采取露天或开敞式布置;设置机械通风装置;在爆炸危险环境内设置正压室;对区域内易形成和积聚爆炸性气体混合物的地点应设置自动测量仪器装置,当气体或蒸气浓度接近爆炸下限值的50%时,应能可靠地发出信号或切断电源。

(4)在区域内应采取消除或控制设备线路产生火花、电弧或高温的措施。

2. 爆炸性气体环境危险区域划分

爆炸性气体环境应根据爆炸性气体混合物出现的频繁程度和持续时间分为0区、1区、2区,分区应符合下列规定:

(1)0区应为连续出现或长期出现爆炸性气体混合物的环境。

(2)1区应为在正常运行时可能出现爆炸性气体混合物的环境。

(3)2区应为在正常运行时不太可能出现爆炸性气体混合物的环境,或即使出现也仅是短时存在的爆炸性气体混合物的环境。

提示

除了封闭的空间,如密闭的容器、储油罐等内部气体空间,很少存在0区。虽然高于爆炸上限的混合物不会形成爆炸性环境,但是没有可能进入空气而使其达到爆炸极限的环境,仍应划分为0区。如固定顶盖的可燃性物质贮罐,当液面以上空间未充惰性气体时应划分为0区。

汽油运输罐车在运输汽油的时候,按照爆炸性气体危险场所的分区,油罐内部液面上部的空间属于0区。

符合下列条件之一时,可划为非爆炸危险区域:

(1)没有释放源且不可能有可燃物质侵入的区域。

(2)可燃物质可能出现的最高浓度不超过爆炸下限值的10%。

(3)在生产过程中使用明火的设备附近,或炽热部件的表面温度超过区域内可燃物质引燃温度的设备附近。

(4)在生产装置区外,露天或开敞设置的输送可燃物质的架空管道地带,但其阀门处按具体情况确定。

释放源应按可燃物质的释放频繁程度和持续时间长短分为连续级释放源、一级释放源、二级释放源,释放源分级应符合下列规定:

(1)连续级释放源应为连续释放或预计长期释放的释放源。可划为连续级释放源的情况有没有用惰性气体覆盖的固定顶盖贮罐中的可燃液体的表面;油、水分离器等直接与空间接触的可燃液体的表面;经常或长期向空间释放可燃气体或可燃液体的蒸气的排气孔和其他孔口。

(2)一级释放源应为在正常运行时,预计可能周期性或偶尔释放的释放源。可划为一级释放源的情况有在正常运行时,会释放可燃物质的泵、压缩机和阀门等的密封处;贮有可燃液体的容器上的排水口处,在正常运行中,当水排掉时,该处可能会向空间释放可燃物质;正常运行时,会向空间释放可燃物质的取样点;正常运行时,会向空间释放可燃物质的泄压阀、排气口和其他孔口。

(3)二级释放源应为在正常运行时,预计不可能释放,当出现释放时,仅是偶尔和短期释放的释放源。可划为二级释放源的情况有正常运行时,不能出现释放可燃物质的泵、压缩机和阀门的密封处;正常运行时,不能释放可燃物质的法兰、连接件和管道接头;正常运行时,不能向空间释放可燃物质的安全阀、排气孔和其他孔口处;正常运行时,不能向空间释放可燃物质的取样点。

当爆炸危险区域内通风的空气流量能使可燃物质很快稀释到爆炸下限值的25%以下时,可定为通风良好,并应符合下列规定:

(1)可定为通风良好的场所有露天场所;敞开式建筑物,在建筑物的壁、屋顶开口,其尺寸和位置保证建筑物内部通风效果等效于露天场所;非敞开建筑物,建有永久性的开口,使其具有自然通风的条件;对于封闭区域,每平方米地板面积每分钟至少提供0.3 m^3的空气或至少1小时换气6次。

(2)当采用机械通风时,可不计机械通风故障的影响的情况有封闭式或半封闭式的建筑物设置备用的独立通风系统;当通风设备发生故障时,设置自动报警或停止工艺流程等确保能阻止可燃物质释放的预防措施,或使设备断电的预防措施。

爆炸危险区域的划分应按释放源级别和通风条件确定,存在连续级释放源的区域可划为0区,存在一级释放源的区域可划为1区,存在二级释放源的区域可划为2区,并应根据通风条件按下列规定调整区域划分:

(1)当通风良好时,可降低爆炸危险区域等级;当通风不良时,应提高爆炸危险区域等级。

(2)局部机械通风在降低爆炸性气体混合物浓度方面比自然通风和一般机械通风更为有效时,可采用局部机械通风降低爆炸危险区域等级。

(3)在障碍物、凹坑和死角处,应局部提高爆炸危险区域等级。

(4)利用堤或墙等障碍物,限制比空气重的爆炸性气体混合物的扩散,可缩小爆炸危险区域的范围。

使用于特殊环境中的设备和系统可不按照爆炸危险性环境考虑,但应符合下列相应的条件之一:

(1)采取措施确保不形成爆炸危险性环境。

(2)确保设备在出现爆炸性危险环境时断电,此时应防止热元件引起点燃。

(3)采取措施确保人和环境不受试验燃烧或爆炸带来的危害。

(4)书面写出所采取的措施的人员应具备的条件有熟悉所采取措施的要求和国家现行有关标准以及危险环境用电气设备和系统的使用要求;熟悉进行评估所需的资料。

3. 爆炸性气体环境危险区域范围

爆炸性气体环境危险区域范围应按下列要求确定:

(1)爆炸危险区域的范围应根据释放源的级别和位置、可燃物质的性质、通风条件、障碍物及生产条件、运行经验，经技术经济比较综合确定。

（2）建筑物内部宜以厂房为单位划定爆炸危险区域的范围。当厂房内空间大时，应根据生产的具体情况划分，释放源释放的可燃物质量少时，可将厂房内部按空间划定爆炸危险的区域范围，并应符合的规定有当厂房内具有比空气重的可燃物质时，厂房内通风换气次数不应少于每小时两次，且换气不受阻碍，厂房地面上高度 1 m 以内容积的空气与释放至厂房内的可燃物质所形成的爆炸性气体混合浓度应小于爆炸下限；当厂房内具有比空气轻的可燃物质时，厂房平屋顶平面以下 1 m 高度内，或圆顶、斜顶的最高点以下 2 m 高度内的容积的空气与释放至厂房内的可燃物质所形成的爆炸性气体混合物的浓度应小于爆炸下限；释放至厂房内的可燃物质的最大量应按一小时释放量的三倍计算，但不包括由于灾难性事故引起破裂时的释放量。

（3）当高挥发性液体可能大量释放并扩散到 15 m 以外时，爆炸危险区域的范围应划分为附加 2 区。

（4）当可燃液体闪点高于或等于 60 ℃时，在物料操作温度高于可燃液体闪点的情况下，可燃液体可能泄漏时，其爆炸危险区域的范围宜适当缩小，但不宜小于 4.5 m。

爆炸危险区域的等级和范围可按《爆炸危险环境电力装置设计规范》的规定，并根据可燃物质的释放量、释放速率、沸点、温度、闪点、相对密度、爆炸下限、障碍等条件，结合实践经验确定。

爆炸性气体环境内的车间采用正压或连续通风稀释措施后，不能形成爆炸性气体环境时，车间可降为非爆炸危险环境。通风引入的气源应安全可靠，且无可燃物质、腐蚀介质及机械杂质，进气口应设在高出所划爆炸性危险区域范围的 1.5 m 以上处。

爆炸性气体环境电力装置设计应有爆炸危险区域划分图，对于简单或小型厂房，可采用文字说明表达。爆炸性气体环境危险区域范围典型示例图应符合《爆炸危险环境电力装置设计规范》的规定。

典型例题

【多选题】爆炸危险区域的等级应根据释放源的级别和位置、易燃物质的性质、通风条件、障碍物及生产条件、运行经验综合确定。关于爆炸危险区域等级及范围的划分，正确的有（　　）。

A. 存在连续级释放源的区域可划分为 0 区

B. 区域采用局部机械通风，可降低整个爆炸危险区域等级

C. 区域通风良好，可降低爆炸危险区域等级

D. 在障碍物、凹坑和死角处，应局部提高爆炸危险区域等级

E. 利用墙限制比空气重的爆炸性气体混合物扩散，可缩小爆炸危险区域范围

ACDE。**【解析】**局部机械通风在降低爆炸性气体混合物浓度方面比自然通风和一般机械通风更为有效时，可采用局部机械通风降低爆炸危险区域等级。区域采用局部机械通风，只可降低局部爆炸危险区域等级。故选项 B 错误。

4. 爆炸性气体混合物的分级、分组

爆炸性气体混合物应按其最大试验安全间隙（MESG）或最小点燃电流比（MICR）分级。爆炸性气体混合物分级应符合下表的规定。

爆炸性气体混合物分级

级别	最大试验安全间隙(MESG)/mm	最小点燃电流比(MICR)
ⅡA	≥0.9	>0.8
ⅡB	0.5<MESG<0.9	0.45≤MICR≤0.8
ⅡC	≤0.5	<0.45

注:最小点燃电流比(MICR)为各种可燃物质的最小点燃电流值与实验室甲烷的最小点燃电流值之比。

爆炸性气体混合物应按引燃温度分组,引燃温度分组应符合下表的规定。

引燃温度分组

组别	引燃温度 t/℃
T1	$450 < t$
T2	$300 < t \leq 450$
T3	$200 < t \leq 300$
T4	$135 < t \leq 200$
T5	$100 < t \leq 135$
T6	$58 < t \leq 100$

(二)爆炸性粉尘环境

1. 一般规定

在爆炸性粉尘环境中粉尘可分为下列三级:

(1)ⅢA 级为可燃性飞絮。常见的ⅢA 级可燃性飞絮如棉花纤维、麻纤维、丝纤维、毛纤维、木质纤维、人造纤维等。

(2)ⅢB 级为非导电性粉尘。常见的ⅢB 级可燃性非导电粉尘如聚乙烯、苯酚树脂、小麦、玉米、砂糖、染料、可可、木质、米糠、硫黄等粉尘。

(3)ⅢC 级为导电性粉尘。常见的ⅢC 级可燃性导电粉尘如石墨、炭黑、焦炭、煤、铁、锌、钛等粉尘。

在爆炸性粉尘环境中应采取下列防止爆炸的措施:

(1)防止产生爆炸的基本措施,应是使产生爆炸的条件同时出现的可能性减小到最低程度。

(2)防止爆炸危险,应按照爆炸性粉尘混合物的特征采取相应的措施。

(3)在工程设计中应先采取的消除或减少爆炸性粉尘混合物产生和积聚的措施有工艺设备宜将危险物料密封在防止粉尘泄漏的容器内。宜采用露天或开敞式布置,或采用机械除尘措施。宜限制和缩小爆炸危险区域的范围,并将可能释放爆炸性粉尘的设备单独集中布置。提高自动化水平,可采用必要的安全联锁。爆炸危险区域应设有两个以上出入口,其中至少有一个通向非爆炸危险区域,其出入口的门应向爆炸危险性较小的区域侧开启。应对沉积的粉尘进行有效的清除。应限制产生危险温度及火花,特别是由电气设备或线路产生的过热及火花;应防止粉尘进入产生电火花或高温部件的外壳内;应选用粉尘防爆类型的电气设备及线路。可适当增加物料的湿度,降低空气中粉尘的悬浮量。

2. 爆炸性粉尘环境危险区域划分

粉尘释放源应按爆炸性粉尘释放频繁程度和持续时间长短分为连续级释放源、一级释放源、二级释放源，释放源应符合下列规定：

(1)连续级释放源应为粉尘云持续存在或预计长期或短期经常出现的部位。

(2)一级释放源应为在正常运行时预计可能周期性的或偶尔释放的释放源。

(3)二级释放源应为在正常运行时，预计不可能释放，如果释放也仅是不经常地并且是短期地释放。

(4)不应被视为释放源的有压力容器外壳主体结构及其封闭的管口和人孔；全部焊接的输送管和溜槽；在设计和结构方面对防粉尘泄露进行了适当考虑的阀门压盖和法兰接合面。

爆炸危险区域应根据爆炸性粉尘环境出现的频繁程度和持续时间分为 20 区、21 区、22 区，分区应符合下列规定：

(1)20 区应为空气中的可燃性粉尘云持续地或长期地或频繁地出现于爆炸性环境中的区域。

(2)21 区应为在正常运行时，空气中的可燃性粉尘云很可能偶尔出现于爆炸性环境中的区域。

(3)22 区应为在正常运行时，空气中的可燃粉尘云一般不可能出现于爆炸性粉尘环境中的区域，即使出现，持续时间也是短暂的。

爆炸危险区域的划分应按爆炸性粉尘的量、爆炸极限和通风条件确定。

符合下列条件之一时，可划为非爆炸危险区域：

(1)装有良好除尘效果的除尘装置，当该除尘装置停车时，工艺机组能联锁停车。

(2)设有为爆炸性粉尘环境服务，并用墙隔绝的送风机室，其通向爆炸性粉尘环境的风道设有能防止爆炸性粉尘混合物侵入的安全装置。

(3)区域内使用爆炸性粉尘的量不大，且在排风柜内或风罩下进行操作。

为爆炸性粉尘环境服务的排风机室，应与被排风区域的爆炸危险区域等级相同。

3. 爆炸性粉尘环境危险区域范围

一般情况下，区域的范围应通过评价涉及该环境的释放源的级别引起爆炸性粉尘环境的可能来规定。

20 区范围主要包括粉尘云连续生成的管道、生产和处理设备的内部区域。当粉尘容器外部持续存在爆炸性粉尘环境时，可划分为 20 区。

21 区的范围应与一级释放源相关联，并应按下列规定确定：

(1)含有一级释放源的粉尘处理设备的内部可划分为 21 区。

(2)由一级释放源形成的设备外部场所，其区域的范围应受到粉尘量、释放速率、颗粒大小和物料湿度等粉尘参数的限制，并应考虑引起释放的条件。对于受气候影响的建筑物外部场所可减小 21 区范围。21 区的范围应按照释放源周围 1 m 的距离确定。

(3)当粉尘的扩散受到实体结构的限制时，实体结构的表面可作为该区域的边界。

(4)一个位于内部不受实体结构限制的 21 区应被一个 22 区包围。

(5)可结合同类企业相似厂房的实践经验和实际因素将整个厂房划为 21 区。

22 区的范围应按下列规定确定：

(1)由二级释放源形成的场所,其区域的范围应受到粉尘量、释放速率、颗粒大小和物料湿度等粉尘参数的限制,并应考虑引起释放的条件。对于受气候影响的建筑物外部场所可减小22区范围。22区的范围应按超出21区3 m及二级释放源周围3 m的距离确定。

(2)当粉尘的扩散受到实体结构的限制时,实体结构的表面可作为该区域的边界。

(3)可结合同类企业相似厂房的实践经验和实际的因素将整个厂房划为22区。

爆炸性粉尘环境危险区域范围典型示例图应符合《爆炸危险环境电力装置设计规范》的规定。爆炸性粉尘环境危险区域范围分区示例见下表。

爆炸性粉尘环境危险区域范围分区示例

分区	示例
可能产生20区的场所	(1)粉尘容器内部场所。 (2)贮料槽、筒仓等,旋风集尘器和过滤器。 (3)粉料传送系统等,但不包括皮带和链式输送机的某些部分。 (4)搅拌机,研磨机,干燥机和包装设备等
可能产生21区的场所	(1)当粉尘容器内部出现爆炸性粉尘环境,为了操作而需频繁移出或打开盖(隔膜阀)时,粉尘容器外部靠近盖(隔膜阀)周围的场所。 (2)当未采取防止爆炸性粉尘环境形成的措施时,在粉尘容器装料和卸料点附近的外部场所、送料皮带、取样点、卡车卸载站、皮带卸载点等场所。 (3)如果粉尘堆积且由于工艺操作,粉尘层可能被扰动而形成爆炸性粉尘环境时,粉尘容器外部场所。 (4)可能出现爆炸性粉尘云,但既非持续,也不长期,又不经常时,粉尘容器的内部场所,如自清扫间隔长的料仓[如果仅偶尔装料和(或)出料]和过滤器污秽的一侧
可能产生22区的场所	(1)袋式过滤器通风孔的排气口,一旦出现故障,可能逸散出爆炸性混合物。 (2)非频繁打开的设备附近,或凭经验粉尘被吹出而易形成泄漏的设备附近,如气动设备或可能被损坏的挠性连接等。 (3)袋装粉料的存储间。在操作期间,包装袋可能破损,引起粉尘扩散。 (4)通常被划分为21区的场所,当采取措施时,包括排气通风,防止爆炸性粉尘环境形成时,可以降为22区场所。这些措施应该在下列点附近执行:装袋料和倒空点、送料皮带、取样点、卡车卸载站、皮带卸载点等

典型例题

【单选题】爆炸性粉尘环境的危险区域划分,应根据爆炸性粉尘量、释放率、浓度和其他特性,以及同类企业相似厂房的实践经验等确定。下列对面粉生产车间爆炸性粉尘环境的分区中,错误的是(　　)。

A. 筛面机容器内为20区　　B. 取样点周围区为22区

C. 面粉灌袋出口为22区　　D. 旋转吸尘器内为20区

C。【解析】粉尘容器、旋风除尘器、搅拌器等设备内部的区域属于20区。频繁打开的粉尘容器出口附近、传送带附近等设备外部邻近区域属于21区。粉尘袋、取样点等周围的区域属于22区。选项C属于21区。

可燃性粉尘举例应符合《爆炸危险环境电力装置设计规范》的规定。

（三）爆炸性环境电气设备的选择

在爆炸性环境内，影响电气设备选择的因素包括：爆炸危险区域的分区；可燃性物质和可燃性粉尘的分级；可燃性物质的引燃温度；可燃性粉尘云、可燃性粉尘层的最低引燃温度。

爆炸性环境内电气设备保护级别的选择应符合下表的规定。

爆炸性环境内电气设备保护级别的选择

危险区域	设备保护级别（EPL）
0 区	Ga
1 区	Ga 或 Gb
2 区	Ga，Gb 或 Gc
20 区	Da
21 区	Da 或 Db
22 区	Da，Db 或 Dc

电气设备保护级别（EPL）与电气设备防爆结构的关系应符合下表的规定。

电气设备保护级别（EPL）与电气设备防爆结构的关系

设备保护级别（EPL）	电气设备防爆结构	防爆形式
Ga	本质安全型	“ia”
	浇封型	“ma”
	由两种独立的防爆类型组成的设备，每一种类型达到保护级别“Gb”的要求	—
	光辐射式设备和传输系统的保护	“op is”
Gb	隔爆型	“d”
	增安型	“e”①
	本质安全型	“ib”
	浇封型	“mb”
	油浸型	“o”
	正压型	“px”“py”
	充砂型	“q”
	本质安全现场总线概念（FISCO）	—
	光辐射式设备和传输系统的保护	“op pr”
Gc	本质安全型	“ic”
	浇封型	“mc”
	无火花	“n”“nA”
	限制呼吸	“nR”

（续表）

设备保护级别（EPL）	电气设备防爆结构	防爆形式
Gc	限能	“nL”
	火花保护	“nC”
	正压型	“pz”
	非可燃现场总线概念（FNICO）	—
	光辐射式设备和传输系统的保护	“op sh”
Da	本质安全型	“iD”
	浇封型	“mD”
	外壳保护型	“tD”
Db	本质安全型	“iD”
	浇封型	“mD”
	外壳保护型	“tD”
	正压型	“pD”
Dc	本质安全型	“iD”
	浇封型	“mD”
	外壳保护型	“tD”
	正压型	“pD”

注：①表示在1区中使用的增安型“e”电气设备仅限于下列电气设备：在正常运行中不产生火花、电弧或危险温度的接线盒和接线箱，包括主体为“d”或“m”型，接线部分为“e”型的电气产品；按现行国家标准配置的合适热保护装置的“e”型低压异步电动机，启动频繁和环境条件恶劣者除外；“e”型荧光灯；“e”型测量仪表和仪表用电流互感器。

链接

防爆电气设备是指能防止设备本身的高温、电弧、电火花等引爆外部危险物质的设备。防爆电气设备按防爆结构形式可分为以下类型：

（1）隔爆型d。这类设备能通过外壳阻止其内部爆炸引起外部危险性物质发生爆炸，也能防止设备内部电弧、电火花等引发外部危险物质爆炸。

（2）增安型e。对在正常运行件下不会产生电弧或火花的电气设备进一步采取措施，提高其安全程度，尽可能杜绝电气设备产生危险温度、电弧和火花的可能性的防爆形式。

（3）充油型o。这类设备将可能产生电弧、电火花和危险高温的带电部件浸在绝缘油中，使其不能点燃油面上方的爆炸性混合物。

（4）充砂型q。这类设备将细粒状物料填充到设备外壳内，使壳内出现的电弧、电火花、高温不能引爆壳外危险物质。

（5）本质安全型i。这类设备在正常和故障情况下产生的电弧、电火花或危险高温均不足以引爆危险性物质。

(6)正压型 p。这类设备向壳内冲入清洁的空气或惰性气体,使壳内气压高于壳外,以阻止壳外爆炸性气体进入壳内。

(7)封浇型 m。整台设备或其中部分浇封在浇封剂中,在正常运行和认可的过载或认可的故障下不能点燃周围的爆炸性混合物的电气设备。

(8)无火花型 n。在正常运行条件下,不会点燃周围爆炸性混合物,且一般不会发生有点燃作用的故障的电气设备。

(9)气密型 h。具有气密外壳的电气设备。

(10)特殊型。由上述以外的或上述两种以上形式组合成的电气设备。

气体/蒸气环境中设备的保护级别为 Ga,Gb,Gc,粉尘环境中设备的保护级别要达到 Da,Db,Dc。

"EPL Ga"爆炸性气体环境用设备,具有"很高"的保护等级,在正常运行过程中、在预期的故障条件下或者在罕见的故障条件下不会成为点燃源。

"EPL Gb"爆炸性气体环境用设备,具有"高"的保护等级,在正常运行过程中、在预期的故障条件下不会成为点燃源。

"EPL Gc"爆炸性气体环境用设备,具有"加强"的保护等级,在正常运行过程中不会成为点燃源,也可采取附加保护,保证在点燃源有规律预期出现的情况下(如灯具的故障)不会点燃。

"EPL Da"爆炸性粉尘环境用设备,具有"很高"的保护等级,在正常运行过程中、在预期的故障条件下或者在罕见的故障条件下不会成为点燃源。

"EPL Db"爆炸性粉尘环境用设备,具有"高"的保护等级,在正常运行过程中、在预期的故障条件下不会成为点燃源。

"EPL Dc"爆炸性粉尘环境用设备,具有"加强"的保护等级,在正常运行过程中不会成为点燃源,也可采取附加保护,保证在点燃源有规律预期出现的情况下(如灯具的故障)不会点燃。

电气设备分为三类。

(1)Ⅰ类电气设备用于煤矿瓦斯气体环境。

链接

Ⅰ类电气设备的保护级别:

①Ma 级(EPL Ma),安装在煤矿瓦斯爆炸性环境中的设备,具有"很高"的保护等级,该级别具有足够的安全性,使设备在正常运行、出现预期故障或罕见故障,甚至在气体突然出现设备仍带电的情况下均不可能成为点燃源。

②Mb 级(EPL Mb),安装在煤矿瓦斯爆炸性环境中的设备,具有"高"的保护等级,该级别具有足够的安全性,使设备在正常运行中或在气体突然出现和设备断电之间的时间内出现的预期故障条件下不可能成为点燃源。

(2)Ⅱ类电气设备用于除煤矿甲烷气体之外的其他爆炸性气体环境。Ⅱ类电气设备按照其拟使用的爆炸性环境的种类可进一步再分类:

①ⅡA 类:代表性气体是丙烷。

②ⅡB 类:代表性气体是乙烯。

③ⅡC 类:代表性气体是氢气。

(3)Ⅲ类电气设备用于除煤矿以外的爆炸性粉尘环境。Ⅲ类电气设备按照其拟使用的爆炸性粉尘环境的特性可进一步再分类。Ⅲ类电气设备的再分类:

①ⅢA 类:可燃性飞絮。

②ⅢB 类:非导电性粉尘。

③ⅢC 类:导电性粉尘。

防爆电气设备的级别和组别不应低于该爆炸性气体环境内爆炸性气体混合物的级别和组别,并应符合下列规定:

(1)气体、蒸气或粉尘分级与电气设备类别的关系应符合下表的规定。当存在有两种以上可燃性物质形成的爆炸性混合物时,应按照混合后的爆炸性混合物的级别和组别选用防爆设备,无据可查又不可能进行试验时,可按危险程度较高的级别和组别选用防爆电气设备。对于标有适用于特定的气体、蒸气的环境的防爆设备,没有经过鉴定,不得使用于其他的气体环境内。

气体、蒸气或粉尘分级与电气设备类别的关系

气体、蒸气或粉尘分级	电气设备类别
ⅡA	ⅡA、ⅡB 或ⅡC
ⅡB	ⅡB 或ⅡC
ⅡC	ⅡC
ⅢA	ⅢA、ⅢB 或ⅢC
ⅢB	ⅢB 或ⅢC
ⅢC	ⅢC

(2)Ⅱ类电气设备的温度组别、最高表面温度和气体、蒸气引燃温度之间的关系符合下表规定。

Ⅱ类电气设备的温度组别、最高表面温度和气体、蒸气引燃温度之间的关系

电气设备温度组别	电气设备允许最高表面温度/℃	气体、蒸气的引燃温度/℃	适用的设备温度级别
T1	450	>450	T1 ~ T6
T2	300	>300	T2 ~ T6
T3	200	>200	T3 ~ T6
T4	135	>135	T4 ~ T6
T5	100	>100	T5 ~ T6
T6	85	>85	T6

(3)安装在爆炸性粉尘环境中的电气设备应采取措施防止热表面点可燃性粉尘层引起的火灾危险。Ⅲ类电气设备的最高表面温度应按国家现行有关标准的规定进行选择。电气设备结构应满足电气设备在规定的运行条件下不降低防爆性能的要求。

链接

防爆电气设备的标志包含型式、等级、类别和组别，应设置在设备外部主体部分的明显部位，且应在设备安装后能清楚地看到。标志“Ex dⅡB T3 Gb”的正确含义是隔爆型“d”，防护等级为 Gb，用于ⅡB 类 T3 组的爆炸性气体环境的防爆电气设备。

当选用正压型电气设备及通风系统时，应符合下列规定：

(1)通风系统应采用非燃性材料制成，其结构应坚固，连接应严密，并不得有产生气体滞留的死角。

(2)电气设备应与通风系统联锁。运行前应先通风，并应在通风量大于电气设备及其通风系统管道容积的 5 倍时，接通设备的主电源。

(3)在运行中，进入电气设备及其通风系统内的气体不应含有可燃物质或其他有害物质。

(4)在电气设备及其通风系统运行中，对于 px，py 或 pD 型设备，其风压不应低于 50 Pa；对于 pz 型设备，其风压不应低于 25 Pa。当风压低于上述值时，应自动断开设备的主电源或发出信号。

(5)通风过程排出的气体不宜排入爆炸危险环境；当采取有效地防止火花和炽热颗粒从设备及其通风系统吹出的措施时，可排入 2 区空间。

(6)对闭路通风的正压型设备及其通风系统应供给清洁气体。

(7)电气设备外壳及通风系统的门或盖子应采取联锁装置或加警告标志等安全措施。

典型例题

【多选题】爆炸性危险环境中，应根据电气设备使用环境的等级、电气设备的种类和使用条件选择电气设备，如果防爆电气设备类型选用不当，很有可能起不到防爆作用，在异常情况下引发事故。下列石化行业防爆电气设备实际案例中，防爆电器选用正确的有(　　)。

A. 某油气处理厂污水处理设备使用防爆标志为 Ex d Ⅰ的电动机

B. 某炼化厂对原油储罐进行清罐，将防爆照明灯引入储罐内部

C. 某石化企业计量间的可燃气体温度组别为 T2，安装的灯具温度组别为 T2

D. 某化工企业在装置检修时，使用 Ex 35 型叉车进行装卸作业

E. 某储油罐区为ⅡC 类 T3 组爆炸性气体环境，使用 Ex d ⅡB T3 的油泵

BCD。【解析】防爆电气设备应有“Ex”标志和标明防爆电气设备的类型、级别、组别标志的铭牌，并应在铭牌上标明防爆合格证号。Ⅰ类设备是指易产生瓦斯的煤矿用的电气设备。故选项 A 错误。Ex d ⅡB T3，表示某防爆电气设备“Ex”，为隔爆型“d”，用于ⅡB 类 T3 组爆炸性气体环境。故选项 E 错误。

(四)防爆电气设备安装的一般要求

防爆电气设备应有“Ex”标志和标明防爆电气设备的类型、级别、组别标志的铭牌，并应在铭牌上标明防爆合格证号。

防爆电气设备宜安装在金属制作的支架上，支架应牢固，有振动的电气设备的固定螺栓应有防松装置。

防爆电气设备接线盒内部接线紧固后,裸露带电部分之间及与金属外壳之间的电气间隙和爬电距离不应小于规范规定。

防爆电气设备的进线口与电缆、导线引入连接后,应保持电缆引入装置的完整性和弹性密封圈的密封性,并应将压紧元件用工具拧紧,且进线口应保持密封。多余的进线口其弹性密封圈和金属垫片、封堵件等应齐全,且安装紧固,密封良好。

(五)爆炸危险环境的电气线路敷设的一般要求

当可燃物质比空气重时,电气线路宜在较高处敷设或直接埋地;架空敷设时宜采用电缆桥架;电缆沟敷设时沟内应充砂,并宜设置排水措施。

电气线路宜在有爆炸危险的建筑物、构筑物的墙外敷设。

在爆炸粉尘环境,电缆应沿粉尘不宜堆积并且易于粉尘清除的位置敷设。

当电气线路沿输送可燃气体或易燃液体的管道栈桥敷设时,管道内的易燃物质比空气重时,电气线路应敷设在管道的上方;管道内的易燃物质比空气轻时,电气线路应敷设在管道的正下方的两侧。

敷设电气线路的沟道、电缆桥架或导管,所穿过的不同区域之间墙或楼板处的孔洞应采用非燃性材料严密堵塞。

在1区内电缆线路严禁有中间接头,在2区、20区、21区内不应有中间接头。

敷设电气线路时宜避开可能受到机械损伤、振动、腐蚀以及可能受热的地方;当不能避开时,应采取预防措施。

爆炸危险环境内采用的低压电缆和绝缘导线,其额定电压必须高于线路的工作电压,且不得低于500 V,绝缘导线必须敷设于钢管内。电气工作中性线绝缘层的额定电压,必须与相线电压相同,并必须在同一护套或钢管内敷设。

电气线路使用的接线盒、分线盒、活接头、隔离密封件等连接件的选型,应符合标准规定。

当电缆或导线的终端连接时,电缆内部的导线如果为绞线,其终端应采用定型端子或接线鼻子进行连接。铝芯绝缘导线或电缆的连接与封端应采用压接、熔接或钎焊,当与设备(照明灯具除外)连接时,应采用铜-铝过渡接头。

爆炸危险环境除本质安全电路外,采用的电缆或绝缘导线的型号规格及芯线最小截面应符合设计规定,爆炸性环境电缆配线的技术要求应符合下表的规定。

爆炸性环境电缆配线的技术要求

爆炸危险区域	电缆明设或在沟内敷设时铜芯的最小截面/mm^2			移动电缆
	电力	照明	控制	
1区、20区、21区	2.5	2.5	1.0	重型
2区、22区	1.5	1.5	1.0	中型

架空线路严禁跨越爆炸性危险环境;架空线路与爆炸性危险环境的水平距离,不应小于杆塔高度的1.5倍。

爆炸性环境电缆和导线的选择应符合下列规定:

(1)在爆炸危险区内,除在配电盘、接线箱或采用金属导管配线系统内,无护套的电线不应作为供配电线路。

（2）在1区内应采用铜芯电缆；除本质安全电路外，在2区内宜采用铜芯电缆，当采用铝芯电缆时，其截面不得小于16 mm^2，且与电气设备的连接应采用铜－铝过渡接头。敷设在爆炸性粉尘环境20区、21区以及在22区内有剧烈振动区域的回路，均应采用铜芯绝缘导线或电缆。

（3）除本质安全系统的电路外，爆炸性环境电缆配线的技术要求应符合规定。

（4）除本质安全系统的电路外，在爆炸性环境内电压为1 000 V以下的钢管配线的技术要求应符合规定。

（5）在爆炸性环境内，绝缘导线和电缆截面的选择除应满足最小截面的规定外，还应符合下列规定：

①导体允许载流量不应小于熔断器熔体额定电流的1.25倍及断路器长延时过电流脱扣器整定电流的1.25倍，本款②的情况除外。

②引向电压为1 000 V以下鼠笼型感应电动机支线的长期允许载流量不应小于电动机额定电流的1.25倍。

③在架空、桥架敷设时电缆宜采用阻燃电缆。当敷设方式采用能防止机械损伤的桥架方式时，塑料护套电缆可采用非铠装电缆。当不存在会受鼠、虫等损害情形时，在2区、22区电缆沟内敷设的电缆可采用非铠装电缆。

钢管配线可采用无护套的绝缘单芯或多芯导线。钢管应采用低压流体输送用镀锌焊接钢管。

在爆炸性气体环境内钢管配线的电气线路应做好隔离密封，且应符合下列规定：

（1）相邻的爆炸性环境之间以及爆炸性环境与相邻的其他危险环境或非危险环境之间应进行隔离密封。

（2）供隔离密封用的连接部件，不应作为导线的连接或分线用。

（六）火灾危险环境的电气装置

1. 火灾危险环境

根据火灾事故发生的可能性、后果以及危险程度，火灾危险环境包括以下环境：

（1）具有闪点高于环境温度的可燃液体，在数量和配置上能引起火灾危险的环境。

（2）具有悬浮状、堆积状的可燃粉尘或可燃纤维，虽不可能形成爆炸混合物，但在数量和配置上能引起火灾危险的环境。

（3）具有固体状可燃物质，在数量和配置上能引起火灾危险的环境。

2. 火灾危险环境电气设备安装的一般要求

火灾危险环境所采用的电气设备类型，应符合设计的要求。

装有电气设备的箱、盒等，应采用金属制品；电气开关和正常运行时产生火花或外壳表面温度较高的电气设备，应远离可燃物质的存放地点，其最小距离不应小于3 m。

在火灾危险环境内不宜使用电热器。当生产要求应使用电热器时，应将其安装在非燃材料的底板上，并应装设防护罩。

移动式和携带式照明灯具的玻璃罩，应采用金属网保护。

露天安装的变压器或配电装置的外廓距火灾危险环境建筑物的外墙，不宜小于10 m。当小于10 m时，应符合下列规定：

（1）火灾危险环境建筑物靠变压器或配电装置一侧的墙，应为非燃烧性。

(2)在高出变压器或配电装置高度3 m的水平线以上或距变压器或配电装置外廓3 m以外的墙壁上,可安装非燃烧的镶有铁丝玻璃的固定窗。

3. 火灾危险环境电气线路敷设的一般要求

在火灾危险环境内的电力、照明线路的绝缘导线和电缆的额定电压,不应低于线路的额定电压,且不得低于500 V。

1 kV及以下的电气线路,可采用非铠装电缆或钢管配线;在火灾危险环境具有闪点高于环境温度的可燃液体,在数量和配置上能引起火灾危险的环境,或具有固体状可燃物质,在数量和配置上能引起火灾危险的环境内,可采用硬塑料管配线;在火灾危险环境具有固体状可燃物质,在数量和配置上能引起火灾危险的环境内,远离可燃物质时,可采用绝缘导线在针式或鼓型瓷绝缘子上敷设。沿未抹灰的木质吊顶和木质墙壁等处及木质闷顶内的电气线路,应穿钢管明敷,不得采用瓷夹、瓷瓶配线。

在火灾危险环境内,当采用铝芯绝缘导线和电缆时,应有可靠的连接和封端。

在火灾危险环境具有闪点高于环境温度的可燃液体,在数量和配置上能引起火灾危险的环境或具有悬浮状、堆积状的可燃粉尘或可燃纤维,虽不可能形成爆炸混合物,但在数量和配置上能引起火灾危险的环境内,电动起重机不应采用滑触线供电;在火灾危险环境具有固体状可燃物质,在数量和配置上能引起火灾危险的环境内,电动起重机可采用滑触线供电,但在滑触线下方,不应堆置可燃物质。

移动式和携带式电气设备的线路,应采用移动电缆或橡套软线。

电缆引入电气设备或接线盒内,其进线口处应密封。

钢管与电气设备或接线盒的连接,应符合下列规定:

(1)螺纹连接的进线口应啮合紧密;非螺纹连接的进线口,钢管引入后应装设锁紧螺母。

(2)与电动机及有振动的电气设备连接时,应装设金属挠性连接管。

10 kV及以下架空线路,不应跨越火灾危险环境;架空线路与火灾危险环境的水平距离,不应小于杆塔高度的1.5倍。

第7节　用电安全导则

一、用电产品的设计

(一)本质安全要求

用电产品对人身、财产和牲畜不产生伤害的情况,包括但不限于:在预期使用条件下;在合理可预见的误使用下。

(二)安全防护措施

对于本质安全不能满足的情况,应采取安全防护措施实现用电安全,采取防护的情况包括但不限于:直接或间接与人员接触且会发生危险的区域;残余风险区域;风险评估后应进行安全防护的区域。

(三)使用信息

在铭牌、警示、安全标志、说明书等提供用电产品的使用信息,包括但不限于:生产信息;预期使用条件;安全安装、使用、维修等生命周期的各阶段信息;警示残余风险或潜在风险的信息。

二、用电产品的安装

（一）用电产品的安装规定

用电产品的安装应符合相应产品标准的规定。

用电产品应按照制造商要求的使用环境条件进行安装，如果不能满足制造商的环境要求，应该采取附加的安装措施，如为用电产品提供防止外来电气、机械、化学和物理应力的防护。

一般条件下，用电产品的周围应留有足够的安全通道和工作空间，且不应堆放易燃、易爆和腐蚀性物品。

（二）电气线路的安装规定

电气线路应具有足够的绝缘强度、机械强度和导电能力，其安装应符合相应产品标准的规定。

当系统接地的形式采用保护接地系统（TT 系统）时，应在电路采用剩余电流保护器进行保护，并且保护应具有选择性。

保护接地线应采用焊接、压接、螺栓联结或其他可靠方法联结，严禁缠绕或挂钩。电缆线中的绿/黄双色线在任何情况只能用作保护接地线。

（三）插头插座的安装规定

插头插座的安装应符合相应产品标准的规定。

插拔插头时，应保证电气设备和电气装置处于非工作状态，同时人体不得触及插头的导电极，并避免对电源线施加外力。

插头与插座应按规定正确接线，插座的保护接地极在任何情况下都应单独与保护接地线可靠连接，不得在插头（座）内将保护接地极与工作中性线连接在一起。

三、用电产品的使用

（一）通用要求

正确选用用电产品的规格型式、容量和保护方式（如过载保护等），不得擅自更改用电产品的结构、原有配置的电气线路以及保护装置的整定值和保护元件的规格等。

选择用电产品，应确认其符合产品使用说明书规定的环境要求和使用条件，并根据产品使用说明书的描述，了解使用时可能出现的危险及应采取的预防措施。用电产品检修后重新使用前应再次确认。

用电产品应该在规定的使用寿命期间内使用，超过使用寿命期限的应及时报废或更换，必要时按照相关规定延长使用寿命。

任何用电产品在运行过程中，应有必要的监控或监视措施；用电产品不允许超负荷运行。

用电产品因停电或故障等情况而停止运行时，应及时切断电源。在查明原因、排除故障，并确认已恢复正常后才能重新接通电源。

正常运行时会产生飞溅火花或外壳表面温度较高的用电产品，使用时应远离可燃物质或采取相应的密闭、隔离等措施，用完后及时切断电源。

（二）各类产品的特殊要求

移动使用的用电产品，应采用完整的铜芯橡皮套软电缆或护套软线作为电源线，移动时，应防止电源线拉断或损坏。

固定使用的用电产品,应在断电状态移动,并防止任何降低其安全性能的损害。

0 类设备只能在非导电场所中使用,在其他场所不应使用 0 类设备。

Ⅰ类设备使用时,应先确认其金属外壳或构架已可靠接地,或已与插头插座内接地效果良好的保护接地极可靠连接,同时应根据环境条件加装合适的电击保护装置。

自备发电装置应有措施保证与供电电网隔离,并满足用电产品的正常使用要求,不得擅自并入电网。露天(户外)使用的用电产品应采取适用标准的防雨、防雾和防尘等措施。

四、特殊场所和特殊环境条件用电安全的一般原则

(一)特殊场所的一般原则

在儿童活动场所,应考虑将插座安装在一定的高度,否则应采取必要的防护措施。

在浴场(室)、蒸汽房、游泳池等潮湿的公共场所,应有特殊的用电安全措施,保证在任何情况下人体不触及用电产品的带电部分,并当用电产品发生漏电、过载、短路或人员触电时能自动切断电源。

在可燃、助燃、易燃(爆)物体的储存、生产、使用等场所或区域内使用的用电产品,其阻燃或防爆等级要求应符合特殊场所的标准规定。

(二)特殊环境条件的一般原则

我国地域广阔,应考虑电气设备及电气装置的特殊环境条件,包括热带、寒冷、高原、工业腐蚀、矿山、船用等。

在不同特殊环境条件下使用的各类产品,可按其产品特点和使用环境对其的影响,考虑适用的环境参数和严酷等级,确定用电产品的防护类型。

在特殊环境条件下使用的用电产品,可通过提高设计参数等措施确保:绝缘性能良好、满足各种环境条件的特殊要求、保持正常运行等。此外,热带环境中的干热型、干热沙漠型和其他特殊环境条件下户外使用的用电产品应满足一定的外壳防护等级,并能在高温、低温或太阳辐射下正常工作。

第 8 节　施工现场临时用电安全技术

一、施工现场临时用电的三项基本原则

施工现场临时用电工程专用的电源中性点直接接地的 220/380 V 三相四线制低压电力系统,必须符合下列规定:

(1)采用三级配电系统。

(2)采用 TN-S 接零保护系统。

(3)采用二级漏电保护系统。

二、照明设施和线路的保护

照明器具和器材的质量应符合国家现行有关强制性标准的规定,不得使用绝缘老化或破损的器具和器材。

现场照明应采用高光效、长寿命的照明光源。对需大面积照明的场所,应采用高压汞

灯、高压钠灯或混光用的卤钨灯等。

照明器的选择必须按下列环境条件确定：

(1)正常湿度一般场所，选用开启式照明器。

(2)潮湿或特别潮湿场所，选用密闭型防水照明器或配有防水灯头的开启式照明器。

(3)含有大量尘埃但无爆炸和火灾危险的场所，选用防尘型照明器。

(4)有爆炸和火灾危险的场所，按危险场所等级选用防爆型照明器。

(5)存在较强振动的场所，选用防振型照明器。

(6)有酸碱等强腐蚀介质场所，选用耐酸碱型照明器。

一般场所宜选用额定电压为 220 V 的照明器。

照明灯具的金属外壳必须与 PE 线相连接，照明开关箱内必须装设隔离开关、短路与过载保护电器和漏电保护器，并应符合规范规定。

关于照明设施和线路保护的其他要求，下面以典型例题的形式进行介绍。

典型例题

【单选题】照明设备不正常运行可能导致火灾，也可能导致人身触电事故。下列针对电气照明的安全要求中，正确的是(　　)。

A. 对于容易触及而又无防触电措施的固定灯具应采用 42 V 安全电压

B. 灯具金属导管和吊链应连接保护线，且保护线应与中性线连接

C. 配电箱内照明线路的开关应采用单极开关，且应装在相线上

D. 100 W 以上的白炽灯的引入线应选用耐热绝缘电线并考虑耐温范围

D。**【解析】**对于容易触及而又无防止触电措施的固定式或移动式灯具，其安装高度距地面为 2.2 m 及以下，且具有下列条件之一时，其使用电压不应超过 24 V：特别潮湿的场所；高温场所；具有导电灰尘的场所；具有导电地面的场所。故选项 A 错误。灯具金属导管和吊链应连接保护线，且保护线不得与中性线连接。故选项 B 错误。配电箱内单相照明线路的开关必须采用双极开关；照明器具的单极开关必须装在相线上。故选项 C 错误。

【单选题】科学合理的照明是改善劳动环境、保障安全生产的必要条件之一。下列电气照明的安全要求中，正确的是(　　)。

A. 库房内应装设 100 W 以下的白炽灯灯具

B. 有腐蚀性气体的环境应选用防爆型灯具

C. 照明配线应采用额定电压 220 V 的绝缘导线

D. 应急照明的电源必须有单独的供电线路

D。**【解析】**库房内不应装设 60 W 以上的白炽灯灯具。故选项 A 错误。有腐蚀性气体的环境应选用防水型灯具。故选项 B 错误。照明配线应采用额定电压 500 V 的绝缘导线。故选项 C 错误。

三、电动机

电动机是把电能转换成机械能的一种设备。电动机的危险因素主要有电动机漏电、电动机接线错误、电动机故障停车、电动机突然启动或转速失控、直流电动机和绕线型异

步电动机滑环处的火花等，均可能造成安全事故。

电动机安全运行条件如下：

(1)运行参数

电动机的电压、电流、频率、温升等运行参数应符合要求。电压波动不得超过 -5% ~ 10%，电压不平衡不得超过5%，电流不平衡不得超过10%。

(2)绝缘

电动机的各项绝缘指标应符合要求，其绝缘电阻允许值见下表。

电动机绝缘电阻允许值

额定电压/V	6 000			<500			≤42		
绕组温度/℃	20	45	75	20	45	75	20	45	75
交流电动机定子绕组/MΩ	25	15	6	3	1.5	0.5	0.15	0.1	0.05
绕线式转子绕组和滑环/MΩ	—	—	—	3	1.5	0.5	0.15	0.1	0.05
直流电动机电枢绕组和换向器/MΩ	—	—	—	3	1.5	0.5	0.15	0.1	0.05

(3)保护

电动机的保护应当齐全。用熔断器保护时，熔体额定电流应取为异步电动机额定电流的1.5倍(减压启动)或2.5倍(全压启动)。用热继电器保护时，热元件的电流不应大于电动机的额定电流的1 ~1.5倍。

(4)维护和检修

电动机应定期进行检修和保养工作。日常检修工作包括清除外部灰尘和油污，检查轴承并换补润滑油，检查润滑油、滑环和整流子并更换电刷，检查接地(零)线，紧固各螺丝，检查引出线连接和绝缘，检查绝缘电阻等。

(5)外观

电动机应保持主体完整、零附件齐全、无损坏并保持清洁。

(6)资料

除原始技术资料外，还应建立电动机运行记录、试验记录、检修记录等资料。

四、变压器

变压器是由铁芯、绕组和绝缘所组成的，其中铁芯和绕组为变压器的电磁元件。变压器的铁芯是磁力线的通路，起集中和加强磁通的作用，同时用以支持绕组。变压器的绕组是电流的通路，靠绕组通入电流，并借电磁感应作用产生感应电动势。

变压器按冷却方式可分为干式变压器和油浸式变压器(油浸自冷、全密闭油浸式等)：

(1)油浸式变压器，器身(绕组及铁芯)都装在充满变压器油的油箱中，变压器油具有可燃性，当遇到火焰时可能会燃烧、爆炸。

(2)干式变压器，依靠空气对流进行冷却。这类电压不太高，无油箱和变压器油，通常采用风机进行冷却，在很大程度上排除了火灾、爆炸隐患，适用于防火等场合。

变压器在运行时应当注意下列问题：

(1)变压器运行的声响是否正常，不能太大或不均匀。

(2)套管有无破损，套管及变压器器身保持清洁。

(3)外壳和低压中性点保持良好的接地。

(4)对于干式变压器,其所处环境的相对湿度不得超过70% ~85%。

(5)防止超温:对于油浸式电力变压器,其绝缘材料的最高工作温度不得超过105 ℃,油箱上层油温最高不得超过95 ℃,实际中为了减慢变压器油的变质速度,上层油温最高一般不应超过85 ℃。

(6)变压器周围环境及堆放物是否有可能威胁变压器的安全运行。室外变压器基础不得下沉,电杆不得倾斜,并应牢固。

(7)电压变动范围应在额定电压 ±5% 以内。

五、兆欧表

电气设备最基本的性能指标为绝缘电阻,其是兆欧级的电阻,须在较高的电压下测量。绝缘电阻在现场应用兆欧表测量。

兆欧表按照结构形式不同可分为指针式兆欧表和数字式兆欧表。

指针式兆欧表采用手摇发电机供电,故又称摇表。指针式兆欧表在测量时是通过发电机产生高压,以便借助高压产生的漏电流,实现阻抗的检测。

兆欧表主要有 L 线路端子、E 接地端子和 G 保护环接线端子。通常情况下,测量只用到 E 端和 L 端。E 端接地或外壳,L 端接被测导体。

根据被测对象的不同,所选用的兆欧表的额定电压和量程也不同。主要是根据不同的电气设备选择兆欧表的电压及其测量范围。对于额定电压在500 V 以下的电气设备,应选用电压等级为500 V 或 1 000 V 的兆欧表;额定电压在 500 V 以上的电气设备,应选用1 000 ~2 500 V 的兆欧表;额定电压在 10 kV 及 10 kV 以上的线路或设备应采用2 500 kV 的兆欧表;测量新设、大修后的电气设备应使用较高电压的兆欧表;测量运行中的电气设备应使用较低电压的兆欧表。

兆欧表使用时应注意以下问题:

(1)检查被测电气设备和电路,看是否已全部切断电源。绝对不允许设备和线路带电时用兆欧表去测量,即被测量设备必须断电。另外,对于有较大电容的设备,断电后还必须充分放电。

(2)测量连接导线必须用单根线,绝缘良好,不得绞合,表面不得与被测物体接触;为避免双股线绝缘不良带来的测量误差,不得使用双股绝缘线。

(3)测量应尽可能在设备停止运行且冷却后再进行。用力按住兆欧表,由慢渐快地摇动摇杆,一般规定为120 r/min,通常要摇动1 min 后,待指针稳定下来后再读数;然后转速由快至慢逐渐停止。如发现指针指零,表明被测绝缘已经失效,不允许继续摇动,以防止线圈损坏。

(4)测量完毕,应对设备(尤其是有较大电容的设备)充分放电,否则容易引起触电事故。

六、接地电阻测量仪

接地电阻测量仪又叫接地电阻表,是一种专门用于直接测量各种接地装置的接地电阻值的仪表,包含数字式测量仪和指针式测量仪。

指针式接地电阻测量仪主要由电位差计式测量机构和手摇交流发电机组成,又称接地摇表。数字式接地电阻测量仪摒弃传统的人工手摇发电工作方式,采用先进的中大规模集成电路,应用 DC/AC 变换技术进行测量和显示。

接地电阻测量仪有 E,P,C 三个接线端子或 C_2,P_2,P_1,C_1 四个接线端子。进行测量时,在距离被测接地体一定距离处向地下打入电压极和电流极;将 E 端或连接起来的 C_2,P_2 端与被测接地体连接,P 端或 P_1 端与电压极连接,C 端或 C_1 端与电流极连接。对于指针式接地电阻测量仪,调好倍率,一面缓慢转动发动机的手柄,一面调节粗调旋钮,使检流计的指针接近中心红线位置,当检流计接近平衡时,再加快发电机手柄的转速使之达到 120 r/min;同时调节测量标度盘,使检流计指针居中,稳定地指在红线位置;此时,用测量标度盘(表头)的读数乘以粗调倍率旋钮的定位倍数,即为接地装置的接地电阻值。

当被测接地电阻很小,且接线很长时,则接地电阻可能会造成较大误差。此时应将仪器上的 C_2,P_2 端子拆开,分别与被测接地体连接。

测量接地电阻不应在雨天进行,应在雨季前或土壤最干燥的季节测量。

测量时要正确选定测量电极的位置。否则,会产生较大的测量误差,并且土壤电阻率越高,测量误差越大。

为了测量的安全及消除杂散电流引起的误差,要尽量将被测接地与电力网分开。

接地线路要与被保护设备断开,以保证测量结果的准确性。测量电极间的连线应避免与附近的高压架空线路平行,从而可以防止感应电压的危险。

测量防雷接地装置的接地电阻时不得在雷雨天气进行。

七、可燃气体检测仪

可燃气体是常用的气体,如果发生泄露,可能会引起火灾、爆炸等事故。因此,应安装可燃气体检测仪加强对可燃气体的监测。

可燃气体检测仪探头的安装要求如下:

(1)可燃气体检测探头选点应在阀门、管道接口、出气口或易泄漏处附近方圆 1 m 的范围内,尽可能靠近,但不要影响其他设备操作,同时尽量避免高温、高湿环境。

(2)可燃气体检测探头用于大面积气体检测时,可采用 10 ~ 12 m^2 布置一个探头的方法,也可达到检测报警效果。

(3)可燃气体检测探头安装方式可采用房顶吊装、墙壁安装或抱管安装,应确保安装牢固可靠,同时应考虑便于维护、标定。

(4)可燃气体检测探头安装高度:检测氢气、天然气、城市煤气等比重小于空气的气体时,距屋顶 1 m 左右安装;检测液化石油气等比重大于空气的气体时,距地面 1.5 ~ 2 m 左右安装。

(5)可燃气体检测探头布线应采用三芯屏蔽电缆,单根线径大于 1 mm^2,接线时屏蔽层必须接地。

(6)可燃气体检测探头现场走线应穿管,所用管子应与探头连接,以达到消防要求。

(7)可燃气体检测探头安装时应将传感器朝下固定。

(8)可燃气体检测探头应在断电情况下接线,确定接线正确后通电;应在确定现场无可燃气泄漏的情况下,开盖调试探头。

(9)可燃气体检测探头应至少每年标定 1 次,以确保检测精度。

提示

电气安全检测仪器包括绝缘电阻测量仪（常用兆欧表）、接地电阻测量仪、谐波测试仪、红外测温仪、可燃气体检测仪等。简单了解有谐波测试仪、红外测温仪即可，其具体内容不再介绍。

典型例题

【单选题】电气安全检测仪器包括绝缘电阻测量仪、接地电阻测量仪、谐波测试仪、红外测温仪、可燃气体检测仪等，下列电气安全检测仪器中，属于接地电阻测量仪的是（　　）。

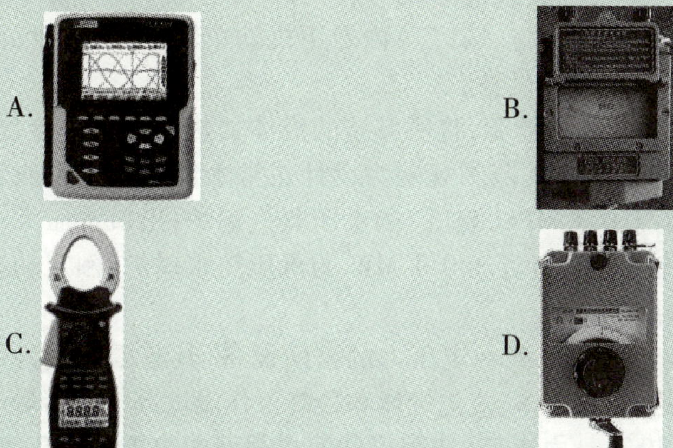

D。【解析】接地电阻测量仪又叫接地电阻表，是一种专门用于直接测量各种接地装置的接地电阻值的仪表，包含数字式测量仪和指针式（又称机械式）测量仪。指针式接地电阻测量仪主要由电位差计式测量机构和手摇交流发电机组成，又称接地摇表。数字式接地电阻测量仪摒弃传统的人工手摇发电工作方式，采用先进的中大规模集成电路，应用DC/AC变换技术进行测量和显示。接地电阻测量仪有E，P，C三个接线端子或C_2，P_2，P_1，C_1四个接线端子。选项图中，只有选项D是接地电阻测量仪。

第三章　特种设备安全技术基础

第1节　特种设备概述

一、特种设备基本概念

特种设备，是指对人身和财产安全有较大危险性的锅炉、压力容器（含气瓶）、压力管道、电梯、起重机械、客运索道、大型游乐设施、场（厂）内专用机动车辆，以及法律、行政法规规定适用《特种设备安全法》的其他特种设备。

锅炉，是指利用各种燃料、电或者其他能源，将所盛装的液体加热到一定的参数，并通过对外输出介质的形式提供热能的设备，其范围规定为设计正常水位容积大于或者等于30 L，且额定蒸汽压力大于或者等于0.1 MPa（表压）的承压蒸汽锅炉；出口水压大于或者等于0.1 MPa（表压），且额定功率大于或者等于0.1 MW的承压热水锅炉；额定功率大于或者等于0.1 MW的有机热载体锅炉。

压力容器，是指盛装气体或者液体，承载一定压力的密闭设备，其范围规定为最高工作压力大于或者等于0.1 MPa（表压）的气体、液化气体和最高工作温度高于或者等于标准沸点的液体、容积大于或者等于30 L且内直径（非圆形截面指截面内边界最大几何尺寸）大于或者等于150 mm的固定式容器和移动式容器；盛装公称工作压力大于或者等于0.2 MPa（表压），且压力与容积的乘积大于或者等于1.0 MPa · L的气体、液化气体和标准沸点等于或者低于60 ℃液体的气瓶；氧舱。

压力管道，是指利用一定的压力，用于输送气体或者液体的管状设备，其范围规定为最高工作压力大于或者等于0.1 MPa（表压），介质为气体、液化气体、蒸汽或者可燃、易爆、有毒、有腐蚀性、最高工作温度高于或者等于标准沸点的液体，且公称直径大于或者等于50 mm的管道。

电梯，是指动力驱动，利用沿刚性导轨运行的箱体或者沿固定线路运行的梯级（踏步），进行升降或者平行运送人、货物的机电设备，包括载人（货）电梯、自动扶梯、自动人行道等。非公共场所安装且供一般家庭使用的电梯除外。

起重机械，是指用于垂直升降或者垂直升降并水平移动重物的机电设备，其范围规定为额定起重量大于或者等于0.5 t的升降机；额定起重量大于或者等于3 t（或额定起重力矩大于或者等于40 t · m的塔式起重机，或生产率大于或者等于300 t/h的装卸桥），且提升高度大于或者等于2 m的起重机；层数大于或者等于2层的机械式停车设备。

客运索道，是指动力驱动，利用柔性绳索牵引箱体等运载工具运送人员的机电设备，包括客运架空索道、客运缆车、客运拖牵索道等。非公用客运索道和专用于单位内部通勤的客运索道除外。

大型游乐设施，是指用于经营目的，承载乘客游乐的设施，其范围规定为设计最大运行线速度大于或者等于2 m/s，或者运行高度距地面高于或者等于2 m的载人大型游乐设施。用于体育运动、文艺演出和非经营活动的大型游乐设施除外。

场(厂)内专用机动车辆,是指除道路交通、农用车辆以外仅在工厂厂区、旅游景区、游乐场所等特定区域使用的专用机动车辆。

特种设备包括其所用的材料、附属的安全附件、安全保护装置和与安全保护装置相关的设施。

特种设备示意图如下图所示。

特种设备示意图

链接

特种设备分为承压类特种设备和机电类特种设备。其中承压类特种设备是指承载一定压力的密闭设备或管状设备。属于承压类特种设备的有锅炉、压力容器、压力管道。属于机电类特种设备的有电梯、起重机械、客运索道、大型游乐设施、场(厂)内专用机动车辆。

二、特种设备安全要求的一般规定

国家对特种设备实行目录管理。特种设备目录由国务院负责特种设备安全监督管理的部门制定,报国务院批准后执行。

特种设备安全工作应当坚持安全第一、预防为主、节能环保、综合治理的原则。

国家对特种设备的生产、经营、使用,实施分类的、全过程的安全监督管理。

国务院负责特种设备安全监督管理的部门对全国特种设备安全实施监督管理。县级以上地方各级人民政府负责特种设备安全监督管理的部门对本行政区域内特种设备安全实施监督管理。

特种设备生产、经营、使用单位及其主要负责人对其生产、经营、使用的特种设备安全负责。特种设备生产、经营、使用单位应当按照国家有关规定配备特种设备安全管理人员、检测人员和作业人员,并对其进行必要的安全教育和技能培训。

特种设备安全管理人员、检测人员和作业人员应当按照国家有关规定取得相应资格,方可从事相关工作。特种设备安全管理人员、检测人员和作业人员应当严格执行安全技术规范和管理制度,保证特种设备安全。

实施特种设备生产和充装单位许可的部门为国家市场监督管理总局和省级人民政府负责特种设备安全监督管理的部门。申请特种设备生产和充装许可的单位,应当具有法定资质,具有与许可范围相适应的资源条件(如人员、工作场所、设备设施、技术资料、法规标准等)，建立并且有效实施与许可范围相适应的质量保证体系、安全管理制度等，具备保障特种设备安全性能的技术能力。

特种设备生产单位应当保证特种设备生产符合安全技术规范及相关标准的要求，对其生产的特种设备的安全性能负责。不得生产不符合安全性能要求和能效指标以及国家明令淘汰的特种设备。

锅炉、气瓶、氧舱、客运索道、大型游乐设施的设计文件，应当经负责特种设备安全监督管理的部门核准的检验机构鉴定，方可用于制造。

特种设备出厂时，应当随附安全技术规范要求的设计文件、产品质量合格证明、安装及使用维护保养说明、监督检验证明等相关技术资料和文件，并在特种设备显著位置设置产品铭牌、安全警示标志及其说明。

特种设备安装、改造、修理的施工单位应当在施工前将拟进行的特种设备安装、改造、修理情况书面告知直辖市或者设区的市级人民政府负责特种设备安全监督管理的部门。

特种设备安装、改造、修理竣工后，安装、改造、修理的施工单位应当在验收后 30 日内将相关技术资料和文件移交特种设备使用单位。特种设备使用单位应当将其存入该特种设备的安全技术档案。

锅炉、压力容器、压力管道元件等特种设备的制造过程和锅炉、压力容器、压力管道、电梯、起重机械、客运索道、大型游乐设施的安装、改造、重大修理过程，应当经特种设备检验机构按照安全技术规范的要求进行监督检验；未经监督检验或者监督检验不合格的，不得出厂或者交付使用。

特种设备销售单位销售的特种设备，应当符合安全技术规范及相关标准的要求，其设计文件、产品质量合格证明、安装及使用维护保养说明、监督检验证明等相关技术资料和文件应当齐全。禁止销售未取得许可生产的特种设备，未经检验和检验不合格的特种设备，或者国家明令淘汰和已经报废的特种设备。

特种设备出租单位不得出租未取得许可生产的特种设备或者国家明令淘汰和已经报废的特种设备，以及未按照安全技术规范的要求进行维护保养和未经检验或者检验不合格的特种设备。

特种设备使用单位应当使用取得许可生产并经检验合格的特种设备。禁止使用国家明令淘汰和已经报废的特种设备。

特种设备使用单位应当在特种设备投入使用前或者投入使用后 30 日内，向负责特种设备安全监督管理的部门办理使用登记，取得使用登记证书。登记标志应当置于该特种设备的显著位置。

特种设备使用单位应当建立特种设备安全技术档案。安全技术档案应当包括以下内容：

(1)特种设备的设计文件、产品质量合格证明、安装及使用维护保养说明、监督检验证明等相关技术资料和文件。

(2)特种设备的定期检验和定期自行检查记录。

(3)特种设备的日常使用状况记录。

(4)特种设备及其附属仪器仪表的维护保养记录。

（5）特种设备的运行故障和事故记录。

特种设备的使用应当具有规定的安全距离、安全防护措施。

特种设备使用单位应当对其使用的特种设备进行经常性维护保养和定期自行检查，并作出记录。

特种设备使用单位应当按照安全技术规范的要求，在检验合格有效期届满前1个月向特种设备检验机构提出定期检验要求。特种设备检验机构接到定期检验要求后，应当按照安全技术规范的要求及时进行安全性能检验。特种设备使用单位应当将定期检验标志置于该特种设备的显著位置。未经定期检验或者检验不合格的特种设备，不得继续使用。

客运索道、大型游乐设施在每日投入使用前，其运营使用单位应当进行试运行和例行安全检查，并对安全附件和安全保护装置进行检查确认。电梯、客运索道、大型游乐设施的运营使用单位应当将电梯、客运索道、大型游乐设施的安全使用说明、安全注意事项和警示标志置于易于为乘客注意的显著位置。公众乘坐或者操作电梯、客运索道、大型游乐设施，应当遵守安全使用说明和安全注意事项的要求，服从有关工作人员的管理和指挥；遇有运行不正常时，应当按照安全指引，有序撤离。

锅炉使用单位应当按照安全技术规范的要求进行锅炉水（介）质处理，并接受特种设备检验机构的定期检验。从事锅炉清洗，应当按照安全技术规范的要求进行，并接受特种设备检验机构的监督检验。锅炉制造单位，必须具备保证产品质量所必需的加工设备、技术力量、检验手段和管理水平，并取得《特种设备生产许可证》，才能生产相应种类的锅炉。购置、选用的锅炉应是许可厂家的合格产品，并有齐全的技术文件、产品质量合格证明书、监督检验证书和产品竣工图。从事锅炉安装、改造、维修的单位，必须取得《特种设备生产许可证》，方可在许可的范围内从事相应工作。

电梯的维护保养应当由电梯制造单位或者依法取得许可的安装、改造、修理单位进行。电梯的维护保养单位应当在维护保养中严格执行安全技术规范的要求，保证其维护保养的电梯的安全性能，并负责落实现场安全防护措施，保证施工安全。电梯的维护保养单位应当对其维护保养的电梯的安全性能负责；接到故障通知后，应当立即赶赴现场，并采取必要的应急救援措施。

电梯投入使用后，电梯制造单位应当对其制造的电梯的安全运行情况进行跟踪调查和了解，对电梯的维护保养单位或者使用单位在维护保养和安全运行方面存在的问题，提出改进建议，并提供必要的技术帮助；发现电梯存在严重事故隐患时，应当及时告知电梯使用单位，并向负责特种设备安全监督管理的部门报告。电梯制造单位对调查和了解的情况，应当作出记录。

移动式压力容器充装许可的基本条件：

（1）配备与移动式压力容器充装工作相适应的，符合有关安全技术规范要求的管理人员和作业人员。

（2）具有与充装介质类别相适应的充装设备、储存设备、检测手段、场地（厂房）和安全设施，以及自动采集、保存充装记录的信息化平台。

（3）建立健全质量保证体系和适应充装工作需要的事故应急预案，并且能够有效实施。

(4)充装活动符合有关安全技术规范的要求,能够保证充装工作质量。

(5)能够对使用者安全使用移动式压力容器提供指导和服务。

从事《特种设备安全法》规定的监督检验、定期检验的特种设备检验机构,以及为特种设备生产、经营、使用提供检测服务的特种设备检测机构,应当具备下列条件,并经负责特种设备安全监督管理的部门核准,方可从事检验、检测工作:

(1)有与检验、检测工作相适应的检验、检测人员。

(2)有与检验、检测工作相适应的检验、检测仪器和设备。

(3)有健全的检验、检测管理制度和责任制度。

特种设备检验、检测机构的检验、检测人员应当经考核,取得检验、检测人员资格,方可从事检验、检测工作。

特种设备生产、经营、使用单位应当按照安全技术规范的要求向特种设备检验、检测机构及其检验、检测人员提供特种设备相关资料和必要的检验、检测条件,并对资料的真实性负责。

负责特种设备安全监督管理的部门依照规定,对特种设备生产、经营、使用单位和检验、检测机构实施监督检查。负责特种设备安全监督管理的部门应当对学校、幼儿园以及医院、车站、客运码头、商场、体育场馆、展览馆、公园等公众聚集场所的特种设备,实施重点安全监督检查。

负责特种设备安全监督管理的部门在依法履行监督检查职责时,可以行使下列职权:

(1)进入现场进行检查,向特种设备生产、经营、使用单位和检验、检测机构的主要负责人和其他有关人员调查、了解有关情况。

(2)根据举报或者取得的涉嫌违法证据,查阅、复制特种设备生产、经营、使用单位和检验、检测机构的有关合同、发票、账簿以及其他有关资料。

(3)对有证据表明不符合安全技术规范要求或者存在严重事故隐患的特种设备实施查封、扣押。

(4)对流入市场的达到报废条件或者已经报废的特种设备实施查封、扣押。

(5)对违反《特种设备安全法》规定的行为作出行政处罚决定。

第2节 锅 炉

一、锅炉的组成及工作原理

锅炉的组成包括锅炉本体和辅助设备两大部分。

(一)锅炉本体

锅炉本体是指由锅筒、受热面及其集箱和连接管道,炉膛、燃烧设备和空气预热器(包括烟道和风道),构架(包括平台和扶梯),炉墙和除渣设备等所组成的整体。

锅筒:是水管锅炉中用以进行汽水分离和蒸汽净化,组成水循环回路并蓄存锅水的筒形压力容器,又称汽包。主要作用为接纳省煤器来水,进行汽水分离和向循环回路供水,向过热器输送饱和蒸汽。锅筒中存有一定水量,具有一定的热量及工质的储蓄,在工况变动时可减缓汽压变化速度,当给水与负荷短时间不协调时起一定的缓冲作用。

炉膛：保证燃料燃尽并使出口烟气温度冷却到对流受热面能安全工作的数值。

燃烧设备：将燃料和燃烧所需空气送入炉膛并使燃料着火稳定，燃烧良好。

水冷壁：是锅炉的主要受热部分，它由数排钢管组成，分布于锅炉炉膛的四周。它的内部为流动的水或蒸汽，外界接受锅炉炉膛的火焰的热量。主要吸收炉膛中高温燃烧产物的辐射热量，工质在其中作上升运动，受热蒸发。

蒸汽过热器：在锅炉中将蒸汽从饱和温度进一步加热至过热温度的部件。

烟气热回收器：锅炉尾部烟道中利用低温烟气加热给水的受热面，在使用燃煤锅炉时，称为省煤器。

空气预热器：锅炉尾部烟道中的烟气通过内部的散热片将进入锅炉前的空气预热到一定温度的受热面。用于提高锅炉的热交换性能，降低能量消耗。

再热器：实质上是一种把做过功的低压蒸汽再进行加热并达到一定温度的蒸汽过热器。

炉墙：锅炉的保护外壳，起密封和保温作用。

构架：支承和固定锅炉各部件，并保持其相对位置。

（二）辅助设备

锅炉辅助设备及系统包括燃料制备、汽水、水处理等设备及系统。

锅炉安全附件和仪表，包括安全阀、压力测量装置、水（液）位测量与示控装置、温度测量装置、排污和放水装置等安全附件，以及安全保护装置和相关的仪表等。

循环流化床锅炉如下图所示。

循环流化床锅炉

链接

从另一个更简单的角度来说，锅炉本体分“锅”和“炉”两部分。“锅”是容纳水和蒸汽的受压部件，对水进行加热、汽化和汽水分离；“炉”是进行燃料燃烧或其他热能放热的场所，有燃烧设备和燃烧室（炉膛）及放热烟道等。锅与炉两者进行着热量转换过程，放热和吸热的分界面称为受热面，锅炉将水加热成蒸汽。锅炉除锅与炉外，还有构架、平台、扶梯、燃烧、出渣、烟风道、管道、炉墙等辅助设备。

(三)锅炉工作原理

锅炉运行时,燃料中的可燃物质在适当的温度下,与通风系统输送给炉膛内的空气混合燃烧,释放出能量,通过各受热面传递给炉水,水温不断升高,产生汽化,这时为饱和蒸汽,饱和蒸汽经过汽水分离进入主汽阀输出使用。如果对蒸汽品质要求较高,可将饱和蒸汽进入过热器中再进行加热成为过热蒸汽输出使用。对于热水锅炉,锅水温度始终在沸点温度以下,与用户的采暖供热网连通进行循环。

锅炉工作过程示意图如下图所示。

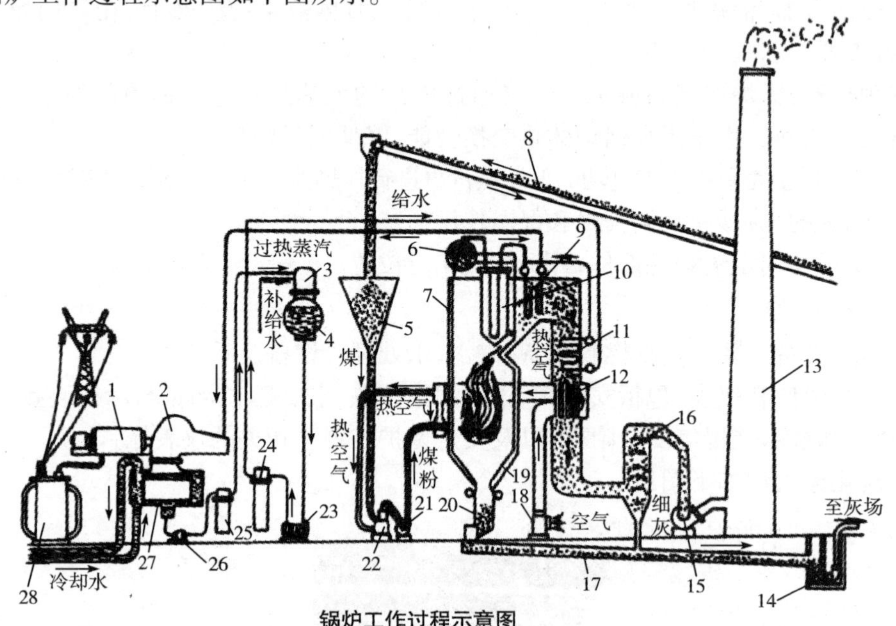

锅炉工作过程示意图

1–发电机;2–汽轮机;3–除氧器;4–水箱;5–煤斗;6–汽包;7–水冷壁;8–煤输送带;9–对流过热器;10–屏式过热器;11–省煤器;12–空气预热器;13–烟囱;14–灰渣泵;15–引风机;16–除尘器;17–冲灰沟;18–送风机;19–炉膛;20–渣斗;21–排粉风机;22–磨煤机;23–给水泵;24–高压加热器;25–低压加热器;26–凝结水泵;27–冷凝器;28–主变压器

二、锅炉的许可参数级别与类型

(一)锅炉的许可参数级别

锅炉制作、安装许可参数级别见下表。

锅炉制作、安装许可参数级别

许可参数级别	许可范围	备注
A	额定出口压力大于 2.5 MPa 的蒸汽和热水锅炉	A 级覆盖 B 级
B	额定出口压力小于等于 2.5 MPa 的蒸汽和热水锅炉;有机热载体锅炉	

在应用上表时应注意下列事项:

(1)A 级锅炉制造许可范围还包括锅筒、集箱、蛇形管、膜式壁、锅炉范围内管道及管道元件、鳍片式省煤器,其他 A 级承压部件制造由上述制造许可覆盖,不单独进行许可。

(2)B 级许可范围的锅炉承压部件由持锅炉制造许可证的单位制造,不单独进行许可。

(3)锅炉制造单位可以安装本单位制造的锅炉(散装锅炉除外)。

(4)锅炉改造和修理,应由取得相应级别的锅炉安装资格的单位或相应级别的锅炉制造资格的单位进行,不单独进行许可。

(5)锅炉范围内管道可以由锅炉制造单位设计,也可以由取得 GCD 级压力管道设计许可的单位设计;锅炉范围内管道中使用的管件和元件组合装置[减温减压装置、流量计(壳体)、工厂化预制管段],由相应级别的锅炉制造单位制造或者由取得相应压力管道元件制造许可的单位制造;锅炉范围内管道中使用的管子、阀门、补偿器等压力管道元件,由取得相应压力管道元件制造许可的单位制造。

(二)锅炉的类型

锅炉根据出口工质压力分类如下:

(1)超临界压力锅炉是指出口蒸汽压力超过临界压力的锅炉。

提示

水蒸气的临界压力为 22.1 MPa。

(2)亚临界压力锅炉是指出口蒸汽压力低于但接近于临界压力,一般为 15.7 ~ 19.6 MPa 的锅炉。

(3)超高压锅炉是指出口蒸汽压力一般为 11.8 ~ 14.7 MPa 的锅炉。

(4)高压锅炉是指出口蒸汽压力一般为 7.84 ~ 10.8 MPa 的锅炉。

(5)中压锅炉是指出口蒸汽压力一般为 2.45 ~ 4.90 MPa 的锅炉。

(6)低压锅炉是指出口蒸汽压力一般不大于 2.45 MPa 的锅炉。

链接

按我国电站锅炉现行的蒸汽参数系列,亚临界压力锅炉出口蒸汽压力规定为 16.7 MPa,超高压锅炉出口主蒸汽压力规定为 13.7 MPa,高压锅炉出口蒸汽压力规定为 9.81 MPa,中压锅炉出口蒸汽压力规定为 3.83 MPa。

锅炉按其用途可以分为电站锅炉、工业锅炉、船用锅炉和机车锅炉四类。前两类又称为固定式锅炉,因为是安装在固定基础上而不可移动的。后两类则称为移动式锅炉。

锅炉按燃烧方式不同分为四大类:

(1)层燃炉是指固体燃料以一定厚度分布在炉排上进行燃烧的锅炉,也称层状燃烧或火床燃烧锅炉。

(2)室燃炉是指燃料以粉状、雾状或气态和空气共同在炉膛中以悬浮状态进行燃烧的锅炉。

(3)旋风炉是指燃料和空气以高速在高温的旋风筒内旋转,部分燃料颗粒被甩向筒壁液态渣膜上进行燃烧的锅炉。

(4)沸腾炉是指燃料在适当的空气流速作用下,在沸腾床上呈流化状态进行燃烧的锅炉,也称流化床燃烧锅炉。现代用的沸腾炉,为提高燃烧效率及减轻污染,在炉膛出口将烟气中的固体颗粒收集起来,送回炉膛继续燃烧,故又称循环流化床燃烧锅炉。

三、锅炉的安全技术要求——制造

锅炉制造的内容较多,下面主要介绍焊接检验及相关检验的相关内容。

锅炉受压元件及其焊接接头质量检验,包括外观检验、通球试验、化学成分分析、无损检测、力学性能检验、水压试验等。

(一)无损检测

无损检测方法主要包括射线(RT)、超声(UT)、磁粉(MT)、渗透(PT)、涡流(ET)等检测方法。制造单位应当根据设计、工艺及其相关技术条件选择检测方法,并且制定相应的检测工艺。当选用超声衍射时差法(TOFD)时,应当与脉冲回波法(PE)组合进行检测,检测结论以 TOFD 与 PE 方法的结果进行综合判定。

提示

无损检测广泛应用于金属材料表面裂纹、内部裂纹等缺陷的诊断。超声检测和射线检测主要针对被检测物内部的缺陷,超声检测由于边界效应通常难以定性出缺陷的形式,射线检测常用于体积型缺陷的检测。磁粉检测、渗透检测和涡流检测主要针对被检测物表面及近表面的缺陷,渗透检测还可用于表面开口缺陷检测。

无损检测技术等级及焊接接头质量等级:

(1)锅炉受压部件焊接接头的射线检测技术等级不低于 AB 级,焊接接头质量等级不低于Ⅱ级。

(2)锅炉受压部件焊接接头的超声检测技术等级不低于 B 级,焊接接头质量等级不低于Ⅰ级。

(3)锅炉受压元件焊接接头的衍射时差法超声检测技术等级不低于 B 级,焊接接头质量等级不低于Ⅰ级。

(4)表面检测的焊接接头质量等级不低于Ⅰ级。

(二)水压试验

水压试验基本要求:

(1)锅炉受压元件应当在无损检测和热处理后进行水压试验。

(2)水压试验场地应当有可靠的安全防护措施。

(3)水压试验应当在环境温度高于或者等于 5 ℃时进行,低于 5 ℃时应当有防冻措施。

(4)水压试验所用的水应当是洁净水,水温应当保持高于周围露点温度以防止表面结露,但也不宜温度过高以防止引起汽化和过大的温差应力。

(5)合金钢受压元件的水压试验水温应当高于所用钢种的脆性转变温度,一般为 20 ~ 70 ℃。

(6)奥氏体受压元件水压试验时,应当控制水中的氯离子含量不超过 25 mg/L,如不能满足要求,水压试验后应当立即将水渍去除干净。

水压试验过程控制:进行水压试验时,水压应当缓慢地升降。当水压上升到工作压力时,应当暂停升压,检查有无漏水或者异常现象,然后再升压到试验压力,达到保压时间后,降到工作压力进行检查。检查期间压力应当保持不变。

水压试验合格要求:

(1)在受压元件金属壁和焊缝上没有水珠和水雾。

(2)当降到工作压力后胀口处不滴水珠。

(3)铸铁锅炉、铸铝锅炉锅片的密封处在降到额定工作压力后不滴水珠。

(4)水压试验后,没有发现明显残余变形。

四、锅炉的安全技术要求——安装和使用

（一）安装

1. 焊接

锅炉安装工程中焊接工作除符合规程的相关规定外，还应当符合以下要求：

（1）锅炉安装环境温度低于 0 ℃或者其他恶劣天气时，有相应保护措施。

（2）除设计规定的冷拉焊接接头以外，焊件装配时不得强力对正，安装冷拉焊接接头使用的冷拉工具在整个焊接接头焊接及热处理完毕后方可拆除。

2. 水压试验

锅炉整体水压试验时试验压力允许压降应当符合下表的规定。

锅炉整体水压试验时试验压力允许压降

锅炉类别	允许压降 Δp/MPa
高压及以上 A 级锅炉	$\Delta p \leqslant 0.60$
次高压及以下 A 级锅炉	$\Delta p \leqslant 0.40$
>20 t/h（14 MW）B 级锅炉	$\Delta p \leqslant 0.15$
≤20 t/h（14 MW）B 级锅炉	$\Delta p \leqslant 0.10$
C，D 级锅炉	$\Delta p \leqslant 0.05$

3. 电站锅炉安装特殊要求

电站锅炉在启动点火前，应当进行化学清洗；锅炉热力系统应当进行冷态水冲洗和热态水冲洗；锅炉范围内的管道应当进行吹洗。

电站锅炉调试过程中的操作，应当在调试人员的监护、指导下，由经过培训并且按照规定取得相应特种设备作业人员证书的运行人员进行。首次启动过程中应当缓慢升温升压，同时要监视各部分的膨胀值在设计范围内。

电站锅炉整套启动时，以下热工设备和保护装置应当经过调试，并且投入运行：数据采集系统；炉膛安全监控系统；有关辅机的子功能组和联锁；全部远程操作系统。

锅炉安装完成后，由锅炉使用单位负责组织验收，并且符合以下要求：

（1）300 MW 及以上机组电站锅炉要经过 168 小时整套连续满负荷试运行，各项安全指标均达到相关标准。

（2）300 MW 以下机组电站锅炉经过 72 小时整套连续满负荷试运行后，对各项设备做一次全面检查，缺陷处理合格后再次启动，经过 24 小时整套连续满负荷试运行无缺陷，并且水汽质量符合相关标准。

（二）使用

1. 启动

锅炉的启动步骤包括：检查准备→锅炉上水→烘炉→煮炉→点火升压→暖管与并汽。

防止炉膛爆炸的点火程序：点火前，开动引风机给锅炉通风 5～10 min，没有风机的可自然通风 5～10 min，以清除炉膛及烟道中的可燃物质。点燃气、油、煤粉炉时，应先送风，之后投入点燃火炬，最后送入燃料。一次点火未成功需重新点燃火炬时，一定要在点火前给炉膛烟道重新通风，待充分清除可燃物之后再进行点火操作。

室燃锅炉运行时火焰不能直接烧灼水冷壁管，应力求燃烧室内火焰分布均匀，充满整

个炉膛。锅炉升负荷时，先增加引风→再增加送风→增加燃料；锅炉降负荷时，先减燃料→再减送风→再减引风，维持最佳过剩空气系数，以保持良好的燃烧和较高的热效率。

关于锅炉启动的其他内容，下面以典型例题的形式进行介绍。

典型例题

【多选题】正确操作对锅炉的安全运行至关重要，尤其是在启动和点火升压阶段，经常由于误操作而发生事故。下列针对锅炉启动和点火升压的安全要求中，正确的有(　　)。

A. 长期停用的锅炉在正式启动前必须煮炉，以减少受热面腐蚀，提高锅水和蒸汽的品质

B. 新投入运行锅炉在向共用蒸汽母管并汽前应减弱燃烧，打开蒸汽管道上的所有疏水阀

C. 点燃气、油、煤粉炉时，应先送风，之后投入点燃火炬，最后送入燃料

D. 新装锅炉的炉膛和烟道的墙壁非常潮湿，在向锅炉上水前要进行烘炉作业

E. 对省煤器，在点火升压期间，应将再循环管上的阀门关闭

ABC。【解析】潮湿的炉膛和烟道的墙壁遇到高温烟气时会导致墙壁出现裂纹和变形，因此应在锅炉上水后且启动前，进行烘炉作业。故选项 D 错误。省煤器在点火升压期间应将再循环管上的阀门打开，以此来防止被外部连续流过的烟气烧坏。故选项 E 错误。

【多选题】由于锅炉在启动期间不能经省煤器连续上水，省煤器、过热器、再热器等受热面中没有连续流动的水汽介质，因而可能被连续流过的烟气烧坏。下列在锅炉启动时，对省煤器、过热器和再热器采取的保护措施中，正确的有(　　)。

A. 点火升压时开启再热器旁路阀门

B. 点火升压时打开过热器对空排气阀

C. 上水时开启省煤器出口集箱疏水阀

D. 点火升压时打开省煤器再循环阀门

E. 上水时打开过热器再循环阀门

BD。【解析】在点火初期，由于没有汽化和供热，锅炉不需要进水，所以过热器和省煤器得不到流动的冷水冷却，如不采取有效的保护措施，很容易发生损坏事故。因此，点火时，要注意打开过热器上的全部疏水阀门和排汽阀门，直到汽压升到高于大气压，蒸汽从排汽阀和疏水阀大量冒出时，才可将这些阀门关闭。非沸腾式省煤器应打开旁通烟道或打开省煤器至水箱的回水管道上再循环阀门，使省煤器出口水温控制在出口水压相应的饱和温度以下 40 ℃；沸腾式省煤器无旁通烟道，应打开再循环管路上的阀门，使流经省煤器的水经回水管路返回水箱进行循环，直至锅炉正常供水后再关闭。故选项 B，D 正确。

2. 运行

锅炉通常会受到来自设备内部和外部(如汽轮机进气量的变化)的扰动，运行状态往往是不稳定的。在运行过程中，要及时采取相应的措施来维持其运行的相对稳定。当锅炉运行时间长时，锅炉内部产生大量水垢，使用锅炉软化水冲洗可以增加锅炉使用寿命。

在锅炉运行中必须对锅炉运行水位、汽压、蒸汽温度、燃烧进行调节，还应进行锅炉的排污和吹灰，以保证锅炉正常运行，为正常发电提供保障。

锅炉运行水位的调节：

（1）水位调节的目的是保证汽水平衡，即主汽量与给水量相等，防止水位波动过大。

（2）运行中根据负荷的变化情况及时调节给水流量，不间断地通过水位表监督锅内的水位。锅炉水位应经常保持在正常水位线处，并允许在正常水位线上下 50 mm 之内波动。为了使水位保持正常，要根据锅炉的负荷调节水位。锅炉在低负荷运行时，水位应稍高于正常水位，以防负荷增加时水位降得过低；锅炉在高负荷运行时，水位应稍低于正常水位，以免负荷降低时水位升得过高。

（3）在锅炉运行中应做到补水平稳、均匀，因为水位的变化会使蒸汽压力、蒸汽温度发生波动。给水的时间和方法要适当。给水的时间间隔过大，一次给水量过多，则汽压很难稳定。

锅炉运行汽压调节：

（1）作为锅炉运行监控的主要参数之一的蒸汽压力，是指过热器的出口压力。它的高低直接影响汽轮机设备的安全和经济。汽压变化受外部和内部两个因素的影响。外部因素主要指外界负荷的正常增减及发生事故情况时的大幅度甩负荷。内部因素主要是指内燃烧工况的变化。蒸汽压力的变化实际上是锅炉蒸发量与外界负荷之间的平衡关系被破坏的结果。负荷变化对于锅炉是客观存在的，因此调节蒸汽压力就是调节锅炉的蒸发量。由于蒸发量的大小主要取决于燃烧工况，所以蒸汽压力调节实际上就是燃料量与风量的调节。无论何种扰动使蒸汽压力变化，都应改变燃煤量及风量，同时兼顾汽包水位及蒸汽温度的调节。

（2）对于间断上水的锅炉，上水应均匀，上水间隔时间不宜过长，一次上水不宜过多，在燃烧减弱时不宜上水，以免引起汽压下降。运行人员必须及时调节燃料量和风量，控制燃烧，保证适当的蒸发量与外界负荷相适应，从而保证锅炉在正常工作压力下运行。调整过程要遵循富氧负压原则，汽压下降时，应强化燃烧，操作顺序是先加引风，再加送风，后加燃料；汽压上升时，应减弱燃烧，操作顺序是先减燃料，再减送风，最后减引风。

蒸汽温度调节：汽温过高或过低，以及大幅的波动都将严重影响锅炉、汽轮机的安全和经济性。调节汽温，常采用喷水减温法和烟气调节法。

锅炉燃烧的调节：燃烧调节主要是保证适当的燃料量，以适应外界负荷的需要，同时保证燃烧的稳定、经济。燃烧调节主要包括燃料量的调整和风量的调整，即风煤比的调整。燃烧调节各调节项目是密切相关的，需要通过燃烧调节使燃料燃烧供热适应负荷的要求，应维持气压稳定；使燃烧完好正常，尽量减少未完全燃烧损失，减轻金属腐蚀和大气污染；对负压燃烧锅炉，维持引风和鼓风的均衡，保持炉膛一定的负压，以保证操作安全和减少排烟损失。

排污和吹灰：锅炉运行中，排污是为了保持受热面内部清洁，避免锅水发生汽水共腾及蒸汽品质恶化。除了对给水进行必要而有效的处理外，还必须坚持排污。吹灰的目的是防止燃煤锅炉烟气中的飞灰微粒，防止烟气流经蒸发受热面、过热器、省煤器及空气预热器时积沉到受热面上，影响锅炉传热，降低锅炉效率，影响锅炉运行工况，特别是蒸汽温度，对锅炉安全造成不稳定影响。

3. 停炉

蒸汽锅炉的正常停炉操作为停止供给燃料，停止送风，再停止引风；降低压力，保持水位，待冷却后再关闭给水阀；关闭主气阀，打开疏水阀；关闭烟道挡板。热水锅炉的正常停炉操作为停止供给燃料，停止送风，再停止引风，但不可立即停止循环水泵，只有当锅炉出水温度低于 50 ℃时才能停止循环水泵。停止循环水泵时要防止产生水击。其他锅炉的具体正常停炉操作按锅炉制造厂提供的使用说明书的规定进行。

蒸汽锅炉（电站锅炉除外）运行中遇有下列情况之一时，应当立即停炉：

（1）锅炉水位低于水位表最低可见边缘。

（2）不断加大给水并且采取其他措施但是水位仍然继续下降。

（3）锅炉满水（贯流式锅炉启动状态除外），水位超过最高可见水位，经过放水仍然不能见到水位。

（4）给水泵失效或者给水系统故障，不能向锅炉给水。

（5）水位表、安全阀或者装设在汽空间的压力表全部失效。

（6）锅炉元（部）件受损坏，危及锅炉运行作业人员安全。

（7）燃烧设备损坏、炉墙倒塌或者锅炉构架被烧红等，严重威胁锅炉安全运行。

（8）其他危及锅炉安全运行的异常情况。

紧急停炉时，首先应停止给煤和送风，关小烟道挡板。根据事故的性质，必要时放出炉膛内燃煤，在任何情况下不应采用往炉膛里浇水冷却锅炉的方法。

锅炉熄火后，应关闭主气阀使主蒸汽管与蒸汽母管隔离，同时停止引风机。视事故的性质，必要时可开启空气阀、安全阀和过热器疏水阀，迅速排放蒸汽，降低压力。开启省煤器旁路烟道，关闭主烟道，并开大烟道挡板、灰门和炉门，促进空气流通，提高冷却速度。

紧急停炉时，如无缺水和满水现象，可以采用给水、排污的方式来加速冷却和降低锅炉压力。当出水温度降到 70 ℃时，方可把锅水放净。

链接

锅炉在停炉中应注意防止降温过快造成锅炉部件因降温收缩不均匀而产生过大的热应力。除上述要求外，停炉操作还应符合下列要求：

（1）在停止送风、引风的同时还应逐渐降低锅炉负荷，相应减少锅炉上水。

（2）对燃气、燃油锅炉等，当炉膛停火后，引风机不能随之停止引风，引风机应继续引风且不得低于 5 min。

（3）停炉时，锅炉给水仍应经由省煤器，在停止给水时，应开启汽包与省煤器再循环阀。有旁路烟道的省煤器，停炉后应投入旁路烟道；无旁路烟道的非沸腾式省煤器，应注意其出口水温的变化，并用连续上水、放水的方法，保持出口水温比汽包压力下相应的饱和温度低 20 ℃。

（4）在正常停炉的 4 到 6 小时内，应紧闭炉门和烟道挡板。

紧急停炉具体的处置方法：立即停止添加燃料和送风，减弱引风，同时设法熄灭炉膛内的燃料，灭火后即把炉门、灰门及烟道挡板打开。

4. 使用管理

锅炉使用单位应当对其使用的锅炉安全负责，主要职责如下：

（1）采购监督检验合格的锅炉产品。

（2）按照锅炉使用说明书的要求运行。

(3)每月对所使用的锅炉至少进行1次月度检查,并且记录检查情况;月度检查内容主要为锅炉承压部件及其安全附件和仪表、联锁保护装置是否完好;燃烧器运行是否正常;锅炉使用安全与节能管理制度是否有效执行,作业人员证书是否在有效期内,是否按规定进行定期检验,是否对水(介)质定期进行化验分析,水(介)质未达到标准要求时是否及时处理,水封管是否堵塞,以及其他异常情况等。

(4)锅炉使用单位每年应当对燃烧器进行检查,检查内容至少包括燃烧器管路是否密封、安全与控制装置是否齐全和完好、安全与控制功能是否缺失或者失效、燃烧器运行是否正常。

五、锅炉的安全技术要求——安全附件和仪表

(一)安全阀

安全阀的产品型式试验等要求应当符合规定。

每台锅炉至少应当装设两个安全阀(包括锅筒和过热器安全阀)。符合下列规定之一的,可以只装设一个安全阀:

(1)额定蒸发量小于或者等于0.5 t/h的蒸汽锅炉。

(2)额定蒸发量小于4 t/h并且装设有可靠的超压联锁保护装置的蒸汽锅炉。

(3)额定热功率小于或者等于2.8 MW的热水锅炉。

除满足上述要求外,以下位置也应当装设安全阀:

(1)再热器出口处,以及直流锅炉的外置式启动(汽水)分离器。

(2)直流蒸汽锅炉过热蒸汽系统中两级间的连接管道截止阀前。

(3)多压力等级余热锅炉,每一压力等级的锅筒和过热器。

安全阀选用:

(1)蒸汽锅炉的安全阀应当采用全启式弹簧安全阀、杠杆式安全阀或者控制式安全阀(脉冲式、气动式、液动式和电磁式等),选用的安全阀应当符合规定。

(2)额定工作压力为0.1 MPa的蒸汽锅炉,可以采用静重式安全阀或者水封式安全装置,热水锅炉上装设有水封式安全装置时,可以不装设安全阀;水封式安全装置的水封管内径应当根据锅炉的额定蒸发量(额定热功率)和额定工作压力确定,并且不小于25 mm;水封管应当有防冻措施,并且不得装设阀门。

安全阀安装:

(1)安全阀应当铅直安装,并且安装在锅筒(壳)、集箱的最高位置,在安全阀和锅筒(壳)之间或者安全阀和集箱之间,不应当装设阀门和取用介质的管路。

(2)几个安全阀如果共同装在一个与锅筒(壳)直接相连的短管上,短管的流通截面积应当不小于所有安全阀的流通截面积之和。

(3)采用螺纹连接的弹簧安全阀时,应当符合规范的要求;安全阀应当与带有螺纹的短管相连接,而短管与锅筒(壳)或者集箱筒体的连接应当采用焊接结构。

安全阀的安装位置应当符合以下要求:

(1)在设备或者管道上的安全阀竖直安装。

(2)一般安装在靠近被保护设备,安装位置易于维修和检查。

(3)蒸汽安全阀装在锅炉的锅筒、集箱的最高位置,或者装在被保护设备液面以上气

相空间的最高处。

(4)液体安全阀装在正常液面的下面。

安全阀上的装置的基本要求:

(1)静重式安全阀应当有防止重片飞脱的装置。

(2)弹簧式安全阀应当有提升手把和防止随便拧动调整螺钉的装置。

(3)杠杆式安全阀应当有防止重锤自行移动的装置和限制杠杆越出的导架。

安全阀校验:

(1)在用锅炉的安全阀每年至少校验1次,校验一般在锅炉运行状态下进行。

(2)如果现场校验有困难时或者对安全阀进行修理后,可以在安全阀校验台上进行,校验后的安全阀在搬运或者安装过程中,不能摔、砸、碰撞。

(3)新安装的锅炉或者安全阀检修、更换后,应当校验其整定压力和密封性。

(4)安全阀经过校验后,应当加锁或者铅封。

(5)控制式安全阀应当分别进行控制回路可靠性试验和开启性能检验。

(6)安全阀整定压力、密封性等检验结果应当记入锅炉安全技术档案。

锅炉运行中安全阀使用:

(1)锅炉运行中安全阀应当定期进行排放试验,电站锅炉安全阀每年一次,对控制式安全阀,使用单位应当定期对控制系统进行试验。

(2)锅炉运行中安全阀不允许解列,不允许提高安全阀的整定压力或者使安全阀失效。

(二)压力测量装置

锅炉的以下部位应当装设压力表:

蒸汽锅炉锅筒(壳)的蒸汽空间;给水调节阀前;省煤器出口;过热器出口和主汽阀之间;再热器出口、进口;直流蒸汽锅炉的启动(汽水)分离器或其出口管道上;直流蒸汽锅炉省煤器进口、储水箱和循环泵出口;直流蒸汽锅炉蒸发受热面出口截止阀前(如果装有截止阀);热水锅炉的锅筒(壳)上;热水锅炉的进水阀出口和出水阀进口;热水锅炉循环水泵的出口、进口;燃油锅炉、燃煤锅炉的点火油系统的油泵进口(回油)及出口;燃气锅炉、燃煤锅炉的点火气系统的气源进口及燃气阀组稳压阀(调压阀)后。

压力表选用:

(1)压力表应当符合相关技术标准的要求。

(2)对于A级锅炉压力表精确度应当不低于1.6级,其他锅炉压力表精确度应当不低于2.5级。

(3)压力表的量程应当根据工作压力选用,一般为工作压力的1.5~3.0倍,最好选用2倍。

(4)压力表表盘大小应当保证锅炉作业人员能够清楚地看到压力指示值。

压力表应当定期进行校验,刻度盘上应当划出指示工作压力的红线,并且注明下次校验日期。压力表校验后应当加铅封。

压力表安装应当符合以下要求:

(1)装设在便于观察和吹洗的位置,并且防止受到高温、冰冻和震动的影响。

(2)锅炉蒸汽空间设置的压力表应当有存水弯管或者其他冷却蒸汽的措施,热水锅炉用的压力表也应当有缓冲弯管,弯管内径应当不小于10 mm。

(3)压力表与弯管之间应当装设三通阀门,以便吹洗管路、卸换、校验压力表。

压力表有下列情况之一时，应当停止使用：

（1）有限止钉的压力表在无压力时，指针转动后不能回到限止钉处；没有限止钉的压力表在无压力时，指针离零位的数值超过压力表规定的允许误差。

（2）表面玻璃破碎或者表盘刻度模糊不清。

（3）封印损坏或者超过校验期。

（4）表内泄漏或者指针跳动。

（5）其他影响压力表准确指示的缺陷。

（三）水位测量与示控装置

每台蒸汽锅炉锅筒（壳）至少应当装设两个彼此独立的直读式水位表，符合下列条件之一的锅炉可以只装设一个直读式水位表：

（1）额定蒸发量小于或者等于 0.5 t/h 的锅炉。

（2）额定蒸发量小于或者等于 2 t/h，并且装有一套可靠的水位示控装置的锅炉。

（3）装设两套各自独立的远程水位测量装置的锅炉。

（4）电加热锅炉。

（5）有可靠壁温联锁保护装置的贯流式工业锅炉。

设置的特殊要求：

（1）多压力等级余热锅炉每个压力等级的锅筒应当装设两个彼此独立的直读式水位表。

（2）直流蒸汽锅炉启动系统中储水箱和启动（汽水）分离器应当装设远程水位测量装置。

水位表的结构、装置：

（1）水位表应当有指示最高、最低安全水位和正常水位的明显标志，水位表的下部可见边缘应当比最高火界至少高 50 mm、并且应当比最低安全水位至少低 25 mm，水位表的上部可见边缘应当比最高安全水位至少高 25 mm。

（2）玻璃管式水位表应当有防护装置，并且不妨碍观察真实水位，玻璃管的内径应当不小于 8 mm。

（3）锅炉运行中能够吹洗和更换玻璃板（管）、云母片。

（4）用 2 个以上（含 2 个）玻璃板或者云母片组成的一组水位表，能够连续指示水位。

（5）水位表或者水表柱和锅筒（壳）之间阀门的流道直径应当不小于 8 mm，汽水连接管内径应当不小于 18 mm，连接管长度大于 500 mm 或者有弯曲时，内径应当适当放大，以保证水位表灵敏准确。

（6）连接管应当尽可能短，如果连接管不是水平布置时，汽连管中的凝结水能够流向水位表，水连管中的水能够自行流向锅筒（壳）。

（7）水位表应当有放水阀门和接到安全地点的放水管。

（8）水位表或者水表柱和锅筒（壳）之间的汽水连接管上应当装设阀门，锅炉运行时，阀门应当处于全开位置；对于额定蒸发量小于 0.5 t/h 的锅炉，水位表与锅筒（壳）之间的汽水连管上可以不装设阀门。

安装：

（1）水位表应当安装在便于观察的地方，水位表距离操作地面高于 6 000 mm 时，应当加装远程水位测量装置或者水位视频监视系统。

（2）用远程水位测量装置监视锅炉水位时，信号应当各自独立取出；在锅炉控制室内至少有两个可靠的远程水位测量装置,同时运行中应当保证有一个直读式水位表正常工作。

(3)亚临界锅炉水位表安装调试时,应当对由于水位表与锅筒内液体密度差引起的测量误差进行修正。

(四)温度测量装置

在锅炉相应部位应当装设温度测点,测量以下温度:

(1)蒸汽锅炉的给水温度(常温给水除外)。

(2)铸铁省煤器和电站锅炉省煤器出口水温。

(3)热水锅炉进口、出口水温。

(4)再热器进口、出口汽温。

(5)过热器出口和多级过热器的每级出口的汽温。

(6)减温器前、后汽温。

(7)空气预热器进口、出口空气温度。

(8)空气预热器进口烟温。

(9)排烟温度。

(10)有再热器的锅炉炉膛的出口烟温。

(11)A 级高压以上的蒸汽锅炉的锅筒上、下壁温(控制循环锅炉除外),过热器、再热器的蛇形管的金属壁温。

(12)直流蒸汽锅炉上下炉膛水冷壁出口金属壁温,启动系统储水箱壁温。

在蒸汽锅炉过热器出口、再热器出口和额定热功率大于或者等于 7 MW 的热水锅炉出口,应当装设可记录式温度测量仪表。

表盘式温度测量仪表的温度测量量程应当根据工作温度选用,一般为工作温度的 1.5 ~2 倍。

(五)排污和放水装置

排污和放水装置的装设应当符合以下要求:

(1)蒸汽锅炉锅筒(壳)、立式锅炉的下脚圈和水循环系统的最低处都需要装设排污阀;B 级及以下锅炉采用快开式排污阀门;排污阀的公称通径为 20 ~65 mm;卧式锅壳锅炉锅壳上的排污阀的公称通径不小于 40 mm。

(2)额定蒸发量大于 1 t/h 的蒸汽锅炉和 B 级热水锅炉(工业用直流和贯流式锅炉除外),排污管上装设两个串联的阀门,其中至少有一个是排污阀,并且安装在靠近排污管线出口一侧。

(3)过热器系统、再热器系统、省煤器系统的最低集箱(或者管道)处装设放水阀。

(4)有过热器的蒸汽锅炉锅筒装设连续排污装置。

(5)每台锅炉装设独立的排污管,排污管尽量减少弯头,保证排污畅通并且接到安全地点或者排污膨胀箱(扩容器)。

(6)多台锅炉合用一根排放总管时,需要避免两台以上的锅炉同时排污。

(7)锅炉的排污阀、排污管不宜采用螺纹连接。

(六)安全保护装置

基本要求:

(1)蒸汽锅炉应当装设高、低水位报警和低水位联锁保护装置,保护装置最迟应当在最低安全水位时动作，无锅筒(壳)并且有可靠壁温联锁保护装置的工业锅炉除外。

(2)额定蒸发量大于或者等于 2 t/h 的锅炉，应当装设蒸汽超压报警和联锁保护装置，超压联锁保护装置动作整定值应当低于安全阀较低整定压力值。

(3)锅炉的过热器和再热器，应当根据机组运行方式、自控条件和过热器、再热器设计结构，采取相应的保护措施，防止金属壁超温；再热蒸汽系统应当设置事故喷水装置，并且能自动投入使用。

(4)安置在多层或者高层建筑物内的锅炉，蒸汽锅炉应当配备超压联锁保护装置，热水锅炉应当配备超温联锁保护装置。

循环流化床锅炉应当装设风量与燃料联锁保护装置，当流化风量低于最小流化风量时，能够切断燃料供给。

室燃锅炉应当装设点火程序控制装置和熄火保护装置。

锅炉通常装设防爆门防止再次燃烧造成破坏。当作用在防爆门上的总压力超过其本身的质量或强度时，防爆门就会被冲开或冲破，达到泄压的目的。防爆门通常装设在烟道和炉膛易爆处。

锅炉还可以装设自动控制装置，方便测量和调节生产参数。

六、锅炉的定期检验

锅炉定期检验是对在用锅炉当前安全状况是否满足规程要求进行的符合性抽查，包括运行状态下进行的外部检验、停炉状态下进行的内部检验和水(耐)压试验。

锅炉的定期检验周期规定如下：

(1)外部检验，每年进行 1 次。

(2)内部检验，一般每 2 年进行 1 次，成套装置中的锅炉结合成套装置的大修周期进行，A 级高压以上电站锅炉结合锅炉检修同期进行，一般每 3 ~6 年进行 1 次；首次内部检验在锅炉投入运行后 1 年进行，成套装置中的锅炉和 A 级高压以上电站锅炉可以结合第 1 次检修进行。

(3)水(耐)压试验，检验人员或者使用单位对锅炉安全状况有怀疑时，应当进行水(耐)压试验；因结构原因无法进行内部检验时，应当每 3 年进行 1 次水(耐)压试验。

成套装置中的锅炉和 A 级高压以上电站锅炉由于检修周期等原因不能按期进行内部检验时，使用单位在确保锅炉安全运行(或者停用)的前提下，经过使用单位主要负责人审批后，可以适当延期安排内部检验(一般不超过 1 年并且不得连续延期)，并且向锅炉使用登记机关备案，注明采取的措施以及下次内部检验的期限。

除正常的定期检验以外，锅炉有下列情况之一时，也应当进行内部检验：

(1)移装锅炉投运前。

(2)锅炉停止运行 1 年以上需要恢复运行前。

外部检验、内部检验和水(耐)压试验在同一年进行时，一般首先进行内部检验，然后进行水(耐)压试验、外部检验。

锅炉外部检验应当包括以下内容：上次检验发现问题的整改情况；锅炉使用登记及其作业人员资质；锅炉使用管理制度及其执行见证资料；锅炉本体及附属设备运转情况；锅

炉安全附件及联锁与保护投运情况；水（介）质处理情况；锅炉操作空间安全状况；锅炉事故应急专项预案。

锅炉内部检验应当根据锅炉主要部件所处的位置和工作状况及其可能产生的缺陷，采用相应的检查方法，如宏观检查、厚度测量、无损检测、金相检测、硬度检测、割管力学性能试验、内窥镜检测、强度校核、腐蚀产物及垢样分析等。应当包括以下内容：

(1)上次检验发现问题的整改情况以及遗留缺陷的情况。

(2)受压元件及其内部装置的外观质量、结垢、积盐、结焦、腐蚀、磨损、变形、超温、膨胀情况以及内部堵塞、有机热载体的积炭和结焦情况等。

(3)燃烧室、燃烧设备、吹灰器、烟道等附属设备外观质量、积灰情况、壁厚减薄情况、变形情况以及泄漏情况等。

(4)主要承载、支吊、固定件的外观质量、受力情况、变形情况以及锅炉的膨胀情况。

(5)炉墙、保温、密封结构以及内部耐火层的外观质量。

首次内部检验时，还应当对以下情况进行检查：

(1)锅炉各部件、各部位的应力释放情况、膨胀协调情况。

(2)制造、安装过程中遗留缺陷的变化情况。

(3)当运行与设计存在差异时，锅炉的实际运行状况。

水压试验应当符合前述锅炉制造和锅炉安装中关于水压试验的有关规定。

水（耐）压试验检验应当包括以下内容：

(1)水（耐）压试验设备、压力测量装置的数量、量程、精度及校验情况。

(2)水（耐）压试验条件、安全防护情况，试验用水（介）质情况。

(3)现场监督水（耐）压试验，检查升（降）压速度、试验压力、保压时间，在工作压力下检查受压元件有无变形及泄漏情况。

第3节 压力容器

一、压力容器的组成

压力容器的组成如下图所示。

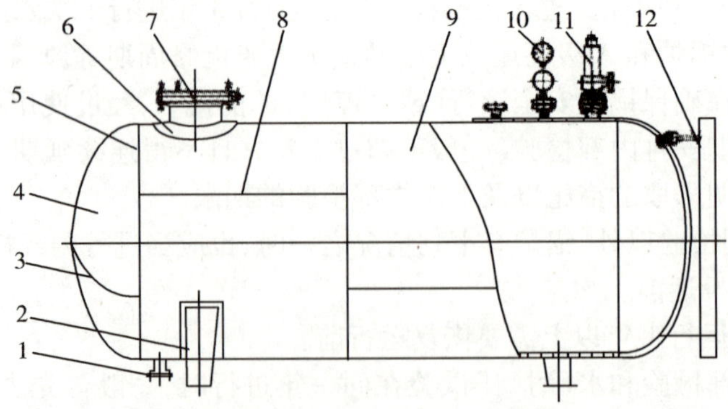

1-法兰;2-支座；3-封头拼接焊缝；4-封头；5-环焊缝；6-补强圈；
7-人孔；8-纵焊缝；9-筒体；10-压力表；11-安全阀；12-液面计

压力容器的组成

二、压力容器的制造许可级别与分类

（一）压力容器的制造许可级别

压力容器的制造许可级别见下表。

压力容器的制造许可级别

项目	由国家市场监督管理总局实施的子项目	由国家市场监督管理总局授权省级市场监管部门实施或由省级市场监管部门实施的子项目	备注
压力容器制造（含安装、修理、改造）	1. 固定式压力容器： （1）大型高压容器（A1）。 （2）超高压容器（A6）。 2. 移动式压力容器： 铁路罐车（C1）。 3. 氧舱（A5）。 4. 气瓶： 特种气瓶［纤维缠绕气瓶（B3）］	1. 固定式压力容器： （1）其他高压容器（A2）。 （2）球罐（A3）。 （3）非金属压力容器（A4）。 （4）中、低压容器（D）。 2. 移动式压力容器： （1）汽车罐车、罐式集装箱（C2）。 （2）长管拖车、管束式集装箱（C3）。 3. 气瓶： （1）无缝气瓶（B1）。 （2）焊接气瓶（B2）。 （3）特种气瓶［低温绝热气瓶（B4）、内装填料气瓶（B5）］。	覆盖关系：A1 级覆盖 A2、D 级，A2 级、C1 级、C2 级覆盖 D 级

提示

本节以下主要以固定式压力容器（以下简称压力容器）为例介绍相关内容。压力容器中的气瓶内容较多，下面将气瓶作为单独一节介绍其内容。

（二）压力容器的分类

1. 压力容器分类

压力容器的介质分为以下两组：

（1）第一组介质，毒性危害程度为极度、高度危害的化学介质，易爆介质，液化气体。

（2）第二组介质，除第一组以外的介质。

介质危害性指压力容器在生产过程中因事故致使介质与人体大量接触，发生爆炸或者因经常泄露引起职业性慢性危害的严重程度，用介质毒性危害程度和爆炸危险程度表示。

综合考虑急性毒性、最高容许浓度和职业性慢性危害等因素，极度危害介质最高容许浓度小于 0.1 mg/m^3；高度危害介质最高容许浓度 0.1 ~ 1.0 mg/m^3；中度危害介质最高容许浓度 1.0 ~ 10.0 mg/m^3；轻度危害介质最高容许浓度大于或者等于 10.0 mg/m^3。

易爆介质指气体或者液体的蒸汽、薄雾与空气混合形成的爆炸混合物，并且其爆炸下限小于 10%，或者爆炸上限和爆炸下限的差值大于或者等于 20% 的介质。

压力容器的分类应当根据介质特征，按照以下要求选择分类图，再根据设计压力 p（单位 MPa）和容积 V（单位 m^3），标出坐标点，确定压力容器类别：

（1）第一组介质，压力容器分类见下图。

（2）第二组介质，压力容器分类见下图。

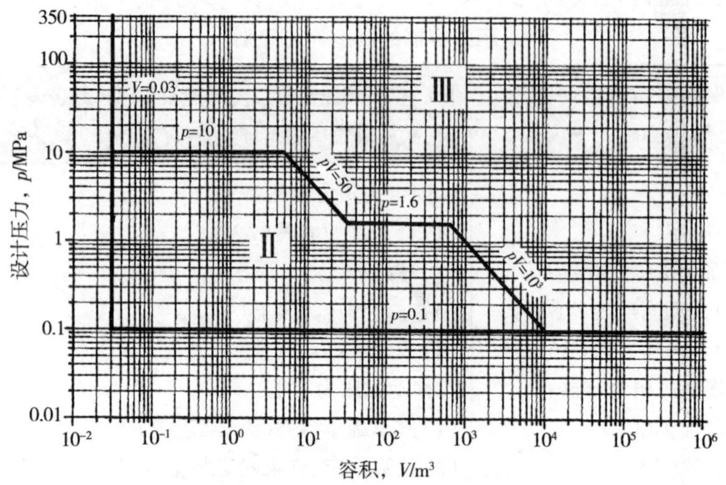

压力容器分类图——第一组介质

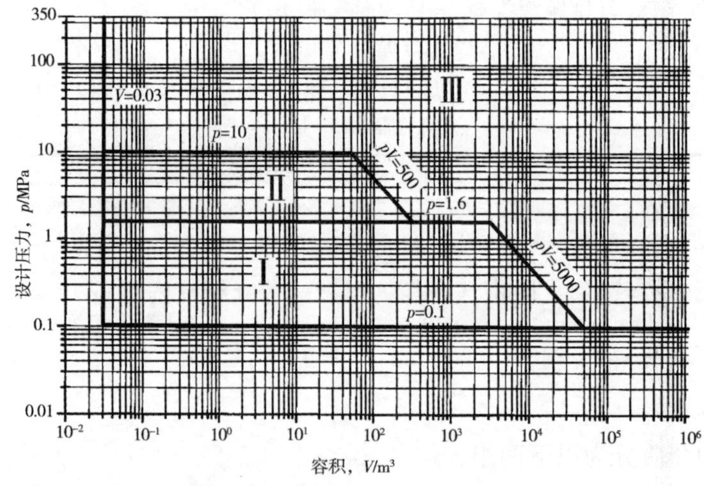

压力容器分类图——第二组介质

多腔压力容器（如热交换器的管程和壳程、夹套压力容器等）应当分别对各压力腔进行分类，划分时设计压力取本压力腔的设计压力，容积取本压力腔的几何容积；以各压力腔的最高类别作为该多腔压力容器的类别并且按照该类别进行使用管理，但是应当按照每个压力腔各自的类别分别提出设计、制造技术要求。

一个压力腔内有多种介质时，按照组别高的介质分类。

当某一危害性物质在介质中含量极小时，应当根据其危害程度及其含量综合考虑，按照压力容器设计单位确定的介质组别分类。

特殊情况的分类：

（1）坐标点位于压力容器分类图——第一组介质或者压力容器分类图——第二组介质的分类线上时，按照较高的类别划分。

（2）简单压力容器统一划分为第Ⅰ类压力容器。

2. 特定形式的压力容器

非焊接瓶式容器：采用高强度无缝钢管（公称直径大于 500 mm）旋压而成的压力容器。

储气井：竖向置于地下用于储存压缩气体的井式管状设备。

同时满足以下条件的压力容器称为简单压力容器：

（1）压力容器由筒体和平盖、凸形封头（不包括球冠形封头），或者由两个凸形封头组成。

（2）筒体、封头和接管等主要受压元件的材料为碳素钢、奥氏体不锈钢或者 Q345R。

（3）设计压力小于或者等于 1.6 MPa。

（4）容积小于或者等于 1 m^3。

（5）工作压力与容积的乘积小于或者等于 1 MPa · m^3。

（6）介质为空气、氮气、二氧化碳、惰性气体、医用蒸馏水蒸发而成的蒸汽或者上述气（汽）体的混合气体；允许介质中含有不足以改变介质特性的油等成分，并且不影响介质与材料的相容性。

（7）设计温度大于或者等于 −20 ℃，最高工作温度小于或者等于 150 ℃。

（8）非直接受火焰加热的焊接压力容器（当内直径小于或者等于 550 mm 时允许采用平盖螺栓连接）。

危险化学品包装物、灭火器、快开门式压力容器不在简单压力容器范围内。

3. 压力等级划分

压力容器的设计压力（p）划分为低压、中压、高压和超高压四个压力等级：

（1）低压（代号 L），0.1 MPa $\leqslant p <$ 1.6 MPa。

（2）中压（代号 M），1.6 MPa $\leqslant p <$ 10.0 MPa。

（3）高压（代号 H），10.0 MPa $\leqslant p <$ 100.0 MPa。

（4）超高压（代号 U），$p \geqslant$ 100.0 MPa。

4. 用途划分

压力容器按照在生产工艺过程中的作用原理，划分为反应压力容器、换热压力容器、分离压力容器、储存压力容器。具体划分如下：

（1）反应压力容器（代号 R），主要是用于完成介质的物理、化学反应的压力容器，如各种反应器、反应釜、聚合釜、合成塔、变换炉、煤气发生炉等。

（2）换热压力容器（代号 E），主要是用于完成介质的热量交换的压力容器，如各种热交换器、冷却器、冷凝器、蒸发器等。

（3）分离压力容器（代号 S），主要是用于完成介质的流体压力平衡缓冲和气体净化分离的压力容器，如各种分离器、过滤器、集油器、洗涤器、吸收塔、铜洗塔、干燥塔、汽提塔、分汽缸、除氧器等。

（4）储存压力容器（代号 C，其中球罐代号 B），主要是用于储存或者盛装气体、液体、液化气体等介质的压力容器，如各种型式的储罐。

在一种压力容器中,如同时具备两个以上的工艺作用原理时,应当按照工艺过程中的主要作用来划分。

三、压力容器安全技术要求——设计

压力容器设计的内容较多,下面主要介绍金属压力容器设计要求的相关内容。

(一)金属压力容器焊接接头

压力容器的接管(凸缘)与壳体之间的焊接接头设计以及夹套压力容器的焊接接头设计,有下列情况之一的,应当采用全焊透结构:

(1)介质为易爆或者毒性危害程度为极度危害和高度危害的压力容器。

(2)要求气压试验或者气液组合压力试验的压力容器。

(3)第Ⅲ类压力容器。

(4)低温压力容器。

(5)进行疲劳分析的压力容器。

(6)直接受火焰加热的压力容器。

(7)设计者认为有必要的。

无补强圈接管与壳体连接如下图所示,下图为全焊透 T 形接头示意图。

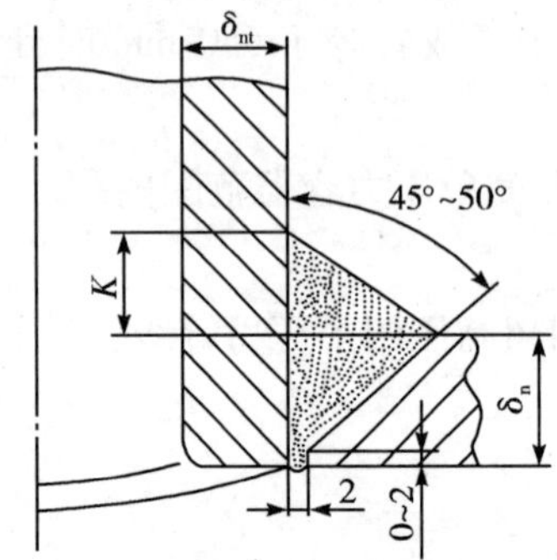

$K \geqslant \frac{\delta_n}{3}$,且不小于 6 mm;$\delta_n \leqslant$16mm

(a)

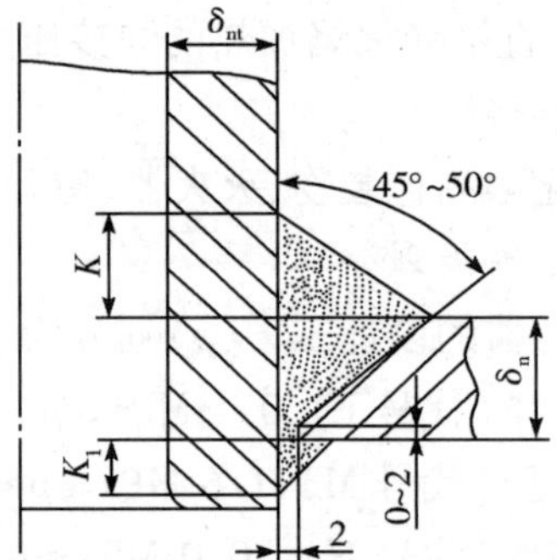

$K \geqslant \frac{\delta_n}{3}$,且不小于 6 mm;$K_1 \geqslant$6mm

(b)

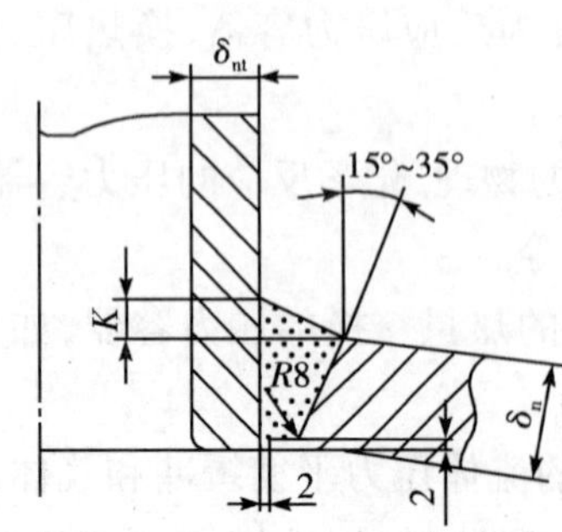

$K \geqslant \frac{\delta_n}{3}$,且不小于 6 mm;$\delta_n \leqslant$25mm

(c)

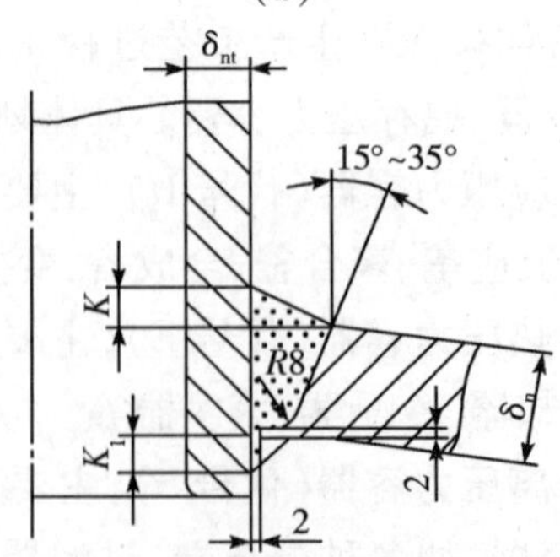

$K \geqslant \frac{\delta_n}{3}$,且不小于 6 mm;$K_1 \geqslant$6mm

(d)

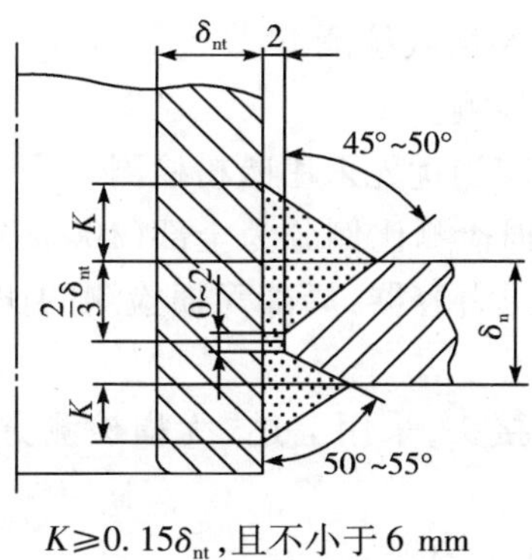

$K \geqslant 0.15\delta_{nt}$，且不小于 6 mm

(e)

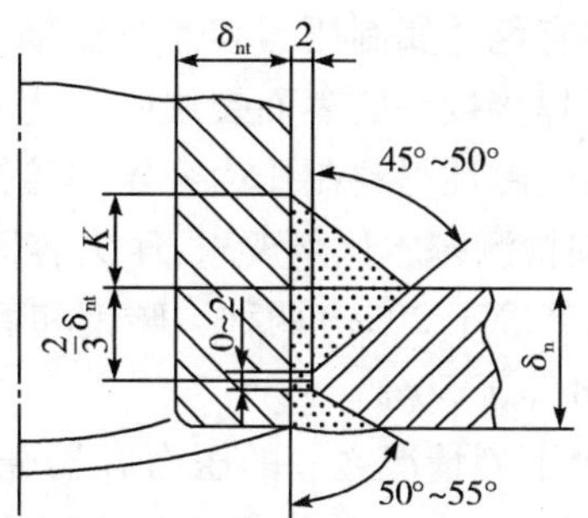

$K \geqslant 0.3\delta_{n}$，且不小于 6 mm

(f)

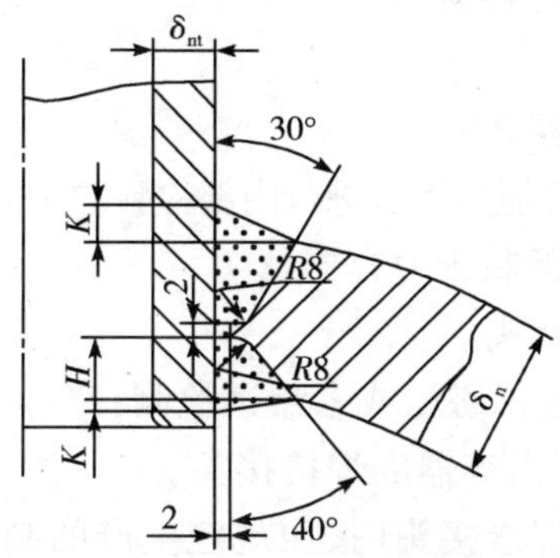

$K \geqslant 0.15\delta_{nt}$，且不小于 6 mm；

$\delta_n \leqslant 50$ mm 时，$H = 10$ mm；

$\delta_n > 50$ mm 时，$H = 15$ mm。

(g)

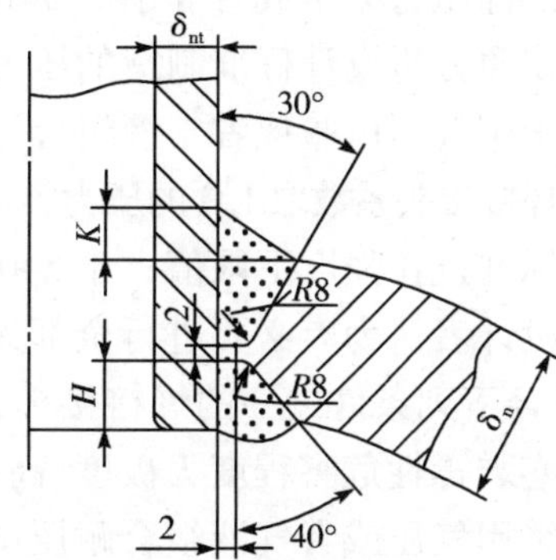

$K \geqslant 0.3\delta_{nt}$，且不小于 6 mm；

$\delta_n \leqslant 50$ mm 时，$H = 10$ mm；

$\delta_n > 50$ mm 时，$H = 15$ mm。

(h)

全焊透 T 形接头示意图

（二）金属压力容器无损检测

1. 无损检测方法

压力容器的无损检测，包括射线、超声、磁粉、渗透和涡流检测等，应当采用《承压设备无损检测》规定的方法。采用未列入《承压设备无损检测》或者超出其适用范围的无损检测方法时，应当取得压力容器设计单位和监督检验机构书面同意；实施检测的机构应当在试验研究的基础上，制定相应的无损检测团体标准或者企业标准，开展与规定范围内的无损检测方法的比对试验，保证所用方法的技术指标不低于相关要求。

2. 压力容器焊接接头无损检测

无损检测方法的选择：

(1)压力容器的对接接头应当采用射线检测(包括胶片感光或者数字成像)、超声检测(包括衍射时差法超声检测 TOFD、可记录的脉冲反射法超声检测和不可记录的脉冲反射法超声检测)；当采用不可记录的脉冲反射法超声检测时，应当采用射线检测或者衍射时差法超声检测进行附加局部检测；当大型压力容器的对接接头采用 γ 射线全景曝光射线检测时，还应当另外采用 X 射线检测或者衍射时差法超声检测进行 50% 的附加局部检测，如果发现超标缺陷，则应当进行 100% 的 X 射线检测或者衍射时差法超声检测复查。

(2)有色金属制压力容器对接接头应当优先采用X射线检测。

(3)焊接接头的表面裂纹应当优先采用表面无损检测。

(4)铁磁性材料制压力容器焊接接头的表面检测应当优先采用磁粉检测。

无损检测基本比例要求:压力容器对接接头的无损检测比例分为全部(100%)和局部(大于或者等于20%)两种。碳钢和低合金钢制低温压力容器,局部无损检测的比例应当大于或者等于50%。

符合下列情况之一的压力容器壳体A,B类对接接头,采用上述"无损检测方法的选择"中第(1)项的方法进行全部无损检测:

(1)盛装毒性危害程度为极度、高度危害介质的压力容器。

(2)设计压力大于或者等于1.6 MPa的第Ⅲ类压力容器。

(3)按照分析设计标准制造的压力容器。

(4)采用气压试验或者气液组合压力试验的压力容器。

(5)焊接接头系数取1.0的压力容器或者使用后需要但是无法进行内部检验的压力容器。

(6)标准抗拉强度下限值大于540 MPa的低合金钢制压力容器。

(7)设计者认为有必要进行全部无损检测的焊接接头。

凡符合下列条件之一的焊接接头,需要对其表面进行磁粉或者渗透检测:

(1)盛装毒性危害程度为极度、高度危害介质的压力容器的焊接接头。

(2)采用气压或者气液组合耐压试验压力容器的焊接接头(按照规定生产的制冷用压力容器除外)。

(3)设计温度低于-40 ℃的低合金钢制低温压力容器的焊接接头。

(4)标准抗拉强度下限值大于540 MPa的低合金钢、铁素体型不锈钢、奥氏体-铁素体型不锈钢制压力容器的焊接接头;其中标准抗拉强度下限值大于540 MPa的低合金钢制压力容器,在耐压试验后,还应当对焊接接头进行表面无损检测。

(5)焊接接头厚度大于20 mm的奥氏体不锈钢制压力容器的焊接接头。

(6)铬钼(Cr-Mo)低合金钢制压力容器的焊接接头。

(7)堆焊表面、复合钢板的覆层焊接接头、异种钢焊接接头、具有再热裂纹倾向或者延迟裂纹倾向的焊接接头;其中具有再热裂纹倾向的材料应当在热处理后增加一次无损检测。

(8)先拼板后成形凸形封头的所有拼接接头。

(9)设计者认为有必要进行表面无损检测的焊接接头。

3. 无损检测的特点

射线检测的特点有:可以获得缺陷直观图像,定性准确,对长度、宽度尺寸的定量也较准确;检测结果有直接计量,可以长期保存;对体积型缺陷(气孔、夹渣类)检出率高,对面积型缺陷(裂纹、未熔合类)如果照相角度不适当,容易漏检;适宜检验厚度较薄的工件,不适宜检验较厚的工件;适宜检验对接焊缝,不适宜检验角焊缝及板材、棒材和锻件等;对缺陷在工件中厚度方向的位置、尺寸(高度)的确定较困难;检测成本高、速度慢;射线对人体有害。

超声波检测的特点有:对面积型缺陷的检出率较高,而体积型缺陷检出率较低;适宜检验厚度较大的工件;适用于各种试件,包括对接焊缝、角焊缝、板材、管材、棒材、锻件及复合材料等；检验成本低、速度快，检验仪器体积小、质量轻，现场使用方便；检测结果无直接见证记录；对位于工件厚度方向上的确定定位较准确；材质、晶粒度对检测有影响。

（三）金属压力容器耐压试验

压力容器各主要受压元件，如筒体、封头、接管、设备法兰（或者人手孔法兰）及其紧固件等所用材料不同时，计算耐压试验压力应当取各元件材料$[\sigma]/[\sigma]^t$比值中最小者；$[\sigma]^t$不得低于材料受抗拉强度和屈服强度控制的许用应力最小值。耐压试验的压力系数见下表。

耐压试验的压力系数

压力容器的材料	压力系数 η	
	液（水）压	气压、气液组合
钢和有色金属	1.25	1.10
铸铁	2.00	—

（四）快开门式压力容器设计专项要求

快开门式压力容器是指进出容器通道的端盖或者封头与主体间带有相互嵌套的快速密封锁紧装置的压力容器，但是用螺栓（例如活节螺栓）连接的不属于快开门式压力容器。快开门式压力容器的设计应当考虑疲劳载荷的影响。

设计快开门式压力容器时，设计者应当设置安全联锁装置，并且对其使用环境、校验周期、校验方法等使用技术要求作出规定。

安全联锁装置应当满足以下要求：

（1）当快开门达到预定关闭部位，方能升压运行。

（2）当压力容器的内部压力完全释放，方能打开快开门。

四、压力容器安全技术要求——制造

（一）产品铭牌

制造单位必须在压力容器的明显部位装设产品铭牌。铭牌应当清晰、牢固、耐久，采用中文（必要时可以中英文对照）和国际单位。产品铭牌上的项目至少包括以下内容：产品名称；制造单位名称；制造单位许可证书编号和许可级别；产品标准；主体材料介质名称；设计温度；设计压力、最高允许工作压力（必要时）；耐压试验压力；产品编号或者产品批号；设备代码；制造日期；压力容器分类；自重和容积（换热面积）。

（二）耐压试验

1. 耐压试验通用要求

耐压试验通用要求如下：

（1）如果采用高于设计文件规定的耐压试验压力时，应当对各受压元件进行强度校核。

（2）保压期间不得采用连续加压来维持试验压力不变，耐压试验过程中不得带压紧固或者向受压元件施加外力。

（3）耐压试验过程中，不得进行与试验无关的工作，无关人员不得在试验现场停留。

（4）进行耐压试验时，监督检验人员应当到现场进行监督检验。

(5)试验场地附近不得有火源,并且配备适用的消防器材。

(6)耐压试验后,如果出现返修深度大于二分之一厚度的情况,应当重新进行耐压试验。

2. 液压试验

液压试验程序:

(1)试验介质应当符合产品标准和设计图样的要求,以水为介质进行液压试验时,试验合格后应当将水排净,必要时将水渍去除干净。

(2)压力容器中应当充满液体,滞留在压力容器内的气体应当排净,压力容器外表面应当保持干燥。

(3)当压力容器器壁温度与液体温度接近时,才能缓慢升压至设计压力,确认无泄漏后继续升压到规定的试验压力,保压足够时间;然后降至设计压力,保压足够时间进行检查,检查期间压力应当保持不变。

(4)热交换器液压试验程序按照产品标准的规定。

进行液压试验的压力容器,符合以下条件为合格:

(1)无渗漏。

(2)无可见的变形。

(3)试验过程中无异常的响声。

3. 气压试验

气压试验程序:

(1)气压试验时,制造单位应当制定应急预案并且派人进行现场监督,撤走无关人员。

(2)气压试验时,应当先缓慢升压至规定试验压力的10%,保压足够时间,并且对所有焊(粘)接和连接部位进行初次检查;如无泄漏可继续升压到规定试验压力的50%;如无异常现象,按照规定试验压力的10%逐级升压至试验压力,保压足够时间后降至设计压力进行检查,检查期间压力应当保持不变。

气压试验合格要求:气压试验过程中,压力容器无异常响声,经过肥皂液或者其他检漏液检查无漏气、无可见的变形即为合格。

(三)泄漏试验

制造单位应当按照设计文件的规定在耐压试验合格后进行泄漏试验。

气密性试验:

(1)进行气密性试验时,一般需要将安全附件装配齐全。

(2)保压足够时间经过检查无泄漏为合格。

其他泄漏试验:氨检漏试验、卤素检漏试验、氦检漏试验等泄漏试验由制造单位按照设计文件的规定进行。

五、压力容器使用管理

(一)使用安全管理

1. 压力容器操作规程

压力容器的使用单位,应当在工艺操作规程和岗位操作规程中,明确提出压力容器安全操作要求。操作规程至少包括以下内容:

(1)操作工艺参数(含工作压力、最高或者最低工作温度)。

(2)岗位操作方法(含开、停车的操作程序和注意事项)。

(3)运行中重点检查的项目和部位,运行中可能出现的异常现象和防止措施,以及紧急情况的处置和报告程序。

2. 经常性维护保养

使用单位应当建立压力容器装置巡检制度,并且对压力容器本体及其安全附件、装卸附件、安全保护装置、测量调控装置、附属仪器仪表进行经常性维护保养。对发现的异常情况及时处理并且记录,保证在用压力容器始终处于正常使用状态。

链接

巡检,即巡回检查,是压力容器动态监测的重要手段,其目的是防止事故隐患。压力容器的操作人员在压力容器运行期间应执行巡回检查制度,经常对压力容器进行检查,以便及时发现操作上或设备上出现的不正常状态,采取相应的措施进行调整或消除,防止异常情况扩大和延续,保证压力容器安全运行。检查内容包括工艺条件、设备状况以及安全装置等方面。

(1)在工艺条件方面,主要检查操作条件,包括操作压力、操作温度、液位(液化气体储罐等压力容器)是否在安全操作规程规定的范围内,压力容器工作介质的化学成分、物料配比、投量、数量等,特别是那些影响压力容器安全(如产生腐蚀、使压力升高等)的成分是否符合要求。

(2)在设备状况方面,主要检查压力容器各连接部位有无泄漏、渗漏现象,压力容器有无塑性变形、腐蚀以及其他缺陷或可疑迹象,压力容器及其管道有无振动、磨损等现象。

(3)在安全装置方面,主要检查压力容器的安全装置,包括与安全有关的计量器具(例如温度计,投料或液化气体充装计量用的磅秤等)是否保持完好状态。如压力表的取压管有无泄漏和堵塞现象,弹簧式安全阀的弹簧是否锈蚀、被油垢粘满等情况,杠杆式安全阀的重锤有无移动的迹象,以及冬季气温过低时,装设在室外露天的安全阀有无冻结的可能等,这些装置和器具是否在规定的允许使用期限内。

巡回检查要定时、定点、定路线。

3. 定期自行检查

压力容器的自行检查,包括月度检查、年度检查。

使用单位每月对所使用的压力容器至少进行 1 次月度检查,并且应当记录检查情况;当年度检查与月度检查时间重合时,可不再进行月度检查。月度检查内容主要为压力容器本体及其安全附件、装卸附件、安全保护装置、测量调控装置、附属仪器仪表是否完好,各密封面有无泄漏,以及其他异常情况等。

使用单位每年对所使用的压力容器至少进行 1 次年度检查。年度检查工作可以由压力容器使用单位安全管理人员组织经过专业培训的作业人员进行,也可以委托有资质的特种设备检验机构进行。

4. 异常情况处理

压力容器发生下列异常情况之一的,操作人员应当立即采取应急专项措施,并且按照

规定的程序,及时向本单位有关部门和人员报告:

(1)工作压力、工作温度超过规定值,采取措施仍不能有效控制的。

(2)受压元件发生裂缝、异常变形、泄漏、衬里层失效等危及安全的。

(3)安全附件失灵、损坏等不能起到安全保护作用的。

(4)垫片、紧固件损坏,难以保证安全运行的。

(5)发生火灾等直接威胁到压力容器安全运行的。

(6)液位异常,采取措施仍不能得到有效控制的。

(7)压力容器与管道发生严重振动,危及安全运行的。

(8)与压力容器相连的管道出现泄漏,危及安全运行的。

(9)真空绝热压力容器外壁局部存在严重结冰、工作压力明显上升的。

(10)其他异常情况的。

链接

发生上述异常情况时,应立即停止运行。

盛装易燃易爆介质的压力容器发生超压超温情况,应采取应急措施予以处置,正确的做法是:第一步马上切断进气阀门,停止进料,对有毒易燃易爆介质,应打开放空管,将介质通过接管排至安全地点,第二步通过水喷淋冷却降温(第二步是当超压由超温引起时应采取的步骤)。

盛装无毒非易燃介质的压力容器发生超压超温情况,应打开放空管排汽。

(二)年度检查

1. 压力容器本体及其运行状况检查基本要求

压力容器本体及其运行状况的检查至少包括以下内容:

(1)压力容器的产品铭牌及其有关标志是否符合有关规定。

(2)压力容器的本体、接口(阀门、管路)部位、焊接(粘接)接头等有无裂纹、过热、变形、泄漏、机械接触损伤等。

(3)外表面有无腐蚀,有无异常结霜、结露等。

(4)隔热层有无破损、脱落、潮湿、跑冷。

(5)检漏孔、信号孔有无漏液、漏气,检漏孔是否通畅。

(6)压力容器与相邻管道或者构件有无异常振动、响声或者相互摩擦。

(7)支承或者支座有无损坏,基础有无下沉、倾斜、开裂,紧固件是否齐全、完好。

(8)排放(疏水、排污)装置是否完好。

(9)运行期间是否有超压、超温、超量等现象。

(10)罐体有接地装置的,检查接地装置是否符合要求。

(11)监控使用的压力容器,监控措施是否有效实施。

搪玻璃压力容器检查内容:压力容器外表面防腐漆是否完好,是否有锈蚀、腐蚀现象;密封面是否有泄漏;夹套底部排净(疏水)口开闭是否灵活;夹套顶部放气口开闭是否灵活。

石墨及石墨衬里压力容器检查内容:压力容器外表面防腐漆是否完好,是否有锈蚀、腐蚀现象;石墨件外表面是否有腐蚀、破损和开裂现象;密封面是否有泄漏。

纤维增强塑料及纤维增强塑料衬里压力容器检查的内容：压力容器外表面防腐漆是否完好，是否有腐蚀、损伤、纤维裸露、裂纹或者裂缝、分层、凹坑、划痕、鼓包、变形现象；管口、支撑件等连接部位是否有开裂、拉脱现象；支座、爬梯、平台是否有松动、破坏等影响安全的因素；紧固件、阀门等零部件是否有腐蚀破坏现象；密封面是否有泄漏。

热塑性塑料衬里压力容器检查内容：压力容器外表面防腐漆是否完好，是否有锈蚀、腐蚀现象；密封面是否有泄漏。

典型例题

【单选题】压力容器在使用过程中，使用单位应对其进行年度检查。根据《固定式压力容器安全技术监察规程》，下表检查内容中，属于搪玻璃压力容器年度检查的是(　　)。

检查序号	检查内容
(1)	内表面的腐蚀开裂情况
(2)	密封面是否有泄漏
(3)	夹套底部排净(疏水)口开闭是否灵活
(4)	夹套顶部放气口开闭是否灵活
(5)	搪玻璃层直流高电压检测

A. (2)(3)(5)　　B. (3)(4)(5)

C. (1)(2)(4)　　D. (2)(3)(4)

D。【解析】压力容器使用单位每年对所使用的压力容器至少进行 1 次年度检查，搪玻璃压力容器年度检查专项要求如下：(1)压力容器外表面防腐漆是否完好，是否有锈蚀、腐蚀现象。(2)密封面是否有泄漏。(3)夹套底部排净(疏水)口开闭是否灵活。(4)夹套顶部放气口开闭是否灵活。

2. 安全附件及仪表检查

安全附件的检查包括对安全阀、爆破片装置、安全联锁装置等的检查，仪表的检查包括对压力表、液位计、测温仪表等的检查。

安全阀检查时，凡发现下列情况之一的，使用单位应当限期改正并且采取有效措施确保改正期间的安全，否则暂停该压力容器使用：

(1)选型错误的。

(2)超过校验有效期的。

(3)铅封损坏的。

(4)安全阀泄漏的。

安全阀一般每年至少校验 1 次，符合校验周期延长的特殊要求，经过使用单位安全管理负责人批准可以按照其要求适当延长校验周期。

链接

压力容器维修保养的主要注意事项：

(1)消除产生腐蚀的因素。

(2)经常保持容器的完好状态。

(3)加强容器在停用期间的维护。

(4)保持完好的防腐层。

(5)消除容器的“跑”“冒”“滴”“漏”。

腐蚀是造成压力容器失效的一个重要因素,对于有些工作介质来说,只有在特定的条件下才会对压力容器的材料产生腐蚀。因此,要尽力消除这种能够引起腐蚀的条件。气相介质溶于 H_2S 会形成酸性条件导致设备腐蚀加剧,应经过碱洗脱出体系内的 H_2S 或避免介质接触水相介质。盛装一氧化碳的压力容器应采取干燥和过滤的方法。碳钢容器的碱脆需要具备温度、拉伸应力和较高的碱液浓度等条件。介质中含有稀碱液的容器,必须采取措施消除使稀液浓缩的条件。盛装氧气的容器,最好使氧气经过干燥,或在使用中经常排放容器中的积水。

六、压力容器定期检验

压力容器定期检验,是指特种设备检验机构(以下简称检验机构)按照一定的时间周期,在压力容器停机时,根据规程的规定对在用压力容器的安全状况所进行的符合性验证活动。

(一)定期检验通用要求

1. 报检

使用单位应当在压力容器定期检验有效期届满的 1 个月以前向检验机构申报定期检验。检验机构接到定期检验申报后,应当在定期检验有效期届满前安排检验。

2. 安全状况等级

在用压力容器的安全状况分为 1 级至 5 级。

3. 检验周期

金属压力容器一般于投用后 3 年内进行首次定期检验。以后的检验周期由检验机构根据压力容器的安全状况等级,按照以下要求确定:

(1)安全状况等级为 1 级、2 级的;一般每 6 年检验 1 次。

(2)安全状况等级为 3 级的,一般每 3 年至 6 年检验 1 次。

(3)安全状况等级为 4 级的,监控使用,其检验周期由检验机构确定,累计监控使用时间不得超过 3 年,在监控使用期间,使用单位应当采取有效的监控措施。

(4)安全状况等级为 5 级的,应对缺陷进行处理,否则不得继续使用。

非金属压力容器一般于投用后 1 年内进行首次定期检验。以后的检验周期由检验机构根据压力容器的安全状况等级,按照以下要求确定:

(1)安全状况等级为 1 级的,一般每 3 年检验 1 次。

(2)安全状况等级为 2 级的,一般每 2 年检验 1 次。

(3)安全状况等级为 3 级的,应当监控使用,累计监控使用时间不得超过 1 年。

(4)安全状况等级为 4 级的,不得继续在当前介质下使用;如果用于其他适合的腐蚀性介质时,应当监控使用,其检验周期由检验机构确定,但是累计监控使用时间不得超过 1 年。

(5)安全状况等级为 5 级的,应当对缺陷进行处理,否则不得继续使用。

有下列情况之一的压力容器,定期检验周期应当适当缩短:

(1)介质或者环境对压力容器材料的腐蚀情况不明或者腐蚀情况异常的。

(2)具有环境开裂倾向或者产生机械损伤现象,并且已经发现开裂的。

(3)改变使用介质并且可能造成腐蚀现象恶化的。

(4)材质劣化现象比较明显的。

(5)超高压水晶釜使用超过 15 年的或者运行过程中发生超温的。

(6)使用单位没有按照规定进行年度检查的。

(7)检验中对其他影响安全的因素有怀疑的。

采用“亚铵法”造纸工艺,并且无有效防腐措施的蒸球,每年至少进行 1 次定期检验。

使用标准抗拉强度下限值大于 540 MPa 低合金钢制球形储罐,投用 1 年后应当进行开罐检验。

【注:环境开裂主要包括应力腐蚀开裂、氢致开裂、晶间腐蚀开裂等;机械损伤主要包括各种疲劳、高温蠕变等。】

(二)金属压力容器定期检验项目与方法

金属压力容器定期检验项目,以宏观检验、壁厚测定、表面缺陷检测、安全附件检验为主,必要时增加埋藏缺陷检测、材料分析、密封紧固件检验、强度校核、耐压试验、泄漏试验等项目。设计文件对压力容器定期检验项目、方法和要求有专门规定的,还应当从其规定。

表面缺陷检测,应当采用磁粉检测、渗透检测方法。铁磁性材料制压力容器的表面检测应当优先采用磁粉检测。

材料分析根据具体情况,可以采用化学分析、光谱分析、硬度检测、金相分析等方法。材料分析按照以下要求进行:

(1)材质不明的,一般需要查明主要受压元件的材料种类;对于第Ⅲ类压力容器以及有特殊要求的压力容器,必须查明材质。有特殊要求的压力容器,主要是指承受疲劳载荷的压力容器,采用应力分析设计的压力容器,盛装毒性危害程度为极度、高度危害介质的压力容器,盛装易爆介质的压力容器,标准抗拉强度下限值大于 540 MPa 的低合金钢制压力容器等。

(2)有材质劣化倾向的压力容器,应当进行硬度检测,必要时进行金相分析。

(3)有焊缝硬度要求的压力容器,应当进行硬度检测。

对于已经进行本条第(1)项检验,并且已作出明确处理的,不需要再重复检验该项。

七、压力容器的安全附件及仪表

(一)安全附件

通用要求:

(1)制造安全阀、爆破片装置的单位应当持有相应的特种设备制造许可证。

(2)安全阀、爆破片、紧急切断阀等需要型式试验的安全附件,应当经过市场监管总局核准的型式试验机构进行型式试验并且取得型式试验证明文件。

(3)安全附件的设计、制造,应当符合相关安全技术规范的规定。

(4)安全附件出厂时应当随带产品质量证明文件,并且在产品上装设牢固的金属铭牌。

(5)安全附件实行定期检验制度。

设计快开门式压力容器时,设计者应当设置安全联锁装置,并且对其使用环境、校验周期、校验方法等使用技术要求作出规定。安全联锁装置应当满足以下要求:

(1)当快开门达到预定关闭部位,方能升压运行。

(2)当压力容器的内部压力完全释放,方能打开快开门。

超压泄放装置的装设要求:

(1)规程规定范围内的压力容器,应当根据设计要求装设超压泄放装置,压力源来自压力容器外部,并且得到可靠控制时,超压泄放装置可以不直接安装在压力容器上。

(2)采用爆破片装置与安全阀组合结构时,应当符合压力容器产品标准的有关规定,凡串联在组合结构中的爆破片在动作时不允许产生碎片。

(3)易爆介质或者毒性危害程度为极度、高度或者中度危害介质的压力容器,应当在安全阀或者爆破片的排出口装设导管,将排放介质引至安全地点,并且进行妥善处理,毒性介质不得直接排入大气。

(4)压力容器设计压力低于压力源压力时,在通向压力容器进口的管道上应当装设减压阀,如因介质条件减压阀无法保证可靠工作时,可用调节阀代替减压阀,在减压阀或者调节阀的低压侧,应当装设安全阀和压力表。

(5)使用单位应当保证压力容器使用前已经按照设计要求装设了超压泄放装置。

超压泄放装置的安装要求:

(1)超压泄放装置应当安装在压力容器液面以上的气相空间部分,或者安装在与压力容器气相空间相连的管道上;安全阀应铅直安装。

(2)压力容器与超压泄放装置之间的连接管和管件的通孔,其截面积不得小于超压泄放装置的进口截面积,其接管应当尽量短而直。

(3)压力容器一个连接口上安装两个或者两个以上的超压泄放装置时,则该连接口入口的截面积,应当至少等于这些超压泄放装置的进口截面积总和。

(4)超压泄放装置与压力容器之间一般不宜安装截止阀门;为实现安全阀的在线校验,可在安全阀与压力容器之间安装爆破片装置;对于盛装毒性危害程度为极度、高度、中度危害介质,易爆介质,腐蚀、黏性介质或者贵重介质的压力容器,为便于安全阀的清洗与更换,经过使用单位安全管理负责人批准,并且制定可靠的防范措施,方可在超压泄放装置与压力容器之间安装截止阀门,压力容器正常运行期间截止阀门必须保证全开(加铅封或者锁定),截止阀门的结构和通径不得妨碍超压泄放装置的安全泄放。

(5)新安全阀应当校验合格后才能安装使用。

安全阀、爆破片的排放能力,应当大于或者等于压力容器的安全泄放量。排放能力和安全泄放量按照相应标准的规定进行计算,必要时还应当进行试验验证。对于充装处于饱和状态或者过热状态的气液混合介质的压力容器,设计爆破片装置时应当计算泄放口径,确保不产生空间爆炸。

安全阀的整定压力一般不大于该压力容器的设计压力。设计图样或者铭牌上标注有最高允许工作压力的,也可以采用最高允许工作压力确定安全阀的整定压力。

压力容器上装有爆破片装置时,爆破片的设计爆破压力一般不大于该容器的设计压力,并且爆破片的最小爆破压力不得小于该容器的工作压力。当设计图样或者铭牌上标注有最高允许工作压力时,爆破片的设计爆破压力不得大于压力容器的最高允许工作压力。

当安全阀和爆破片并联组合时,安全阀的开启压力应略低于爆破片的标定爆破压力;爆破片的标定爆破压力应低于或者等于容器的设计压力。当安全阀进口和容器之间串联安装爆破片时,爆破片破裂后的泄放面积应大于或者等于安全阀进口面积,且碎片不能影响安全阀的正常动作。当安全阀出口侧串联爆破片时,安全阀与爆破片之间即使存在背压，在开启压力下安全阀应仍能正常开启；爆破片破裂后的泄放面积应大于或者等于安全阀进口面积；容器内介质应洁净，且不含阻塞或胶着物质；为防止安全阀和爆破片之间积累压力，应在其间设置放空管或排污管；安全阀的泄放能力应满足要求。

安全阀按结构形式来分，分为静重式、杠杆式、弹簧式和先导式（脉冲式）。静重式安全阀是将重锤的载荷力直接作用在阀瓣上，当介质力与重锤力平衡时，安全阀开启。杠杆式安全阀是利用重锤和杠杆来平衡作用在阀瓣上的力来工作的，根据杠杆原理，它可以使用质量较小的重锤通过杠杆的增大作用获得较大的作用力，并通过移动重锤的位置来调节安全阀的开启压力。杠杆式安全阀不适用于持续运行的系统，不适用于高压系统，适用于中压系统、低压系统等系统。弹簧式安全阀指依靠弹簧的弹性压力而将阀的瓣膜或柱塞等密封件闭锁，当压力容器的压力异常后，产生的高压将克服安全阀的弹簧压力，所以闭锁装置被顶开，形成了一个泄压通道，将高压泄放掉。弹簧式安全阀对振动的敏感性小，适用于移动式压力容器，不适用于高温系统。先导式安全阀是一种依靠导阀排出介质来驱动或控制的安全阀。

杠杆式安全阀应当有防止重锤自由移动的装置和限制杠杆越出的导架，弹簧式安全阀应当有防止随便拧动调整螺钉的铅封装置，静重式安全阀应当有防止重片飞脱的装置。

安全阀校验单位应当具有与校验工作相适应的校验技术人员、校验装置、仪器和场地，并且建立必要的规章制度。校验人员应当取得安全阀校验人员资格。校验合格后，校验单位应当出具校验报告并且对校验合格的安全阀加装铅封。

压力容器的安全阀应尽可能直接装设在容器本体上。为防止排出液体物料，发生事故，液化气体容器上的安全阀应安装于气相部分。

链接

安全阀在设备或容器内的压力超过设定值时自动开启，泄出部分介质降低压力，从而防止设备或容器破裂爆炸。安全阀设置的要求：安全阀用于泄放可燃液体时，宜将排泄管接入事故储槽、污油罐或其他容器。当安全阀的入口处装有隔断阀时，隔断阀必须保持常开状态并加铅封。室内可燃气体压缩机安全阀的放空口宜引出房顶，并高于房顶 2 m 以上。

安全阀按气体排放方式可分为全封闭式、半封闭式和敞开式三种。

当压力容器内的介质不洁净、易于结晶或聚合时，杂质或结晶体可能造成安全阀堵塞，无法按规定压力开启安全阀，安全阀也就无法发挥安全泄压作用。因此，在此种情况下，为了保证压力的正常泄放，应采用爆破片作为安全泄压装置。

当压力容器内的工作介质含剧毒气体或可燃气体（蒸气）时，若采用安全阀作为安全泄压装置，仍不可避免地会存在微量泄漏，造成环境污染，因此，适宜采用爆破片作为安全泄压装置。

链接

爆破片也称防爆膜或防爆片，是一种断裂型的安全泄压装置，当设备、容器及系统因某种原因压力超标时，爆破片即被破坏进而泄压，以防止设备、容器及系统受到破坏。决定爆破片防爆效率的因素有膜片厚度、膜片材质、泄压面积。

关于爆破片的其他内容，下面以典型例题的形式进行介绍。

典型例题

【单选题】爆破片的作用是在设备、容器及系统压力超标时，爆破片破坏使过高的压力泄放出来，以保证系统安全。关于爆破片及其使用场合的说法，正确的是(　　)。

A. 乙炔发生器应安装爆破片，爆破压力应大于设计压力

B. 选定爆破片的爆破压力应为系统最高工作压力

C. 常压工作的系统不应选用玻璃材质的爆破片

D. 对乙炔设备，爆破片泄压面积应按 1 m^3 容积取 0.45 m^2

D。【解析】爆破片的爆破压力通常取设备、容器及系统最高工作压力的 1.15～1.3 倍，特殊情况下还可以取更大的值。但无论如何，爆破片的爆破压力均不得高于系统的设计压力，若高于系统的设计压力则爆破片无法起到应有的防爆泄压作用。正常工作压力较低的系统(如常压系统、无压力系统)的爆破片可以选用玻璃、石棉、塑料、橡胶等材质。乙炔设备的爆破片泄压面积应按 1 m^3 容积大于 0.4 m^2 设计，氢设备同乙炔设备。其他设备的爆破片泄压面积通常按 1 m^3 容积取 0.035～0.18 m^2设计。

【单选题】爆破片的类型主要有正拱型、反拱型和石墨型等，正拱型是拱的凹面处于压力系统的高压侧，反拱型是拱的凸面处于压力系统的高压侧，石墨型由整块石墨浸渍加工而成。关于不同类型爆破片适用场合的说法，错误的是(　　)。

A. 反拱型比正拱型更适用于有脉动荷载的场合

B. 反拱型比正拱型更适用于系统中有真空条件的场合

C. 反拱型比正拱型更适用于介质为高压液体的场合

D. 石墨型适用于强腐蚀、低压，允许碎片产生的场合

C。【解析】在爆破片选型时，由于反拱型的操作压力比高、耐真空、抗疲劳性更好，寿命更长等特点一般优先使用。反拱型还特别适用于有脉动荷载的情况。故选项 A，B 正确。用于液体介质，不能选用反拱型爆破片。故选项 C 错误。石墨型爆破片适用于强腐蚀和低压场合(小于 1 MPa)，且允许爆破片破裂时有碎片产生。故选项 D 正确。

(二)仪表

1. 压力表

压力表选用：

(1)选用的压力表，应当与压力容器内的介质相适应。

(2)设计压力小于 1.6 MPa 压力容器使用的压力表的精度不得低于 2.5 级，设计压力大于或者等于 1.6 MPa 压力容器使用的压力表的精度不得低于 1.6 级。

(3)压力表表盘刻度极限值应当为工作压力的 1.5～3.0 倍。

压力表的检定和维护应当符合国家计量部门的有关规定，压力表安装前应当进行检定，在刻度盘上应当划出指示工作压力的红线，注明下次检定日期。压力表检定后应当加铅封。

2. 液位计

液位计应当安装在便于观察的位置，否则应当增加其他辅助设施。大型压力容器还应当有集中控制的设施和警报装置。液位计上最高和最低安全液位，应当作出明显的标志。

3. 壁温测试仪表

需要控制壁温的压力容器，应当装设测试壁温的测温仪表(或者温度计)。测温仪表应当定期校准。

提示

综上所述，压力容器的安全附件包括直接连接在压力容器上的安全阀、爆破片装置、易熔塞、紧急切断装置、安全联锁装置。压力容器的仪表包括直接连接在压力容器上的压力、温度、液位等测量仪表。

易熔塞适用于中压小型压力容器和低压小型压力容器，爆破帽适用于超高压压力容器。紧急切断阀通常与截止阀串联在压力容器的介质出口管道上。

在盛装液化气体的钢瓶上，应用最广泛的安全附件是易熔塞。易熔塞的动作取决于容器壁的温度。

第4节　压力管道

一、压力管道的概念及特点

压力管道，是指利用一定的压力，用于输送气体或者液体的管状设备，其范围规定为最高工作压力大于或者等于0.1 MPa(表压)，介质为气体、液化气体、蒸汽或者可燃、易爆、有毒、有腐蚀性、最高工作温度高于或者等于标准沸点的液体，且公称直径大于或者等于50 mm的管道。

压力管道具有以下特点：

(1)压力管道是一个系统，相互关联相互影响，牵一发而动全身。

(2)压力管道长径比很大，极易失稳，受力情况比压力容器更复杂。压力管道内流体流动状态复杂，缓冲余地小，工作条件变化频率比压力容器高(如高温、高压、低温、低压、位移变形、风、雪、地震等都有可能影响压力管道受力情况)。

(3)管道组成件和管道支承件的种类繁多，各种材料各有特点和具体技术要求，材料选用复杂。

(4)管道上的可能泄漏点多于压力容器，仅一个阀门通常就有5处。

(5)压力管道种类多，数量大，设计，制造，安装，检验，应用管理环节多，与压力容器大不相同。

二、压力管道的许可参数级别

压力管道的设计：市场监督管理总局授权省级市场监督管理部门实施或由省级市场监督管理部门实施的子项目包括长输管道(GA1，GA2)、公用管道(GB1，GB2)和工业管道(GC1，GC2，GCD)。许可参数级别及覆盖关系见下表。

压力管道设计、安装许可参数级别

许可级别	许可范围	备注
GA1	设计压力大于4.0 MPa(表压，下同)的长输输油输气管道	GA1级覆盖GA2级
GA2	GA1级以外的其他长输管道	—

（续表）

许可级别	许可范围	备注
GB1	燃气管道	—
GB2	热力管道	—
GC1	(1)输送《危险化学品目录》中规定的毒性程度为急性毒性类别1介质、急性毒性类别2气体介质和工作温度高于其标准沸点的急性毒性类别2液体介质的工艺管道。 (2)输送《石油化工企业设计防火规范》《建筑设计防火规范》中规定的火灾危险性为甲、乙类可燃气体或者甲类可燃液体(包括液化烃),并且设计压力大于或者等于4.0 MPa的工艺管道。 (3)输送流体介质,并且设计压力大于或者等于10.0 MPa,或者设计压力大于或者等于4.0 MPa且设计温度高于或者等于400 ℃的工艺管道	GC1级、GCD级覆盖GC2级
GC2	(1)GC1级以外的工艺管道。 (2)制冷管道	—
GCD	动力管道	—

三、油气管道的安全技术要求

(一)安全管理

管道是油气资源配送的最主要方式,具有输量大、成本低、损耗低等优势。然而,由于油气介质易燃易爆的特性以及储存量大等原因,油气管道一旦发生泄漏事故,可能引发重大伤亡或环境污染的灾难性事故,后果十分严重。管道的安全管理问题由来已久,他一直受到国内外油气管道行业的高度重视,在长期的管道安全管理实践中,逐渐形成了油气管道行业特有的安全管理体系和技术方法——管道完整性管理。世界各国油气管道运营安全管理的经验证明,管道完整性管理是预防油气管道事故发生、实现事前预控的重要手段,也是管道运营企业必须实施的安全管理内容。

管道完整性管理的相关术语。

(1)管道完整性是指管道处于安全可靠的服役状态,主要包括:管道在结构和功能上是完整的;管道处于风险受控状态;管道的安全状态可满足当前运行要求。

(2)管道完整性管理是指对管道面临的风险因素不断进行识别和评价,持续消除识别到的不利影响因素,采取各种风险消减措施,将风险控制在合理、可接受的范围内,最终实现安全、可靠、经济地运行管道的目的。

管道完整性管理的一般要求:

(1)完整性管理应贯穿管道全生命周期,包括设计、采购、施工、投产、运行和废弃等各阶段,并应符合国家法律法规的规定。

(2)新建管道的设计、施工和投产应满足完整性管理的要求。

(3)数据采集与整合工作应从设计期开始,并在完整性管理全过程中持续进行。

(4)在建设期开展高后果区识别,优化路由选择。无法避绕高后果区时应采取安全防护措施。

(5)管道运营期周期性地进行高后果区识别,识别时间间隔最长不超过18个月。当管道及周边环境发生变化,及时进行高后果区更新。

(6)对高后果区管道进行风险评价。

(7)积极采用新技术。

(8)管道企业应明确管道完整性管理的负责部门及职责要求,并对完整性管理从业人员进行培训。

(9)完整性管理是持续循环的过程,包括数据采集与整合、高后果区识别、风险评价、完整性评价、风险消减与维修维护、效能评价等六个环节。

(二)安全输送

油气长输管道是石油天然气输送相对经济、安全、高效的方式。油气管道安全输送要求简述如下:

(1)管道布置应考虑压力和温度变化产生的应力。

(2)应防止在管道外围形成爆炸性气体滞留空间。

(3)当管内流速大时容易产生自集聚现象,且流速过大容易摩擦产生静电造成爆炸事故。因此,限定管道内气体流速可在一定程度上起到管道防爆作用。

(4)天然气进入长输管道前应进行脱硫脱水处理。

(5)地上或管沟内敷设的石油天然气管道,在下列部位应设防静电接地装置:进出装置或设施处;爆炸危险场所的边界;管道泵及其过滤器、缓冲器等;管道分支处以及直线段每隔200~300 m处。

四、工业管道的安全技术要求

(一)管道元件

管道元件包括管道组成件和管道支承件。管道组成件,即用于连接或者装配成承载压力且密闭的管道系统的元件,包括管子、管件、法兰、密封件、紧固件、阀门、安全保护装置以及诸如膨胀节、挠性接头、耐压软管、过滤器(如Y型、T型等)、管路中的节流装置(如孔板)和分离器等。管道支承件,包括吊杆、弹簧支吊架、斜拉杆、平衡锤、松紧螺栓、支撑杆、链条、导轨、鞍座、底座、滚柱、托座、滑动支座、吊耳、管吊、卡环、管夹、U形夹和夹板等。

典型例题

【多选题】依据《压力管道安全技术监察规程——工业管道》,压力管道由压力管道元件和附属设施等组成。下列压力管道系统涉及的器件中,属于压力管道元件的有(　　)。

A. 阀门　　B. 过滤器

C. 管道支吊架　　D. 阴极保护装置

E. 密封件

ABCE。**【解析】**压力管道元件有不同的划分方法,第一种分为管道组成件和支承件;第二种分为阀门、管子、管件、补偿器、连接件、密封件、支吊架和附属部件等,其中,附属部件包括过滤器、疏水器、分离器等,管件包括弯头、三通、法兰、管帽等。选项D属于压力管道中的附属设施。

管道元件制造单位应当按照管道元件的供货批量,提供盖有制造单位质量检验章的产品质量证明文件,实行监督检验的管道元件,还应当提供特种设备检验检测机构出具的监督检验证书。

管道组成件的质量证明文件包括产品合格证和质量证明书。产品合格证一般包括产品名称、编号、规格型号、执行标准等。

管道支承件应当按照有关安全技术规范及其相应标准的规定,提供产品质量证明文件。

产品合格证和质量证明书应当有制造单位质量检验人员和质量保证工程师签章。

(二)安全保护装置

1. 基本要求

压力管道所用的安全阀、爆破片装置、阻火器、紧急切断装置等安全保护装置以及附属仪器或者仪表应当符合《压力管道安全技术监察规程——工业管道》的规定。制造安全泄放装置(安全阀、爆破片装置)、阻火器和紧急切断装置用紧急切断阀等安全保护装置的单位必须取得相应的《特种设备制造许可证》。

安全保护装置以及附属仪器仪表的设计、制造和检验,应当符合有关安全技术规程及其相应标准的要求。

安全泄放装置用于防止管道系统发生超压事故,其控制仪器或者仪表和事故连(联)锁装置不能代替安全泄放装置作为系统的保护设施。在不允许安装安全泄放装置的情况下,并且控制仪表和事故连(联)锁装置的可靠性不低于安全泄放装置时,则控制仪表和事故连(联)锁装置可以代替安全泄放装置作为系统的保护设施。

凡有以下情况之一者,应当设置安全泄放装置:

(1)设计压力小于系统外部压力源的压力,出口可能被关断或者堵塞的容器和管道系统。

(2)出口可能被关断的容积式泵和压缩机的出口管道。

(3)因冷却水或者回流中断,或者再沸器输入热量过多引起超压的蒸馏塔顶气相管道系统。

(4)因不凝气积聚产生超压的容器和管道系统。

(5)加热炉出口管道,如果设有切断阀或者调节阀时,该加热炉与切断阀或者调节阀之间的管道。

(6)因两端切断阀关闭,受环境温度、阳光辐射或者伴热影响产生热膨胀或者汽化的管道系统。

(7)放热反应可能失控的反应器出口切断阀上游的管道。

(8)凝汽式汽轮机设备的出口管道。

(9)蒸汽发生器等产汽设备的出口管道系统。

(10)低沸点液体(液化气等)容器出口管道系统。

(11)管程可能破裂的热交换器低压侧出口管道。

(12)减压阀组的低压侧管道。

(13)设计认为可能产生超压的其他管道系统。

当采用安全阀不能可靠工作时,应当改用爆破片装置,或者采用爆破片与安全阀组合装置。爆破片与安全阀串联使用时,爆破片在动作中不允许产生碎片。

以下放空或者排气管道上应当设置放空阻火器:

(1)闪点低于或者等于43 ℃,或者物料最高工作压力高于或者等于物料闪点的储罐的直接放空管(包括带有呼吸阀的放空管道)。

(2)可燃气体在线分析设备的放空总管。

(3)爆炸危险场所内的内燃发动机的排气管道。

凡有以下情况之一者,一般应当在管道系统的指定位置设置管道阻火器:

(1)输送有可能产生爆燃或者爆轰的混合气体管道。

(2)输送能自行分解导致爆炸,并且引起火焰蔓延的气体管道。

(3)与明火设备连接的可燃气体减压后的管道(特殊情况可设置水封装置)。

(4)进入火炬头前的排放气管道。

可燃液化气或者可燃压缩气储运和装卸设施重要的气相或者液相管道应当设置紧急切断装置。紧急切断装置包括紧急切断阀、远程控制系统和易熔塞自动切断装置。远程控制系统的关闭装置应当装在人员易于操作的位置,易熔塞自动切断装置应当设在环境温度升高至设定温度时,能自动关闭紧急切断阀的位置。

链接

阻火器是一种用来阻止易燃气体和易燃液体蒸汽的火焰蔓延的安全装置,他允许气体通过而阻止火焰通过,最初被应用在石油工业中,以后又广泛应用于矿山、煤矿、水运及化学工业中。阻火器主要由壳体和滤芯两部分组成,其中滤芯是阻止火焰传播的主要构件,按滤芯不同可分为充填型阻火器、板型阻火器、金属网阻火器、波纹型阻火器及液封型阻火器等。

目前对阻火器有下列分类方法:

(1)按照性能可分为阻爆燃型和阻爆轰型。阻爆燃型是指用于阻止亚音速传播的火焰蔓延;阻爆轰型是指阻止音速和超音速传播的火焰蔓延。

(2)按照使用场合不同可分为放空阻火器和管道阻火器。放空阻火器分为管端型和普通型。管道型阻火器为阻爆燃型;普通型阻火器分为阻爆燃型和阻爆轰型。

(3)按照阻火结构可分为填充型、板型、金属丝网型、液封型和波纹型等五种。

(4)阻火器按照最大试验安全间隙(MESG)测试气体爆炸组级别分为七级。

阻火器的安全阻火速度应大于安装位置可能达到的火焰传播速度。阻火器的最大间隙应不大于介质在操作工况下的最大试验安全间隙。

2. 安装

管道与安全阀(爆破片装置)之间一般不宜设置切断阀。

爆破片装置单独使用时,爆破片装置的入口管需要设置全通径的切断阀,以便更换爆破片用,切断阀在全开启状态锁定或者铅封。

阻火器安装时,应当满足下列要求:

(1)管端型放空阻火器的放空端安装防雨帽。

(2)工艺物料含有颗粒或者其他会使阻火元件堵塞的物质时,在阻火器进、出口安装压力表,监控阻火器的压力降。

(3)工艺物料含有水汽或者其他凝固点高于0 ℃的蒸汽(如醋酸蒸汽等),有可能发生冻结的情况,阻火器设置防冻或者解冻措施,如电伴热、蒸汽盘管或者夹套和定期蒸汽吹扫等,对于水封型阻火器,可以采用连续流动水或者加防冻剂的方法防冻。

(4)阻火器不得靠近炉子和加热设备,除非阻火元件温度升高不会影响其阻火性能。

(5)单向阻火器安装时,阻火侧朝向潜在点火源。

提示

综合工业管道、长输管道、燃气管道、热力管道等各类型压力管道,压力管道安全附件和安全保护装置包括安全泄压装置、调压装置、切断装置、止回阀、阻火器、放散管、泄漏气体安全报警装置、防静电设施、凝水缸、压力表、温度计等。

(三)管道定期检验

管道一般在投入使用后3年内进行首次定期检验。以后的检验周期由检验机构根据管道安全状况等级,按照以下要求确定:

(1)安全状况等级为1级、2级的,GC1,GC2级管道一般不超过6年检验1次,GC3级管道不超过9年检验1次。

(2)安全状况等级为3级的,一般不超过3年检验1次,在使用期间内,使用单位应当对管道采取有效的监控措施。

(3)安全状况等级为4级的,使用单位应当对管道缺陷进行处理,否则不得继续使用。

管道年度检查应当至少包括对管道安全管理情况、管道运行状况和安全附件与仪表的检查,必要时应当进行壁厚测定和电阻值测量。管道年度检查时,应检查波纹管膨胀节表面有无划痕、凹痕、腐蚀穿孔、开裂以及波纹管波间距是否符合要求;对有蠕胀测量要求的管道,检查管道蠕胀测点或者蠕胀测量带是否完好;应当对输送易燃、易爆介质的管道,以抽查方式进行防静电接地电阻值和法兰间接触电阻值测定。

(四)在用工业管道日常维护

运行管理或使用单位应根据管道特点和使用状况对管道进行经常性维护保养,维护保养应符合有关安全技术规范和产品使用维护保养说明的要求,制定管道的日常维护计划,按要求开展相应的日常维护工作。对发现的异常情况及时处理,并作出记录。

日常维护内容包括日常巡查、相关附件与附属设施的日常维护保养。

日常巡查、日常维护保养的主要内容

项目	主要内容
日常巡查	(1)各项工艺操作指标参数、运行情况、系统的平稳情况。 (2)管道接头、阀门及各管件密封无泄漏情况。 (3)防腐层、保温层完好情况。 (4)管道振动情况。 (5)管道支、吊架的紧固、支承、管架、基础等应符合要求。 (6)管道之间、管道与相邻构件的摩擦状况。 (7)阀门等操作机构润滑情况。 (8)安全阀、爆破片、阻火器、紧急切断阀等安全保护装置应符合规定。 (9)压力、温度等测量仪表的运行情况。 (10)静电跨接、静电接地、抗腐蚀阴极保护装置的运行、完好状况。 (11)其他问题等

（续表）

项目	主要内容
日常维护保养	(1)对管道防腐层进行维护,避免管道表面不必要的碰撞,保持管道表面的光洁。必要时采取防腐措施,减少电化学腐蚀和化学腐蚀。 (2)按照要求,标注管道的基本识别色、识别符号和安全标识。 (3)应保证阀门的操作机构开关灵活。 (4)检查安全阀,确保阀体没有异常锈蚀、漏气,安全阀灵活起跳,并按时进行校验。 (5)压力表应经常进行擦拭,确保指针和刻度清晰可见,表体无异常锈蚀,表盘无破损,并按时进行检定。 (6)检查紧固螺栓完好状况,做到齐全、不锈蚀、丝扣完整,连接可靠。 (7)管道因外界因素产生较大振动时,应采取隔断振源、加强支承等减振措施。发现摩擦等情况应及时采取措施。 (8)静电跨接、接地装置应保持良好完整,符合要求,及时消除缺陷,防止故障的发生。 (9)停用的管道应排除内部的可燃性或腐蚀性介质,并进行置换、清洗和干燥,必要时作惰性气体保护,外表面应涂刷防腐油漆,防止环境因素腐蚀。对有保温层的管道应注意保温层下的防腐和支座处的防腐。 (10)禁止将管道及支架作为电焊的零线、起重工具的锚点和撬抬重物的支撑点。 (11)及时消除跑、冒、滴、漏。 (12)管道的底部和弯曲处是系统的薄弱环节,最易发生腐蚀和磨损,应经常进行检查,必要时采用低点排液、维修或更换措施。 (13)高温管道开工升温过程中需对管道法兰连接螺栓进行热紧,低温管道降温过程中需对管道法兰连接螺栓进行冷紧。 (14)对存在风险的管道进行编号形成记录,并安排专人负责

异常情况处理:

(1)管道在使用中发现异常情况的,作业人员或者维护保养人员应立即采取应急措施,并按照规定的程序向使用单位特种设备安全管理人员和单位有关负责人报告。

(2)使用单位应对出现故障或者发生异常情况的管道及时进行全面检查,查明故障和异常情况原因,并及时采取有效措施,必要时停止运行,安排检验、检测,不得带病运行、冒险作业,待故障、异常情况消除后,方可继续使用。

典型例题

【多选题】压力管道的安全操作,维护保养和故障处理是影响管道安全的重要因素。关于压力管道使用和维护安全技术的说法,正确的有(　　)。

A. 高温管道在开工升温过程中需进行热紧

B. 低温管道在开工降温过程中需进行冷紧

C. 管道接头发生泄漏时,不得带压紧固连接件

D. 巡回检查项目应包括静电跨接、静电接地状况

E. 进行焊接时,可将管道或支架作为电焊的地线

ABCD。**【解析】**禁止将管道及支架作为电焊的零线、起重工具的锚点和撬抬重物的支撑点。故选项 E 错误。

【单选题】埋地敷设的燃气管道泄漏的检查难度较大,一般查漏时先按燃气气味的浓度初步确定大致的漏气范围,然后再选用其他检测方法进行确认。下列检查管道泄漏的方法,不适用于埋地燃气管道泄漏的是(　　)。

A. 泄漏点附近钻孔查漏　　B. 检查安全阀工作状况

C. 观察泄漏点附近植物生长情况　　D. 观测凝水缸抽水量变化情况

B。【解析】除了选项A,C,D所述方法外,检查埋地燃气管道泄漏还可选用的方法有用检漏工具或检漏仪器查漏、挖探坑查漏、井室检查等。

第5节　电　梯

一、电梯的组成

电梯的组成示意图如下图所示。

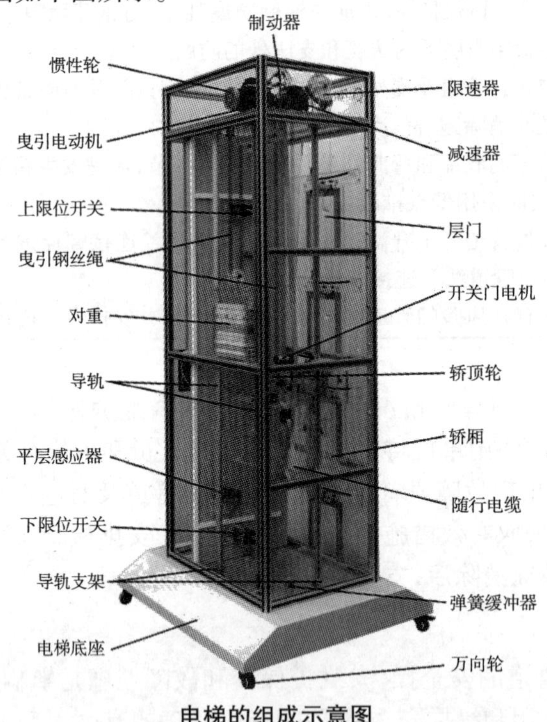

电梯的组成示意图

二、电梯基本安全技术要求

与处于不同位置人员相关的通用电梯基本安全要求:

(1)运载装置和工作区域的地面。运载装置地面和工作区域的地面应减少绊倒和滑倒的风险。运载装置地面和工作区域的地面应是适当的水平面,即:它们不呈现明显的斜面。当考虑使用防滑材料时,应注意到材料的粗糙程度不会长期保持一致,可能随清理操作(如清扫)而变化。

(2)因相对运动引起的危险。应防止使用人员或非使用人员因以下原因产生剪切、挤压、擦伤或其他伤害的后果：运载装置与外部物体相对运动；电梯设备相对运动。上述内容是针对位于运载装置内、外的人员的安全而言，被授权的专业人员的安全另有规定。

第6节　起重机械

一、起重机械的类别与品种

根据《特种设备目录》，起重机械的类别与品种见下表。

起重机械的类别与品种

类别	品种
桥式起重机	通用桥式起重机、防爆桥式起重机、绝缘桥式起重机、冶金桥式起重机、电动单梁起重机、电动葫芦桥式起重机
门式起重机	通用门式起重机、防爆门式起重机、轨道式集装箱门式起重机、轮胎式集装箱门式起重机、岸边集装箱起重机等
塔式起重机	普通塔式起重机、电站塔式起重机
流动式起重机	轮胎起重机、履带起重机、集装箱正面吊运起重机、铁路起重机
门座式起重机	门座起重机、固定式起重机
升降机	施工升降机、简易升降机
缆索式起重机	—
桅杆式起重机	—
机械式停车设备	—

提示

回转臂安装在原架支座上，沿地面轨道运行，下方可通过铁路或公路车辆的起重机是门座式起重机，它多用于港口、码头的货物装卸，造船厂的施工和安装及大型水电站的建设工程中。

起重机械根据运动形式不同，分为桥架类起重机和臂架类起重机。

(1)臂架类起重机的主要工作区间为圆柱形，通常由行走、起升、变幅和旋转等四类机构组成。塔式起重机、门座式起重机、轮式起重机、汽车式起重机、流动式起重机等都是他的主要形式。

(2)桥架类起重机是指其取物装置悬挂在能沿桥架运行的起重小车、葫芦或臂架起重机上的起重机。桥式起重机、门式起重机等都是他的主要形式。

二、起重机械的安全防护装置

(一)制动器

制动器是具有使运动部件(或运动机械)减速、停止或保持停止状态等功能的装置。根据《起重机械安全规程　第1部分：总则》，动力驱动的起重机，其起升、变幅、运行、回转机构都应装可靠的制动装置(液压缸驱动的除外)；当机构要求具有载荷支持作用时，应装设机械常闭式制动器。在运行、回转机构的传动装置中有自锁环节的特殊场合,如能确保不发生超过许用应力的运动或自锁失效,也可以不用制动器。对于动力驱动的起重机械,在产生大的电压降或在电气保护元件动作时,不允许导致各机构的动作失去控制。

起重机所用的制动器按结构特性可分为块式、带式和盘式三种,其中用得最多的是块式。块式制动器按工作状态可分为两种:常闭式和常开式。从工作状态来看,首选常闭式,只有通电时才能松开工作,以免突然断电重物自由下滑伤人。

起重机常用的制动器有液压推杆瓦式制动器、液压电磁瓦块式制动器、短行程电子块式制动器、长行程瓦式制动器等。

(二)起升高度限位器

起升高度限位器,也称吊钩高度限位器,用于限制起升高度。根据《起重机械安全规程　第1部分:总则》,起升机构均应装设起升高度限位器。当取物装置上升到设计规定的上极限位置时,应能立即切断起升动力源。在此极限位置的上方,还应留有足够的空余高度,以适应上升制动行程的要求。在特殊情况下,如吊运熔融金属,还应装设防止越程冲顶的第二级起升高度限位器,第二级起升高度限位器应分断更高一级的动力源。

需要时,还应设下降深度限位器,当取物装置下降到设计规定的下极限位置时,应能立即切断下降动力源。

(三)运行行程限位器

运行行程限位器,也称运行极限位置限制器。动力驱动的起重机,其运行极限位置都应装设运行极限位置限制器。正常作业时,司机不得利用极限位置限制器停车,也不得利用打反车进行制动。

起重机和起重小车(悬挂型电动葫芦运行小车除外),应在每个运行方向装设运行行程限位器,在达到设计规定的极限位置时自动切断前进方向的动力源。在运行速度大于100 m/min,或停车定位要求较严的情况下,宜根据需要装设两级运行行程限位器,第一级发出减速信号并按规定要求减速,第二级应能自动断电并停车。

轨道式起重机,应在每个运行方向装设行程限位开关。

轨道运行的塔式起重机,每个运行方向应设置限位装置,其中包括限位开关、缓冲器和终端止挡。应保证开关动作后塔式起重机停车时其端部距缓冲器最小距离为1 000 mm,终端止挡距轨道终端最小距离为1 000 mm。

(四)幅度限位器

对动力驱动的动臂变幅的起重机(液压变幅除外),应在臂架俯仰行程的极限位置处设臂架低位置和高位置的幅度限位器。

对采用移动小车变幅的塔式起重机,应装设幅度限位装置,以防止可移动的起重小车快速达到其最大幅度或最小幅度处。最大变幅速度超过40 m/min的起重机,在小车向外运行且当起重力矩达到额定值的80%时,应自动转换为低于40 m/min的低速运行。

(五)幅度指示器

具有变幅机构的起重机械,应装设幅度指示器(或臂架仰角指示器)。

(六)防止臂架向后倾翻的装置

具有臂架俯仰变幅机构(液压油缸变幅除外)的起重机,应装设防止臂架后倾装置(例如一个带缓冲的机械式的止挡杆),以保证当变幅机构的行程开关失灵时,能阻止臂架向后倾翻。

（七）回转限位

需要限制回转范围时，回转机构应装设回转角度限位器。

（八）回转锁定装置

需要时，流动式起重机及其他回转起重机的回转部分应装设回转锁定装置。

提示

回转锁定器常见的形式有机械锁定器和气压锁定器两种。

（九）支腿回缩锁定装置

工作时利用垂直支腿支承作业的流动式起重机，垂直支腿伸出定位应由液压系统实现；且应装设支腿回缩锁定装置，使支腿在缩回后，能可靠地锁定。

（十）防碰撞装置

当两台或两台以上的起重机或起重小车运行在同一轨道上时，应装设防碰撞装置。在发生碰撞的任何情况下，司机室内的减速度不应超过 5 m/s^2。

（十一）缓冲器及端部止挡

在轨道上运行的起重机的运行机构、起重小车的运行机构及起重机的变幅机构等均应装设缓冲器或缓冲装置。缓冲器或缓冲装置可以安装在起重机上或轨道端部止挡装置上。

轨道端部止挡装置应牢固可靠，防止起重机脱轨。

有螺杆和齿条等的变幅驱动机构，还应在变幅齿条和变幅螺杆的末端装设端部止挡防脱装置，以防止臂架在低位置发生坠落。

（十二）偏斜指示器或限制器

跨度大于 40 m 的门式起重机和装卸桥宜装设偏斜指示器或限制器。当两侧支腿运行不同步而发生偏斜时，能向司机指示出偏斜情况，在达到设计规定值时，还应使运行偏斜得到调整和纠正。

（十三）水平仪

利用支腿支承或履带支承进行作业的起重机应装设水平仪，用来检查起重机底座的倾斜程度。

（十四）起重量限制器

对于动力驱动的 1 t 及以上无倾覆危险的起重机应装设起重量限制器。对于有倾覆危险的且在一定的幅度变化范围内额定起重量不变化的起重机也应装设起重量限制器。

当实际起重量超过 95% 额定起重量时，起重量限制器宜发出报警信号（机械式除外）。当实际起重量在 100% ~110% 的额定起重量之间时，起重量限制器起作用，此时应自动切断起升动力源，但应允许机构作下降运动。

内燃机驱动的起升和（或）非平衡变幅机构，如果中间没有电气、液压或气压等传动环节而直接与机械连接，该起重机可以配备灯光或声响报警装置来替代起重量限制器。

（十五）起重力矩限制器

额定起重量随工作幅度变化的起重机，应装设起重力矩限制器。

当实际起重量超过实际幅度所对应的起重量的额定值的 95% 时，起重力矩限制器宜发出报警信号。当实际起重量大于实际幅度所对应的额定值但小于110%的额定值时，起重力矩限制器起作用，此时应自动切断不安全方向（上升、幅度增大、臂架外伸或这些动作的组合）的动力源，但应允许机构作安全方向的运动。

内燃机驱动的起升和（或）平衡变幅机构，如果中间没有电气、液压或气压等传动环节而直接与机械连接，该起重机可以配备灯光或声响报警装置来替代起重力矩限制器。

（十六）极限力矩限制装置

对有自锁作用的回转机构，应设极限力矩限制装置。保证当回转运动受到阻碍时，能限制由此力矩限制器发生的滑动而起到对超载的保护作用。

（十七）抗风防滑装置

室外工作的轨道式起重机应装设可靠的抗风防滑装置，并应满足规定的工作状态和非工作状态抗风防滑要求。

提示

常见的室外工作的轨道式起重机有塔式起重机、门座式起重机等。

起重机抗风防滑装置主要有三类：夹轨器、锚定装置和铁鞋。根据防风装置的作用方式不同，抗风防滑装置可分为自动作用与非自动作用两类。

（十八）防倾翻安全钩

起重吊钩装在主梁一侧的单主梁起重机、有抗震要求的起重机及其他有类似防止起重小车发生倾翻要求的起重机，应装设防倾翻安全钩。

（十九）联锁保护

进入桥式起重机和门式起重机的门，和从司机室登上桥架的舱口门，应能联锁保护；当门打开时，应断开由于机构动作可能会对人员造成危险的机构的电源。

司机室与进入通道有相对运动时，进入司机室的通道口，应设联锁保护；当通道口的门打开时，应断开由于机构动作可能会对人员造成危险的机构的电源。

可在两处或多处操作的起重机，应有联锁保护，以保证只能在一处操作，防止两处或多处同时都能操作。

（二十）风速仪及风速报警器

对于室外作业的高大起重机应安装风速仪，风速仪应安装在起重机上部迎风处。

对于室外作业的高大起重机应装有显示瞬时风速的风速报警器，且当风速大于工作状态的计算风速设定值时，应能发出报警信号。

（二十一）轨道清扫器

当物料有可能积存在轨道上成为运行的障碍时，在轨道上行驶的起重机和起重小车，在台车架（或端梁）下面和小车架下面应装设轨道清扫器，其扫轨板底面与轨道顶面之间的间隙一般为5 ~ 10 mm。

（二十二）防小车坠落保护

塔式起重机的变幅小车及其他起重机要求防坠落的小车，应设置使小车运行时不脱轨的装置，即使轮轴断裂，小车也不能坠落。

链接

防坠安全器是防止吊笼坠落的机械式安全保护装置，主要用于施工升降机，其作用是限制吊笼的运行速度，防止吊笼坠落。设备正常工作时，防坠安全器不应动作。

(二十三)检修吊笼或平台

需要经常在高空进行起重机自身检修作业的起重机，应装设安全可靠的检修吊笼或平台。

(二十四)导电滑触线的安全保护

桥式起重机司机室位于大车滑触线一侧，在有触电危险的区段，通向起重机的梯子和走台与滑触线间应设置防护板进行隔离。

桥式起重机大车滑触线侧应设置防护装置，以防止小车在端部极限位置时因吊具或钢丝绳摇摆与滑触线意外接触。

多层布置桥式起重机时，下层起重机应采用电缆或安全滑触线供电。

其他使用滑触线的起重机，对易发生触电的部位应设防护装置。

(二十五)报警装置

必要时，在起重机上应设置蜂鸣器、闪光灯等作业报警装置。流动式起重机倒退运行时，应发出清晰的报警音响并伴有灯光闪烁信号。

(二十六)防护罩

在正常工作或维修时，为防止异物进入或防止其运行对人员可能造成危险的零部件，应设有保护装置。起重机上外露的、有可能伤人的运动零部件，如开式齿轮、联轴器、传动轴、链轮、链条、传动带、皮带轮等，均应装设防护罩(栏)。

在露天工作的起重机上的电气设备应采取防雨措施。

链接

机械式停车设备的安全防护装置有别于一般的起重机械。机械式停车设备的安全防护装置包括紧急停止开关，防止超限运行装置，汽车长、宽、高限制装置，阻车装置，人车误入检测装置，汽车位置检测装置，出入口门(栅栏门)联锁保护装置，自动门防夹装置，防重叠自动检测装置，防坠落装置，警示装置，轨道端部止挡装置，缓冲器，松绳(链)检测装置或载车板倾斜检测装置，安全钳，限速器，紧急联络装置，运转限制装置，控制联锁功能，超载限制器，载车板锁定装置。

三、起重机械使用安全技术

(一)起重作业吊运前的准备

起重机械吊运前，应做好如下准备工作：

(1)正确佩戴安全帽、工作服、工作鞋和手套等个人防护用品。

(2)高处作业必须佩戴安全带和工具包。

(3)检查清理作业场地，确定搬运路线，清除障碍物。

(4)室外作业要了解当天的天气预报。

（5）流动式起重机要将支撑地面垫实垫平，防止作业中地基沉陷。

（6）对使用的起重机和吊装工具、辅件进行安全检查。不使用报废元件，不留安全隐患。

（7）熟悉被吊物品的种类、数量、包装状况及周围联系，根据有关技术数据（如质量、几何尺寸、精密程度、变形要求），进行最大受力计算，确定吊点位置和捆绑方式。

（8）编制作业方案：对于大型、重要的物件的吊运或多台起重机共同作业的吊装，事先要在有关人员参与下，由指挥、起重机司机和司索工共同讨论，编制作业方案，必要时报请有关部门审查批准。

（9）预测可能出现的事故，采取有效的预防措施，选择安全通道，制定应急对策。

（二）起重机司机安全操作技术

各种起重机应装设标明机械性能的指示器、限位器、载荷控制器、联锁开关等，轨道式起重机应安置行走限位器及夹轨钳，使用前应检查试吊并办理签证手续。

开机作业前应检查起重机是否处于安全状态，如起重机与其他设备或固定建筑物的最小距离是否超过0.5 m，所有控制器是否置于零位等。确认处于安全状态方可开机。

司机必须在得到指挥信号后方可操作，启动起重机时应先鸣铃。多人挂钩时，司机只听从专人指挥，但任何人发出紧急停止信号，都应紧急停车。如发现指挥信号不清，应停止操作问清后再行操作；如发现指挥信号有错误，司机有权拒绝执行。若在操作中接近人时，应予断续鸣铃或示警。

司机在作业中，必须用手柄、开关操纵，不可利用安全装置来关停，接近终点时要缓慢运行，操作中不得双脱手用身体其他部位转动控制器，以防止发生突然情况时不能及时采取有效措施。

工作停歇时不得将起重物悬挂在空中停留。运行前及运行中，主、副钩上下或吊物放落时，应鸣铃示警。严禁超负荷吊运。

夜间作业应有充足的照明，露天吊车遇暴雨或6级以上大风应停止作业。

起重机械安全操作“十不吊”的内容：

（1）超载或被吊物重量不清不吊。

（2）指挥信号不明确不吊。

（3）捆绑、吊挂不牢或不平衡，可能引起滑动时不吊。

（4）被吊物上有人或浮置物时不吊。

（5）机构或零部件有影响安全工作的缺陷或损伤时不吊。

（6）遇有拉力不清的埋置物件时不吊。

（7）工作场地昏暗，无法看清场地、被吊物和指挥信号时不吊。

（8）被吊物棱角处与捆绑钢绳间未加衬垫时不吊。

（9）歪拉斜吊重物时不吊。

（10）容器内装的物品过满时不吊。

当起重机上或其周围确认无人时，才可以闭合主电源。如电源断路装置上加锁或有标牌时，应由有关人员除掉后才可闭合主电源；闭合主电源前，应使所有的控制器手柄置于零位；工作中突然断电时，应将所有的控制器手柄扳回零位；在重新工作前，应检查起重机动作是否都正常。

司机操作时,应遵守下述要求:

(1)不得利用极限位置限制器停车。

(2)不得在有载荷的情况下调整起升、变幅机构的制动器。

(3)吊运时,不得从人的上空通过,吊臂下不得有人。

(4)起重机工作时不得进行检查和维修。

(5)所吊重物接近或达到额定起重能力时,吊运前应检查制动器,并用小高度、短行程试吊后,再平衡地吊运。

提示

起重机起吊液态金属、有害物、易燃易爆物等危险品时应遵循(5)的要求。

(6)无下降极限位置限制器的起重机,吊钩在最低工作位置时,卷筒上的钢丝绳必须保持有设计规定的安全圈数。

(7)起重机工作时,臂架、吊具、辅具、钢丝绳、缆风绳及重物等,与输电线的最小距离应符合规定。

(8)流动式起重机,工作前应按说明书的要求平整停机场地,牢固可靠地打好支腿。

(9)对无反接制动性能的起重机,除特殊紧急情况外,不得利用打反车进行制动。

用两台或多台起重机吊运同一重物时,钢丝绳应保持垂直;各台起重机的升降、运行应保持同步;各台起重机所承受的载荷均不得超过各自的额定起重能力。如达不到上述要求,应降低额定起重能力至80%;也可由总工程师根据实际情况降低额定起重能力使用。吊运时,总工程师应在场指导。

有主、副两套起升机构的起重机,主、副钩不应同时开动。对于设计允许同时使用的专用起重机除外。

典型例题

【单选题】起重机司机作业前应检查起重机与其他设备或固定建筑物的距离,以保证起重机与其他设备或固定建筑物的最小距离在(　　)。

A. 0.5 m 以上　　B. 1.0 m 以上

C. 1.5 m 以上　　D. 2.0 m 以上

A。**【解析】**起重机司机在开机作业前应检查起重机是否处于安全状态,如起重机与其他设备或固定建筑物的最小距离是否超过0.5 m,所有控制器是否置于零位等。

(三)司索工安全操作技术

司索工主要从事准备吊具、捆绑挂钩、摘钩卸载等地面工作,一般情况下还担任指挥任务,但一人不得同时兼顾信号指挥和司索作业。司索工工作质量对整个搬运作业安全影响很多。其安全操作要求如下:

(1)准备吊具。对吊物的重量和重心估计要准确,如果是目测估算,应增大20%来选择吊具;每次吊装都要对吊具进行认真的安全检查,如果是旧吊索应根据情况降级使用,绝不可侥幸超载或使用已报废的吊具。

(2)捆绑吊物。对吊物进行必要的归类、清理和检查,吊物不能被其他物体挤压,被埋或被冻的物体要完全挖出。切断与周围管、线的一切联系,防止造成超载;清除吊物表面或空腔内的杂物,将可移动的零件锁紧或捆牢,形状或尺寸不同的物品不经特殊捆绑不得混吊,防止坠落伤人;吊物捆扎部位的毛刺要打磨平滑,尖棱利角应加垫物,防止起吊吃力后损坏吊索;表面光滑的吊物应采取措施来防止起吊后吊索滑动或吊物滑脱;吊运大而重的物体应加诱导绳,诱导绳长应能使司索工既可握住绳头,同时又能避开吊物正下方,以便发生意外时司索工可利用该绳控制吊物。

(3)挂钩起钩。吊钩要位于被吊物重心的正上方,不准斜拉吊钩硬挂,防止提升后吊物翻转、摆动;吊物高大需要垫物攀高挂钩、摘钩时,脚踏物一定要稳固垫实,禁止使用易滚动物体(如圆木、管子、滚筒等)做脚踏物。攀高必须佩戴安全带,防止人员坠落跌伤。挂钩要坚持"五不挂"(即:起重或吊物重量不明不挂,重心位置不清楚不挂,尖棱利角和易滑工件无衬垫物不挂,吊具及配套工具不合格或报废不挂,包装松散捆绑不良不挂等),将安全隐患消除在挂钩前。当多人吊挂同一吊物时,应由一专人负责指挥,在确认吊挂完备,所有人员都离开站在安全位置以后,才可发出起钩信号。起钩时,地面人员不应站在吊物倾翻、坠落可波及的地方;如果作业场地为斜面,则应站在斜面上方(不可在死角),防止吊物坠落后继续沿斜面滚移伤人。

(4)摘钩卸载。吊物运输到位前,应选择好安置位置;卸载时不要挤压电气线路和其他管线,不要阻塞通道;针对不同吊物种类应采取不同措施加以支撑、垫稳、归类摆放,不得混码、互相挤压、悬空摆放,防止吊物滚落、侧倒、塌垛;摘钩时应等所有吊索完全松弛再进行,确认所有绳索从钩上卸下再起钩,不允许抖绳摘索,更不许利用起重机抽索。

关于起重机使用安全技术的其他内容,下面以典型例题的形式进行介绍。

典型例题

【单选题】塔式起重机随着作业高度的提升,需要进行顶升作业。顶升作业过程中容易发生塔式起重机倾翻事故,因此,顶升作业需严格遵守安全操作规程。下列塔式起重机顶升作业的操作要求中,正确的是(　　)。

A. 标准节架应安装于过渡节之上

B. 先连接标准节架,再退出引渡小车

C. 顶升套架应位于新装标准节架外侧

D. 先拔出定位销,再连接标准节架

C。**【解析】**过渡节指的是塔吊最上面的标准节,用于标准节和大臂的连接过渡。故选项 A 错误。新装标准节引入顶升套架内后,应与原塔身标准节对正,缓慢落下新装标准节,退出引渡小车,将新装标准节与原塔身标准节连接牢靠,紧固好双螺母。故选项 B 错误。正常情况下,塔式起重机顶升作业应先将一节塔身标准节吊入引进梁,然后再吊一节塔身标准节寻找平衡点,找到平衡点后将回转下支座与塔身标准节连接螺栓拆除(此时绝不允许将回转下支座与顶升套架连接销轴拆除)。通过液压油缸将顶升套架顶升后,放入一节新塔身标准节,将新塔身标准节与原塔身标准节连接螺栓安装好,再将回转下支座与新塔身标准节连接螺栓安装好,完成顶升作业。故选项 D 错误。

四、起重机械的定期检验

起重机使用单位应当定期对起重机进行年度检查、每月检查、每日检查和自我检查,以保证其可以正常使用。每日检查应在每天作业前进行。检查发现有异常情况时,必须及时处理,严禁带病运行。起重机每日检查的项目主要有:各类安全装置;钢丝绳的安全情况;制动器;轨道的安全情况;操作控制装置;紧急报警装置。起重机每月检查的项目主要有:安全装置、制动器、离合器等有无异常,可靠性和精度;吊具、钢丝绳、轮滑组、制动器、吊索及辅具等重要零部件的状态,有无损伤,是否应报废等;电气、液压系统及其部件的泄露情况及工作性能;动力系统和控制器等。对于停用 1 个月以上的起重机构,使用前也应做上述检查。每年对所有在用的起重机械至少进行 1 次全面检查。起重机在使用前需要进行全面检查的情形包括:停用 1 年以上;遇 4 级以上地震;发生重大设备事故;露天作业,经受 9 级以上的风力。

第 7 节　大型游乐设施

大型游乐设施(以下简称游乐设施)是指用于经营目的,承载乘客游乐的设施,其范围规定为设计最大运行线速度大于或者等于 2 m/s,或者运行高度距地面高于或者等于 2 m 的载人大型游乐设施。用于体育运动、文艺演出和非经营活动的大型游乐设施除外。

一、游乐设施的类别与品种

根据《特种设备目录》,游乐设施包括观览车类、滑行车类、架空游览车类、陀螺类、飞行塔类、转马类、自控飞机类、赛车类、小火车类、碰碰车类、滑道类、水上游乐设施、无动力游乐设施等类别。其中,水上游乐设施又包括峡谷漂流系列、水滑梯系列、碰碰船系列等品种;无动力游乐设施又包括蹦极系列、滑索系列、空中飞人系列、系留式观光气球系列等品种。

二、游乐设施的安全防护装置和措施

应根据游乐设施的具体形式和风险评价,设置相应的安全防护装置或采取安全防护措施,如乘客束缚装置、制动装置、限位装置、防碰撞及缓冲装置、止逆装置、限速装置、风速计、防护罩、安全标志等。

(一)制动装置

游乐设施视其运动形式、速度及其结构的不同,采用不同的制动方式和制动器结构(如机械、电动、液压、气动以及手动等)。

当动力电源切断后,停机过程时间较长或要求定位准确的游乐设施,应设制动装置。设备在制动停止后,应能使运动部件保持静止状态,必要时应设置辅助锁定装置。

游乐设施在运行时,若动力源切断或制动装置控制中断,应确保游乐设施能安全停止。

制动装置的制动力矩(力)应根据实际情况设置,不应引起安全问题及设备受损。手控制动装置操作手柄的作用力应为 100 ~ 200 N。

制动装置的构件应有足够的强度(必要时还应验算其疲劳强度)。制动装置的制动行程应可调节。

制动装置制动应平稳可靠，不应使乘客感受到明显的冲击或使设备结构有明显的振动、摇晃。无乘客束缚装置时，在正常运行工况下，制动加速度绝对值一般不大于5.0 m/s²。必要时可增设减速制动装置。

（二）限位装置

大型游乐设施机械设备的运动部件上设置有行程开关，当行程开关的机械触头碰上挡块时，联锁系统将使机械设备停止运行或改变运行状态。这类安全装置称为限位装置或运动限制装置。

游乐设施在运行中超过预定位置有可能发生危险时（如油缸或气缸行程的终点、绕固定轴转动的升降臂、绕固定轴摆动的构件、行程终点位置等），应设置限位装置，阻止其向不安全方向运行。必要时加装能切断总电源的极限开关。

绕水平轴回转并配有配重的游乐设施，乘人部分在最高点有可能出现静止状态时（死点），应有防止或处理该状态的措施。

（三）防碰撞及缓冲装置

同一轨道、滑道、专用车道等有两组以上（含两组）无人操作的单车或列车运行时，应设防止相互碰撞的自动控制装置和缓冲装置。当有人操作时，应设有效的缓冲装置。

升降装置的极限位置，必要时应设缓冲装置。非封闭轨道的行程极限位置，必要时应设缓冲装置。沿钢丝绳运行的滑索等设备，在滑行终点应设缓冲装置。

链接

缓冲装置的核心部分是缓冲器，游乐设施常见的缓冲器分蓄能型缓冲器和耗能型缓冲器。属于蓄能型缓冲器的有弹簧缓冲器、聚氨酯缓冲器；属于耗能型缓冲器的是油压缓冲器。

（四）止逆行装置

沿斜坡向上牵引的提升系统，应设有防止乘人装置逆行的装置（特殊运行方式除外）。

止逆行装置逆行距离的设计应使冲击负荷最小，在最大冲击负荷时应止逆可靠。止逆行装置的安全系数不小于4。

（五）限速装置

有可能超速的游乐设施应设有安全可靠的限速装置或措施。

（六）风速计

高度20 m以上的室外游乐设施，应设有风速计，风速大于15 m/s时，应停止运营。风速计应有方便操作人员观察的数据显示装置和报警功能，其最低安装高度为10 m。

（七）防护罩

乘客可触及的机械传动部件（如齿轮、皮带轮、联轴器等）应有防护罩或其他保护措施。

在地面上行驶的车辆，其驱动和传动部分及车轮应进行覆盖。

（八）安全栅栏、站台、操作室、安全通道、安全网

游乐设施应有有效的隔离措施，防止人员误入，并分别设有进、出口。

游乐设施周围及高出地面500 mm以上的站台，应设置安全栅栏或其他有效的隔离设施。

安全栅栏应分别设进、出口，在进口处宜设引导栅栏。站台应有防滑措施。

安全栅栏门开启方向应与乘客行进方向一致（特殊情况除外）。为防止开关门时对人员的手造成伤害，门边框与立柱之间的间隙应适当，或采取其他防护措施。

游乐设施的操作室应单独设置，视野开阔，有充分的活动空间和照明。对于操作人员无法观察到运转情况的盲区，有可能发生危险时，应有监视系统等安全措施。操作室内不能观察到全部上下客情况且乘客安全束缚装置没有和启动联锁的，应在相应的位置增加安全确认按钮，且与启动联锁。

沿斜坡提升段或架空轨道高空处应设置安全通道，安全通道牢固可靠，方便疏导乘客或检修。

游乐设施本体、运行通道和通过的涵洞，其包容面应采用不易脱落的材料，装饰物等应固定牢固。

在有可能导致人体、物体坠落而造成伤害的地方，应设置安全网，安全网的联接应可靠，安全网的性能应符合规范要求。

三、游乐设施安全使用管理

（一）人员职责

不同岗位的人员职责应符合下表的规定。

不同岗位的人员职责

人员	职责
安全管理人员	（1）熟悉设备、设施性能，按时进行设备的日常检查、维护保养。 （2）严格遵守操作规程，保障设备的正常运行。 （3）作业过程中发现事故隐患或其他不安全因素，应立即向现场安全管理人员和单位有关负责人报告。 （4）严格执行单位的规章制度及设备管理的规定。 （5）主动宣传《游客须知》，对违反安全规定的游客要耐心劝阻，坚决制止违禁行为。 （6）认真填写设备运行记录。 （7）具体操作应做到： ①确认安全检查人员完成检查并在运行日志上签字后，方可开启设备运行。 ②正式运营前，应将设备试运行 2 次以上，确认是否正常。 ③开机前应先鸣铃，提醒游客及服务人员远离游乐设施，确认安全后再开机。 ④设备运行中，若发现游客有不安全行为时（如：游客受伤、昏迷、产生恐惧而大声喊叫等），应根据设备的运行状况，在保证安全的前提下，对该设备采取紧急处理措施，并疏导游客。 ⑤在设备运行中，操作人员应坚守岗位，密切关注设备的运行状况及游客的安全状况，一旦出现异常情况，操作人员应立即采取紧急措施。 ⑥应熟悉紧急停车按钮的位置，以便需要时能够及时停车。 ⑦设备运营结束，应严格按照运行日志的要求，进行安全检查，确认无误后，关闭电源并填写设备运行记录

（续表）

人员	职责
运营服务人员	(1)应遵守规章制度及设备管理的规定。 (2)应了解岗位设备的基本特点。 (3)协助操作人员做好岗位工作。 (4)具体服务应做到： ①维护站台安全秩序，宣讲安全注意事项、乘客须知和操作指南(当游客可自行操作时)。 ②检查乘坐物及其安全保护装置，及时纠正乘客不符合安全要求的行为。 ③对有特殊要求的设施，要引导游客均衡乘坐，防止设施偏载。 (5)运行中应密切注视游客的安全状态和设备的运行情况，发现设备运行异常时，应立即向操作人员报告。 (6)乘客发生意外事故时，应按规定程序采取紧急救援措施，认真做好善后处理工作。 (7)遵守安全服务有关规定，注意自身安全
维护保养人员	(1)熟悉各种在用游乐设施的性能、结构、运行机理、使用维护要求。 (2)按照保养作业指导文件进行作业。 (3)对日常检查发现的问题应及时处理，避免设备带病运行。 (4)具体维保应做到： ①每日运营前，将所有设备认真检查一遍，确保安全和正常运营。 ②保管好各种维修器材与工具。 (5)填写维护保养记录

(二)检验与检查

使用单位应当在游乐设施定期检验有效期届满的1个月以前，向特种设备检验机构提出定期检验申请，并且做好相关的准备工作。

首次定期检验的日期和实施改造、拆卸移装后的定期检验日期，由使用单位根据安全技术规范、监督检验报告和使用情况确定。

使用单位必须建立安全管理体系，明确有关人员的安全职责；健全各项安全管理制度，并予以严格执行。其安全管理制度至少应包括：作业服务人员守则；安全操作规程；设备管理制度；日常安全检查制度；维修保养制度；定期报检制度；作业人员及相关运营服务人员的安全培训考核制度；紧急救援演习制度；意外事件和事故处理制度；技术档案管理制度。

使用单位应建立完整、准确的游乐设施技术档案，并按规定保存。技术档案的内容至少包括：游乐设施注册登记表；设备及其部件的出厂随机文件；年度维修计划及落实情况；安装、大修的记录及其验收资料；日常运行、维修保养和常规检查记录；验收检验报告与定期检验报告；设备故障与事故的记录。

使用单位应当严格执行游乐设施的年检、月检、日检制度，严禁带故障运行。安全检查的内容包括：

(1)对使用的游乐设施，每年要进行1次全面检查，必要时要进行载荷试验，并按额定速度进行起升、运行、回转、变速等机构的安全技术性能检查。

(2)月检至少应检查下列项目:各种安全装置;动力装置、传动和制动系统;绳索、链条和乘坐物;控制电路与电气元件;备用电源。

(3)日检至少应检查下列项目:控制装置、限速装置、制动装置和其他安全装置是否有效及可靠;运行是否正常,有无异常的振动或者噪声;各易磨损件状况;门联锁开关及安全带等是否完好;润滑点的检查和加添润滑油;重要部位(轨道、车轮等)是否正常。

检查应当做详细记录,并存档备查。

大型游乐设施在每日投入使用前,其运营使用单位应当按照有关安全技术规范和产品使用维护保养说明的要求,开展设备运营前的试运行检查和例行安全检查,对安全保护装置进行检查确认,并且作出记录。

第8节　场(厂)内专用机动车辆

一、场(厂)内专用机动车辆的组成

场(厂)内专用机动车辆包括机动工业车辆和非公路用旅游观光车辆。

(一)机动工业车辆

《场(厂)内专用机动车辆安全技术监察规程》中机动工业车辆指叉车。叉车,是指通过门架和货叉将载荷起升到一定高度进行堆垛作业的自行式车辆,包括平衡重式叉车、前移式叉车、侧面式叉车、插腿式叉车、托盘堆垛车和三向堆垛车。

【注:《场(厂)内专用机动车辆安全技术监察规程》所指叉车不包括可拆卸式属具。】

(二)非公路用旅游观光车辆

非公路用旅游观光车辆(以下简称观光车辆),包括观光车和观光列车。

(1)观光车,是指具有4个以上(含4个)车轮的非轨道无架线的非封闭型自行式乘用车辆,包括蓄电池观光车和内燃观光车。

(2)观光列车,是指具有8个以上(含8个)车轮的非轨道无架线的,由一个牵引车头与一节或者多节车厢组合的非封闭型自行式乘用车辆,包括蓄电池观光列车和内燃观光列车。

二、场(厂)内专用机动车辆设计、制造、改造与修理的一般技术要求

场车的设计应当符合安全和使用场所环境的要求。

场车车身的技术状况应当能够保证驾驶人员的正常工作条件,并且具有良好的视野。

场车的铭牌、安全警示标志及其说明应当置于场车的显著位置。

观光车辆的轮距不得小于1.15 m。

观光车辆乘客座椅上表面最低点(H点)距地面的高度值不得小于660 mm。

观光车辆所有车轮上均应当设置行车制动装置,并且由驾驶人员直接操纵。

观光列车的牵引车头及每节车厢的车轮数,均应当大于或者等于4个。

三、场（厂）内专用机动车辆设计的具体规定

（一）系统与装置

系统与装置设计要求

项目		内容
动力系统	叉车	(1)叉车的设计最大爬坡度应当符合相关标准的要求。 (2)应当设置防止罩壳(如牵引蓄电池、发动机罩)意外关闭的装置,并且永久地固定在叉车上或者安装在叉车的安全处。 (3)内燃叉车排气和冷却系统的布置,应当避免引起操作者的不适。 (4)蓄电池叉车,蓄电池金属盖板与蓄电池带电部分之间应当有 30 mm 以上的空间,当盖板和带电部分之间具有绝缘层时,其间隙至少 10 mm。 (5)内燃叉车应当选用满足有关排放标准要求的发动机。 (6)具有防爆功能的叉车,安装的内燃机应当符合《爆炸性环境用往复式内燃机防爆技术通则　第1部分:可燃性气体和蒸汽环境用Ⅱ类内燃机》《爆炸性环境用往复式内燃机防爆技术通则　第2部分:可燃性粉尘环境用Ⅱ类内燃机》
	观光车辆	(1)观光车的设计最大爬坡度不得小于15%。 (2)观光列车的设计最大爬坡度不得小于7%。 (3)额定载荷按照额定载客人数乘以85 kg计算(每位乘客的总重量按85 kg计,其中,每位乘客本身的重量按75 kg计,每位乘客的手提物及随身行李的平均重量之和按10 kg计)
叉车的传动系统		(1)机械传动叉车,换挡应当有同步器。 (2)液力传动叉车,应当具有微动功能。 (3)静压传动叉车,只有处于制动状态时才能启动发动机。 (4)内燃叉车,应当配备在传动装置处于接合状态时,能防止发动机启动的装置
转向与操纵系统	一般要求	(1)转向系统应当转动灵活、操纵方便、无卡滞,在任意转向操作时不得与其他部件有干涉。 (2)应当具有良好的直线行驶性能
	叉车	(1)向前运行时,顺时针转动方向盘或者对转向控制装置的等同操作,应当使叉车右转。 (2)控制装置的动作应当和叉车的运动方向保持一致,并且被限制在叉车的轮廓内。 (3)采用动力转向的叉车,转向时作用在方向盘上的手操作力应当为6～20 N;左右转向作用力相差不大于5 N
	观光车辆	(1)方向盘不得右置,最大自由转动量从中间位置向左和向右转角均不大于15°。 (2)应当设置转向限位装置
液压系统		(1)应当设置能防止系统内压力超过预定值的装置,此装置的设计和安装能够避免意外的松动或者调节,调整压力需要有工具或者钥匙。 (2)叉车液压系统用软管、硬管和接头至少能承受液压回路3倍的工作压力
制动系统	一般要求	(1)应当具有可靠的行车、驻车制动系统,并且设置相应的制动装置。 (2)行车制动与驻车制动的控制装置应当相互独立
	叉车	(1)制动器的性能应当符合《机动工业车辆　制动器性能和零件强度》。 (2)用踏板操纵运行和制动控制装置的叉车,应当符合《自行式坐驾工业车辆踏板的结构与布置　踏板的结构与布置原则》

（续表）

项目		内容
制动系统	观光车辆	(1)行车制动系统应当采用双管路或者多管路。 (2)制动力保证其制动距离和制动稳定性满足《非公路用旅游观光车通用技术条件》中的相关要求。 (3)制动力能够保证在额定载荷状态下,使其在最大爬坡度的上、下方向驻车。 (4)制动力能够保证其在设计最大爬坡度的下行方向,额定载荷、最大运行速度条件下制停
电气和控制系统	一般要求	(1)场车的启动应当设置开关装置,需要由钥匙、密码或者磁卡等才能启动。 (2)蓄电池场车的控制系统应当具有欠电压、过电流、过热和过电压保护功能。 (3)蓄电池场车的电气系统应当采用双线制,保证良好的绝缘,控制部分应当可靠
	叉车	(1)平衡重式叉车应当设置前照灯、制动灯、转向灯等照明和信号装置,其他叉车根据使用工况设置照明和信号装置。 (2)蓄电池叉车应当设置非自动复位且能切断总控制电源的紧急断电开关,并且符合《工业车辆　电气要求》中的相关要求。 (3)具有防爆功能的叉车,其电气设备和元件的选用应当符合相应防爆级别的要求,并且符合《爆炸性环境　第1部分:设备　通用要求》和《爆炸性环境用工业车辆防爆技术通则》的要求
	观光车辆	(1)应当设置前照灯、制动灯、转向灯等照明和信号装置。 (2)仪表及信号装置应当符合《非公路用旅游观光车通用技术条件》中的相关要求。 (3)蓄电池观光车辆充电时,应当保证电源与主电路分离,观光车辆不能通过自身的驱动系统行驶;插接器应当有定向防护,防止插接器接反。 (4)蓄电池观光车辆的总电源应当设置机械方式紧急断电装置,该装置在电路失控时,驾驶人员应当能方便地切断总电源。 (5)蓄电池观光车辆的电器部分绝缘电阻应当符合《非公路用旅游观光车通用技术条件》中的相关要求

链接

根据《爆炸性环境用工业车辆防爆技术通则》,防爆等级为Gb级叉车的摩擦离合器应符合下列任一条的要求。

(1)油保护:在整个运行过程中,离合器都应浸在润滑液中。润滑液的液位应能被观察到。表面温度应能被自动监控(直接或间接)。控制系统应能防止表面温度超过设计的温度组别。

(2)隔爆外壳保护:离合器外壳部件之间隔爆接合面的最小宽度和最大间隙应符合有关要求。离合器的外壳应能:承受按要求进行试验时出现的过压;防止按要求进行试验时由外壳内部向外壳外部传爆。

根据《爆炸性环境用工业车辆防爆技术通则》,防爆等级为Gb级叉车的摩擦制动器应符合下列任一条的要求。

(1)油保护:在整个运行过程中,制动器都应浸在润滑液中。润滑液的液位应能被观察到。表面温度应能被自动监控(直接或间接)。控制系统应能防止表面温度超过设计的温度组别。

(2)隔爆外壳保护:制动器外壳部件之间隔爆接合面的最小宽度和最大间隙应符合有关要求。制动器的外壳应能:承受按要求进行试验时出现的过压;防止按要求进行试验时由外壳内部向外壳外部传爆。

(二)安全保护和防护装置

1. 一般要求

场车应当设置能够发出清晰声响的警示装置和后视镜。

2. 叉车的规定

座驾式车辆的驾驶人员位置上应当配备安全带等防护约束装置。

护顶架应当符合《工业车辆　护顶架　技术要求和试验方法》的要求。

链接

叉车护顶架是为了保护司机免受重物落下造成伤害而设置的安全装置。叉车起升高度超过1.8 m,必须设置护顶架,护顶架一般都是由型钢焊接而成,护顶架必须能够遮掩司机的上方,护顶架应进行静态载荷试验检测、动态载荷试验检测。

应当设置下降限速装置、门架前倾自锁装置,如果下降限速阀与升降油缸采用软管连接,还应当有防止爆管装置。

起升装置应当设置防止越程装置和限位器,避免货叉架和门架上的运动部件从门架上端意外脱落。

挡货架、车轮防护罩应当符合《工业车辆　安全要求和验证　第1部分:自行式工业车辆(除无人驾驶车辆、伸缩臂式叉车和载运车)》中的相关要求。

蓄电池叉车,蓄电池绝缘电阻不小于50 Ω乘以蓄电池组额定电压数值(单位为V),其他电气设备的绝缘电阻不小于1 kΩ乘以蓄电池组额定电压数值。

采用对开式轮辋并且装有充气轮胎时,结构上应当保证车轮从车上拆下后,方能松动轮辋螺栓。

场(厂)内机动车辆的液压系统中,如果超载或者油缸到达终点时,油路仍未切断,以及油路堵塞引起压力突然升高,会造成液压系统损坏。因此,液压系统中必须设置安全阀。在叉车液压系统中,高压胶管除了必须符合相关标准外,还应通过耐压试验、长度变化试验、爆破试验、脉冲试验、泄露试验等试验检测。

链接

叉车货叉梁上的L形承载装置,需进行重复加载的载荷试验。起升货叉架的链条需进行极限拉伸载荷和检验载荷试验。

3. 观光车辆的规定

每个座位上应当配备安全保护装置,并且满足《非公路旅游观光车　座椅安全带及其固定器》的要求。

应当为每位乘客设置安全实用的扶手或者拉手,扶手或者拉手距离坐垫的上平面高度不低于180 mm。

应当在观光车辆侧面的乘客上下车出入口处设置护栏、侧围、护链等安全防护装置,并且在车辆运行时,能够起到安全防护作用。

应当为与运行方向相反布置的、位于观光车辆最后部的乘客,设置安全护栏或者侧围等安全防护装置。

四、场（厂）内专用机动车辆使用管理

（一）叉车使用管理

可以使用两辆叉车同时装卸一辆货车，但此时应有专人指挥联系，保证安全作业。

当叉车装卸重量不明物件时，应先将该物件叉起离地100 mm，然后检查机械的稳定性并确认无超载现象后，方可运送。任何情况下都不得单叉作业，不得使用货叉顶货或拉货。叉装物件时，物件应靠近起落架，且重心应在起落架中间，保证无误后才能提升。物件提升离地后，应将起落架后仰，然后才可行驶。

内燃机叉车严禁进入易燃易爆仓库，在其他仓库作业时应保证通风良好。

（二）观光车辆使用管理

1. 一般要求

使用单位应对观光车辆运行的安全负责。使用单位应制定车辆运营时的行驶线路图，并且在行驶路线上设置醒目的线路标线、限速标志和固定的乘客上下车位置等标识。使用单位应制定安全操作规程，安全操作规程至少包括系安全带、转弯减速、下坡减速和限速等要求。

2. 使用环境要求

观光车辆道路旁侧有超过0.6 m垂直落差的路段，该路段旁侧应设置护栏。护栏高度不低于车轮高，护栏强度应保障车辆失控后不冲出护栏。

3. 运行前检查

使用单位应指派专人，在每日投入使用前按照使用维护保养说明书的要求进行运行前检查，并做记录。在每日投入使用前，驾驶员应按照规定好的行驶路线图空载试运行，对车辆的动力系统、转向系统、制动系统、电气系统进行检查，确认正常后，方可投入运营。

每个运行循环前，驾驶员或安全员都应检查车辆是否锁好安全护栏、乘客是否系好安全带。确认正常后，方可启动。

4. 运行安全要求

驾驶员应按照制定的行驶线路图及安全操作规程运行，并严格遵守安全使用管理制度。

观光车辆不应超载运行。

乘客上下车应在指定地点。车辆停稳前，不准许乘客上下车。无特殊情况乘客应在车辆右侧上下车。

行驶过程中，应告知乘客不应离开座位，不应将身体探出车体轮廓之外。

运行中应特别注意行人、车辆及周围的建筑物，保证行车安全。行经人行横道，应减速、停车、避让行人。在十字路口和视线受阻的地段或其他危险场合，应降低车速，鸣笛示警通过；运行中应保持正常行驶，不应超越同向行驶的其他车辆。

运行时应正确使用灯光信号，向左转弯、向左变更车道、驶离停车地点应提前开启左转向灯；向右转弯、向右变更车道、靠路边停车时，应提前开启右转向灯；调头时提前开启转向灯。

驾驶观光车辆，应避免突然起步、转向、停车。在车辆起步时，方向盘不应处在极限位置（特殊情况除外）。观光车辆运行时应遵守限速等有关安全的标牌指示要求。

观光车辆在坡道上运行，应遵守下列规则：

（1）缓慢地通过上、下坡道。

(2)不应在坡面上调头,不应横跨坡道运行。

(3)下坡时不应空挡滑行。

(4)靠近坡道、高站台或平台边缘时,车身与站台或平台边缘之间的距离至少为观光车辆一个轮胎的宽度。

通过桥梁、孔洞之前,驾驶员应确认有足够的通过空间。

观光车倒车时,应察明车后情况,确认安全后倒车。不应在交叉路口、单行路、桥梁、急弯、陡坡或者隧道中倒车。观光列车严禁倒车运行,仅牵引车与车厢分离时,可以倒车运行。

使用观光车辆,应确保其处于安全状态。发现安全隐患应停止使用。消除隐患后应进行自检,合格后方可投入使用。

观光车辆应在指定地点停放。驾驶员离开观光车辆时,应使观光车辆处于空挡位置,关闭动力源,拉紧停车制动器,拔出钥匙。

在使用过程中,使用单位应加强对观光车辆的巡检,并且做好记录。

(三)维护保养和检查一般要求

维护保养和检查一般要求:

(1)使用单位应当对在用场车进行经常性维护保养和定期自行检查,维护保养应当符合有关安全技术规范和产品使用维护说明的要求,定期自行检查分为月度检查和年度检查;对维护保养和检查中发现的异常情况应当及时处理,消除事故隐患,并且记录,记录存入安全技术档案;维护保养、定期自行检查记录至少保存5年。

(2)使用单位应当在场车每日投入使用前,按照使用维护说明的要求进行日常检查,在使用过程中还应当加强对场车的巡检,并且形成使用记录。

(3)场车使用中出现故障或者发生异常情况,使用单位应当停止使用,对其进行检查,消除事故隐患,并且记录,记录存入安全技术档案。

链接

月检内容:检查安全装置、制动器、离合器等有无异常;检查重要零部件有无损伤,是否应报废;检查电气液压系统及其部件的泄漏情况及工作性能;动力系统和控制器等。

日检内容:各类安全装置、制动器、操纵控制装置、紧急报警装置的安全状况。

第9节 气瓶

一、气瓶相关术语

根据《瓶装气体分类》,瓶装气体是指以压缩、液化、低温液化(深冷型)、溶解、吸附等方式装瓶储运的气体。

临界温度低于等于 -50 ℃的气体为压缩气体。临界温度高于 -50 ℃的气体为液化气体,也是高压液化气体和低压液化气体的统称。临界温度高于 -50 ℃且低于等于 65 ℃的气体为高压液化气体。临界温度高于 65 ℃的气体为低压液化气体。

瓶装气体的分类原则:根据压缩气体的临界温度和在气瓶内的物理状态进行分类;按其化学性能,燃烧性、毒性、腐蚀性进行分组;按 FTSC 编码,标示每种气体的基本特性,以此作为分类依据，构成系统的综合分类。

关于瓶装气体分类，《气瓶安全技术规程》有更细化的规定，具体如下：

（1）压缩气体指在 -50 ℃时加压后完全呈气态的气体，包括临界温度（T_c）低于或者等于 -50 ℃的气体，也称为永久气体。

（2）高（低）压液化气体指在温度高于 -50 ℃时加压后部分呈液态的气体，包括临界温度（T_c）在 -50 ℃ ~65 ℃的高压液化气体和临界温度（T_c）高于 65 ℃的低压液化气体。

提示

此处的压缩气体与高（低）压液化气体的概念与上述《瓶装气体分类》中的压缩气体、液化气体的概念虽然表述不同，但实质含义是相同的。

（3）低温液化气体指经过深冷低温处理而部分呈液态的气体，其临界温度（T_c）一般低于或者等于 -50 ℃，也可以称为深冷液化气体或者冷冻液化气体。

（4）溶解气体指在一定的压力、温度条件下，溶解于溶剂中的气体。

（5）吸附气体指在一定的压力、温度条件下，吸附于吸附剂中的气体。

（6）混合气体指含有两种或者两种以上有效物理组分，或者虽属非有效组分但是其含量超过规定限量的气体。

根据《气瓶术语》，气瓶是指公称容积不大于 3 000 L，用于盛装气体的移动式压力容器。

根据《气瓶安全技术规程》，气瓶按照瓶体结构分为无缝气瓶（如下图所示）、焊接气瓶、纤维缠绕气瓶、低温绝热气瓶、内装填料气瓶等。气瓶按照用途一般分为工业用气瓶、医用气瓶、燃气气瓶、车用气瓶、呼吸器用气瓶、消防灭火用气瓶。气瓶按照公称工作压力分为高压气瓶、低压气瓶：

（1）高压气瓶是指公称工作压力大于或者等于 10 MPa 的气瓶。

（2）低压气瓶是指公称工作压力小于 10 MPa 的气瓶。

气瓶水压试验压力为公称工作压力的 1.5 倍。

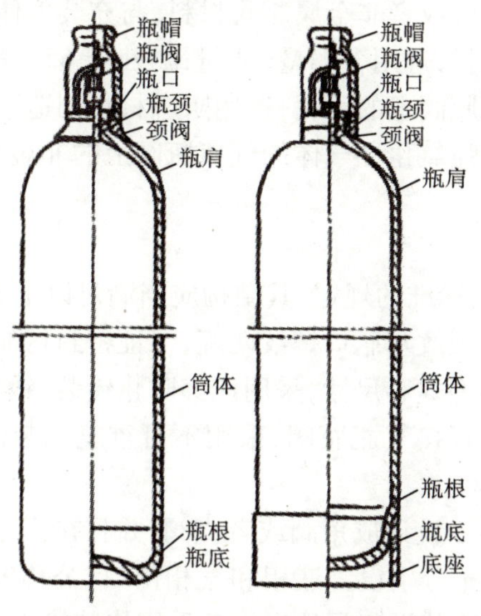

无缝气瓶经典结构示意图

公称工作压力确定原则如下：

(1)盛装压缩气体气瓶的公称工作压力，是指在基准温度(一般为 20 ℃)下的气瓶内气体达到完全均匀状态时的限定(充)压力，一般选用正整数系列。

(2)盛装高压液化气体气瓶的公称工作压力，是指 60 ℃时气瓶内气体压力的上限值。

(3)盛装低压液化气体气瓶的公称工作压力，是指 60 ℃时所充装气体的饱和蒸气压；低压液化气体在 60 ℃时的饱和蒸气压值按照规定确定，没有规定时，可以采用气体供应单位提供并经过气瓶制造单位书面确认的相关数据。

(4)盛装溶解气体气瓶的公称工作压力，是指在 15 ℃时的气瓶内气体的化学性能、物理性能达到平衡条件下的静置压力。

(5)低温绝热气瓶的公称工作压力，是指在气瓶正常工作状态下，内胆顶部气相空间可能达到的最高压力；根据实际使用需要，可在 0.2～3.5 MPa 范围内选取。

(6)盛装标准沸点等于或者低于 60 ℃的液体以及混合气体气瓶的公称工作压力，按照相关标准规定选取。

(7)消防灭火用气瓶的公称工作压力，应当不小于灭火系统相关标准中规定的最高工作温度下的最大工作压力。

二、气瓶附件

根据《气瓶安全技术规程》，气瓶附件的范围如下：气瓶安全附件，包括气瓶阀门(含组合阀件，简称瓶阀)、安全泄压装置、紧急切断装置等；气瓶保护附件，包括固定式瓶帽、保护罩、底座、颈圈等；安全仪表，包括压力表、液位计等。

(一)瓶阀

1. 瓶阀材料

瓶阀材料应当符合以下要求：

(1)充装气体接触的金属或者非金属瓶阀材料，与充装气体具有相容性。

(2)溶解乙炔气瓶阀材料，选用含铜量(质量比)小于 65% 的铜合金。

(3)盛装易燃气体气瓶瓶阀上的手轮，选用阻燃材料制造。

(4)盛装氧气或者其他强氧化性气体的气瓶瓶阀上的非金属密封材料，具有阻燃性和抗老化性。

2. 瓶阀结构

瓶阀设计应当符合相关标准的规定，其结构应当满足以下要求：

(1)瓶阀与气瓶的连接螺纹与瓶口螺纹匹配，保证密封可靠。

(2)瓶阀出气口的连接型式和尺寸，采用能够防止错装、错用气体的结构。

(3)工业用非重复充装焊接气瓶瓶阀，采用不可重复充装的结构，并且瓶阀与瓶体的连接采用焊接形式。

(4)液化石油气瓶阀可以设计成角阀或者直阀，并且在出气口设置自闭装置或者在进气口装设过流关闭装置；对于分别设置液相和气相出口、公称容积大于或者等于 100 L 的液化石油气钢瓶，液相出口所装设瓶阀的出气口采用快装接头。

(5)氧气瓶阀结构具有剩余压力保持功能(采用先抽真空后充装工艺的气瓶阀门除外)。

3. 瓶阀安装

气瓶制造单位或者检验、充装等单位应当采用力矩扳手或者力矩装阀机安装瓶阀，并且应当防止异物落入气瓶；力矩大小应当符合相关标准的规定。

(二)安全泄压装置安全要求

1. 作用

(1)在设备超压运行时能迅速自动泄放气体，降低压力，以保护设备不因过量超压而发生爆炸。

(2)保护气瓶在遇到周围发生火灾时，不会因瓶体受热、瓶内温度升高过快而造成气瓶爆炸。

2. 安全泄压装置的类型

气瓶专用的安全泄压装置分为温度驱动型和压力驱动型，包括易熔合金塞或者玻璃泡装置、爆破片装置(或者爆破片)、爆破片 - 易熔合金塞复合装置、安全阀等。

易熔合金塞装置由钢制体及其中心孔中浇铸的易熔合金构成，其工作原理是当气瓶周围发生火灾或遇到其他意外高温达到预定的动作温度时，易熔合金即熔化，易熔合金塞装置动作，瓶内气体由此塞孔排出，气瓶泄压。易熔合金塞结构简单不得用于固定式压力容器。根据《气瓶用易熔合金塞装置》，易熔塞装置的动作温度分为三种：70 ℃(公称动作温度为 70 ℃，用于除溶解乙炔气瓶外的公称工作压力小于或等于 3.45 MPa 的气瓶)；100 ℃ ±5 ℃(公称动作温度为 100 ℃，用于溶解乙炔气瓶)；102.5 ℃ ±5 ℃(公称动作温度为 102.5 ℃，用于公称工作压力大于 3.45 MPa 且不大于 30 MPa 的气瓶)。

提示

车用压缩天然气气瓶的易熔合金装置的动作温度为 110 ℃。

3. 装设及选用原则

(1)车用气瓶、溶解乙炔气瓶、焊接绝热气瓶、液化气体气瓶集束装置以及长管拖车和管束式集装箱用大容积气瓶，应当装设安全泄压装置。

(2)盛装剧毒气体、自燃气体的气瓶，禁止装设安全泄压装置。

(3)盛装有毒气体的气瓶不应当单独装设安全阀，盛装高压有毒气体的气瓶应当选用爆破片 - 易熔合金塞复合装置。

(4)燃气气瓶和氧气、氮气以及惰性气体气瓶，一般不装设安全泄压装置。

(5)盛装易于分解或者聚合的可燃气体、溶解乙炔气体的气瓶，应当装设易熔合金塞装置。

(6)盛装液化天然气以及其他可燃气体的低温绝热气瓶内胆，至少装设 2 只安全阀；盛装其他低温液化气体的低温绝热气瓶，应当装设爆破片装置和安全阀。

(7)车用液化石油气钢瓶、车用二甲醚钢瓶，应当装设带安全阀的组合阀或者分立的安全阀；车用压缩天然气气瓶，应当装设爆破片 - 易熔合金塞串联复合装置或者玻璃泡装置。

(8)工业用非重复充装焊接钢瓶应当装设爆破片。

(9)前款所列以外的气瓶，依据相关标准以及设计文件要求装设安全泄压装置。

4. 设计要求

爆破片装置(或者爆破片)的设计爆破压力应当根据气瓶的耐压试验压力确定；对于

可重复充装气瓶用爆破片，一般不大于气瓶的耐压试验压力；对于非重复充装气瓶用爆破片，应当符合相关标准的规定。

安全阀的开启压力不小于气瓶水压试验压力的75%，并且不大于气瓶水压试验压力；安全阀额定排放压力不超过气瓶水压试验压力，回座压力不小于气瓶最高使用温度下的压力。

5. 装设要求

(1)安全泄压装置的气体泄放出口装设位置和方式，不得对气瓶本体的安全性能以及气瓶正常使用、搬运造成影响。

(2)无缝气瓶的安全泄压装置，应当装设在瓶阀上(长管拖车、管束式集装箱用大容积钢质无缝气瓶除外)。

链接

气瓶的爆破片装置由爆破片和夹持器等组成，其安装位置应视气瓶的种类而定。无缝气瓶的爆破片装置一般装设在气瓶的瓶阀上。

(3)焊接气瓶的安全泄压装置，应当单独设置在气瓶封头上或者装设在瓶阀或者阀座上。

(4)工业用非重复充装焊接钢瓶的爆破片装置，应当焊接在气瓶封头上。

(5)低温绝热气瓶的安全泄压装置，应当装设在气瓶外壳的封头部位。

(6)溶解乙炔气瓶安全泄压装置，应当将易熔合金塞装设在气瓶上封头、阀座或者瓶阀上。

(7)爆破片－易熔合金塞复合装置中的爆破片，应当置于与瓶内介质接触的一侧。

(三)气瓶保护附件

无缝气瓶出厂时，应当装配不影响瓶阀手轮正常使用的保护罩，并且不得装配螺纹式瓶帽。公称容积大于或者等于10 L的钢质焊接气瓶(含溶解乙炔气瓶)，应当装配不可拆卸的保护罩或者固定式瓶帽。

气瓶保护罩或者固定式瓶帽应当具有良好的抗撞击性，不得用铸铁制造；公称容积小于或者等于5 L的钢质无缝气瓶和公称容积小于或者等于15 L的铝合金无缝气瓶的保护罩，可以用工程塑料制造。

不能靠瓶底竖立的气瓶，应当装配底座(采用固定支架或者集装框架的气瓶除外)，使气瓶能够稳定竖立，并且有效防止气瓶底部锈蚀。

5 L以上的无缝气瓶应当装配颈圈，并且在颈圈上设置适当的电子识读标志。

(四)安全仪表及其他附件

气瓶上设置的压力表、液位计等安全仪表，以及限充限流装置、限液位装置等其他附件，应当符合相关产品标准的要求，所用的密封件等材料应当与所盛装的介质具有相容性。

提示

有的书籍把防震圈也归为气瓶附件。防震圈是指套装在气瓶筒体上使瓶体免受直接冲撞的橡胶圈。

三、气瓶的颜色标志和钢印标志

气瓶颜色标志：针对气瓶不同的充装介质，按照有关标准对气瓶外表面涂敷的涂膜颜色、字样、字色、色环等内容进行规定的组合，作为识别瓶装气体的标志。

气瓶的钢印标志，包括制造钢印标志和定期检验钢印标志。

制造钢印标志的项目和排列，不同类型的气瓶有所区别，以下主要介绍溶解乙炔气瓶及低温绝热气瓶除外的气瓶的制造钢印标志的项目和排列，如下图所示。图中：1 为产品标准号，2 为气瓶编号，3 为水压试验压力（MPa），4 为公称工作压力（MPa），5 为监检标记，6 为制造单位代号，7 为制造日期，8 为设计使用年限（y），9 为瓶体设计壁厚（mm），10 为实际容积（L），11 为实际重量（kg），12 为充装气体名称或者化学分子式，13 为液化气体最大充装量（kg），14 为气瓶制造许可证编号。

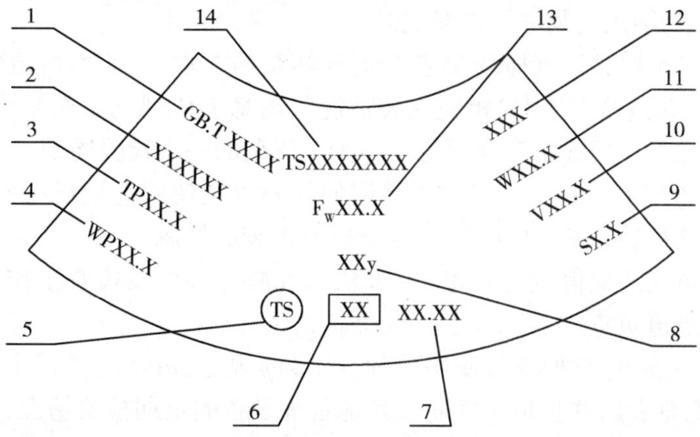

气瓶制造钢印标志的项目和排列（溶解乙炔气瓶及低温绝热气瓶除外）

定期检验钢印标志，应当打在气瓶瓶体、铭牌或者护罩上，如下图所示。

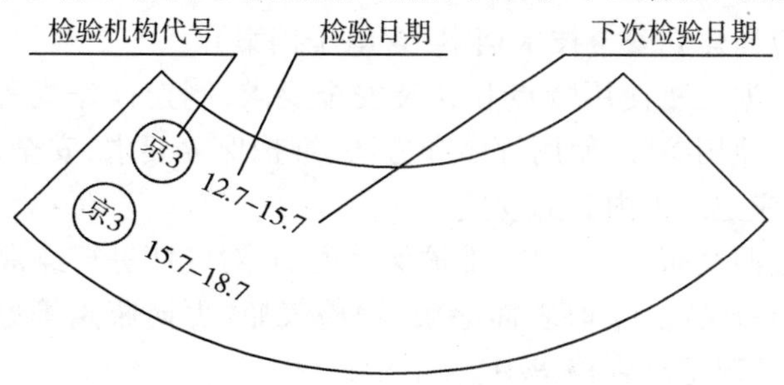

定期检验钢印标志

四、气瓶充装使用

（一）充装定义

气瓶充装是指利用专用充装设施，将储存在压力容器中或者气体发生装置中的气体或液体介质充装到各类气瓶内的过程。

（二）使用单位含义

气瓶使用单位一般指气瓶的充装单位，车用气瓶、非重复充装气瓶、呼吸器用气瓶的使用单位是产权单位和充装单位。

(三)充装单位和人员基本要求

气瓶充装单位充装气瓶前应当取得安全生产许可证或者燃气经营许可证,具备对气瓶进行安全充装的各项条件。盛装易燃、助燃、有毒、腐蚀性气体气瓶的充装单位(仅从事非经营性充装活动的除外)以及非重复充装气瓶的充装单位,还应当按照有关安全技术规范的规定取得气瓶充装许可;气瓶充装单位办理所充装气瓶的使用登记后,方可从事气瓶充装。

气瓶充装单位应当向气体使用者提供符合安全技术规范要求的气瓶(车用气瓶、非重复充装气瓶、呼吸器用气瓶除外),同时应当提供安全用气使用说明,对气体使用者进行气瓶安全使用指导,并且对所充装气瓶满足所规定的基本安全要求负责。

气瓶充装单位应当为其所充装的气瓶建立充装电子档案,对充装前后检查情况以及充装情况进行记录,纳入充装电子档案记录。

充装单位应当按照关于气瓶质量安全追溯体系的要求,建立本单位气瓶充装信息平台,及时将充装前(后)检查情况、相关充装情况等信息上传到气瓶充装信息平台,充装信息平台追溯信息记录和凭证保存期限应当不少于气瓶的一个检验周期。

充装单位只能充装本单位办理使用登记的气瓶以及使用登记机关同意充装的气瓶,严禁充装未经定期检验合格、非法改装、翻新以及报废的气瓶。

充装作业人员应当取得相应资格,方可从事气瓶充装以及检查工作,并且对其充装、检查工作的安全质量负责。

充装单位应当按照《特种设备使用管理规则》的规定,每年向气瓶使用登记机关报送《气瓶基本信息汇总表》,并且报送气瓶及其他特种设备的定期检验情况,以及充装单位技术负责人、安全管理人员和充装作业人员持证汇总表。

(四)安全管理要求

气瓶使用单位应当建立安全技术档案(含电子档案)。

使用单位应当根据气瓶使用特点和充装安全要求,制定操作规程。气瓶使用的操作规程一般包括气瓶的使用参数、使用程序和方法、维护保养要求,安全注意事项、日常检查和异常情况处置、相应记录等内容的规定。

使用单位应当按照气瓶出厂资料、维护保养说明,对气瓶进行经常性检查、维护保养。

使用单位根据检查情况,采取表面涂敷、送检气瓶、更换瓶阀等方式进行气瓶的维护保养,并将维护保养情况记录到档案中。

使用单位应当在气瓶检验有效期届满前 1 个月,向气瓶定期检验机构提出定期检验申请,并且送检气瓶。

使用单位不得使用存在严重事故隐患、经检验不合格或者应当予以报废的气瓶。

充装单位应当按照有关规定制定事故应急救援预案,并且每年至少组织 1 次事故应急演练并记录。使用单位应当有效实施隐患排查治理制度。

(五)充装安全技术要求

1. 基本要求

(1)充装前(后),应当逐只对气瓶进行检查,并且填写检查记录。

(2)气瓶充装过程中,应当逐只进行检查,并且填写充装记录。

(3)检查记录和充装记录可以采用电子记录方式,并且应当由作业人员签字确认。

2. 发现问题处理

检查发现以下情况的气瓶,应当先进行处理,否则严禁充装:出厂标志、颜色标记不符合规定,瓶内介质未确认;气瓶附件损坏、不全或者不符合规定;气瓶内无剩余压力;超过检验期限;外观存在明显损伤,需检查确认能否使用;充装氧化或者强氧化性气体气瓶沾有油脂;充装可燃气体的新气瓶首次充装或者定期检验后的首次充装,未经过置换或者抽真空处理。

3. 压缩气体充装

(1)充装压缩气体时,应当考虑充装温度对最高充装压力的影响,压缩气体充装后的压力(换算成20 ℃时,下同)不得超过气瓶的公称工作压力。

(2)充装单位采用电解法制取氢气、氧气,应当装设氢、氧浓度自动测定仪器和超标报警装置,测定氢、氧浓度,同时应当定期对氢、氧浓度进行人工检测;当氢气中含氧量或者氧气中含氢量超过0.5%(体积比)时,应当停止充装作业,同时查明原因并采取有效措施进行处置。

(3)充装氟或者二氟化氧的气瓶,最大充装量不得大于5 kg,充装压力不得大于3 MPa(20 ℃时)。

4. 高(低)压液化气体充装

通用要求:

(1)充装前应当逐瓶称重(车用气瓶除外)。

(2)应当配置与充装接头相适应的衡器。

(3)衡器的选用、规格以及检定等,应当符合相关技术规范以及相关标准的规定,衡器应当装设有超装警报或者自动切断气源的装置。

(4)应当采用复检用衡器,对充装量逐瓶复检;自动化充装的,按照批量抽样有关规定进行复检;充装超量的气瓶应当及时采取有效措施进行处置,否则不允许出充装站。

5. 溶解乙炔充装

(1)溶解乙炔气体充装量以及乙炔气体与溶剂的质量比,应当符合相关标准的要求。

(2)充装前,充装单位应当按照相关标准的要求测定溶剂补加量,对于溶剂量未满足相关标准要求的,应当补加。

(3)溶解乙炔气体充装过程中,气瓶瓶壁温度不得超过40 ℃,充装溶解乙炔气体的容积流速应当小于0.015 $m^3/h \cdot L$。

(4)溶解乙炔气体充装应当采取多次充装的方式进行,每次充装间隔时间不少于8小时,静置8小时后的气瓶压力符合相关标准的要求时,方可再次充装。

6. 混合气体充装

(1)混合气体的充装系数应符合规定。

(2)充装前,应当采用加温、抽真空等适当方式进行预处理,并且按照相应混合气体充装标准的规定,确定各气体组分的充装顺序。

(3)充装每一气体组分之前,应当使用待充装的气体对充装装置和管道进行置换。

(4)混合气体充装还应当满足相关标准的规定。

7. 安全用气使用说明

充装单位应当以纸质印刷或者扫描二维码方式显示对气瓶的安全用气使用说明，对瓶装气体使用者进行安全常识教育，告知其应当遵守以下安全守则：

(1)禁止将盛装气体的气瓶置于人员密集或者靠近热源的场所，禁止使用任何热源对气瓶进行加热。

(2)瓶装气体使用者应当购买和使用符合要求的气瓶盛装的气体，不得购买和使用超过检验有效期或者报废的气瓶盛装的气体。

(3)在可能造成气体回流的瓶装气体使用场合，用气设施上应当配置防止倒灌的装置，如单向阀、止回阀、缓冲罐等。

(4)在瓶内压力较高、不能直接使用气体的场合，应当在气瓶出气口装设减压阀，减压阀应当符合相关标准的规定，并且在有效期内使用；瓶装气体用户应当确保减压阀与气瓶阀门连接牢固、密封可靠。

(5)按照相关标准的规定，保持气瓶内具有规定的剩余气体压力或者剩余气体重量。

(6)运输瓶装气体时，气瓶应当整齐放置；横放时，瓶端应当朝向一致；立放时，要妥善固定，防止气瓶倾倒；严禁抛、滑、滚、碰、撞、敲击气瓶；吊装气瓶或者气瓶集束装置时，严禁使用电磁起重机和金属链绳。

(7)储存瓶装气体实瓶时，存放空间温度超过 60 ℃的，应当采用喷淋等冷却措施；空瓶与实瓶应当分开放置，并且有明显标志；实瓶内气体互相接触会发生反应可能引起燃烧、爆炸、产生有毒有害物质的，应当分室隔离存放，并且在附近配有防毒用具和消防器材；对于储存易发生聚合反应或者分解反应气体的实瓶，应当根据气体的性质，控制存放空间的最高温度和限定储存数量、保存期限；实瓶储存数量较大的单位应当制定应急预案并定期进行演练。

(8)车用液化天然气气瓶的使用单位应当在车辆的明显位置标注“液化天然气汽车”字样，禁止将安装液化天然气气瓶的机动车辆驶入或者停放在建筑物内的停车场(库)等封闭空间。

(9)盛装可燃、助燃或者毒性介质的低温绝热气瓶，不得在封闭或者受限空间场所存放和使用。

链接

气瓶的装卸、运输、储存除了符合上述安全用气瓶的相关要求外，还应符合下列要求：

(1)近距离搬运气瓶，凹形底气瓶及带圆型底座气瓶可采用徒手倾斜滚动的方式搬运，方型底座气瓶应使用稳妥、省力的专用小车搬运。距离较远或路面不平时，应使用特制机械、工具搬运，并用铁链等妥善加以固定。不应用肩扛、背驮、怀抱、臂挟、托举或二人抬运的方式搬运。

(2)不应使用翻斗车或铲车搬运气瓶，叉车搬运时应将气瓶装入集装格或集装篮内。

(3)气瓶搬运中如需吊装时，不应使用电磁起重设备。用机械起重设备吊运散装气瓶时，应将气瓶装入集装格或集装蓝中，并妥善加以固定。不应使用链绳、钢丝绳捆绑或钩吊瓶帽等方式吊运气瓶。

(4)用人工将气瓶向高处举放或需把气瓶从高处放落地面时，应两人同时操作，并要求提升与降落的动作协调一致，轻举轻放，不应在举放时抛、扔或在放落时滑、摔。

(5)运输前应检查气瓶是否配有瓶嘴、防震圈。

(6)严禁用自卸汽车运输气瓶。乙炔和液化石油气不可以同车运输。

(7)可燃、有毒、窒息气瓶库房应有自动报警装置。应当遵循先入库的气瓶先发出的原则。

(8)气瓶的储存应有专人负责管理。入库的空瓶、实瓶和不合格瓶应分别存放，并有明显区域标志。氢气瓶禁止与氯乙烷气瓶、环氧乙烷气瓶、氨气瓶、乙炔气瓶、笑气瓶同库贮存。

(9)运输散装直立气瓶时，运输车辆应具有固定气瓶的相应装置并确保气瓶处于直立状态，气瓶高出车辆栏板部分不应大于气瓶高度的1/4，防止气瓶在行驶中滚动。运输气瓶的车辆严禁烟火。在夏季运输气瓶时，应采取有效的防晒措施。

典型例题

【单选题】气瓶在贮存过程中经常发生事故，贮存场所必须符合相关的安全规范，同时还应加强管理。下列气瓶贮存的安全要求中，错误的是(　　)。

A. 贮存过程中应遵循先入库先发出原则，并应设立明显的警示标签

B. 空、实瓶应分开存放，可燃气体的气瓶不得与还原性气瓶同存

C. 气瓶库屋顶应为轻型结构，应有足够的泄压面积，透明玻璃上应涂白漆

D. 瓶库内部不得有地沟、暗道，严禁用电热器、煤炉取暖

B。**【解析】**可燃气体的气瓶可以与还原性气体气瓶同存，不得与氧化性气体气瓶同库贮存；氢气瓶禁止与氯乙烷气瓶、环氧乙烷气瓶、氨气瓶、乙炔气瓶、笑气瓶同库贮存。故选项B错误。

五、气瓶定期检验

气瓶定期检验，是指特种设备检验机构按照一定的时间周期，根据规定，对气瓶安全状况所进行的符合性验证活动。

有下列情况之一的气瓶，应当及时进行定期检验：

(1)有严重腐蚀、损伤，或者对其安全可靠性有怀疑的。

(2)库存或者停用时间超过一个检验周期后投入使用的。

(3)发生交通事故，可能影响车用气瓶安全的。

(4)气瓶相关标准规定需要提前进行定期检验的其他情况，以及检验人员认为有必要提前检验的。

气瓶应当按照以下要求进行报废：

(1)气瓶或者瓶阀使用时间超过其设计使用年限的。

(2)车用气瓶随报废车辆一同报废，其中出租车使用的车用压缩天然气瓶使用时间最长为8年。

(3)低温绝热气瓶的绝热性能无法满足使用要求并且无法修复的。

对于设计使用年限不清的气瓶，应当按照常用气瓶的设计使用年限的规定确定设计使用年限。

常用气瓶的设计使用年限应当符合下表的规定。

常用气瓶的设计使用年限

序号	气瓶品种	设计使用年限/年
1	钢质无缝气瓶	20
2	铝合金无缝气瓶	
3	溶解乙炔气瓶以及吸附式天然气钢瓶	
4	长管拖车、管束式集装箱用大容积钢质无缝气瓶	20
5	钢质焊接气瓶	
6	燃气气瓶	8
7	焊接绝热气瓶	20
8	汽车用液化天然气气瓶、车用压缩氢气铝内胆碳纤维全缠绕气瓶	10
9	汽车用压缩天然气瓶、车用液化石油气钢瓶、车用液化二甲醚钢瓶	15
10	金属内胆纤维缠绕气瓶(不含车用氢气瓶)	
11	盛装腐蚀性气体或者在海洋等易腐蚀环境中使用的钢质无缝气瓶、钢质焊接气瓶	12

气瓶应当逐只进行定期检验,检验时发现进行过焊接、修理、挖补、拆解、翻新的气瓶,或者瓶阀制造厂以外的单位和人员修理的瓶阀,均应当予以报废。气瓶定期检验机构应当保证检验合格的气瓶和瓶阀能够在正常使用情况下安全使用一个检验周期,否则,应当予以报废。

消除使用功能处理:

(1)消除报废气瓶使用功能的破坏性处理,应当采用压扁或者将瓶体解体等不可修复的方式。

(2)进行气瓶消除使用功能处理的机构应当对所处理的气瓶逐只进行记录,并且每年向负责办理气瓶使用登记的市场监管部门报告消除使用功能的气瓶数量。

六、气体道路运输管理

根据《交通运输部关于进一步规范限量瓶装氮气等气体道路运输管理有关事项的通知》对氮、氦、氖、氩、氪、氙等低危气体,符合相关要求时,在道路运输环节按照普通货物进行管理。有关事项如下:

(1)对于使用符合国家特种设备安全技术规范《气瓶安全技术规程》无缝气瓶,运输压缩氮(UN1066)、压缩氦(UN1046)、压缩氖(UN1065)、压缩氩(UN1006)、压缩氪(UN1056),单个气瓶公称容积不超过50升,每个运输单元所运输的压缩气体气瓶总水容积不超过500升的,在道路运输环节按照普通货物进行管理,豁免其关于运输企业资质、专用车辆和从业人员资格等有关危险货物运输管理要求。

(2)对于使用符合国家特种设备安全技术规范《气瓶安全技术规程》无缝气瓶,运输氙(UN2036),单个气瓶公称容积不超过50升,每个运输单元所运输的氙净充装质量不超过

500 千克的，在道路运输环节按照普通货物进行管理，豁免其关于运输企业资质、专用车辆和从业人员资格等有关危险货物运输管理要求。

(3)对于使用符合国家特种设备安全技术规范《气瓶安全技术规程》焊接绝热气瓶，运输冷冻液态氮(UN1977)、冷冻液态氩(UN1963)、冷冻液态氖(UN1913)、冷冻液态氙(UN1951)，单个气瓶公称容积不大于 175 升，每个运输单元所运输的冷冻液化气体净充装质量不超过 500 千克的，在道路运输环节按照普通货物进行管理，豁免其关于运输企业资质、专用车辆和从业人员资格等有关危险货物运输管理要求。

典型例题

【单选题】某工业气体公司委托有资质的运输公司承担运送一批压缩气瓶业务，该批气瓶均为 15 MPa 的无缝气瓶。下表是该运输公司拟定的混装运输车辆方案。根据《交通运输部关于进一步规范限量瓶装氮气等气体道路运输管理有关事项的通知》，符合的车辆是(　　)。

车辆	是否为危化品运输专用车辆	气瓶种类				气瓶容积/L	运送气瓶总数量/个
		氧气瓶	氢气瓶	氮气瓶	氩气瓶		
甲	是	√	√	×	×	40	10
乙	否	√	×	√	×	100	2
丙	否	×	√	×	√	50	12
丁	否	×	×	√	√	10	40

A. 甲　　B. 乙

C. 丙　　D. 丁

D。**【解析】**对于使用符合国家特种设备安全技术规范《气瓶安全技术规程》无缝气瓶，运输压缩氮(UN1066)、压缩氩(UN1046)、压缩氖(UN1065)、压缩氙(UN1006)、压缩氪(UN1056)，单个气瓶公称容积不超过 50 升，每个运输单元所运输的压缩气体气瓶总水容积不超过 500 升的，在道路运输环节按照普通货物进行管理，豁免其关于运输企业资质、专用车辆和从业人员资格等有关危险货物运输管理要求。故选项 B，C 错误。氧气和氢气不得同车运输。故选项 A 错误。

第 10 节　客运索道

一、客运索道的类别与品种

根据《特种设备目录》，客运索道的类别与品种见下表。

客运索道的类别与品种

类别	品种
客运架空索道	往复式客运架空索道、循环式客运架空索道
客运缆车	往复式客运缆车、循环式客运缆车
客运拖牵索道	低位客运拖牵索道、高位客运拖牵索道

往复式客运架空索道、循环式客运架空索道是按行走方式分类的。其中,循环式客运架空索道可再分为:

(1)固定抱索式,吊车或吊椅正常操作时不会放开钢索。

(2)脱挂式,亦称脱开挂结式。吊车以弹簧控制的钳扣握在拉动的钢索上。当吊车到达车站后,吊车扣压钢索的钳会放开,吊车减速后让乘客上落。离开车站前,吊车会被机械加速至与钢索一样的速度,吊车上的钳再紧扣钢索,循环离开。

此外,客运架空索道还可按支持及牵引的方法分为:

(1)单线式,使用一条钢索,同时支持吊车的重量及牵引吊车或吊椅。

(2)复线式,使用多条钢索,其中用作支持吊车重量的一或两条钢索是不会动的,其他钢索则负责拉动吊车。

二、客运索道的组成与工作原理

固定抱索器的单线循环吊椅式索道是最简单的一种客运架空索道,其主要由驱动装置、支架、托压索轮组、迂回装置、张紧装置、运载索、抱索器及吊椅、电气设备及安全装置等组成。

固定抱索器的单线循环吊椅式索道的工作原理:一条闭合的运载索套在索道两端的驱动轮及迂回轮上,线路中间设有支架,支架上装有托索轮或压索轮组,随地形变化将运载索托起或压下,按一定间距将吊椅用抱索器固结在运载索上,驱动轮驱动运载索,带动吊椅实现运送乘客的目的,乘客上下车一般在站房前端、不允许乘客不下车迂回绕过终端轮。

三、客运架空索道安全要求

(一)线路

选择索道线路时,应考虑当地气候、地理条件、索道要经过的交通要道和跨越的其他建筑设施以及紧急救援的要求。

索道线路中心线在水平面上的投影应为一直线(带转角站及三角形索道例外)。

索道线路和站址应避免建在下列地区:

(1)山地风口,并与主导风向正交的地段上。

(2)有雪崩、滑坡、塌方、溶洞、风暴、海啸、洪水、火灾等危及索道安全的地区,经过主管部门的批准,采取预防措施时例外。

(3)凡是建在军事设施附近的索道,应按照军事基地管理单位的要求采取相应的措施。

与铁路、公路、索道、电线、通航河流等相交叉跨越或平行走向时,应彼此不干涉,在正常运行和进行维修时能够保证安全,且不会影响正常救护工作。

(二)站内机械设备

为了确保安全运行,驱动装置除设主驱动系统外,还应设辅助或紧急驱动系统,当主电源、主电机或主电控系统不能投入工作时,辅助或紧急驱动系统应能及时投入运行,不同的驱动装置之间应进行联锁。

不准许采用平皮带传递动力。采用链条传递动力时应有封闭外壳并有固定的润滑装置。液压动力传递装置应保证在两个方向都可以平稳启动。

所有的驱动装置(主驱动、辅助驱动、紧急驱动和救援驱动)应配备两套彼此独立的制动器，即工作制动器和安全制动器。如果索道或救援索道在任何驱动装置和负荷情况下运行都能在制动器不工作的条件下形成稳定停车，允许只安装一个对驱动轮采用摩擦制动的制动器。

张紧装置运动部分的末端应装设行程限位开关并对其进行监控。张紧装置应有醒目的张紧行程的刻度显示。

双线往复式索道运行轨道的末端应装设缓冲器。缓冲器的结构应保证车辆的运行机构不从缓冲器上驶过。

（三）站房

控制室应设置在视野广阔且能观察到运载工具进出站的位置。站内机械设备、电气设备及钢丝绳等不应危及乘客和工作人员的人身安全。

乘客通道和乘客活动范围边缘与相邻地面的高差大于 1.0 m 或相邻地面的坡度大于 60% 时应装设刚性栏杆，栏杆的间隔和高度应符合有关规定。站口离地高度超过 1.0 m 应装设防护网。对于车厢或吊篮式索道，站内应设防止客车横向摆动的导轨。

站内应设有停放车辆的备用轨道，载有乘客的车辆不应通过道岔进入备用轨道，站内道岔应装设机械或电气的闭锁装置。

（四）线路设施

对于跨度大和风大地段的支架鞍座，应设置防脱索装置，但不应妨碍承载索的滑动和客车的顺利通过。应防止脱索的牵引索挂在支架上或钢丝绳导向装置上。应设置牵引索脱索后的自动复位装置。

运载索托（压）索轮组应装设脱索报警装置，钢丝绳一旦脱索，报警装置应使索道停车。报警信号在脱索后不应自动复位。脱索报警装置应安装在托（压）索轮组的两端，对于压索轮组或又托又压索轮组的支架横梁上应装设二次保护装置。

（五）电气设备

在以下地方应安装紧急停车按钮：控制台；每个工作平台；每个中间停车点；每个站房；有乘务员的往复式架空索道的客车里。

在任何荷载条件下，工作制动器和安全制动器中的任意一个应能单独实现可靠制动。

在任一驱动型式下，运行速度超过最大允许运行速度 10% 时应自动停车。超过最大允许运行速度 20% 时应紧急停车。

（六）安全装置

制动液压站和张紧液压站应设置油压上下限开关和手动泵；吊厢门应安装闭锁系统；站内机械应设置行程保护装置；张紧小车应设置缓冲器；站台应设置防护网或者栏杆。

控制室、站台、机房应设置蘑菇头带自锁装置的紧急停车按钮；支架上电力线的电压不应超过 36 V；在风力最大处应设置风向风速仪；站内应设置进站速度检测开关。

链接

为保证客运索道运行安全，考虑车厢定员、运行速度、索道类别等关键因素，客运索道应设有相应的安全防护装置。对车厢定员大于 15 人、运行速度大于 3 m/s 的双线往复式客运架空索道，吊架与运行小车之间应设置的安全防护装置是减摆器。单线循环脱挂抱索器客运架空索道在吊具距地面高度大于 15 m 时，应配备缓降器救护工具。

（七）运营

1. 人员及任务

索道站(公司)应由三部分人员组成:管理人员(站长或经理、安全员等)、作业人员(司机、机械及电气维修人员等)、服务人员(售票员、站内服务人员等),其中管理人员、作业人员应按照国家有关规定经特种设备监督管理部门考核合格,取得国家统一格式的资格证书,方可从事相应的作业或管理工作。

对站长(经理)的要求:

(1)应根据该索道类型和条件制定索道正常运行和安全操作各项措施,建立岗位责任制和紧急救援制度,对索道的正常运营、维修、安全负责。

(2)应保证下列各项内容能正确贯彻执行:管理机关所规定的定期检验制度;信号系统的检查制度;救护规则;自动停车、紧急停车及其安全设备动作时的设备状态,排除故障及重新运行的措施(只有当安全有了保证时才允许重新运行);安全电路断电时的设备状态下及需要再运行时的措施(紧急情况下运转时,索道站站长或他的代表一定要在场,才允许在事故状态下再开车以便将乘客运回站房,此时站与站之间也应能通讯联系);机械设备、钢丝绳、运载工具等发生故障时如何排除的措施;风速超过规定值,或是天气条件威胁到运行安全时停车处理办法;能见度不足时的运行措施;夜间运行的措施;清除钢丝绳或机械部件上的冰和积雪的措施;如果索道站站长不在场,他的职责转给其代理人的条件及方法。

(3)应对索道站(公司)的工作人员进行安全教育和培训,使他们具备必要的特种设备安全作业知识。此外还应对参加救护的人员进行定期演习和培训。

2. 运行

索道线路上的设备及其附件应保持经常处于完好状态,不应有碍索道的安全运行。

每天开始运行之前,应彻底检查全线设备是否处于完好状态,在运送乘客之前应进行一次试车,确认安全无误并经值班站长或授权负责人签字后方可运送乘客。

每日检查应包括下述内容:直接触发紧急停车的安全电路、主电路和线路安全电路的工作状态,以及运载工具进站和出站的检测设备;在接地、短路或连接断开的情况下,监控电路的动作;检查并确认所有显示的值全部在许用范围之内;在最大运行速度下的电气停车的操作;改变运行速度的操作;驱动系统机械制动系统的操作;设备内部的通信系统;钢丝绳在索轮、轮子、鞍座上的位置;张紧重锤或行走小车的位置和行程余量;液压或气动系统、减速器的密封性和工作压力;进站区域、出站区域的支撑和轨道上冰雪积聚状况;脱挂抱索器进出站口的监控系统的操作运行;上车和下车区域的状况以及乘客进出通道的状况;运载工具的状况。

索道运行期间,站长、作业人员及服务人员应各就各位,履行岗位责任制,不应擅离职守。

在各项操作中,应严格遵守操作规程。

索道需要夜间运行时,在线路、站内或客车上应装设足够的照明设备。

若设备停运期间遇到恶劣天气(风暴、暴雨、冰雹),应对线路进行彻底的检查证明一切正常后方可运送乘客。如果是故障停车,造成运行中断,只有在排除了故障或采取了有关安全措施,且应经值班站长同意,方可重新运送乘客。

索道每天停止运营前，操作人员应检查并确认索道线路上或上车区域是否仍有乘客，并关闭索道的入口。

3. 维护

日常检查：每个索道站应根据本索道制造商提供的维护使用说明书制定维护计划和定期检查计划。

链接

客运索道线路润滑巡视工至少每班进行一次全线巡视；电工、钳工至少每班进行一次专责设备检查；客运索道每运营 1 ~2 年应对托压索轮等支架各相关位置进行检测。

每年的检查：应每年对设备至少进行 1 次全面的检查，包括对工作人员的保护设备的检查。

抱索器检查的特殊要求：应对抱索器进行定期拆卸检查及无损探伤。应在运行 3 000 小时后，最多不超过 2 年，对抱索器进行首次拆卸检查和无损探伤；抱索器的拆卸检查周期应按供应商要求进行，无损探伤周期应按国家安全监督检验机构的规定执行。

固定抱索器的移位：单线循环式索道上运载工具间隔相等的固定抱索器，应按规定的运行时间间隔移位，移位的时间间隔不应超过规定值。

四、客运地面缆车安全要求

（一）站内机械设备

所有的驱动装置（主驱动、辅助驱动）应配备两套彼此独立的能自动动作的制动器，即工作制动器和安全制动器。其中一套制动器应直接作用在驱动轮上。如果缆车在任何负荷情况下运行都不产生负力，断电后能自然停车，并且停车后不会倒转，允许只配备一套制动器。

主驱动装置在运行时，出现下列任何一种情况时，应自动停车：无电压或电压降低到特定最小值以下时；功率消耗上升到特定最大值以上时；最高运行速度超过额定值 10%；其他安全装置起作用。

紧急驱动装置应配备必需的安全装置，在相应的运行速度下将乘客安全地运回到站内。电气设备应与主驱动装置彼此分离，不同的驱动装置之间应进行联锁。

安全制动器应直接作用在驱动轮上，或作用在具有足够缠绕圈数的卷筒上或作用在一个与驱动轮或卷筒连接的制动盘上。安全制动器应具备在控制台上或其他控制位上手动控制的功能。

站内线路运行轨道的末端应装设缓冲器。缓冲器至紧急停车开关的距离（停车位监控）应不小于在最小的监控速度下安全制动器起作用时的制动行程。

（二）电气设备

需要设置辅助驱动或紧急驱动装置的客运地面缆车应有两套独立的电源供电。

在以下地方应安装紧急停车按钮：控制台；每个工作平台；每个中间停车点；每个站房；如有必要，安装在客车里。

辅助驱动装置、紧急驱动装置的电气设备应与主驱动装置的电气设备彼此分离，不同的驱动之间应进行联锁。

当工作制动器或安全制动器引起紧急停车时,主电机电源应立即自动切断;其他停车情况下主电机电源最迟在车停时切断。

在车辆进站时应配置两套以上的减速装置控制车辆减速。停车指令应优先于其他控制指令。驱动站应设控制台,缆车应能由控制台控制停车,必要时还可以遥控。

(三)安全装置

制动液压站和张紧液压站应设置油压上下限开关和手动泵;水平曲线和凹曲线段应设置绳索捕捉装置;站台终点应设置液(气)压或弹簧缓冲器;张紧小车应设置缓冲器;行走机构应设置防止脱轨装置。

站内应设置进站减速控制装置;应设置停车开关和过卷越位开关;控制室、机房、站台应设置带自锁装置的紧急停车装置。

客运地面缆车的运营要求与客运架空索道类似,不再具体介绍。

五、客运拖牵索道安全要求

所有停车装置和安全装置动作后均应手动复位。停车应优先于其他控制指令。当索道失去控制时,工作人员可通过停车回路停下索道。索道失控包括下列情况:当发出减速指令时,索道没有减速;当发出停车指令时,索道未停车;索道速度超过设定速度的 10%;索道加速过快,超过设计加速度;索道在没有发出指令时,自动启动或自动加速;没有发出反转指令,索道反向运行。

每个站和机房、控制室均应有手动急停装置,急停装置应用红色标记出来,并用蘑菇头带自锁装置的,功能可靠。

钢丝绳张紧系统应设置二次保护装置;索道应设置制动器或防倒转装置,应设置行程保护装置;托压索轮组内侧应设置挡绳板,外侧应设置捕捉器和 U 型开关;张紧液压站应设置上下限开关;从地面算支架高度大于 4 m 时应设置固定爬梯和工作平台。

六、客运索道的定期检验

检验机构在使用单位自检合格的基础上,依据规定对在用客运索道定期进行检验,定期检验分为全面检验和年度检验。

(一)检验项目

客运索道检验项目分为以下 A,B,C 三类:

(1)A 类项目,是检验机构在现场检验前,对受检单位提供的施工前、施工过程中、施工完成后的资料进行审查的项目;未经检验机构审查通过,施工单位不得开始施工或者转入下一个阶段的工作。

(2)B 类项目,是检验机构按照相应规定,进行现场检验的项目。

(3)C 类项目,是检验机构按照相应规定,对自检记录、报告或资料进行审查的项目。

对于 A 类和 C 类项目,检验人员如果对某项自检结果有质疑,可以对该项目进行现场检验。

（二）检验时间

客运架空索道和客运缆车监督检验合格后，每 3 年进行 1 次全面检验，期间的 2 个年度，每年进行 1 次年度检验。客运拖牵索道不进行全面检验，每年进行 1 次年度检验。检验时间不得超过安全检验标志上注明的“下次检验日期”。

“下次检验日期”以监督检验或者停用 1 年后重新进行全面检验的检验合格报告签发日期为基准，按自然年类推，不因本周期内提前检验、复检或者逾期检验而变动。

（三）检验内容

1. 负荷试验

全面检验项目包括空载试验、重上空下试验、重下空上试验、紧急驱动装置试验。

年度检验项目包括空载试验、紧急驱动装置试验。

2. 安全保护装置和信号系统

全面检验项目包括故障记忆、风速仪、紧急事故开关、脱索保护、大轮位置保护、超速保护、张紧行程保护、接地棒、维修闭锁开关、客车制动器制动停车、开车信号、停车和越位开关、进站减速信号、进站减速监控、断索保护、牵引索防缠绕保护、位置指示器、运行指示信号。

年度检验项目包括风速仪、紧急事故开关、脱索保护、张紧行程保护、接地棒、维修闭锁开关、开车信号、停车和越位开关、停车门、断索保护。

3. 抱索器、夹索器

抱索器、夹索器无损检测定期检验内容、要求与方法应符合下表的规定。

抱索器、夹索器无损检测定期检验内容、要求与方法

检验项目	检验内容与要求	检验方法
抱索器、夹索器无损检测	全部抱索器或者夹索器应当在使用 3 000 小时或者 2 年后进行首次无损检测，无损检测的零件清单应当满足使用维护说明书的要求。此后每 3 年全部无损检测 1 次。当使用期达到 10 年时，固定抱索器应当每年、脱挂抱索器和夹索器应当每 2 年全部无损检测 1 次。使用达到 15 年时应当予以更换。无损检测应当采用磁粉检测法，并符合相关要求。无损检测人员应当具有特种设备无损检测的相关资格	查阅自检报告、无损检测报告、无损检测人员资格

其他检验项目内容可参考《客运索道监督检验和定期检验规则》。

典型例题

【单选题】夹索器是客运索道的重要安全部件，一旦出现问题，必定会造成人身伤害。因此，应在规定的周期内对抱索器和夹索器进行无损检测。根据《客运索道监督检验和定期检验规则》，夹索器的无损检测应当采用（　　）。

A. 磁粉检测法　　B. 超声检测法

C. 射线检测法　　D. 渗透检测法

A。【解析】解析详见上文。

第 11 节　特种设备事故的类型

一、锅炉事故

锅炉是在高温高压的不利工作条件下运行的，操作不当或设备存在缺陷都可能造成超压或过热而发生爆破或爆炸事故。锅炉的部件较多，体积较大，有汽、水、风、烟等复杂系统，若运行管理不善，则燃烧、附件及管道阀门等都随时可能发生故障，而被迫停止运行。锅炉的爆破或爆炸事故，常常是造成设备、厂房毁坏和人身伤亡的灾难性事故。锅炉机组停止运行，使蒸汽动力突然切断，会造成停产停工的恶果。这些事故的发生，都会给国民经济和人民生命安全带来巨大损失。所以，防止锅炉事故的发生，有着十分重要的意义。

(一)锅炉事故的分类与应急措施

锅炉事故按事故的严重程度可分为锅炉爆炸事故、重大事故与一般事故。

(1)锅炉爆炸事故是锅炉运行中，锅筒、集箱等部件损坏，产生较大的泄压突破口瞬间将工作压力降至大气压力的一种事故。这种事故爆炸威力大，造成的损失很大。

链接

锅炉是一种密闭的压力容器。在高温高压下工作，可能引发锅炉爆炸的原因包括水循环遭破坏、水质不良、长时间低水位运行、超温运行和超压运行。

(2)重大事故是锅炉运行中发生爆破、爆管、严重变形、炉膛塌陷、炉墙倒墙、钢架烧红等而被迫停炉大修的各类事故。

(3)一般事故则是锅炉运行中发生故障而被迫停炉，但又能很快恢复运行的事故。

锅炉事故按事故发生的部位来分类，则有锅筒等水容量较大的受压部件突然开裂的爆炸事故，炉管爆破事故，省煤器事故，过热器事故，管道、烟道、炉墙事故；安全附件、给水设备、燃烧设备等部位的事故。

锅炉事故按事故发生的原因分类，则有水位监督不慎造成的缺水、满水事故，水质管理不好引起的事故，设计、制造或安装、检修不良引起的事故，维护保养不当，而由腐蚀、积结污垢灰焦而引起的事故，燃烧控制不好引起的事故。

关于锅炉事故的应急措施，下面以典型例题的形式进行介绍。

典型例题

【单选题】锅炉是一种密闭的压力容器，在高温和高压下工作，一旦发生爆炸，将摧毁设备和建筑物，造成非常严重的后果。关于锅炉事故应急措施，当发生锅炉重大事故时，下列处理方法中，错误的是(　　)。

A. 发生锅炉重大事故时，要停止供给燃料和送风

B. 向炉膛浇水灭火

C. 发生严重缺水事故时，切勿向锅炉内进水

D. 用黄砂或湿煤灰将红火压灭

B。【解析】当发生锅炉重大事故时，采取的应急措施有：(1)停止供给燃料及送风，减弱引风。(2)用黄砂或湿煤灰压灭炉膛内红火，并清理炉膛内的燃料，不得向炉膛内浇水灭火。(3)打开炉门、灰门等，冷却炉子。(4)切断锅炉与蒸汽总管的联系，打开锅炉安全阀、疏水阀等。(5)通过向锅炉内进水、放水来加速锅炉冷却，但发生严重缺水事故时，严禁向锅炉内进水。故选项 B 错误。

(二)水位异常

1. 缺水

缺水事故是最常见的锅炉事故。当锅炉水位低于最低许可水位时称作缺水。在缺水后锅筒和锅管被烧红的情况下，若大量上水，水接触到烧红的锅筒和锅管会产生大量蒸汽，汽压剧增会导致锅炉烧坏、甚至爆炸。

缺水原因：违规脱岗、工作疏忽、判断错误或误操作；水位测量或警报系统失灵；自动给水控制设备故障；排污不当或排污设施故障；加热面损坏；负荷骤变；炉水含盐量过大。

预防措施：严密监视水位，定期校对水位计和水位警报器，发现缺陷及时消除；注意缺水现象的观察，缺水时水位计玻璃管(板)呈白色；严重缺水时严禁向锅炉内给水；注意监视和调整给水压力和给水流量，与蒸汽流量相适应；排污应按规程规定，每开一次排污阀，时间不超过 30 s，排污后关紧阀门，并检查排污是否泄漏，监视汽水品质，控制炉水含量。

缺水事故的现象：水位表玻璃板(管)上呈白色，或将铅笔棒形物或斜线板放在水位表后面，透过水位表观察，看不到折线，而是连续的棒形物或斜线时，则说明水位表内已经没有水了；司炉人员未及时发现水位表静止没有轻微波动的假水位现象；高低警报器和其他低水位报警信号装置发出低水位警报或信号；蒸汽流量大于给水量；过热器蒸汽温度急剧上升；锅炉房内嗅到烧焦味；炉膛顶墙塌陷；锅筒、炉膛、炉管等受热面过热变形；上水时，听到省煤器有异样冲击或省煤器附近烟道突然漏水；烟囱冒白色水汽烟；发现爆管、胀口脱管。发生缺水事故时并非上述现象全都出现，一般情况下，只有前三种现象，而无后几种现象，则可能是轻微缺水，但不排除严重缺水的可能性；如在前三种现象出现的同时，又出现后面几种现象时，一般即认为是严重缺水事故。

缺水事故的判断和处理：

(1)缺水事故有两种，一种是轻微缺水，即水位表虽看不到水位但锅筒内水位尚未降到水连管以下，这时水位表中出现的是一种虚假水位。这种情况可以用关闭水位表汽旋塞的办法，使水位表内蒸汽冷凝，形成真空负压而将尚未降到水连管以下的水吸引入水位表内。这种方法通称“叫水”。如叫水操作后，仍不见水位，则说明水位至少已低于水连管以下了，很可能更严重，这时就是发生严重缺水事故了。

(2)如确认是轻微缺水事故，由于受热面尚未“干烧”，则完全可以进水到正常水位。如果原因不清，经上水仍不见水位时，或给水设备有故障时，应立即停炉。如判断是严重缺水，则应立即紧急停炉，并降负荷，关闭给水阀门。

(3)处理缺水事故最重要的问题是，在未断定是轻微缺水以前和已确认是严重缺水以后，严禁向锅内进水。

(4)发生严重缺水而停炉后，待炉体逐渐冷却，再对炉膛和其他处受热面以及炉墙、钢架等进行详细检查，如由于处理及时，不是十分严重缺水而无大问题时(如仅仅因为管子轻微变形),应查明和消除事故的致因,并在水压试验合格后投入使用;如过热较严重,引起胀口渗漏、管子严重变形、钢材严重过热烧损时(必要时做金相检查),则须检查合格后,方可使用。

链接

对相对容水量小的电站锅炉或其他锅炉,以及最高火界在水连管以上的锅壳锅炉,一旦发现缺水,应立即停炉。

2. 满水

锅炉水位高于水位表最高安全水位刻度线的现象,称为锅炉满水。满水事故也是常见事故之一。严重满水时,锅水可进入蒸汽管道和过热器,造成水击及过热器结垢,降低蒸汽品质,损害以致破坏过热器。

满水原因:操作人员疏忽大意,违章操作或误操作;水位表存在故障及水连管堵塞;自动给水控制设备故障或自动给水调节器失灵;锅炉负荷降低,未及时减少给水量。

满水事故的现象:

(1)水位表玻璃板(管)内颜色发暗,水位线消失。

(2)高低警报器或其他高水位警报装置发出高水位信号。

(3)给水流量明显大于蒸汽流量。

(4)过热器温度下降。

(5)蒸汽管道、汽机有异样的撞击和震动,法兰、轴封、阀门等外冒汽滴水。

处理措施:当发现锅炉满水后,首先应做的是检查水位表是否存在故障,确认满水情况是否属实。当确定为锅炉满水时,应立即关闭给水阀,启动省煤器再循环管路,减弱燃烧,并开启排污阀及过热器、蒸汽管道上的疏水阀,以此降低锅炉水位。当水位恢复正常后,再将排污阀和疏水阀关闭。锅炉满水检验也是利用“叫水”操作来完成的,但只需确定的确处于满水状态即可,并非判断满水的严重程度。锅炉经上述处置放水后,在仍不能见到水位的情况下才会紧急停炉,一般可粗略判断内部管路存在堵塞现象,水汽循环系统已经被破坏。如果是轻微满水,应关小鼓风机和引风机的调节门,使燃烧减弱;停止给水,开启排污阀门放水;直到水位正常,关闭所有放水阀,恢复正常运行。如果是严重满水,首先应按紧急停炉程序停炉;停止给水,开启排污阀门放水;开启蒸汽母管及过热器疏水阀门,迅速疏水;水位正常后,关闭排污阀门和疏水阀门,再生火运行。

(三)汽水共腾

汽水共腾是锅炉内水位波动幅度超出正常情况,水面翻腾程度异常剧烈的一种现象。其后果是蒸汽大量带水,使蒸汽品质下降;过热蒸汽温度下降;易发生水冲击,使过热器管壁上积附盐垢,影响传热而使过热器超温,严重时会烧坏过热器而引发爆管事故。

汽水共腾原因:锅炉水质没有达到标准,没有及时排污或排污不够,造成锅水中盐碱含量过高;锅水中油污或悬浮物过多;负荷增加和压力降低过快。

汽水共腾的处理措施如下:

(1)降低负荷,将主汽阀调小,适当降低锅炉蒸发量,并保持稳定。

(2)全开连续排污阀,必要时,开启事故放水阀或其他排污阀,注意保持锅筒水位不低于最低安全水位。

(3)采用锅内投药处理的锅炉,应停止加药。

(4)开启过热器和蒸汽管道等处的疏水阀进行疏水。

(5)测定蒸汽含盐量,并改善锅水质量。

(6)在锅水质量未改善前,不允许增加锅炉负荷。

(7)事故消除后,应冲洗锅筒水位计。

典型例题

【单选题】一台正在运行的蒸汽锅炉,运行人员发现锅炉水位表内出现泡沫,汽水界限难以区分,过热蒸汽温度下降,过热蒸汽带水。下列针对该故障采取的处理措施中,正确的是(　　)。

A. 减少给水,同时开启排污阀放水,打开过热器、蒸汽管道上的疏水阀,加强疏水

B. 降低负荷,调小主汽阀,开启过热器、蒸汽管道上的疏水阀,开启排污阀放水,同时给水

C. 降低负荷,关闭给水阀,停止给水,打开省煤器疏水阀,启用省煤器再循环管路

D. 减少给水,降低负荷,开启省煤气再循环管路,开启排污阀放水

B。【解析】锅炉水位表内出现泡沫,汽水界限难以区分,过热蒸汽温度下降,过热蒸汽带水属于汽水共腾现象。汽水共腾的处理措施中,降低负荷,调小主汽阀,开启过热器、蒸汽管道上的疏水阀,开启排污阀放水,同时给水。

(四)燃烧异常

1. 尾部烟道二次燃烧

锅炉停炉之后不久,尾部烟道易发生二次燃烧,其多发生在燃油锅炉和煤粉锅炉内。这是由于没有燃尽的可燃物,附着在受热面上,在一定的条件下,重新着火燃烧。尾部燃烧常将省煤器、空气预热器、甚至引风机烧坏。

二次燃烧原因:炭黑、煤粉、油等可燃物能够沉积在对流受热面上是因为燃油雾化不好,或煤粉粒度较大,不易完全燃烧而进入烟道;点火或停炉时,炉膛温度太低,易发生不完全燃烧,大量未燃烧的可燃物被烟气带入烟道;炉膛负压过大,燃料在炉膛内停留时间太短,来不及燃烧就进入尾部烟道。尾部烟道温度过高是因为尾部受热面粘上可燃物后,传热效率低,烟气得不到冷却;可燃物在高温下氧化放热;在低负荷特别是在停炉的情况下,烟气流速很低,散热条件差,可燃物氧化产生的热量积蓄起来,温度不断升高,引起自燃。同时烟道各部分的门、孔或风挡门不严,漏入新鲜空气助燃。

处理措施:立即停止供给燃料,实行紧急停炉,严密关闭烟道、风挡板及各门孔,防止漏风,严禁开引风机;尾部投入灭火装置或用蒸汽吹灭器进行灭火;加强锅炉的给水和排水,保证省煤器不被烧坏;待灭火后方可打开门孔进行检查。确认可以继续运行,先开启引风机 10 ~ 15 min 后再重新点火。

2. 锅炉结焦

锅炉结焦是指灰渣在高温下熔化后附着在炉墙、受热面或者炉排的现象。

燃煤锅炉结焦是个普遍性的问题,严重的结焦会妨碍燃烧设备的正常运行,甚至造成被迫停炉。结焦对锅炉的经济性、安全性都有不利影响,预防锅炉结焦的措施如下:

(1)在设计上要控制炉膛燃烧热负荷,在炉膛中布置足够的受热面,控制炉膛出口温度,使之不超过灰焦变形温度。

(2)在运行上要避免超负荷运行。

(3)对沸腾炉和层燃炉,要控制送煤量。

(4)发现锅炉结焦要及时清除。

(5)炉膛形状设计应合理;合理控制水冷壁间距、火焰中心位置和过剩空气量。

(五)承压部件损坏

1. 炉管爆破

锅炉运行中,水冷壁管和对流管爆破是较常见的事故,性质严重,需停炉检修,甚至造成伤亡。爆破时有显著声响,爆破后有喷汽声;水位迅速下降,汽压、给水压力、排烟温度均下降;火焰发暗,燃烧不稳定或被熄灭。发生此类事故时,如仍能维持正常水位,可紧急通知有关部门后再停炉,如水位、汽压均不能保持正常,必须按程序紧急停炉。

发生这类事故的原因:水质不符合要求,管壁结垢或管壁受腐蚀或受飞灰磨损变薄;升火过猛,停炉过快,使锅管受热不均匀,造成焊口破裂;下集箱积泥垢未排除,阻塞锅管水循环,锅管得不到冷却而过热爆破。

应采取的预防措施:加强水质监督;定期检查锅管;按规定升火、停炉及防止超负荷运行。

2. 过热器管道损坏

现象:过热器附近有蒸汽喷出的响声;蒸汽流量不正常,给水量明显增加;炉膛负压降低或产生正压,严重时从炉膛喷出蒸汽或火焰;排烟温度显著下降。

发生这类事故的原因:水质不良,或水位经常偏高,或汽水共腾,以致过热器结垢;引风量过大,使炉膛出口烟温升高,过热器长期超温使用;也可能烟气偏流使过热器局部超温;检修不良,使焊口损坏;水压试验后,管内积水。

事故发生后,如损坏不严重,又需要生产,则待备用炉启用后再停炉,但必须密切注意,不能使损坏恶化;如损坏严重,则必须立即停炉。

控制水、汽品质,防止热偏差,注意疏水,注意安全检修质量,即可预防这类事故。

3. 省煤器管道损坏

沸腾式省煤器出现裂纹和非沸腾式省煤器弯头法兰处泄漏是常见的损害事故,最易造成锅炉缺水。

事故发生后的表象:水位不正常下降;省煤器有泄漏声;省煤器下部灰斗有湿灰,严重者有水流出;省煤器出口处烟温下降。

事故原因:

(1)烟速过高或烟气含灰量过大,飞灰磨损严重。

(2)给水品质不符合要求,特别是未进行除氧,管子水侧被严重腐蚀。

(3)省煤器出口烟气的温度低于其酸露点,在省煤器出口段的烟气侧产生酸性腐蚀。

(4)水击事故和烟道爆炸事故所造成的剧烈震动严重损坏省煤器,甚至震裂。

(5)省煤器安全附件不全或失灵引起的超压和超温。

(6)省煤器管子焊接、铸件、连接安装等方面的质量问题造成的裂纹和渗漏。

处理办法:对于沸腾式省煤器,加大给水,降低负荷,待备用炉启用后再停炉;若不能维持正常水位则紧急停炉;并利用旁路给水系统,尽力维持水位,但不允许打开省煤器再循环系统阀门。对于非沸腾式省煤器,开启旁路阀门,关闭出入口的风门,使省煤器与高温烟气隔绝;打开省煤器旁路给水阀门。

控制给水质量,必要时装设除氧器,及时吹铲积灰,定期检查,做好维护保养工作,即可预防这类事故。

（六）水击事故

锅炉水击是在锅筒、汽水管道、省煤器中发生的水流剧烈撞击的一种现象。水击时，常常发出很大的响声和震动。严重的水击可使部件受到损坏，阀门、法兰渗漏、震裂，甚至造成管道破裂。一种"水击"是蒸汽冷凝后形成局部真空负压，使水流在突然有压差的情况下互相撞击，此种"水击"大多在蒸汽管道、省煤器、有蒸汽加压装置的锅筒等部位发生。另一种"水击"是由于高速流动的给水被突然截止后，水流产生很大的惯性力撞击管道部件所造成，一般多发生在给水管道系统中。以下分别叙述。

1. 蒸汽管道水击事故的原因及处理

蒸汽管道水击事故是一种最常见的水击事故，主要原因是蒸汽管道暖管时过争、疏水不够或发生汽水共腾和满水事故时，在蒸汽管道里积聚了许多水而造成的。

蒸汽管道发生水击事故后，要关小主汽阀，减缓送汽、并立即加强疏水，使水击减级或消除；同时要详细检查管道部件支架是否有被震坏的情况。

2. 省煤器水击事故的原因及处理

省煤器发生水击有两种原因，一种是非沸腾式省煤器过热汽化时，与温度很低的给水相遇，由于蒸汽体积突然冷缩而造成的；另一种是省煤器入口给水管路上的逆止阀动作不正常，忽开忽关，而引起高速流动的给水的惯性冲击。前一种事故发生后，应立即打开旁通烟道，使省煤器出水温度达到正常值，如无渗漏和其他异常情况，则可恢复正常运行；后一种事故则要检查给水管路上的逆止阀动作情况，如已失灵，则应更换。

3. 锅筒的水击事故原因及处理

锅筒的水击事故也有两种情况，一种是没有省煤器的锅炉，其锅筒内水位低于进水导入管时大量进低温给水而引起蒸汽空间蒸汽冷凝所造成；另一种情况是锅筒蒸汽加热时，进汽和加热速度太快所造成。这两种水击现象都会因锅内进水管、进气管的支架不牢固、联结松动而加剧。

处理措施：立即减缓进水和送汽，待水击消除后，再适当加大。停炉检修时要紧固好进水和送汽管的支架。

4. 给水管道水击事故原因及处理

给水管道水击事故原因及处理同于省煤器水击事故的第二种情况。另外，在给水温度剧烈变化时，也可能因给水的突然热胀冷缩而引起水击。给水管道发生水击后，除有很大的水流冲击声外，出口处压力表指针往往大幅度急剧摆动。应根据事故情况，采取暂停给水、更换逆止门和调整给水温度等措施。

链接

水击也可以理解为是水在锅炉管道内流动，因速度突然发生变化导致压力突然变化，形成压力波在管道内传播的现象。水击现象常发生在给水管道、省煤器、过热器、锅筒等部位。预防水击事故的措施：缓慢开闭阀门；使可分开式省煤器的出口水温低于同压力下饱和温度的40%；暖管前彻底疏水；上锅筒慢速进水，下锅筒慢速进汽。

二、压力容器事故

压力容器可能发生的事故有泄漏事故、爆炸事故、破裂事故、火灾事故、结构变形事故等。其中，较为常见的是泄漏事故和爆炸事故。

压力容器的元件开裂、穿孔、密封失效等会造成容器内的介质泄漏。当压力容器发生泄漏时，正确的做法是马上切断进料阀门和泄漏处前端阀门，使用专用堵漏技术和堵漏工具封堵，对周边明火进行控制，切断电源。

压力容器爆炸分为物理爆炸和化学爆炸。物理爆炸是容器内高压气体迅速膨胀并以高速释放内在能量。化学爆炸是容器内的介质发生化学反应，释放能量生成高压、高温，其爆炸危害程度往往比物理爆炸现象严重。

压力容器爆炸的危害主要如下：

(1)冲击波超压造成的人员伤亡和建筑物的破坏。

(2)爆破碎片在飞出过程中具有较大的动能，可能造成较大的危害；还可能损坏附近的设备和管道，引起连续爆炸或火灾事故，造成更大的危害。

(3)介质伤害，主要包括有毒介质造成的毒害和高温水汽造成的烫伤。

(4)二次爆炸及燃烧危害。

压力容器事故的预防措施如下：

(1)在设计上，应采用全焊透结构，能自由膨胀等合理的结构，从而避免应力集中、几何突变等情况；设备选用塑性、韧性较好的材料；强度计算及安全阀排量计算符合标准。

(2)压力容器在制造、修理、安装、改造时，应加强焊接管理和材料管理。

(3)在压力容器使用过程中，加强管理和检验工作，以便及时发现缺陷并采取有效措施。

三、压力管道事故

压力管道事故的原因主要集中在压力管道设计失误、材料缺陷、阀体和管件缺陷、施工安装质量差及腐蚀等方面。具体原因可分为：

(1)设计不合理。

(2)材料缺陷等制造原因。

(3)安装不合理导致的质量问题。

(4)工作人员违章操作、安全意识和安全知识缺乏，设备在运行中超温、超压工作等随机性原因。

(5)管道随着时间逐渐形成的缺陷造成的原因等，如腐蚀减薄、开裂、变形、冲刷磨损、材质劣化等。

(6)对于长输管道，还有自然条件恶劣、第三方破坏及防腐层和阴极保护出现问题等原因。

常见压力管道事故类型包括压力管道焊接缺陷造成的破坏、液击造成的破坏、管系振动造成的破坏、管道疲劳破坏、管道蠕变破坏、管道第三方人为破坏、地质灾害造成的长输油气管道破坏、长输管道腐蚀破坏。下面主要介绍管道疲劳破坏和管道蠕变破坏。

压力管道的疲劳破坏是管道长期受到反复加压和卸压的交变载荷作用出现的金属材料疲劳，而产生的一种破坏形式。疲劳破坏时一般没有明显的塑性变形，具体分析如下。

(1)疲劳破坏的形式：发生疲劳破坏的管道整体上无塑性变形、无直径增大或壁厚减薄；疲劳断裂与脆性破坏的断口形貌不同，疲劳断口存在两个明显的区域，一个是疲劳裂纹产生及扩展区，另一个是最终断裂区；大多数压力管道的压力变化周期较长，裂纹扩展较为缓慢，所以有时仍能见到裂纹扩展的弧形纹路。

(2)疲劳破坏的原因：由于管道存在着局部高应力区，其峰值应力会超过材料的屈服极限，并随着交变应力的作用产生更大的应力变化幅值，具备了微裂纹向疲劳裂纹扩展开裂的条件；管道由于受到变化幅较大的非对称循环载荷作用，例如，间隙式操作的情况下，管道内压力、温度波动较大，周围环境对管道造成的强迫振动和外界风、雨、雪、地震对容器造成的周期性外载荷等，都会导致疲劳破坏。

（3）疲劳破坏的防止：管道系统设计时须作疲劳分析并应尽可能消除或减少应力集中；管系中几何不连续部位适当的技术处理可提高其疲劳寿命；优化管道布置和固定措施，在振动较大的设备附近，设置缓冲装置可吸收振动，减轻对管道疲劳的影响，要注意温度载荷产生的伸缩变形及补偿办法；杜绝那些冶金质量和轧制质量较低、均匀度差、有缺陷的材料安装后成为疲劳裂纹的根源；施工时要保持管材表面的完好光洁，避免引弧坑、焊疤、碰撞、腐蚀等表面损伤；要保持填角焊部位的过渡圆角、较大的过渡半径、焊缝表面的磨光等；提高焊缝焊接质量，严格役前无损检验和定期检验。

材料在一定的高温环境下长期使用，所受到的拉应力低于该温度下的屈服强度，也会随时间的延长而发生缓慢持续的伸长，即蠕变现象。材料长期发生蠕变会导致性能下降或产生蠕变裂纹，最终造成破坏失效。压力管道蠕变破坏具体分析如下。

（1）蠕变破坏的形式：蠕变断裂是一种延晶断裂，其宏观断口呈粗糙的颗粒状，无金属光泽；断口可能因长期在高温下被氧化或腐蚀，表面为氧化层或其他腐蚀物覆盖，即使用电镜也难以看清断口真正形貌；因长期蠕变，致管道在直径方向有明显的变形，并伴有许多延径线方向的许多塑性变形，但断口没有明显减薄，边缘没有剪切唇，断口与壁面垂直，并具有脆性断口的某些特征。

链接

管道焊缝熔合线处蠕变开裂、管道在运行中沿轴向开裂均属于管道蠕变断裂形貌。此外，管道蠕变断裂形貌还包括三通焊缝部位蠕变失效。

（2）蠕变变形的原因：压力管道发生蠕变破坏往往是由于管道长期在某一高温下运行，即使其应力低于材料的屈服极限，材料也能发生缓慢塑性变形。压力管道因选材不当、结构不合理，造成蠕变破坏。管道由于结垢、结碳、结疤等影响传热，造成局部过热。

（3）蠕变变形的防止：设计时要根据管道使用温度选用合适的管材，并按该材料在使用温度和需要的使用寿命下的蠕变极限来选取许用压力；并且要合理设计管系布置和结构；要严格焊接工艺和热处理的工艺过程；严格执行操作规程，控制好工艺指标，杜绝超温超压运行；按规程执行定期检验，尤其要对高温、使用期较长的、出现过超温超压现象的、以蠕变速率来控制使用期的管道，除定期做无损探伤外，还要做化学分析、机械性能试验、金相分析等破坏性检验，必要时应在管路中设置可拆卸检验管段以供检验分析取样。

压力管道遭遇破坏后容易发生泄漏。管道带压堵漏技术广泛应用于冶金、化工、电力、石油等行业。带压堵漏（带压密封）是指液体介质在泄漏状态下，进行有效密封的技术手段。通俗讲就是利用合适的密封件，彻底切断介质泄漏的通道，或堵塞，或隔离泄漏介质通道，或增加泄漏介质通道中流体的流动阻力，以便形成一个封闭的空间，达到阻止流体外泄的目的。

带压堵漏技术适用介质：油、水、燃气、蒸汽、各类易燃易爆有毒有害气体、浓酸、碱、苯、强腐蚀类以及各类化学品等。

有下列情况之一的，不能进行带压堵漏作业：

（1）毒性程度为极度危害介质的泄漏部位。

（2）设备器壁等主要受压元件及管道，因裂纹而产生的泄漏部位，或无法有效阻止带压密封部位材料裂纹继续扩展的泄漏部位。

(3)原设计法兰密封垫采用透镜式垫片的泄漏点,或密封处无法满足安全施工要求。
(4)管道腐蚀、冲刷减薄情况无法检测确认或者不明的泄漏部位。
(5)由于介质泄漏,使螺栓承受高于原来设计使用温度的泄漏点。
(6)一个泄漏点当量直径大于10 mm,且不符合堵漏施工要求。
(7)堵漏现场安全措施不符合企业安全规定。
(8)堵漏含颗粒的泄漏介质其成功率较低的部位。
(9)现场不具备安全施工要求的泄漏部位。
(10)结构和材料的刚度和强度,不能满足带压密封要求的泄漏部位。
(11)螺栓强度不能满足形成堵漏密封比压要求,且无法加固的泄漏部位。
(12)其他经专业技术人员现场风险辨识评估为否定结论,不能带压堵漏的作业部位。

四、起重机械事故

起重机械常见事故及预防措施见下表。

起重机械常见事故及预防措施

事故现象	主要原因	预防措施
挤伤事故: (1)吊具或吊载与地面物体间的挤伤事故。 (2)升降设备的挤伤事故。 (3)吊物摆放不稳发生倾倒的挤伤事故。 (4)翻转作业中的撞伤事故	起重机械作业现场缺少安全监督指挥人员,现场吊装作业人员缺乏安全意识和自我保护意识或进行了野蛮操作等人为因素	建立和健全起重机械安全管理岗位责任制和起重机械安全技术档案管理制度;加强培训教育,要对起重机械作业人员进行安全技术培训考核,做到持证上岗作业;实行系统安全管理;强化安全监察
触电事故	电气设施漏电	采用36 V安全低压,保证安全电压。与带电体保持安全距离。电器设备要有保险装置,如加强屏护保护、加强漏电保护、保证接地与接零的可靠性等,并要定期检查,防止事故
高处坠落事故: (1)检修作业人员操作不当,没有采取必要的安全防护措施(如系安全带)而发生坠落。 (2)检修作业等人员跨越起重机时坠落。 (3)维修工具零部件坠落砸伤事故。 (4)制动下滑坠落事故	安全防护措施不到位;维修人员麻痹大意;起升机构的制动器性能失效	按规定装设护圈、栏杆,防止人员坠落;制动器和承重构件,必须符合安全要求,防坠落装置必须可靠

（续表）

事故现象	主要原因	预防措施
吊物（具）坠落事故： （1）脱绳事故。 （2）脱钩事故。 （3）断绳（起升绳和吊装绳）事故。 （4）吊钩破断事故。 （5）过卷扬事故	（1）脱绳：吊装重心、吊物捆绑方法不合理；吊载受到碰撞、冲击而摇摆不定。 （2）脱钩：护钩装置缺少或失效；吊钩钩口变形引起开口过大；采用了不当的吊装方法。 （3）起升绳破断：斜吊、斜拉造成钢丝绳损伤。起吊拉断钢丝绳超载。起升限位开关失灵造成过卷拉断钢丝绳。钢丝绳因长期使用又缺乏维护保养造成疲劳变形、磨损、损伤、断丝等，达到或超过报废标准仍然使用等。 （4）吊装绳破断：吊钩上吊装绳夹角太大（$>120°$），无平衡梁，使吊装绳上的拉力超过极限而拉断。吊装钢丝绳品种规格选择不当或仍使用已达到报废标准的钢丝绳捆绑吊装重物造成的吊装绳断裂。吊装绳与重物尖锐角边接触处无护垫等保护措施而造成棱角割断钢丝绳，出现吊装绳破断事故。 （5）吊钩破断：吊钩材质有缺陷。吊钩因长期磨损，使断面减少已达到报废极限标准却仍然使用。经常超载使用造成疲劳破坏以至于断裂破坏。 （6）过卷扬：没有安装上升极限位置限制器或限制器失灵，使吊钩继续上升直至拉断钢丝绳。起升机构主接触器失灵（如主触头溶断动作迟缓），不能及时切断电源	（1）采用合适的吊物捆绑方法，保证吊装重心稳定，避免吊物受到碰撞、冲击。 （2）护钩装置齐全有效；采用合适的吊装方法。 （3）要检查钢丝绳的状况，操作前必须将钢丝绳从头到尾地细致检查一遍，检查是否有磨损、断丝、断脱及有无显著变形、扭结、弯折等，不符合的要及时更换。 （4）要注意检查吊钩是否有磨损或有无裂纹变形，该报废的不准使用。 （5）起升高度限位器要保证有效，避免过卷扬事故，在作业前要检查起升高度限位器是否有效，失效时应不准启动

链接

起重机械作业过程中，由于起升机构取物缠绕系统出现问题而经常发生重物坠落事故，如脱绳、脱钩、断绳和断钩等。起重机械起升机构安全要求如下：为防止钢丝绳脱槽，卷筒装置上应用压板固定；钢丝绳在卷筒上的极限安全圈应保证在两圈以上；钢丝绳在卷筒上应有下降限位保护；每根起升钢丝绳的两端都应固定好。

关于起重机械事故的其他内容，下面以典型例题的形式进行介绍。

典型例题

【单选题】某公司清理废旧设备重叠堆放的场地，使用汽车吊进行吊装，场地中单件设备质量均小于汽车吊的额定起重量。当直接起吊一台被其他设备包围的设备时，汽车吊失稳前倾，吊臂折断，造成事故。下列该事故的原因中，最可能的直接原因是（　　）。

A. 吊物被埋置　　　　B. 吊物质量不清

C. 吊物有浮置物　　　D. 吊物捆绑不牢

A。**【解析】**根据题干，场地中单件设备质量均小于汽车吊的额定起重量。故选项B错误。吊物有浮置物、吊物捆绑不牢，会在起吊过程中引起重物坠落，形成突然卸载，造成吊臂反弹后倾。故选项C、D错误。

五、场（厂）内专用机动车辆事故

场(厂)内专用机动车辆事故原因主要有管理不到位、车辆安全技术状况不良、场(厂)内作业环境复杂及驾驶员安全技术素质不高等。

场(厂)内专用机动车辆事故按伤害程度进行分类,可分为车损事故、轻伤事故、重伤事故和死亡事故。

六、客运索道事故

客运索道事故发生的原因主要有设计不合理、制造有误差、质量控制不规范、安装和装配错误、不正常维护和检修、操作规程不合理及作业人员对操作规程了解不全面等。

客运索道的典型事故有脱索、坠落、拖动失效、撞击、机械伤害、振荡、触电、电气火灾及雷电伤害、大风伤害等外部环境带来的其他伤害。

客运索道的使用单位应当制定应急措施和救援预案,并包括以下文件:

(1)紧急救护人员组织分工表。

(2)紧急救护人员职责。

(3)紧急救护方式及程序。

(4)紧急救护程序流程表。

(5)紧急救护纪律。

(6)紧急救护规范用语。

客运索道使用单位自身的应急救援体系要与社会应急救援体系相衔接。

客运索道使用单位应当制定应急专项预案,建立应急救援指挥机构,配备相应的救援人员以及相应数量的营救设备、急救物品。客运索道使用单位应当加强营救设备、急救物品的存放和管理,对救援人员定期进行专业培训,每年至少组织 1 次应急救援演练。

客运索道的救护设备应按要求存放,并进行日常检查。救援物资只可在救援时使用,不得挪作他用。

七、大型游乐设施事故

大型游乐设施事故主要由游乐设施的整机失效导致,整机失效主要有过量变形、过度磨损和断裂三种方式。而造成游乐设施整机失效的原因主要有材料及工艺缺陷、设计不当、使用条件和运行维护不当等,除此之外,还有机械连接方式不当、零件精度不够、操作人员违规操作等原因。

大型游乐设施事故主要有倾覆倾翻(倒塌)、坠落、挤压、触电、物体打击、碰撞、火灾、溺水、失控和高空滞留事故等。

第四章　防火防爆安全技术基础

第 1 节　防火和防爆概述

一、燃烧的概述

(一)燃烧的概念

可燃物与氧化剂作用发生的放热反应,通常伴有火焰、发光和(或)烟气的现象。对于有焰燃烧一定存在自由基的链式反应。

燃烧的链式反应由三个阶段组成,即链的引发、链的传递和链的终止。链的引发就是从饱和分子中生成最初的自由基(活化中心)。自由基的产生有赖于分子中链的断裂,因此它需要的活化能就等价于饱和分子所作用的链能。当分子吸收的能量大于链破坏的能量时,就可以生成自由基。通常在分子中链较小的地方首先断裂而生成自由基。链的传递是指自由基一经生成,便会自动发展而形成长链,依次交替直至反应物消耗殆尽或自由基被消灭为止。链的终止就是将自由基引向消灭的反应。如两个自由基相互作用或自由基与惰性分子相撞而将能量分散,或自由基与器壁碰撞等,都是将自由基引向消灭。

(二)燃烧的类型

燃烧的类型如下图所示。

闪燃

可燃性液体挥发的蒸气与空气混合达到一定浓度或者可燃性固体加热到一定温度后,遇明火发生一闪即灭的燃烧

轰燃

某一空间内,所有可燃物的表面全部卷入燃烧的瞬变过程

自燃

在没有外部火源的作用时,因受热或自身发热并蓄热所产生的燃烧

着火

可燃物在空气中与火源接触,达到一定温度时,开始产生有火焰的燃烧,并在火源移走后仍能持续燃烧的现象

爆炸

在周围介质中瞬间形成高压的化学反应或状态变化,通常伴有强烈放热、发光和声响

燃烧的类型

链接

自燃可分为：

（1）化学自燃。例如金属钠在空气中自燃；煤因堆积过高而自燃等。这类着火现象通常不需要外界加热，而是在常温下依据自身的化学反应发生的，因此习惯上称为化学自燃。

（2）热自燃。如果将可燃物和氧化剂的混合物预先均匀地加热，随着温度的升高，当混合物加热到某一温度时便会自动着火（这时着火发生在混合物的整个容积中），这种着火方式习惯上称为热自燃。例如，油脂滴落于高温部件上发生燃烧的现象。

通常根据不同燃烧类型，用不同的燃烧性能参数来分别衡量气体、液体、固体可燃物的燃烧特性。

（1）闪点。在规定的试验条件下，液体挥发的蒸气与空气形成的混合物，遇引火源能够闪燃的液体最低温度（采用闭杯法测定），称为闪点。闪点是可燃性液体性质的主要标志之一，是衡量液体火灾危险性大小的重要参数。闪点越低，火灾危险性越大，反之则越小。闪点是判断液体火灾危险性大小及对可燃性液体进行分类的主要依据。

（2）燃点。在规定的试验条件下，应用外部热源使物质表面起火并持续燃烧一定时间所需的最低温度，称为燃点，也称着火点。在一定条件下，物质的燃点越低，越易着火。固体的火灾危险性大小一般用燃点来衡量。着火点越低的可燃固体物质，其火灾危险性越大。

链接

常见物质的燃点：砂糖的燃点是350 ℃，木材的燃点是400～470 ℃，硫黄的燃点是232 ℃，尼龙的燃点是500 ℃。

（3）自燃点。在规定的条件下，可燃物质发生自燃的最低温度，即可燃物质在规定条件下，不用任何辅助引燃能源而达到自行燃烧的最低温度，称为自燃点。在这一温度时，物质与空气（氧）接触，不需要明火的作用，就能发生燃烧。自燃点是衡量可燃物质受热升温导致自燃危险的依据。不同的可燃物有不同的自燃点，同一种可燃物在不同的条件下自燃点也会发生变化。可燃物自燃点的典型特征如下：

①固体可燃物粉碎得越细，其自燃点越低。固体可燃物受热分解的可燃气体挥发物越多，其自燃点越低。

②液体可燃物受热分解出的可燃气体越多，其自燃点越低。

③一般情况下，密度越大，闪点越高且自燃点越低。常见油品的自燃点由高到低的排序是汽油→煤油→轻柴油→重柴油→蜡油→渣油。

典型例题

【单选题】火灾是指在时间或空间上失去控制的燃烧，引燃能、着火诱导期、闪点及自燃等都是描述火灾的参数。关于火灾的基本概念及参数的说法，正确的是（　　）。

A. 热分解温度是评价可燃固体危险性的主要目标之一，它是可燃物质受热发生分解的初始温度

B. 引燃能是指释放能够触发燃烧化学反应的能量，影响其反应发生的因素仅与温度有关

C. 闪燃是在一定温度下，在可燃液体表面上产生足够的可燃蒸汽，遇火产生持续燃烧的现象

D. 自燃是物质在通常环境条件下自发燃烧的现象，汽油与煤油相比，汽油的密度小，自燃点低

A。【解析】引燃能又称最小点火能，是指释放能够触发初始燃烧化学反应的能量，影响其反应发生的因素与释放的能量、温度、热量和加热时间有关。故选项 B 错误。闪燃是指易燃或可燃液体（包括可熔化的少量固体，如石蜡、樟脑、萘等）挥发出来的蒸气分子与空气混合后，达到一定的浓度时，遇引火源产生一闪即灭的现象。故选项 C 错误。一般情况下，密度越大，闪点越高且自燃点越低。常见油品的自燃点由高到低的排序是汽油→煤油→轻柴油→重柴油→蜡油→渣油。故选项 D 错误。

（三）燃烧的方式与特点

1. 气体燃烧

根据燃烧前可燃气体与氧混合状况不同，其燃烧方式分为扩散燃烧和预混燃烧。

（1）扩散燃烧即可燃性气体和蒸气分子与气体氧化剂互相扩散，边混合边燃烧。人们在生产、生活中的用火（如燃气做饭、点气照明、烧气焊等）均属于这种方式的燃烧。扩散燃烧的特点：燃烧比较稳定，扩散火焰不运动，可燃气体与气体氧化剂的混合在可燃气体喷口进行。

提示

天然气井口发生的井喷燃烧属于扩散燃烧。

（2）预混燃烧又称爆炸式燃烧。它是指可燃气体、蒸气或粉尘预先同空气（或氧）混合，遇引火源产生带有冲击力的燃烧。通常的爆炸反应即属此种。预混燃烧的特点：燃烧反应快，温度高，火焰传播速度快，反应的混合气体不扩散。

2. 液体燃烧

液体燃烧的方式主要有闪燃、沸溢和喷溅。

（1）闪燃。闪燃是指易燃或可燃液体（包括可熔化的少量固体，如石蜡、樟脑、萘等）挥发出来的蒸气分子与空气混合后，达到一定的浓度时，遇引火源产生一闪即灭的现象。发生闪燃的原因是易燃或可燃液体在闪燃温度下蒸发的速度比较慢，蒸发出来的蒸气仅能维持一刹那的燃烧，来不及补充新的蒸气维持稳定的燃烧，因而一闪就灭了。但闪燃却是引起火灾事故的先兆之一。闪点则是指易燃或可燃液体表面产生闪燃的最低温度。

（2）沸溢。以原油为例，其黏度比较大，并且都含有一定的水分，以乳化水和水垫两种形式存在。所谓乳化水是原油在开采运输过程中，原油中的水由于强力搅拌成细小的水珠悬浮于油中而成的。放置久后，油水分离，水因密度大而沉降在底部形成水垫。燃烧过程中，这些沸程较宽的重质油品产生热波，在热波向液体深层运动时，由于温度远高于水的沸点，因而热波会使油品中的乳化水汽化，大量的蒸汽就要穿过油层向液面上浮，在向上移动过程中形成油包气的气泡，即油的一部分形成了含有大量蒸汽气泡的泡沫。这样，必然使液体体积膨胀，向外溢出，同时部分未形成泡沫的油品也被下面的蒸汽膨胀力抛出，使液面猛烈沸腾起来，就像“跑锅”一样，这种现象称为沸溢。

(3)喷溅。在重质油品燃烧进行过程中,随着热波温度的逐渐升高,热波向下传播的距离也加大,当热波达到水垫时,水垫的水大量蒸发,蒸汽体积迅速膨胀,以至把水垫上面的液体层抛向空中,向外喷射,这种现象称为喷溅。

3. 固体燃烧

固体燃烧的方式大致可分为五种,其燃烧各有特点。

(1)蒸发燃烧。硫、磷、钾、钠、蜡烛、松香、沥青等可燃固体,在受到火源加热时,先熔融蒸发,随后蒸气与氧气发生燃烧反应,这种方式的燃烧一般称为蒸发燃烧。樟脑、萘等易升华物质,在燃烧时不经过熔融过程,但其燃烧现象也可看作一种蒸发燃烧。

(2)表面燃烧。可燃固体(如木炭、焦炭、铁、铜等)的燃烧反应是在其表面由氧和物质直接作用而发生的,称为表面燃烧。这是一种无火焰的燃烧,有时又称之为异相燃烧。

(3)分解燃烧。可燃固体,如木材、煤、合成塑料、钙塑材料等,在受到火源加热时,先发生热分解,随后分解出的可燃挥发分与氧发生燃烧反应,这种方式的燃烧一般称为分解燃烧。

(4)熏烟燃烧(阴燃)。可燃固体在空气不流通、加热温度较低、分解出的可燃挥发分较少或逸散较快、含水分较多等条件下,往往发生只冒烟而无火焰的燃烧现象,这就是熏烟燃烧,又称阴燃。

(5)动力燃烧(爆炸)。动力燃烧是指可燃固体或其分解析出的可燃挥发分遇火源所发生的爆炸式燃烧,主要包括可燃粉尘爆炸、炸药爆炸、轰燃等几种情形。

上述各种燃烧方式的划分不是绝对的,有些可燃固体的燃烧往往包含两种或两种以上的方式。例如,在适当的外界条件下,木材、棉、麻、纸张等的燃烧会明显地存在分解燃烧、熏烟燃烧、表面燃烧等方式。

(四)燃烧的过程

可燃物质的燃烧过程如下图所示。大多数可燃物质的燃烧并非是物质本身在燃烧,而是物质受热分解出的蒸气在气相中的燃烧。在各相可燃物中,可燃气体最容易燃烧。焦炭的燃烧较为特殊,焦炭为可燃固体,在燃烧过程中呈炽热状态,不产生气态物质,也不产生火焰。

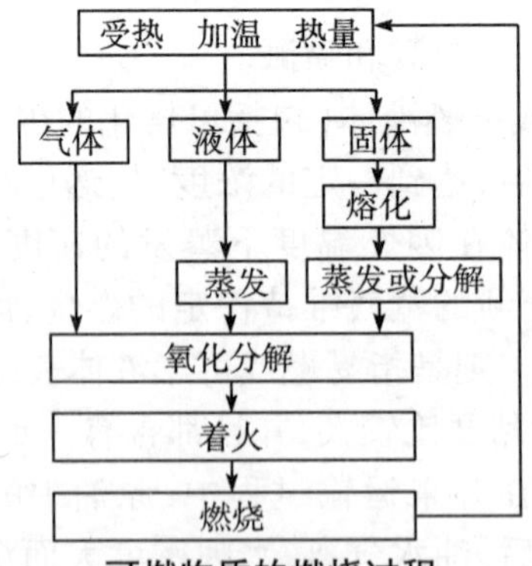

可燃物质的燃烧过程

典型例题

【单选题】大多数可燃物质的燃烧并非是物质本身在燃烧,而是物质受热分解出的蒸气在气相中的燃烧。关于不同物质燃烧过程的说法,正确的是(   )。

A. 乙醇在受热后,燃烧过程为氧化分解→蒸发→燃烧

B. 木材在受热后,燃烧过程为氧化分解→蒸发→燃烧

C. 红磷在受热后,燃烧过程为熔化→蒸发→燃烧

D. 焦炭在受热后,燃烧过程为分解→氧化→燃烧

C。【解析】乙醇属于可燃液体,其燃烧为蒸发燃烧,燃烧过程为蒸发→氧化分解→燃烧。故选项 A 错误。木材属于复杂的可燃固体化合物,其燃烧为分解燃烧,燃烧过程为受热分解→氧化分解→燃烧。故选项 B 错误。焦炭属于可燃固体,其燃烧为表面燃烧,直接在物质表面进行氧化燃烧,不发生蒸发或分解过程。故选项 D 错误。

二、火灾的概述

(一)火灾的概念

火灾是指在时间或空间上失去控制的灾害性燃烧现象。

1. 火灾发生的基本原因

火灾发生的基本原因有失火、自然、放火。

2. 火灾的发展变化因素

火灾的发展变化除取决于可燃物的性质和数量外,同时也受热传播、爆炸、建(构)筑物的耐火等级以及气象等因素影响。热传播是影响火灾发展的决定性因素。主要途径有热传导、热对流、热辐射。

3. 火灾蔓延的因素

火灾蔓延的因素有热传导、热对流、热辐射。

4. 火灾的三要素

如果同一时间和同一地点存在足够的可燃物(燃料)、氧化剂(氧气)和点燃能量(热量),就存在火灾危险。火灾是这三个要素以无约束化学反应的形式相互作用的结果。通过控制或去除其中一个或多个要素,可防止或抑制火灾的发生。

链接

火灾的三要素和未受到抑制的链式反应条件共同构成物质燃烧(火灾)发生的必要条件。物质燃烧(火灾)发生的充分条件包括一定的氧含量、一定的可燃剂浓度和一定的点火能。

5. 火灾发展过程及规律

火灾发展的典型过程为初起期→发展期→最盛期→减弱至熄灭期。各阶段的特点如下:

(1)初起期是火灾从无到有开始发生的阶段。初起期最重要的是可燃物的热解过程。冒烟和阴燃是初起期的主要特征。

(2)发展期,顾名思义即火势由小到大逐渐发展的阶段。发展期通常满足时间平方规律,即火灾热释放速率与时间的平方成正比。大量火灾事故研究表明,发展期会发生轰燃。

(3)最盛期的火势大小主要是由建筑物的通风情况决定的。

(4)减弱至熄灭期,由于燃料不足或者是经过灭火作用,火势逐渐消减,最终熄灭。

典型例题

【单选题】通过对大量火灾事故的研究分析得出,典型火灾事故的发展分为初起期、发展期、最盛期、减弱期至熄灭期。下图中属于火灾熄灭期的是(　　)。

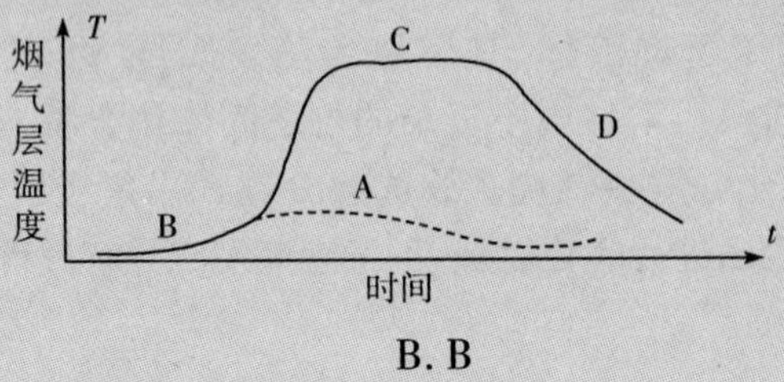

A. A　　　　B. B

C. C　　　　D. D

A。【解析】题干图中,A 是火灾熄灭期;B 是火灾初起期;C 是火灾最盛期;D 是火灾减弱期;BC 中间的上升段是火灾发展期。

(二)火灾的分类

火灾的分类如下图所示。

A 类火灾
指固体物质火灾。这种物质通常具有有机物质性质,一般在燃烧时能产生灼热的余烬。
如木材、干草、煤炭、棉、毛、麻、纸张等火灾

D 类火灾
指金属火灾。
如钾、钠、镁、钛、锆、锂、铝镁合金等火灾

B 类火灾
指液体或可熔化的固体物质火灾。
如煤油、柴油、原油、甲醇、乙醇、沥青、石蜡、塑料等火灾

E 类火灾
指带电火灾。物体带电燃烧的火灾

C 类火灾
指气体火灾。
如煤气、天然气、甲烷、乙烷、丙烷、氢气等火灾

F 类火灾
指烹饪器具内的烹饪物(如动植物油脂)火灾

火灾的分类

链接

某化工技术有限公司的污水处理车间的废水罐内主要含有水、甲苯、燃油、少量废催化剂(雷尼镍)等。该车间因雷尼镍自燃引起了甲苯燃爆发生火灾。根据火灾的分类,该火灾类型属 B 类火灾。

(三)火灾危险性分类

1. 生产的火灾危险性分类

生产的火灾危险性分类见下表。

生产的火灾危险性分类

生产的火灾危险性类别	使用或产生下列物质生产的火灾危险性特征
甲	(1)闪点小于 28 ℃的液体。 (2)爆炸下限小于 10% 的气体。 (3)常温下能自行分解或在空气中氧化能导致迅速自燃或爆炸的物质。 (4)常温下受到水或空气中水蒸气的作用,能产生可燃气体并引起燃烧或爆炸的物质。 (5)遇酸、受热、撞击、摩擦、催化以及遇有机物或硫黄等易燃的无机物,极易引起燃烧或爆炸的强氧化剂。 (6)受撞击、摩擦或与氧化剂、有机物接触时能引起燃烧或爆炸的物质。 (7)在密闭设备内操作温度不小于物质本身自燃点的生产
乙	(1)闪点不小于 28 ℃,但小于 60 ℃的液体。 (2)爆炸下限不小于 10% 的气体。 (3)不属于甲类的氧化剂。 (4)不属于甲类的易燃固体。 (5)助燃气体。 (6)能与空气形成爆炸性混合物的浮游状态的粉尘、纤维、闪点不小于 60 ℃的液体雾滴
丙	(1)闪点不小于 60 ℃的液体。 (2)可燃固体
丁	(1)对不燃烧物质进行加工,并在高温或熔化状态下经常产生强辐射热、火花或火焰的生产。 (2)利用气体、液体、固体作为燃料或将气体、液体进行燃烧作其他用的各种生产。 (3)常温下使用或加工难燃烧物质的生产
戊	常温下使用或加工不燃烧物质的生产

2. 储存物品的火灾危险性分类

储存物品的火灾危险性分类见下表。

储存物品的火灾危险性分类

储存物品的火灾危险性类别	储存物品的火灾危险性特征
甲	(1)闪点小于 28 ℃的液体。 (2)爆炸下限小于 10% 的气体,受到水或空气中水蒸气的作用能产生爆炸下限小于 10% 气体的固体物质。 (3)常温下能自行分解或在空气中氧化能导致迅速自燃或爆炸的物质。 (4)常温下受到水或空气中水蒸气的作用,能产生可燃气体并引起燃烧或爆炸的物质。 (5)遇酸、受热、撞击、摩擦以及遇有机物或硫黄等易燃的无机物,极易引起燃烧或爆炸的强氧化剂。 (6)受撞击、摩擦或与氧化剂、有机物接触时能引起燃烧或爆炸的物质
乙	(1)闪点不小于 28 ℃,但小于 60 ℃的液体。 (2)爆炸下限不小于 10% 的气体。 (3)不属于甲类的氧化剂。 (4)不属于甲类的易燃固体。 (5)助燃气体。 (6)常温下与空气接触能缓慢氧化,积热不散引起自燃的物品

（续表）

储存物品的火灾危险性类别	储存物品的火灾危险性特征
丙	(1)闪点不小于60 ℃的液体。 (2)可燃固体
丁	难燃烧物品
戊	不燃烧物品

3. 危险物质火灾危险性与性能参数的关系

危险物质火灾危险性与性能参数存在下列关系：

(1)活化能越低的可燃性粉尘物质，其火灾危险性越大。

(2)着火点越低的可燃固体物质，其火灾危险性越大。

(3)闪点越低的可燃液体物质，其火灾危险性越大。

(4)爆炸下限越低的可燃气体物质，其火灾危险性越大。

(5)最小点火能越高的可燃物质，其火灾危险性越小。

(6)着火延滞期越短的可燃物质，其火灾危险性越大。

(四)火灾的统计范围

火灾的统计范围如下图所示。

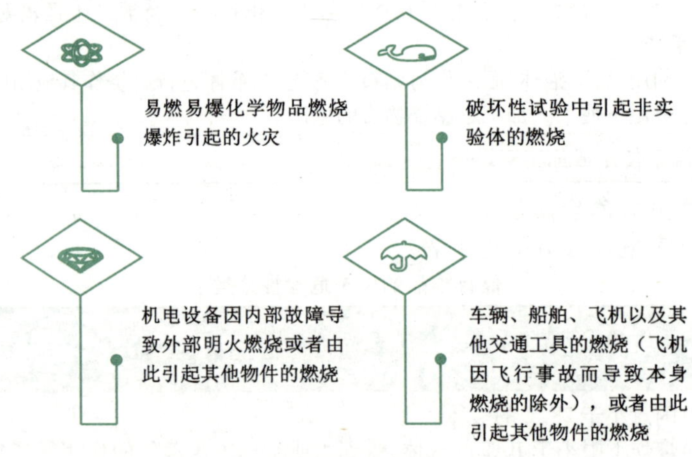

火灾的统计范围

(五)火灾损失

火灾损失如下图所示。

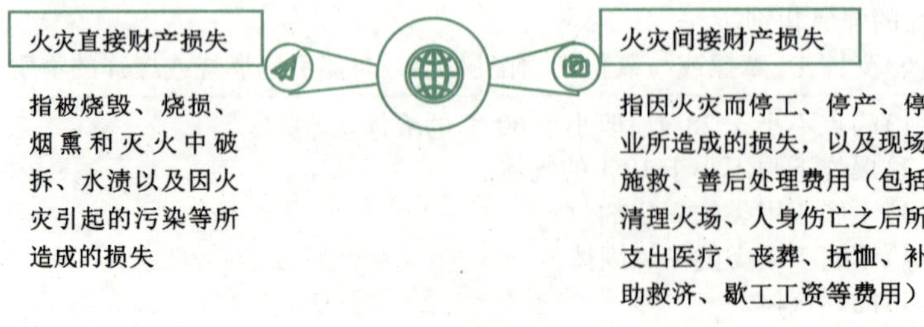

火灾损失

(六)火灾等级

火灾等级如下图所示。

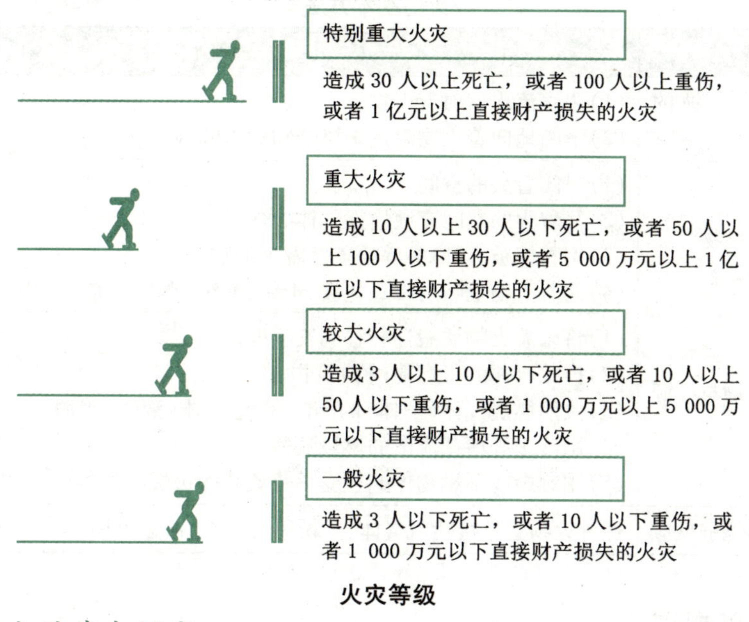

火灾等级

(七)灭火的基本规定

1. 灭火的基本措施

灭火的基本措施见下表。

灭火的基本措施

措施	原理	措施举例
控制可燃物	破坏燃烧爆炸的基础	(1)限制可燃物质储运量。 (2)用难燃或阻燃材料代替可燃材料。 (3)加强通风。 (4)降低可燃气体或蒸气、粉尘在空间的浓度。 (5)用阻燃剂对可燃材料进行阻燃处理,以提高耐火极限。 (6)及时清除撒漏地面的易、可燃物质等
隔绝空气	破坏助燃条件	充惰性气体保护生产或者储运有爆炸危险物品的容器、设备等;密闭有可燃介质的容器、设备
消除着火源	破坏燃烧的激发能源	(1)具有火灾、爆炸的场所禁止一切烟火。 (2)经常润滑机械轴承,防止摩擦生热。 (3)安装避雷、接地设施,防止雷击、静电。 (4)玻璃涂白漆防日光辐射。 (5)铁制工具套上胶皮,防擦碰产生火星等
阻止火势蔓延	不使新的燃烧条件形成	(1)在建筑之间留足防火间距、筑防火墙。 (2)在气体管道上安装阻火器、安全水封。 (3)有压力的容器设备,安装防爆膜(片)、安全阀。 (4)能形成爆炸介质的场所,设置泄压门窗、轻质屋盖等

2. 灭火的基本方法

灭火的基本方法见下表。

灭火的基本方法

方法	原理	方法举例
冷却法	降低燃烧物的温度	(1)用直流水喷射着火物。 (2)不断地向着火物附近未燃烧物喷水降温等
窒息法	消除助燃物	(1)封闭着火的空间。 (2)往着火的空间充灌惰性气体、水蒸气。 (3)用石棉被、湿麻袋等捂盖已着火的物质。 (4)向着火物上喷射二氧化碳、干粉、泡沫、雾状水等
隔离法	使着火物与火源隔离	(1)将未着火物质搬迁转移到安全处。 (2)拆除毗邻的可燃建(构)筑物。 (3)关闭燃烧气体(液体)的阀门,断绝气体(液体)来源。 (4)用沙土等堵截流散的燃烧液体。 (5)用难燃或不燃物体遮盖受火势威胁的可燃物质等
抑制法	中断燃烧链反应	往着火物上直接喷射气体、干粉等灭火剂,覆盖火焰,中断燃烧

三、爆炸的概述

爆炸是物质系统的一种极为迅速的物理或化学能量的释放或转化过程,在此过程中,系统的能量将转化为机械功、光和热的辐射等。

(一)爆炸的分类

1. 按照爆炸反应相的不同分类

(1)气相爆炸。包括可燃性气体和助燃性气体混合物的爆炸;气体的分解爆炸;液体被喷成雾状物引起的爆炸;飞扬悬浮于空气中的可燃粉尘引起的爆炸等。

(2)液相爆炸。包括聚合爆炸、蒸发爆炸以及由不同液体混合所引起的爆炸,如硝酸和油脂,液氧和煤粉等混合时引起的爆炸;熔融的矿渣与水接触或钢水包与水接触时,由于过热发生快速蒸发引起的蒸汽爆炸等。

(3)固相爆炸。包括爆炸性化合物及其他爆炸性物质的爆炸(如乙炔铜的爆炸);导线因电流过载,由于过热,金属迅速气化而引起的爆炸等。

常见的气相爆炸:空气和氢气、丙烷、乙醚等混合气的爆炸;油压器(机)喷出的油雾、喷漆作业引起的爆炸;空气中飞散的铝粉、镁粉、煤粉、亚麻、玉米淀粉等引起的爆炸;氯乙烯分解引起的爆炸。

常见的固体爆炸:熔融的钢水与水混合产生蒸汽爆炸;丁酮过氧化物、三硝基甲苯、硝基甘油等的爆炸。

2. 按燃烧速度分类

(1)爆燃(燃爆)。物质爆炸时的燃烧速度为每秒数米,爆炸时无多大破坏力,声响也不太大。如无烟火药在空气中的快速燃烧,可燃气体混合物在接近爆炸浓度上限或下限时的爆炸。

(2)爆炸。物质爆炸时的燃烧速度为每秒十几米至数百米,爆炸时能在爆炸点引起压力激增,有较大的破坏力,有震耳的声响。可燃性气体混合物在多数情况下的爆炸,以及火药遇火源引起的爆炸等都属于此类。

(3)爆轰。物质爆炸的燃烧速度为爆轰时能在爆炸点突然引起极高压力,并产生超音速的“冲击波”。由于在极短时间内发生的燃烧产物急速膨胀,像活塞一样挤压其周围气体,反应所产生的能量有一部分传给被压缩的气体层,于是形成的冲击波由它本身的能量所支持,迅速传播并能远离爆轰的发源地而独立存在,同时可引起该处的其他爆炸性气体混合物或炸药发生爆炸,从而发生一种“殉爆”现象。

3.按照能量来源分类

按照能量来源,爆炸可分为物理爆炸、化学爆炸和核爆炸,具体见下表。

爆炸按照能量来源分类

分类	定义	特点	举例
物理爆炸	物质因状态变化导致压力发生突变而形成的爆炸称为物理爆炸	(1)物理爆炸前后物质的化学成分均不改变。 (2)物理爆炸本身虽没有进行燃烧反应,但他产生的冲击力可直接或间接地造成火灾	蒸汽锅炉因水快速汽化,容器压力急剧增加,压力超过设备所能承受的强度而发生的爆炸;压缩气体或液化气钢瓶、油桶受热爆炸;导线因电流过载而引起的爆炸;熔融的钢水遇水发生的爆炸等
化学爆炸	由于物质急剧氧化或分解产生温度、压力增加或两者同时增加而形成的爆炸现象	(1)化学爆炸前后,物质的化学成分和性质均发生了根本的变化。 (2)化学爆炸能直接造成火灾,具有很大的火灾危险性	各种炸药的爆炸和气体、液体蒸气及粉尘与空气混合后形成的爆炸
核爆炸	由于原子核裂变或聚变反应,释放出核能所形成的爆炸,称为核爆炸	—	原子弹、氢弹、中子弹的爆炸

化学爆炸又分为炸药爆炸,可燃气体爆炸和可燃粉尘爆炸。

炸药爆炸:

(1)炸药爆炸的特点。化学反应速度极快,可在万分之一秒甚至更短的时间内完成爆炸,放出大量的热。爆炸时的反应热达到数千到上万千焦,温度可达数千摄氏度并产生高压,能在瞬间由固体迅速转变为大量的气体,使体积成百倍增加。因此,爆炸的特点可简述为极快、高温、高压。

(2)炸药爆炸的破坏作用。炸药在空气中爆炸时,对周围介质的破坏作用主要有三部分:一是爆炸产物的直接作用,即指高温、高压、高能量密度产物的直接膨胀冲击作用,一般爆炸产物只在爆炸中心的近距离内起作用;二是冲击波的作用,空气冲击波是一种具有巨大能量的超音速压力波,是爆炸时起主要破坏作用的物质,离爆炸中心越近,破坏作用越强;三是外壳破片的分散杀伤作用。

可燃气体爆炸是指物质以气体、蒸气状态所发生的爆炸。气体爆炸由于受体积能量密度的制约,造成大多数气态物质在爆炸时产生的爆炸压力分散在 5 ~ 10 倍于爆炸前的压力范围内,爆炸威力相对较小。按爆炸原理,气体爆炸包括混合气体爆炸、气体单分解爆炸两种。

(1)混合气体爆炸是指可燃气(或液体蒸气)和助燃性气体的混合物在引火源作用下发生的爆炸,较为常见。可燃气与空气组成的混合气体遇火源能否发生爆炸,与混合气体中的可燃气浓度有关。可燃气与空气组成的混合气体遇火源能发生爆炸的浓度范围称为爆炸极限。

(2)气体单分解爆炸是指单一气体在一定压力作用下发生分解反应并产生大量反应热,使气态物膨胀而引起的爆炸。气体单分解爆炸的发生需要满足一定的压力和分解热的要求。能使单一气体发生爆炸的最低压力值称为临界压力。单分解爆炸气体物质压力高于临界压力且分解热足够大时,才能维持热与火焰的迅速传播而造成爆炸。

链接

在工业生产中,很多爆炸事故都是有可燃气体与空气爆炸性混合物引起的。由于条件不同,有时发生燃烧,有时发生爆炸,在一定条件下两者也可能转化。燃烧反应过程一般可分为扩散阶段、感应阶段和化学反应阶段。燃烧反应过程的扩散阶段是指可燃气分子和氧气分子分别从释放源通过扩散达到相互接触。燃烧反应过程中的感应阶段是指可燃气分子和氧气分子接受点火源能量,离解成自由基或活性粒子。燃烧反应过程中的化学反应阶段是指自由基与反应物分子相互作用,生成新分子和新自由基,完成燃烧的反应。决定可燃气体燃烧或爆炸的主要条件是反应过程中是否需要经历扩散阶段。

单分解爆炸气体也称为分解爆炸性气体。分解爆炸性气体在温度和压力的作用下发生分解反应时会产生分解热,在没有氧气的条件下也可能被点燃爆炸。

乙炔是典型的分解爆炸性气体。乙炔即使在没有氧气的条件下,也可能发生爆炸,其实质是分解爆炸。乙炔性能及其使用的安全要求:乙炔受热时,容易发生聚合、加成、取代或爆炸性分解等反应;乙炔的火灾爆炸危险性很大,但爆炸下限低于天然气;乙炔易与汞等重金属反应生成爆炸性的乙炔盐;乙炔不能用含铜量超过70%的铜合金制造的容器盛装;乙炔作为焊接气体时,选择焊丝时不能选用含银焊丝。

除了乙炔外,常见的分解爆炸性气体还有乙烯、臭氧、环氧乙烷、四氟乙烯、二氧化氮、一氧化氮。

可燃粉尘爆炸。粉尘是指分散的固体物质。粉尘爆炸是指悬浮于空气中的可燃粉尘触及明火或电火花等火源时发生的爆炸现象。可燃粉尘爆炸应具备三个条件,即粉尘本身具有爆炸性、粉尘必须悬浮在空气中并与空气混合到爆炸浓度、有足以引起粉尘爆炸的火源。

(1)粉尘爆炸的过程。粉尘的爆炸由以下三步发展形成:第一步是悬浮的粉尘在热源作用下迅速地干馏或汽化而产生出可燃气体;第二步是可燃气体与空气混合而燃烧;第三步是粉尘燃烧放出的热量,以热传导和火焰辐射的方式传给附近悬浮的或被吹扬起来的粉尘,这些粉尘受热汽化后使燃烧循环地进行下去。随着每个循环的逐次进行,其反应速度逐渐加快,通过剧烈的燃烧,最后形成爆炸。这种爆炸反应以及爆炸火焰传播速度、爆炸波传播速度、爆炸压力等将持续加快和升高,并呈跳跃式的发展。

(2)粉尘爆炸的特点。

①连续性爆炸是粉尘爆炸的最大特点,因初始爆炸将沉积粉尘扬起,在新的空间中形成更多的爆炸性混合物而再次爆炸。

②粉尘爆炸所需的最小点火能量较高,一般在几十毫焦耳以上,而且热表面点燃较为困难。

③与可燃气体爆炸相比，粉尘爆炸压力上升较缓慢，较高压力持续时间长，释放的能量大，破坏力强。

提示

粉尘爆炸是一个瞬间的连锁反应，属于不稳定的气固二相流反应，其爆炸过程比较复杂。除了上述内容外，粉尘爆炸还具有下列特点：燃烧时间长；粉尘爆炸感应期比气体爆炸感应期长；粉尘爆炸后有产生二次爆炸的可能性；粉尘爆炸的燃烧速度、爆炸压力均比混合气体爆炸小；粉尘爆炸多数为不完全燃烧，产生的一氧化碳等有毒物质较多；堆积的可燃性粉尘通常不会爆炸，但若受到扰动，形成粉尘雾可能爆炸；可产生爆炸的粉尘颗粒非常小，可分散悬浮在空气中，不产生下沉。

可燃性粉尘浓度达到爆炸极限，遇到足够能量的点火源会发生粉尘爆炸。粉尘爆炸过程中，热交换的主要方式是热辐射。粉尘空气混合物爆炸的过程可概括为：燃烧分解→传播→爆炸。热能加在粒子表面，使温度逐渐上升，粒子表面的分子发生热分解产生可燃气体，可燃气体与空气混合成混合性爆炸气体，混合性爆炸气体燃烧并产生促进粉尘分解的热能，燃烧连续传播最终发生爆炸。

（3）影响粉尘爆炸的因素。各类可燃性粉尘因其燃烧热的高低、氧化速度的快慢、带电的难易、含挥发物的多少而具有不同的燃烧爆炸特性。但从总体看，粉尘爆炸受下列条件制约：

①颗粒的尺寸。颗粒越细小其比表面积越大，氧吸附也越多，在空中悬浮时间越长，爆炸危险性越大。

②粉尘浓度。粉尘爆炸与可燃气体、蒸气一样，也有一定的浓度极限，即也存在粉尘爆炸的上、下限，单位用 g/m^3 表示。粉尘的爆炸上限值很大，例如糖粉的爆炸上限为 13 500 g/m^3，如此高的悬浮粉尘浓度只有沉积粉尘受冲击波作用才能形成。

③空气的含水量。空气中含水量越高，粉尘的最小引爆能量越高。

④含氧量。随着含氧量的增加，爆炸浓度极限范围扩大。

⑤可燃气体含量。有粉尘的环境中存在可燃气体时，会大大增加粉尘爆炸的危险性。

链接

评价粉尘爆炸危险性的主要特征参数有爆炸极限、最小点火能量、压力及压力上升速率。粉尘爆炸极限不是固定不变的，粉尘爆炸极限值范围越窄，粉尘爆炸的危险性越小；容器尺寸会对粉尘爆炸压力及压力上升速率有很大影响；粒度对粉尘爆炸压力上升速率的影响比其对粉尘爆炸压力的影响大得多；粉尘爆炸压力及压力上升速率受湍流度等因素的影响；粉尘环境中形成漩涡条件时，会使爆炸波阵面不断加速。此外，最低着火温度也属于评价粉尘爆炸危险性的主要特征参数；初始压力也会影响粉尘爆炸压力及压力上升速率。

凡是呈细粉状的固体物质均称为粉尘。能燃烧和爆炸的粉尘叫做可燃粉尘。七类物质的粉尘具有爆炸性：金属，如镁粉、铝粉等；煤炭；粮食，如小麦、淀粉；饲料，如血粉、鱼粉；农副产品，如棉花、烟草；林产品，如纸粉、木粉；合成材料，如塑料、染料。某些厂矿生产过程中产生的粉尘，特别是一些有机物加工中产生的粉尘，在某些特定条件下会发生爆炸燃烧事故。

典型例题

【单选题】某人造板公司主要从事中密度纤维板的生产和销售，在生产纤维板的砂光（打磨）工艺中采取了电气防爆、湿法作业、除尘通风等防火防爆技术措施。关于粉尘防火防爆技术措施对粉尘爆炸特征参数影响的说法，正确的是（　　）。

A. 电气防爆可降低最小点火能　　B. 湿法作业可提高最低着火温度

C. 较长的除尘管道可降低爆炸压力　　D. 湿法作业可降低爆炸压力上升速率

B。【解析】最小点火能是指能够引起粉尘云（或可燃气体与空气混合物）燃烧（或爆炸）的最小火花能量，亦称为最小火花引燃能或者临界点火能。电气防爆可提高最小点火能。故选项 A 错误。影响粉尘爆炸压力和压力上升速率的因素主要有容器尺寸、粉尘粒度、初始压力、湍流强度等。管道长度越长，湍流强度越大，爆炸压力越大，容易发生爆轰。故选项 C 错误。空气湿度（湿法作业）与最大压力上升速率无直接关系。故选项 D 错误。

4. 按燃烧爆炸时的压力情况分类

按燃烧爆炸时的压力情况，爆炸可分为定压燃烧、爆炸转爆轰型的爆炸。

（二）爆炸极限

爆炸极限一般认为是物质发生爆炸必须具备的浓度范围。对于可燃气体、液体蒸气和粉尘等不同形态的物质，通常以与空气混合后的体积分数或单位体积中的质量等来表示遇火源会发生爆炸的最高或最低的浓度范围，称为爆炸浓度极限，简称爆炸极限。能引起爆炸的最高浓度称为爆炸上限，能引起爆炸的最低浓度称为爆炸下限，爆炸上限和下限之间的间隔称为爆炸范围。

1. 气体和液体蒸气的爆炸极限

气体和液体蒸气的爆炸极限通常用体积分数（%）表示。不同的物质由于其理化性质不同，其爆炸极限也不同。即使是同一种物质，在不同的外界条件下，其爆炸极限也不同。通常，在氧气中的爆炸极限要比在空气中的爆炸极限范围宽。

链接

乙炔在空气中的爆炸极限是 2.55% ~ 80%，在纯氧中的爆炸极限是 2.3% ~ 93%。天然气的主要成分是甲烷，甲烷在空气中的爆炸极限是 4.9% ~ 15%，在纯氧中的爆炸极限是 5% ~ 61%。甲烷的爆炸极限范围在纯氧中比在空气中的宽；在 $He + O_2$ 体系中比在 $N_2 + O_2$ 中的宽。比较可知，乙炔的爆炸下限低于天然气。

除了甲烷外，天然气的组分中还包括乙烷、丙烷和丁烷等。与纯甲烷气体比较，天然气的爆炸可能性高于甲烷。

除助燃物条件外，对于同种可燃气体，其爆炸极限受以下几方面影响：

（1）火源（即点火源）能量的影响。引燃可燃混气的火源能量越大，可燃混气的爆炸极限范围越宽，爆炸危险性越大。

（2）初始压力的影响。可燃混气初始压力增加，爆炸范围增大，爆炸危险性增加。值得注意的是，干燥的一氧化碳和空气的混合气体，压力上升，其爆炸极限范围缩小。

(3)初温对爆炸极限的影响。可燃混气初温越高,混气的爆炸极限范围越宽,爆炸危险性越大。

(4)惰性气体的影响。可燃混气中加入惰性气体,会使爆炸极限范围变窄,一般上限降低,下限变化比较复杂。当加入的惰性气体超过一定量以后,任何比例的可燃混气均不能发生爆炸。惰性气体浓度的增加,对甲烷爆炸上限产生影响比下限大。甲烷的爆炸上下限会因惰性气体浓度的增加而趋于一致。

链接

上述火源即点火源。当其他因素不变、点火源能量大于某一数值时,点火源能量对爆炸浓度极限范围的影响较小。在测试甲烷与空气混合物的爆炸浓度极限时,点火源能量应选 10 J 以上。

除了上述内容外,爆炸极限还受爆炸容器材料和结构尺寸的影响。可燃混合气体的容器材料传热性越好,其爆炸极限范围越窄;可燃混合气体的容器管径越细,其爆炸极限范围越窄。

下图为氢和氧混合物(2∶1)爆炸区间示意图。其中 a 点和 b 点的压力分别是混合物在 500 ℃时的爆炸下限和爆炸上限,随着温度的增加,爆炸极限的变化趋势是会变宽。

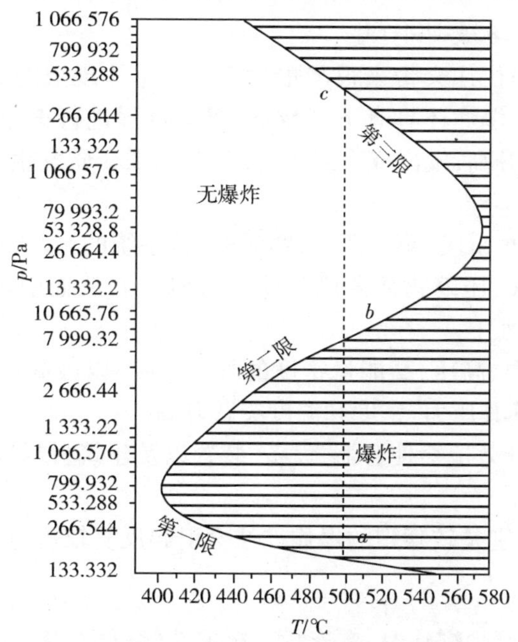

氢和氧混合物(2∶1)爆炸区间示意图

2. 可燃粉尘的爆炸极限

可燃粉尘的爆炸极限通常用单位体积中粉尘的质量(g/m^3)表示。因为可燃粉尘爆炸浓度上限太大,以致在多数场合都不会达到,所以没有实际意义,通常只应用粉尘的爆炸下限。

3. 危险度

可燃气体、蒸气和可燃粉尘的危险性用危险度表示,危险度由爆炸极限确定。可燃易

爆气体的危险度 H 与气体的爆炸上限、下限密切相关。一般情况下，H 值越大，表示爆炸极限范围越宽，其爆炸危险性越大。

下表为几种常见气体在空气中的爆炸极限。

几种常见气体在空气中的爆炸极限

气体名称	在空气中的爆炸极限(体积分数)/%	
	爆炸下限	爆炸上限
丁烷	1.5	8.5
乙烯	2.8	34.0
氢气	4.0	75.0
一氧化碳	12.0	74.5

爆炸性气体的危险度 H 可按下式计算：

$$H=(\text{爆炸上限}-\text{爆炸下限})/\text{爆炸下限}$$

代入数值可得，丁烷的危险度＝(8.5－1.5)/1.5＝4.67；乙烯的危险度＝(34.0－2.8)/2.8＝11.14；氢气的危险度＝(75.0－4.0)/4.0＝17.75；一氧化碳的危险度＝(74.5－12.0)/12.0＝5.21。则危险性最大的是氢气。

(三)爆炸的特征与破坏作用

在工业生产中，爆炸往往会带来很严重的后果。爆炸现象的最主要特征是爆炸点附近压力急剧升高。此外，爆炸还具有下列特征：爆炸过程进行得很快；爆炸点附近压力急剧升高的同时伴有温度升高；发出或大或小的声响；周围介质发生震动或邻近的物质遭到破坏。

爆炸过程表现为两个阶段：第一阶段，物质的(或系统的)潜在能以一定的方式转化为强烈的压缩能；第二阶段，压缩物质急剧膨胀，对外做功，从而引起周围介质的变化和破坏。爆炸破坏作用表现如下：

(1)爆炸形成的高温、高压、高能量密度的气体产物，以极高的速度向周围膨胀，强烈压缩周围的静止空气，使其压力、密度和温度突跃升高。

(2)爆炸的机械破坏效应会使容器、设备、装置以及建筑材料等的碎片，在相当大的范围内飞散而造成伤害。

(3)爆炸发生时，特别是较猛烈的爆炸往往会引起反复较短时间的地震波。

链接

某市的亚麻发生麻尘爆炸时，有连续三次爆炸，结果在该市地震局的地震检测仪上，记录了在 7 s 之内的曲线上出现有三次高峰。根据爆炸破坏作用原理，地震检测仪的数据是由震荡作用引起的。

(4)粉尘作业场所轻微的爆炸冲击波导致地面上粉尘扬起，引起火灾。

此外，爆炸过程中还可能产生有毒气体造成人员中毒伤亡。

综上所述，爆炸破坏作用可总结为冲击波毁伤、碎片毁伤、震荡毁伤、次生事故(如火灾)、毒气伤害。

第 2 节　防火和防爆安全技术要求

一、可能点燃源

可能点燃源包括热表面、火焰和热气体(包括热颗粒)、机械产生的冲击、摩擦和磨削、电气设备和元件、杂散电流和阴极防腐措施、静电、雷电、$10^4 \sim 3 \times 10^{11}$ Hz 射频(RF)电磁波、$3 \times 10^{11} \sim 3 \times 10^{15}$ Hz 电磁波、电离辐射、超声波、绝热压缩和冲击波、放热反应(包括粉尘自燃)。

链接

点燃源也称着火源、点火源、引火源。工业生产过程中,存在着多种引起火灾和爆炸的着火源,化工企业中常见的着火源有化学反应热、原料分解自燃、热辐射、高温表面、摩擦和撞击、绝热压缩、电气设备及线路的过热和火花、静电放电、明火、雷击和日光照射。

二、爆炸预防和防护的基本原理和方法

(一)基本原理

根据危险爆炸性环境和有效点燃源同时存在的必要性,以及爆炸预期的效应,直接以下列顺序得出爆炸预防和爆炸防护的基本原理。

(1)预防:避免或减少出现危险爆炸性环境,主要通过改变可燃性物质的浓度使其处于爆炸范围之外,或者使氧气浓度低于极限氧浓度值(LOC)来实现。避免出现任何潜在的有效点燃源。

(2)防护:通过防护措施停止爆炸和(或)把爆炸效应限制到容许的程度,例如隔离、泄压、抑制、耐爆。与上述两种措施不同,这种措施允许发生爆炸。

可以仅采用一种上述预防或防护原理,消除风险或使风险最小化,也可以综合使用这些方法。避免出现危险爆炸性环境始终应是第一选择。出现危险爆炸性环境的可能性越大,对预防有效点燃源措施要求的程度就越高,反之亦然。

(二)避免出现爆炸性环境或减少危险爆炸性环境的量

1. 过程参数

(1)置换或减少能够形成爆炸性环境的物质的量。

如果可能,应用非可燃性物质或不能形成危险爆炸性环境的物质替换可燃性物质。

应将可燃性材料的量降至合理的最低量。

(2)限制浓度。如果不可避免要处理能够形成爆炸性环境的物质,则可通过采取措施控制可燃性物质的量和(或)浓度,防止或限制设备、防护系统和元件内部形成危险爆炸性环境的量。

如果不能保证工艺过程中固有的浓度完全在爆炸范围之外,则应对上述措施进行监控。

所采取的监控措施,如气体探测器或流量探测器,应与报警装置、其他保护系统或自动应急功能装置相连。

当实施这些控制措施时，可燃性物质的浓度应充分低于爆炸下限或高于爆炸上限。应采取措施，保证在工艺过程中起动或停机时，使浓度在爆炸范围之外。

如果设备、防护系统和元件内部的浓度高于爆炸上限，则内部不存在爆炸危险；然而，独立于内部的浓度，如果释放出来，由于与空气掺杂，就可能在设备、防护系统与元件外造成爆炸危险。设备、防护系统与元件内部也可能因空气进入而产生爆炸危险。

对于可燃液体（如果能够排除爆炸性薄雾环境的形成），只要液体表面温度总是充分低于爆炸温度点，就可实现保持浓度低于爆炸下限的目标。

（3）惰化。化工生产作业中，由于爆炸的形成需要有可燃物质、氧气以及一定的点火能量，用惰性气体取代空气，避免空气中的氧气进入系统，就消除了引发爆炸的一大因素，从而使爆炸过程不能形成。在化工生产中，采用的惰性气体（或阻燃性气体）主要有氮气、二氧化碳、水蒸气等。

下列情况用惰性介质保护：可燃固体物质的粉碎、筛选处理及其粉末输送时，采用惰性气体进行覆盖保护；处理可燃易爆的物料系统，在进料前用惰性气体进行置换，以排除系统中原有的气体，防止形成爆炸性混合物；将惰性气体通过管线和火灾、爆炸危险的设备、储槽等连接起来，在万一发生危险时使用；易燃液体利用惰性气体输送；在有爆炸性危险的生产场所，对所有可能引起火灾危险的电器、仪表等采用充氮正压保护；易燃易爆检修动火前，使用惰性气体进行吹扫置换；发现易燃易爆气体泄漏时，采用惰性气体（水蒸气）冲淡，发生火灾时，用惰性气体进行灭火。

向可燃气体、蒸气或粉尘和空气的混合物中加入惰性气体，可以达到两种效果，一是缩小甚至消除爆炸极限范围；二是将混合物冲淡。

链接

惰化的具体应用示例如下：

（1）化工厂污水罐主要用于收集厂内工艺污水，通过污水处理单元处理达标后排入公用排水设施。事故统计表明，污水罐发生闪爆事故的直接原因多是内部的硫化氢气体积累、上游工艺单元可燃介质窜入污水罐等。预防此类爆炸事故最有效的措施是惰性气体保护。

（2）某企业维修人员进入储油罐内检修前，不仅要确保放空油罐油料，还要用惰性气体吹扫油罐。维修人员去库房提取氮气瓶时，发现仅有的 5 个氮气瓶标签上的含氧量有差异，则维修人员可以提取的氮气瓶是含氧量小于 2.0% 的气瓶。理由：在进行惰性气体吹扫作业之前，应对气瓶内的含氧量进行检测，当其含氧量不超过 2.0% 则视为合格。

（3）在有乙烷爆炸性危险的生产场所，对可能引起火灾的设备，可采用充氮气正压保护。假如乙烷不发生爆炸时氧的最高含量为 11%（体积比），空气中氧气占比为 21%，某设备内原有空气 55 L。为了避免该设备引起火灾或爆炸，采用充氮气的保护，氮气的需用量应不小于 50 L。分析过程如下：氮气属于惰性气体。采用惰性气体保护时，惰性气体需用量计算公式如下：惰性气体需用量 = 设备内原有空气容积 ×（21 − 最高含氧量）/最高含氧量。代入数值得，氮气的需用量 = 55 ×（21 − 11）/11 = 50（L）。

典型例题

【多选题】在生产过程中，为预防在设备和系统里或在其周围形成爆炸性混合物，常采用惰性气体保护措施。下列采用惰性气体保护的措施中，正确的有(　　)。

A. 惰性气体通过管线与有火灾爆炸危险的设备进行连接供危险时使用

B. 易燃易爆系统检修动火前，使用惰性气体进行吹扫置换

C. 可燃固体粉末输送时，采用惰性气体进行保护

D. 易燃液体输送时，采用惰性气体作为输送动力

E. 有可能引起火灾危险的电器、仪表等采用充氮负压保护

ABCD。【解析】使用惰性气体进行惰化的原理是降低环境中氧气的浓度，从而使该环境不再是爆炸性环境。对有爆炸性危险的场所中可能引起火灾危险的电器、仪表等，应充填氮气，进行正压保护。

2. 设备、防护系统和元件的设计和制造

(1)通则。盛装可燃性物质的设备、防护系统和元件在进行设计阶段，应努力做到将可燃物质始终封闭在密闭的系统中。宜尽可能使用难燃的材料制造。相邻设备中的工艺过程进行方式不应造成危险影响。这可通过将设备在空间上隔离或在设备之间加装防护装置来实现。即使在大流量的可燃物质时，也应始终将可燃物质分成小批量，并且在每处只保持少量可燃物质，这对安全是有利的。

(2)避免或减少可燃性物质的释放。为了使设备、防护系统和元件外部由可燃性物质泄漏造成的爆炸危险降至最低程度，在设计、制造和操作时应使其不会泄漏并保持密封性。尽管如此，实践表明在某些情况下仍可能出现少量泄漏，在承受动态压力的密封件和衬垫处，例如在泵的密封圈处，或在采样处，可能出现少量泄漏。在设备、防护系统和元件设计时需要考虑这一情况。应采取措施限制泄漏速率和防止可燃性物质的扩散。必要时，应安装泄漏检测仪。应特别注意以下方面：结构材料的选择，包括密封垫、接合件、密封填料和保温层的材料，并考虑可能的腐蚀、磨损和被处理加工物质相互作用的危险。涉及密封性的配件，活动连接件的数量和尺寸保持在必要的最小值。涉及完整性的管道，可以通过例如适当防冲击保护或适当安放实现。挠性管道保持最少。设置排放和局部通风装置以控制微量泄漏。可拆卸的连接件应配置密封接头。填料和清料操作，考虑使用蒸气平衡系统并且开孔的数量和尺寸保持最少。

(3)通风稀释。通风对控制可燃性气体和蒸气释放的影响很重要。它可用于设备、防护系统和元件的内部和外部。对于粉尘，通常只有当粉尘从起源位置排放(局部排放)并且可靠地防止可燃性粉尘危险沉积时，通风才能提供充分的防护。应预期粉尘在正常运行或故障期间(例如在转运点或者在检查和清洁口)从设备、防护系统及元件的开口处释放。既可通过在含有粉尘的设备、防护系统及元件内部建立稍低于环境压力(负压吸入)的方法，也可通过在源头或释放点仔细收集粉尘(局部提取)来实现保护。

(4)避免粉尘堆积。为了防止沉积粉尘在空气中扩散形成危险爆炸性环境，设备、防护系统和元件的结构应尽可能避免可燃性粉尘沉积。除上述已经提到的措施外，还应特别注意下列几点：粉尘输送和清除系统的设计应根据流体动力学原则，并特别关注管道走向、流速、表面粗糙度。含尘设备、防护系统及元件的表面，例如结构件、T形梁、电缆管道、

窗台及所谓的死角等应保持最小。可以通过选择在无法避免的沉积表面加罩或将其倾斜来减小沉积表面的结构件等方法来部分实现这一目的。通过采用光滑表面（例如铺设瓷砖、使用油漆涂层等）的方法，至少能部分防止粉尘粘附，而且便于清理。采用对比度强的颜色有助于发现粉尘堆积。应规定适当的清洗条件（例如光滑表面、便于清洁时进入的通道、安装中央真空清洁系统、提供移动吸尘器使用的电源）。用户的使用说明应指出应清除受热表面上的粉尘，如管道、散热器、电气设备和元件。为烘干机、制粒机、筒仓及粉尘收集单元选择适当的清料装置。清洁设备应适用于可燃性粉尘（例如无有效点燃源）。

链接

在生产过程中，应根据可燃易燃物质的爆炸持续性，以及生产工艺和设备等条件，采取有效措施，预防在设备和系统里或在其周围形成爆炸性混合物，这些措施主要有设备密闭、厂房通风、惰性介质保护、危险品隔离储存。

（1）如果盛装可燃易爆介质的设备或系统气密性不良，就会造成可燃易爆介质逸出，在其周围空间形成爆炸性混合物；当设备或系统处于负压状态时空气就会渗入，使其内部形成爆炸性混合物。为此，对此类设备或系统必须采取密封和正压措施。此类设备或系统密封和正压措施要求如下：在设备或系统连接处应尽量采用焊接连接，减少法兰连接；在设备或系统中应设置压力报警器，当其压力失常时报警；对于无味可燃气体，可在气体中加入显味剂，便于检漏；在设备或系统法兰连接处应尽量采用止口结合面连接。

（2）对盛装可燃易爆介质的设备和管路应保证其密闭性，但很难实现绝对密闭，一般总会有一些可燃气体、蒸汽或粉尘从设备系统中泄漏出来。因此，必须采用通风的方法使可燃气体、蒸汽或粉尘的浓度不会达到危险的程度，一般应控制在爆炸下限的1/5以下。

（3）为防止不同性质危险化学品在贮存过程中相互接触而引起火灾爆炸事故，性质相互抵触的危险化学品不能一起贮存。氦气、氮气、二氧化碳、二氧化硫、氟利昂都属于惰性气体；除惰性气体外，氢气、硫化氢、氯酸钾、氨气不准和其他种类的物品共储。

此外，以不燃溶剂代替可燃溶剂也可以预防在设备和系统里或在其周围形成爆炸性混合物，该措施能从根本上防止火灾与爆炸发生。例如，用四氯化碳代替溶解沥青所用的丙酮溶剂。

3. 危险场所

危险场所划分的具体内容在本书第二章有具体介绍，此处不再赘述。

4. 设备、防护系统和元件避免有效点燃源的设计和制造要求

设备、防护系统和元件避免有效点燃源的设计和制造要求的主要内容是电气设备的保护级别的选择，具体内容在本书第二章有具体介绍，此处不再赘述。

链接

工业生产过程中，存在多种引起火灾和爆炸的点火源，如明火、化学反应热、静电放电火花等。控制点火源对防止火灾和爆炸事故的发生具有极其重要的意义。控制点火源措施的要求如下：

（1）有飞溅火花的加热装置，应远离可能泄漏易燃气体或蒸气的工艺设备和储罐区，并布置在其侧风向。

(2)明火加热设备的布置,应远离可能泄漏易燃气体或蒸气的工艺设备和储罐区,并布置在其上风向。明火加热设备的布置,应远离可能泄漏易燃气体或蒸气的工艺设备和储罐区,并布置在其侧风向。

(3)焊接切割时,飞散的火花及金属熔融碎粒滴的温度高达 1 500 ~ 2 000 ℃,高空飞散距离可达 20 m。焊接切割作业的注意事项:在可燃易爆区动火时,应将系统和环境进行彻底的清洗或清理;若气体爆炸下限大于4%,环境中该气体的浓度应小于0.5%;不可利用与可燃易爆生产设备有联系的金属构件作为电焊地线;动火现场应配备必要的消防器材;气焊作业时,应将乙炔发生器放置在安全地点。

(4)采用防爆照明灯具;使用铜制维修工具;采用白水泥砂浆车间地面。

(5)生产场所采用防爆型电气设备;生产场所采取防静电措施;提高空气湿度防止静电产生。

5. 设备、防护系统和元件降低爆炸效应的设计和制造要求

如果"避免出现爆炸性环境或减少爆炸性环境的量"或"设备、防护系统和元件避免有效点燃源的设计和制造要求"规定的措施不能实施或不适用,则设备、防护系统和元件的设计和制造应能将爆炸效应限制在安全水平。能通过采取下列一种或多种措施满足该要求:耐爆炸设计;泄爆;抑爆;隔离爆炸;阻火器;粉尘泄爆;气体泄爆;无焰泄爆;爆炸导向器;翻板式爆炸隔离阀。

6. 对紧急措施的规定

爆炸的预防和(或)防护可能要求特殊的紧急措施,例如:

(1)紧急关停全部工厂或部分工厂。

(2)紧急清空部分工厂。

(3)中断工厂各部分之间的物料流动。

(4)用适当的物质(例如水、氮气,用氮气冲浸时应注意防止窒息)冲浸部分工厂。

在设备、防护系统和元件的设计和制造过程中,应把这些措施纳入爆炸安全方案中。

7. 爆炸预防和防护用测量和控制系统的原则

"避免出现爆炸性环境或减少爆炸性环境的量""设备、防护系统和元件避免有效点燃源的设计和制造要求"和"设备、防护系统和元件降低爆炸效应的设计和制造要求"介绍的爆炸的预防和防护措施,可以采用测量和控制系统实施或监控。这意味着可将过程控制用于爆炸预防和防护的三种基本原理:

(1)避免爆炸性环境。

(2)避免有效引燃源。

(3)降低爆炸效应。

应确定相关的安全参数,适用时应进行监控。采用的测量和控制系统应能产生适当的响应。

三、承压类特种设备防火防爆安全技术要求

承压类特种设备防火防爆技术措施可分为阻火隔爆装置与防爆泄压装置两大类。

(一)阻火隔爆装置

阻火隔爆装置分为机械隔爆和化学抑爆。

1. 机械隔爆

机械阻火隔爆装置有工业阻火器、主动式隔爆装置和被动式隔爆装置等。

(1)工业阻火器在工业生产过程中时刻都起作用,主、被动式隔爆装置只在爆炸发生时才起作用。工业阻火器靠本身的物理特性来阻火,对于纯气体介质才是有效的,不可用于输送气体中含有杂质(如粉尘等)的管道中。工业阻火器又分为机械阻火器、液封阻火器和料封阻火器等。一些具有复合结构的机械阻火器可阻止爆轰火焰的传播。工业阻火器常用于阻止爆炸初期火焰的蔓延。

(2)主动式隔爆装置是在探测到爆炸信号后,由执行机构喷洒抑制爆剂或关闭闸门来阻隔爆炸火焰。

(3)被动式隔爆装置是由爆炸引起的爆炸波推动隔爆装置的阀门或闸门,阻隔爆炸火焰。主要有自动断路阀、管道换向隔爆等形式。

链接

主动式、被动式隔爆装置是靠装置某一元件的动作阻隔火焰,不动作对流体介质阻力小。

乙炔阻火器安装在乙炔管道上可以起到防回火作用,避免乙炔管道内发生爆炸。阻火器安装和维护要求:应定期检查阻火器是否有堵塞等缺陷;重新安装阻火器时应更换密封垫片;安装阻火器时一定要注意器材上的流向标与介质的流向应保持一致;清洗阻火器时可用压缩空气进行吹扫。

典型例题

【多选题】隔爆装置主要有工业阻火器、主动式隔爆装置和被动式隔爆装置等类型。工业阻火器又分为机械阻火器、液封阻火器和料封阻火器等。根据机械阻火器的阻火原理,下列生产系统的管道中,适合使用机械阻火器的有(　　)。

A. 石油产品储罐的出口管　　B. 内燃机的排气管

C. 含粉尘可燃气体的管道　　D. 爆炸危险系统通风管口

E. 加热炉燃烧器的燃气管

BDE。**【解析】**工业阻火器对于纯气体介质才有效,不适用于含有杂质的气体输送管道。选项 A,C 均不属于纯气体,不得采用工业阻火器,而应选用主动式、被动式阻火隔爆装置。

2. 化学抑爆

化学抑爆是在火焰传播显著加速的初期,通过喷洒抑爆剂来抑制爆炸的作用范围及猛烈程度的一种防爆技术。

化学抑爆技术原理:利用爆炸探测器不断检测具有爆炸风险的场所,一旦发生爆炸,探测器检测到光、热、辐射、升压、升温等现象的一种或几种,随即向爆炸控制器发出信号。控制器接收到探测器的信号后,向爆炸抑制器发生动作指令,抑制器在极短时间内向爆炸空间喷洒抑爆剂,降低爆炸发生的强度或者火球尺度,保护包围体的结构安全。

化学抑爆技术的优点:可避免易燃易爆物料、高温气体、明火等溢出至密闭空间之外,特别适用于对使用爆炸泄放技术容易产生二次爆炸等情况。避免产生大量窒息性气体和高压,最大程度降低爆炸灾害。对使用场合和条件要求不高。

化学抑爆技术的缺点:抑制系统的设备购置和维护费用高。探测器的可靠性和灵敏度较难取舍,灵敏度高,则可靠性低,可能造成误动作,影响正常操作;灵敏度低,可靠性提高,但爆炸时可能失灵,起不到抑制作用。仅适用于气相氧化剂的爆燃风险的抑制。对爆炸指数较高的介质的爆炸风险不能实现有效抑制。

化学抑爆系统主要由爆炸探测器、爆炸抑制器和控制器组成。爆炸抑制器又称为高速释放抑制器,是爆炸抑制系统的最终执行元件。爆炸抑制器内储存有抑制剂。抑制剂是喷洒至包围体内,能够阻止和抑制爆炸发展的物质。研发高效、环保的抑制剂,是工业防爆领域的一个主要方向。目前较常见、较成熟的抑制剂主要有三种:

(1)水雾抑制剂。水是常见的灭火介质。若以水作用抑制剂,通常抑制器末端会设置雾化喷头。此外研究发现,向水雾中添加添加剂,能进一步提高其抑制效果。

(2)粉状抑制剂。主要采用具有工人灭火特性的粉状产品为抑制剂,如以磷酸氢铵、磷酸氢钾、磷酸氢钠为主要成分的产品。

(3)化学抑制剂。主要采用具有公认灭火特性的化学抑制物,如七氟丙烷、二氧化碳等作为抑制剂。

提示

简单来说,常用的抑爆剂有化学粉末、水、卤代烷和混合抑爆剂等。

化学抑爆技术的适用范围:

(1)化学抑爆技术适用于无法开设泄爆口的设备。

(2)化学抑爆技术可用于装有气相氧化剂的可能发生爆燃的粉尘密闭装置,如化学抑爆技术可用于空气输送可燃性粉尘的管道。

(3)化学抑爆技术适用于泄漏易产生二次爆炸的设备。

链接

此外,还可利用安全液封、水封井、单向阀、阻火闸门、火星熄灭器等设备阻火。

由烟道或车辆尾气排放管飞出的火星也可能引起火灾。因此,通常在可能产生火星设备的排放系统中安装火星熄灭器,以防止飞出的火星引燃可燃物。火星熄灭器的工作机理:

(1)火星由细管进入粗管,减慢流速,火星就会熄灭,不会飞出。

(2)在火星熄灭器中设置网格等障碍物,将较大、较重的火星挡住。

(3)设置旋转叶轮改变火星流向,增加路程,加速火星的熄灭或沉降。

(4)在火星熄灭器中采用喷水或通水蒸气的方法熄灭火星。

机动车辆进入存在爆炸性气体的场所,应在尾气排放管上安装火星熄灭器。

(二)防爆泄压装置

生产系统内一旦发生爆炸或压力骤增时,可通过防爆泄压装置将超高压力释放出去,以减少巨大压力对设备、系统的破坏或者减少事故损失。防爆泄压装置主要有安全阀、防爆门、爆破片、防爆窗。

安全阀可自行开关并重复使用;爆破片是一次性的,破了就要更换。安全阀、爆破片的具体内容可以参考本书第三章第3节压力容器相关内容,此处不再赘述。

防爆门、防爆窗多用于工业厂房和仓库。

四、厂房和仓库的防爆安全技术要求

有爆炸危险的甲、乙类厂房宜独立设置,并宜采用敞开或半敞开式。其承重结构宜采用钢筋混凝土或钢框架、排架结构。

有爆炸危险的厂房或厂房内有爆炸危险的部位应设置泄压设施。

泄压设施宜采用轻质屋面板、轻质墙体和易于泄压的门、窗等,应采用安全玻璃等在爆炸时不产生尖锐碎片的材料。泄压设施的设置应避开人员密集场所和主要交通道路,并宜靠近有爆炸危险的部位。作为泄压设施的轻质屋面板和墙体的质量不宜大于60 kg/m^2。屋顶上的泄压设施应采取防冰雪积聚措施。

厂房的泄压面积宜按下式计算,但当厂房的长径比大于3时,宜将建筑划分为长径比不大于3的多个计算段,各计算段中的公共截面不得作为泄压面积:

$$A = 10CV^{\frac{2}{3}}$$

式中:A——泄压面积(m^2);V——厂房的容积(m^3);C——泄压比,按下表选取(m^2/m^3)。

厂房内爆炸性危险物质的类别与泄压比规定值(m^2/m^3)

厂房内爆炸性危险物质的类别	C 值
氨、粮食、纸、皮革、铅、铬、铜等 $K_{尘} < 10$ MPa·m·s^{-1} 的粉尘	≥0.030
木屑、炭屑、煤粉、锑、锡等 10 MPa·m·$s^{-1} \leqslant K_{尘} \leqslant 30$ MPa·m·s^{-1} 的粉尘	≥0.055
丙酮、汽油、甲醇、液化石油气、甲烷、喷漆间或干燥室, 苯酚树脂、铝、镁、锆等 $K_{尘} > 30$ MPa·m·s^{-1} 的粉尘	≥0.110
乙烯	≥0.160
乙炔	≥0.200
氢	≥0.250

注:长径比为建筑平面几何外形尺寸中的最长尺寸与其横截面周长的积和4.0倍的建筑横截面积之比。$K_{尘}$ 是指粉尘爆炸指数。

散发较空气轻的可燃气体、可燃蒸气的甲类厂房,宜采用轻质屋面板作为泄压面积。顶棚应尽量平整、无死角,厂房上部空间应通风良好。

散发较空气重的可燃气体、可燃蒸气的甲类厂房和有粉尘、纤维爆炸危险的乙类厂房。应符合下列规定:

(1)应采用不发火花的地面。采用绝缘材料作整体面层时,应采取防静电措施。

(2)散发可燃粉尘、纤维的厂房,其内表面应平整、光滑,并易于清扫。

(3)厂房内不宜设置地沟,确需设置时,其盖板应严密,地沟应采取防止可燃气体、可燃蒸气和粉尘、纤维在地沟积聚的有效措施,且应在与相邻厂房连通处采用防火材料密封。

有粉尘爆炸危险的筒仓,其顶部盖板应设置必要的泄压设施。粮食筒仓工作塔和上通廊的泄压面积应按上述泄压面积计算公式计算确定。有粉尘爆炸危险的其他粮食储存设施应采取防爆措施。

第3节　消防设施与消防器材

一、消防设施的设置

(一)消防设施的概念及作用

根据《中华人民共和国消防法》,消防设施是指火灾自动报警系统、自动灭火系统、消火栓系统、防烟排烟系统以及应急广播和应急照明、安全疏散设施等。

(1)火灾自动报警系统由火灾探测触发装置、火灾报警装置、火灾警报装置以及具有其他辅助功能的装置组成。此系统能在火灾初期将燃烧产生的烟雾、热量、火焰等物理量,通过火灾探测器变成电信号,传输到火灾报警控制器,并同时显示出火灾发生的部位、时间等,使人们能够及时发现火灾并采取有效措施。火灾自动报警系统按应用范围可分为区域报警系统、集中报警系统和控制中心报警系统三类。

链接

火灾探测器、输入模块、手动报警按钮属于触发装置;声光报警器、消防广播、警铃、警笛属于火灾警报装置;显示器、控制模块、火灾报警控制器属于火灾报警装置。

火灾报警控制器是火灾自动报警系统中的主要设备,其主要功能包括多方面。火灾报警控制器应具有报警、控制、记忆和识别、自动检测、信息查询与显示等功能。

(2)自动灭火系统主要有三大类:自动水灭火、自动气体灭火、自动泡沫灭火。

自动喷水灭火系统是最为常见的自动灭火系统。自动喷水灭火系统可分为闭式系统、开式系统。闭式系统又可分为湿式系统、干式系统、预作用系统(包括重复启闭预作用系统)、防护冷却系统;开式系统又可分为雨淋系统、水幕系统(包括防火分隔水幕、防护冷却水幕)。

自动气体灭火系统包括二氧化碳灭火系统、七氟丙烷气体灭火系统。

泡沫灭火系统按发泡倍数分为低倍数、中倍数和高倍数泡沫灭火系统,低倍数泡沫灭火剂的发泡倍数低于20倍,中倍数泡沫灭火剂的发泡倍数为21~200倍,高倍数泡沫灭火剂的发泡倍数为201~1 000倍。

(3)消火栓系统是由供水设施、消火栓、配水管网和阀门等组成的系统。

(4)防烟排烟系统。防烟系统是指通过采用自然通风方式,防止火灾烟气在楼梯间、前室、避难层(间)等空间内积聚,或通过采用机械加压送风方式阻止火灾烟气侵入楼梯间、前室、避难层(间)等空间的系统,防烟系统分为自然通风系统和机械加压送风系统。排烟系统是指采用自然排烟或机械排烟的方式,将房间、走道等空间的火灾烟气排至建筑物外的系统,分为自然排烟系统和机械排烟系统。

(5)应急广播和应急照明。

(6)安全疏散设施。安全疏散设施是指在建筑发生火灾等紧急情况时,及时发出火灾等险情警报,通知、引导人们向安全区域撤离并提供可靠的疏散安全保障条件的硬件设备与途径。常用的安全疏散设施包括安全出口、疏散楼梯、疏散(避难)走道、消防电梯、屋顶直升飞机停机坪、消防应急照明和安全疏散指示标志等。

消防设施的主要作用是及时发现和扑救火灾、限制火灾蔓延的范围,为有效地扑救火灾和人员疏散创造有利条件,从而减少由火灾造成的财产损失和人员伤亡。具体的作用大致包括防火分隔、火灾自动(手动)报警、电气与可燃气体火灾监控、自动(人工)灭火、防烟与排烟、应急照明、消防通信以及安全疏散、消防电源保障等方面。

(二)火灾自动报警系统

火灾自动报警系统应具有探测、报警、联动、灭火、减灾等功能,国内外有关标准规范都对建筑中安装的火灾自动报警系统作了规定。根据《火灾自动报警系统设计规范》,该规范适用于新建、扩建和改建的建、构筑物中设置的火灾自动报警系统的设计,不适用于生产和贮存火药、炸药、弹药、火工品等场所设置的火灾自动报警系统的设计。

火灾自动报警系统是探测火灾早期特征、发出火灾报警信号,为人员疏散、防止火灾蔓延和启动自动灭火设备提供控制与指示的消防系统。探测火灾早期特征的设备是火灾探测器。下面主要介绍火灾探测器的相关内容。

火灾探测器的工作原理是将烟雾、温度、火焰和燃烧气体等参量的变化通过敏感元件转换为电信号,传输到火灾报警控制器。根据火灾参量及响应方法的不同,火灾探测器分为感烟火灾探测器、感温火灾探测器、感光火灾探测器、复合火灾探测器、可燃气体火灾探测器、一氧化碳火灾探测器、火灾探测器等类型。

1.感烟火灾探测器

感烟火灾探测器是指探测悬浮在大气中的燃烧和(或)热解产生的固体或液体微粒的火灾探测器。

感烟火灾探测器有点型和线型之分,点型感烟火灾探测器又有离子式、光电式之分。

光电式感烟火灾探测器对白烟的灵敏度较高,但是对黑烟的灵敏度很低,因此其适用于发出白烟的场合,不适用于发出黑烟的场合,使用范围有限。

离子式感烟火灾探测器对黑烟的灵敏度非常高,但是因为必须装设放射性元素,容易造成环境污染,目前在多数国家已被禁用或淘汰。

2.感温火灾探测器

感温火灾探测器是指对温度和(或)温度变化响应的火灾探测器。感温火灾探测器有室温式、差温式、差定温式之分。

定温式火灾探测器是在规定时间内,火灾引起的温度上升起过某个定值时启动报警的火灾探测器。差温式火灾探测器是在规定时间内,火灾引起的温度上升速率超过某个规定值时启动报警的火灾探测器。差定温式火灾探测器结合了定温式和差温式两种感温作用原理并将两种探测器结构组合在一起,兼有两者的功能,若其中某一功能失效,则另一种功能仍然起作用。因此,差定温式火灾探测器既能响应预定温度报警,又能响应预定温升速率报警。

定温式火灾探测器有较好的可靠性和稳定性,响应时间长,灵敏度低。

3. 感光火灾探测器

感光火灾探测器适合在没有阴燃阶段的燃料火灾的场合使用，主要用于监视存在易燃物质区域的火灾。例如，酒精火灾的早期检测报警。

感光探测器分为紫外火焰探测器和红外火焰探测器。

紫外火焰探测器是指对火焰中波长小于300 nm的紫外光辐射响应的火焰探测器。紫外火焰探测器适合在有机化合物燃烧的场合和火灾初期没有烟雾的场合使用。

红外火焰探测器是指对火焰中波长大于850 nm的红外光辐射响应的火焰探测器，具有响应迅速、抗干扰能力强、工作性能可靠的特点，适合于有大量烟雾存在的场合。

4. 可燃气体探测器

可燃气体探测器应安装在可燃气体可能产生、存在或发生泄漏的易燃易爆场所。

探测气体密度小于空气密度的可燃气体探测器应设置在被保护空间的顶部，探测气体密度大于空气密度的可燃气体探测器应设置在被保护空间的下部，探测气体密度与空气密度相当时，可燃气体探测器可设置在被保护空间的中间部位或顶部。可燃气体探测器宜设置在可能产生可燃气体部位附近。

可燃气体探测器不宜或不能安装在下列场所：

(1)经常有风速0.5 m/s以上气流存在、可燃气体无法滞留的场所。

(2)经常有热气、水滴、油烟的场所。

(3)环境温度经常超过40 ℃的场所。

(4)有铅离子(Pb^+)存在的场所。

(5)有硫化氢气体存在的场所。

典型例题

【单选题】火灾探测器的工作原理是将烟雾、温度、火焰和燃烧气体等参量的变化通过敏感元件转换为电信号，传输到火灾报警控制器。不同种类的火灾探测器适用不同的场合。关于火灾探测器适用场合的说法，正确的是(　　)。

A. 感光探测器适用于阴燃阶段的燃料火灾的场合

B. 红外火焰探测器适合于有大量烟雾存在的场合

C. 紫外火焰探测器特别适用于无机化合物燃烧的场合

D. 光电式感烟火灾探测器适用于发出黑烟的场合

B。**【解析】**感光探测器适合在没有阴燃阶段的燃料火灾的场合使用。红外线的波长较长，在有大量烟雾存在的场合，仍能敏感地检测到火焰，因此红外火焰探测器适合于有大量烟雾存在的场合。紫外火焰探测器适合在有机化合物燃烧的场合和火灾初期没有烟雾的场合使用。光电式感烟火灾探测器对白烟的灵敏度较高，但是对黑烟的灵敏度很低，因此其适用于发出白烟的场合，不适用于发出黑烟的场合。

(三)自动喷水灭火系统

自动喷水灭火系统的选型应符合下列规定：

(1)设置早期抑制快速响应喷头的仓库及类似场所、环境温度高于或等于4 ℃且低于或等于70 ℃的场所，应采用湿式系统。

(2)环境温度低于4 ℃或高于70 ℃的场所，应采用干式系统。

(3)替代干式系统的场所，或系统处于准工作状态时严禁误喷或严禁管道充水的场所，应采用预作用系统。

(4)具有下列情况之一的场所或部位应采用雨淋系统：

①火灾蔓延速度快、闭式喷头的开启不能及时使喷水有效覆盖着火区域的场所或部位。

②室内净空高度超过闭式系统应用高度，且必须迅速扑救初期火灾的场所或部位。

③严重危险级Ⅱ级场所。

(四)消火栓系统

室外消火栓系统应符合下列规定：

(1)室外消火栓的设置间距、室外消火栓与建(构)筑物外墙、外边缘和道路路沿的距离，应满足消防车在消防救援时安全、方便取水和供水的要求。

(2)当室外消火栓系统的室外消防给水引入管设置倒流防止器时，应在该倒流防止器前增设1个室外消火栓。

(3)室外消火栓的流量应满足相应建(构)筑物在火灾延续时间内灭火、控火、冷却和防火分隔的要求。

(4)当室外消火栓直接用于灭火且室外消防给水设计流量大于30 L/s时，应采用高压或临时高压消防给水系统。

室内消火栓系统应符合下列规定：

(1)室内消火栓的流量和压力应满足相应建(构)筑物在火灾延续时间内灭火、控火的要求。

(2)环状消防给水管道应至少有2条进水管与室外供水管网连接，当其中一条进水管关闭时，其余进水管应仍能保证全部室内消防用水量。

(3)在设置室内消火栓的场所内，包括设备层在内的各层均应设置消火栓。

(4)室内消火栓的设置应方便使用和维护。

提示

除了火灾自动报警系统外，其他消防设施的内容在考试中涉及较少，简单了解即可。防烟排烟系统、应急广播和应急照明、安全疏散设施的相关内容不再介绍。

二、消防器材的设置

消防器材有多种类型，最常见且应用最广泛的是灭火器。下面主要介绍灭火器的相关内容。

(一)灭火器的选择

1. 一般规定

在同一灭火器配置场所，宜选用相同类型和操作方法的灭火器。当同一灭火器配置场所存在不同火灾种类时，应选用通用型灭火器。

在同一灭火器配置场所，当选用两种或两种以上类型灭火器时，应采用灭火剂相容的灭火器。

2. 灭火器的类型选择

A 类火灾场所应选择水型灭火器、磷酸铵盐干粉灭火器、泡沫灭火器或卤代烷灭火器。

B 类火灾场所应选择泡沫灭火器、碳酸氢钠干粉灭火器、磷酸铵盐干粉灭火器、二氧化碳灭火器、灭 B 类火灾的水型灭火器或卤代烷灭火器。极性溶剂的 B 类火灾场所应选择灭 B 类火灾的抗溶性灭火器。

C 类火灾场所应选择磷酸铵盐干粉灭火器、碳酸氢钠干粉灭火器、二氧化碳灭火器或卤代烷灭火器。

D 类火灾场所应选择扑灭金属火灾的专用灭火器。

E 类火灾场所应选择磷酸铵盐干粉灭火器、碳酸氢钠干粉灭火器、卤代烷灭火器或二氧化碳灭火器，但不得选用装有金属喇叭喷筒的二氧化碳灭火器。

非必要场所不应配置卤代烷灭火器。必要场所可配置卤代烷灭火器。

ABC 干粉灭火器即多用干粉灭火器，既适用于扑救可燃液体、可燃气体和带电设备的火灾，也适用于扑救一般固体物质火灾，但不能扑救镁粉火灾等轻金属火灾。

链接

干粉灭火器以液态二氧化碳或氮气作动力，将灭火器内干粉灭火剂喷出进行灭火。干粉灭火器按使用范围可分为普通干粉（BC 干粉）灭火器和多用干粉（ABC 干粉）灭火器两大类。普通干粉灭火器主要用于可燃液体、可燃气体以及带电设备火灾的扑灭。

泡沫灭火器不适合用来扑救 C 类（气体类）和 D 类（金属类）火灾，也不能扑救带电设备。

二氧化碳灭火器是利用其内部充装的液态二氧化碳的蒸气压将二氧化碳喷出灭火的一种灭火器具。二氧化碳灭火器的作用机理是利用降低氧气含量，造成燃烧区域缺氧而灭火。1 kg 二氧化碳液体可在常温常压下生成 500 L 左右的气体，足以使 1 m^3 空间范围内的火焰熄灭。使用二氧化碳灭火器灭火，氧气含量低于 12% 时燃烧终止。二氧化碳灭火器适宜于扑救 600 V 以下的带电电器火灾。

酸碱灭火器是一种内部装有 65% 的工业硫酸和碳酸氢钠的水溶液作灭火剂的灭火器，使用时，两种药液混合发生化学反应，产生二氧化碳压力气体，灭火剂在二氧化碳气体压力下喷出，进行灭火。酸碱灭火器适用于扑救木、棉、麻、毛、纸、纺织物等 A 类一般固体物质火灾，不宜用于油类、可燃气体、轻金属（如钠、镁、铝等）及电气设备的火灾。

（二）灭火器的设置

灭火器应设置在位置明显和便于取用的地点，且不得影响安全疏散。

对有视线障碍的灭火器设置点，应设置指示其位置的发光标志。

灭火器的摆放应稳固，其铭牌应朝外。手提式灭火器宜设置在灭火器箱内或挂钩、托架上，其顶部离地面高度不应大于 1.50 m；底部离地面高度不宜小于 0.08 m。灭火器箱不得上锁。

灭火器不宜设置在潮湿或强腐蚀性的地点。当必须设置时，应有相应的保护措施。

灭火器设置在室外时，应有相应的保护措施。

灭火器不得设置在超出其使用温度范围的地点。

（三）灭火器的配置

1. 一般规定

一个计算单元内配置的灭火器数量不得少于2具。

每个设置点的灭火器数量不宜多于5具。

当住宅楼每层的公共部位建筑面积超过100 m^2时，应配置1具1A的手提式灭火器；每增加100 m^2时，增配1具1A的手提式灭火器。

2. 灭火器的最低配置基准

A类火灾场所灭火器的最低配置基准应符合下表的规定。

A类火灾场所灭火器的最低配置基准

危险等级	严重危险级	中危险级	轻危险级
单具灭火器最小配置灭火级别	3A	2A	1A
单位灭火级别最大保护面积/（m^2/A）	50	75	100

B，C类火灾场所灭火器的最低配置基准应符合下表的规定。

B，C类火灾场所灭火器的最低配置基准

危险等级	严重危险级	中危险级	轻危险级
单具灭火器最小配置灭火级别	89B	55B	21B
单位灭火级别最大保护面积/（m^2/B）	0.5	1.0	1.5

D类火灾场所的灭火器最低配置基准应根据金属的种类、物态及其特性等研究确定。

E类火灾场所的灭火器最低配置基准不应低于该场所内A类或B类火灾的规定。

（四）灭火剂的选择

灭火器主要是利用其中的灭火剂作用于起火部位进行灭火。灭火剂是能够有效地破坏燃烧条件，终止燃烧的物质。不同火灾场景应使用相应的灭火剂，选择正确的灭火剂是灭火的关键。常用的灭火剂有水、泡沫灭火剂、二氧化碳灭火剂、卤代烷灭火剂、干粉灭火剂等。

1. 水

水的吸热能力很强，对燃烧物质具有显著的冷却作用。水蒸气既能冲淡燃烧区可燃气体，又能阻挡空气进入燃烧区。所以水可用来扑灭任何建筑物和一般物质的火灾。需注意：

（1）直流水（密集水）不能用于扑救带电设备火灾。必须使用水枪带电灭火时，应采用喷雾水枪，这种水枪通过水柱的泄漏电流较小，带电灭火比较安全。水枪喷嘴与带电体之间应保持必要的距离。

（2）不能用来扑救与水发生反应生成易燃气体并放出热量的物质，如金属钾、钠，电石等。

（3）比水轻的易燃液体能够浮在水面上燃烧并随水漫流，这会使火焰蔓延，在扑灭这类易燃液体的火灾时不能用水。

（4）冷水遇到高温熔融的盐液会产生爆炸。在扑灭盐浴炉和电解铝槽的火灾时不能用水。

(5)储存大量硫酸、硝酸、盐酸的场所发生火灾,不能用直流水扑救,以免酸液发热飞溅。必要时,宜用雾状水扑救。

链接

高温状态下的化工设备遇到冷水后温度骤降,容易引起设备发生变形或爆裂,因此,高温状态下的化工设备火灾也不能用水灭火。

2. 泡沫灭火剂

按照生成泡沫的机理,泡沫灭火剂可以分为化学泡沫灭火剂和空气泡沫灭火剂两大类。

抗溶性泡沫灭火剂是空气泡沫灭火剂的一种,主要用于扑救一般水溶性易燃、可燃液体的火灾,如乙醇、丙酮等火灾;不宜扑救低沸点的醛、醚以及有机酸、胺类等液体的火灾。使用时不能预先与水混合,否则会使辛酸锌沉淀下来,影响抗溶效果。

其他种类的泡沫灭火剂主要用于扑救不溶于水的可燃、易燃液体的火灾,如油类火灾。化学泡沫灭火剂、蛋白泡沫灭火剂也可用于扑救木材、纤维等一般可燃固体的火灾。扑灭油类火灾时,要防止油品的沸溢或喷溅。

泡沫灭火剂的泡沫既损害电气设备的绝缘,又具有导电性,不宜用于带电灭火。

3. 二氧化碳灭火剂

常温常压下纯净的二氧化碳是一种无色无臭的气体,对空气的比重为 1.52;易于液化,便于装罐和贮存,制造方便,是一种应用比较广泛的灭火剂。二氧化碳是一种弱毒气体,他对人体的危害主要是窒息。

二氧化碳灭火剂的灭火作用主要是窒息作用。二氧化碳进入燃烧区后,由于一氧化碳的增加而使空间的氧气含量减少,当氧气的含量低于 12% 或二氧化碳的浓度达到 30% ~35% 时,绝大多数燃烧都会熄灭。

二氧化碳是一种惰性气体,无腐蚀性,对绝大多数物质无破坏作用,灭火后能很快逸散,不留痕迹。二氧化碳灭火剂也存在着贮气钢瓶的压力高、灭火浓度大和二氧化碳在膨胀时能产生静电放电有可能引起着火的缺点。二氧化碳灭火剂应按下表规定的范围选用。

二氧化碳灭火剂的适用范围

适用的火灾	不适用的火灾
(1)可以用来扑救可燃液体和那些受到水、泡沫、干粉等灭火剂的玷污容易损坏的固体物质火灾。 (2)其是一种不导电的物质,可以用来扑救带电设备的火灾、电气设备火灾(如油浸式电力变压器室、高压电容器室、多油开关室、发电机房等)。 (3)用于扑救精密仪器、贵重设备火灾(如通信机房、大中型电子计算机房、电视发射塔的微波室、贵重设备室等)。 (4)用于扑救图书档案火灾(如图书馆、档案库、文物资料室、图书馆的珍藏室等)	(1)不宜扑救自己能生氧的化学药品火灾(如硝酸纤维、火药等);活泼金属及其氢化物火灾(如锂、钠、钾、镁、铝、锑、钛、铀、钚等)。 (2)不宜扑救能自燃分解的化学物品火灾(如某些过氧化物、联氨等)。 (3)不宜扑救内部阴燃的纤维物火灾

4. 卤代烷灭火剂

卤代烷灭火剂适用于扑救各种易燃液体火灾和电气设备火灾。卤代烷灭火剂因破坏大气臭氧层已被淘汰。

5. 干粉灭火剂

干粉灭火剂的主要成分是碳酸氢钠和少量的防潮剂硬脂酸镁及滑石粉等。其中,起主要灭火作用的基本原理是化学抑制作用。干粉灭火剂的灭火机理是使链式燃烧反应中断。

干粉灭火剂主要分为普通和多用两大类。普通干粉灭火剂主要用于扑救可燃液体、气体及带电设备的火灾。多用干粉灭火剂除具有普通干粉灭火剂的用途外,还可用于扑救一般固体火灾。

典型例题

【单选题】某企业设计在危化品库房、理化性能测试室安装自动灭火系统。其中,危化品库房存放有氯酸盐、硝酸盐、高锰酸盐等氧化剂;理化性能测试室有精密仪器及电气设备。下列拟定的自动灭火系统安装方案中,正确的是(   )。

A. 在危化品库房安装二氧化碳气体自动灭火系统

B. 在危化品库房安装喷水或者水喷雾自动灭火系统

C. 在理化性能测试室安装喷水或水喷雾自动灭火系统

D. 在理化性能测试室安装二氧化碳气体自动灭火系统

D。【解析】氯酸盐、硝酸盐、高锰酸盐等均为氧化剂,具有强氧化作用,着火后自身会释放出氧气,使用二氧化碳起不到窒息灭火作用。故选项 A 错误。氯酸盐、硝酸盐、高锰酸盐等属于遇湿易燃物品,使用水、泡沫等灭火会加速火灾发展。故选项 B 错误。发生电气火灾时,应用二氧化碳或干粉灭火剂扑灭,严禁用泡沫灭火剂和水进行灭火。因为水易导电,会造成触电事故。故选项 C 错误。

第 4 节 烟花爆竹的安全技术要求

烟花爆竹是以烟火药为主要原料制成,引燃后通过燃烧或爆炸,产生光、声、色、型、烟雾等效果,用于观赏,具有易燃易爆危险的物品。

一、烟花爆竹概述

(一)烟花爆竹产品的组成及特性

1. 烟花爆竹产品的组成

烟花爆竹产品的组成主要包括氧化剂、还原剂(可燃物)、着色剂、粘合剂、特殊添加剂、溶剂、其他等。

氧化剂为烟火药提供燃烧所需要的氧。常用的氧化剂包括高氯酸钾、氯酸钾、高氯酸铵、硝酸钾、硝酸钡、硝酸锶、硝酸钠、重铬酸钾、四氧化三铅(又称红丹)、三氧化二铋、五氧化二铋、三氧化二铁、四氧化三铁、二氧化锰、氧化铜、甲型氧化铜(氧化铜和重铬酸钾的重结晶体)。

还原剂(可燃物)为烟火药燃烧、爆炸提供所需的热量。常用的还原剂(可燃物)包括铝镁合金粉、铝粉(又称银粉)、铝渣、钛粉、铁粉、硫黄、三硫化二锑、木炭(包括松木炭、硬杂木炭、麻秆炭等)、碳素粉、炭黑、石墨、苯甲酸钾、苯二甲酸氢钾、赤磷。

常用的着色剂包括乙二酸钠(又称草酸钠)、六氟铝酸钠(又称冰晶石)、六氟合硅酸钠(又称氟硅酸钠)、碳酸氢钠、碳酸钙、碳酸锶、硫酸锶、草酸锶、氯化锶、硫酸钡、氯化钡。

常用的粘合剂包括酚醛树脂、农作物粉(包括糯米粉、糊精、强力胶粉、小麦面粉等)、虫胶(又称漆片)、聚乙烯醇(又称 PVA)。

常用的特殊添加剂包括聚氯乙烯(又称 PVC)、氯化聚氯乙烯(又称 CPVC)、氯化橡胶、氯化石蜡、石蜡、十八烷酸(又称硬脂酸)、珍珠岩粉。

常用的溶剂包括乙酸、丙酮。

2. 烟花爆竹产品的特性

烟花爆竹产品的特性包括能量特征、燃烧特性、力学特性、安全性等。其中,能量特征一般是指 1 kg 火药燃烧时气体产物所做的功。燃烧特性主要受火药的燃烧速率、燃烧表面积的影响,是火药能量释放能力的标志。

(二)烟花爆竹产品的分类和分级

1. 产品类别

根据结构与组成、燃放运动轨迹及燃放效果,烟花爆竹产品分为以下 9 大类和若干小类,产品类别及定义见下表。

产品类别及定义

序号	产品大类	产品大类定义	产品小类	产品小类定义
1	爆竹类	燃放时主体爆炸(主体筒体破碎或者爆裂)但不升空,产生爆炸声音、闪光等效果,以听觉效果为主的产品	黑药炮	以黑火药为爆响药的爆竹
			白药炮	以高氯酸盐或其他氧化剂并含有金属粉成分为爆响药的爆竹
2	喷花类	燃放时以直向喷射火苗、火花、响声(响珠)为主的产品	地面(水上)喷花	固定放置在地面(或者水面)上燃放的喷花类产品
			手持(插入)喷花	手持或插入某种装置上燃放的喷花类产品
3	旋转类	燃放时主体自身旋转但不升空的产品	有固定轴旋转烟花	产品设置有固定旋转轴的部件,燃放时以此部件为中心旋转,产生旋转效果的旋转类产品
			无固定轴旋转烟花	产品无固定轴,燃放时无固定轴而旋转的旋转类产品
4	升空类	燃放时主体定向或旋转升空的产品	火箭	产品安装有定向装置,起到稳定方向作用的升空类产品
			双响	圆柱筒体内分别装填发射药和爆响药,点燃发射竖直升空(产生第一声爆响),在空中产生第二声爆响(可伴有其他效果)的升空类产品
			旋转升空烟花	燃放时自身旋转升空的产品
5	吐珠类	燃放时从同一筒体内有规律地发射出(药粒或药柱)彩球、彩花、声响等效果的产品	—	

（续表）

序号	产品大类	产品大类定义	产品小类	产品小类定义
6	玩具类	形式多样、运动范围相对较小的低空产品，燃放时产生火花、烟雾、爆响等效果，有玩具造型、线香型、摩擦型、烟雾型产品等	玩具造型	产品外壳制成各种形状，燃放时或燃放后能模仿所造形象或动作；或产品外表无造型，但燃放时或燃放后能产生某种形象的产品
			线香型	将烟火药涂敷在金属丝、木杆、竹竿、纸条上，或将烟火药包裹在能形成线状可燃的载体内，燃烧时产生声、光、色、形效果的产品
			烟雾型	燃放时以产生烟雾效果为主的产品
			摩擦型	用撞击、摩擦等方式直接引燃引爆主体的产品
7	礼花类	燃放时弹体、效果件从发射筒（单筒，含专用发射筒）发射到高空或水域后能爆发出各种光色、花型图案或其他效果的产品	小礼花	发射筒内径<76 mm，筒体内发射出单个或多个效果部件，在空中或水域产生各种花型、图案等效果。可分为裸药型、非裸药型；可发射单发、多发
			礼花弹	弹体或效果件从专用发射筒（发射筒内径≥76 mm）发射到空中或水域产生各种花型图案等效果。可分为药粒型（花束）、圆柱型、球型
8	架子烟花类	以悬挂形式固定在架子装置上燃放的产品，燃放时可以喷射火苗、火花，形成字幕、图案、瀑布、人物、山水等画面。分为瀑布、字幕、图案等	—	
9	组合烟花类	由两个或两个以上小礼花、喷花、吐珠同类或不同类烟花组合而成的产品	同类组合烟花	限由小礼花、喷花、吐珠同类组合，小礼花组合包括药粒（花束）型、药柱型、圆柱型、球型以及助推型
			不同类组合烟花	仅限由喷花、吐珠、小礼花中两种组合

注：烟雾型、摩擦型仅限出口。

2. 产品级别

按照药量及所能构成的危险性大小，烟花爆竹产品分为 A，B，C，D 四级，具体见“个人燃放类产品最大允许药量表”“专业燃放类产品最大允许药量表”。

A 级：由专业燃放人员在特定的室外空旷地点燃放、危险性很大的产品。

B 级：由专业燃放人员在特定的室外空旷地点燃放、危险性较大的产品。

C 级：适于室外开放空间燃放、危险性较小的产品。

D 级:适于近距离燃放、危险性很小的产品。

3. 消费类别

按照对燃放人员要求的不同,烟花爆竹产品分为个人燃放类和专业燃放类。

个人燃放类:不需加工安装,普通消费者可以燃放的 C 级、D 级产品。

专业燃放类:应由取得燃放专业资质人员燃放的 A 级、B 级产品和需加工安装的C 级、D 级产品。

(三)药种和药量

1. 药种

产品不应使用氯酸盐(烟雾型、摩擦型的过火药、结鞭爆竹中纸引和擦火药头除外,所用氯酸盐仅限氯酸钾,结鞭爆竹中纸引仅限氯酸钾和炭粉配方),微量杂质检出限量为 0.1% 。

典型例题

【单选题】烟花爆竹产品中的烟火药原料包括氧化剂、还原剂、黏合剂、添加剂等,原料的组成不仅决定其燃烧爆炸特性,还影响其安全稳定性。根据《烟花爆竹 安全与质量》,下列物质中,烟火药原料禁止使用的是(　　)。

A. 高氯酸钾　　B. 硝酸钾

C. 氯酸钾　　D. 苯甲酸钾

C。【解析】高氯酸钾、硝酸钾是烟火药原料中常见的氧化剂,苯甲酸钾是烟火药原料中常见的还原剂。烟火药原料禁止使用氯酸盐。

产品不应使用双(多)基火药,不应直接使用退役单基火药。使用退役单基火药时,安定剂含量≥1.2% 。

产品不应使用砷化合物、汞化合物、没食子酸、苦味酸、六氯代苯、镁粉、锆粉、磷(摩擦型除外)等,爆竹类、喷花类、旋转类、吐珠类、玩具类产品及个人燃放类组合烟花不应使用铅化合物,检出限量为 0.1% 。

喷花类、旋转类、玩具类产品除可含每单个药量 <0.13 g 的响珠和炸子外,不应使用爆炸药和带炸效果件。

架子烟花产品仅限燃烧型烟火药,不应使用爆炸药和带炸效果件。

2. 药量

单个产品不应超过最大装药量(见下表,不包括引火线和填充物)。实际药量与标称药量的允许误差:药量≤2 g,误差 ±20% ;2 g <药量≤25 g,误差 ±10% ;药量 >25 g,误差 ±5% 。

个人燃放类产品最大允许药量

序号	产品大类	产品小类	最大允许药量	
			C 级	D 级
1	爆竹类	黑药炮	1 g/个	—
		白药炮	0.2 g/个	
2	喷花类	地面(水上)喷花	200 g	10 g
		手持(插入)喷花	75 g	10 g

（续表）

序号	产品大类	产品小类	最大允许药量	
			C 级	D 级
3	旋转类	有固定轴旋转烟花	30 g	—
		无固定轴旋转烟花	15 g	1 g
4	升空类	火箭	10 g	—
		双响	9 g	—
		旋转升空烟花	5 g/发	—
5	吐珠类	药粒型吐珠	20 g(2 g/珠)	—
6	玩具类	玩具造型	15 g	3 g
		线香型	25 g	5 g
7	组合烟花类	同类组合和不同类组合，其中：小礼花单筒内径≤30 mm；圆柱型喷花内径≤52 mm；圆锥型喷花内径≤86 mm；吐珠单筒内径≤20 mm	小礼花：25 g/筒； 喷花：200 g/筒； 吐珠：20 g/筒； 总药量：1 200 g。 （开包药：黑火药 10 g，硝酸盐加金属粉 4 g，高氯酸盐加金属粉 2 g）	50 g(仅限喷花组合)

注：图中符号"—"代表无此级别产品。

专业燃放类产品最大允许药量

序号	产品大类	产品小类		最大允许药量			
				A 级	B 级	C 级	D 级
1	喷花类	地面(水上)喷花		1 000 g	500 g	—	—
2	旋转类	有固定轴旋转烟花		150 g/发	60 g/发	—	—
		无固定轴旋转烟花		—	30 g		
3	升空类	火箭		180 g	30 g	—	—
		旋转升空烟花		30 g/发	20 g/发		
4	吐珠类	吐珠		400 g (20 g/珠)	80 g (4 g/珠)	—	—
5	礼花类	小礼花		—	70 g/发	—	—
		礼花弹	药粒型(花束) (外径≤125 mm)	250 g	—	—	—
			圆柱型和球型 (外径≤305 mm，其中雷弹外径≤76 mm)	爆炸药 50 g， 总药量 8 000 g			

（续表）

<table>
<tr><th rowspan="2">序号</th><th rowspan="2">产品大类</th><th rowspan="2">产品小类</th><th colspan="5">最大允许药量</th></tr>
<tr><th colspan="2">A 级</th><th>B 级</th><th>C 级</th><th>D 级</th></tr>
<tr><td>6</td><td>架子烟花</td><td>架子烟花</td><td colspan="2">—</td><td>瀑布 100 g/发,字幕和图案 30 g/发</td><td>瀑布 50 g/发,字幕和图案 20 g/发</td><td>—</td></tr>
<tr><td rowspan="2">7</td><td rowspan="2">组合烟花类</td><td rowspan="2">同类组合和不同类组合</td><td>药柱型、圆柱型内径≤76 mmn,100 g/筒</td><td rowspan="2">总药量 8 000 g</td><td rowspan="2">内径≤51 mL,50 g/筒,总药量 3 000 g</td><td rowspan="2">—</td><td rowspan="2">—</td></tr>
<tr><td>球型内径≤102 mm,320 g/筒</td></tr>
</table>

注:(1)图中符号“—”表示无此级别产品。

(2)舞台上用各类产品均为专业燃放类产品。

(3)含烟雾效果件产品均为专业燃放类产品。

(四)烟火药安全性能检测

烟花爆竹产品安全性能检测包括跌落试验、热安定性、低温试验及烟火药安全性能检测。

烟火药安全性能检测包括摩擦感度、撞击感度、火焰感度、静电感度、着火温度、爆发点、相容性、吸湿性、水分、pH 值。

摩擦感度是指在摩擦作用下,药剂发生燃烧或爆炸的难易程度。

撞击感度是指药剂在冲击和摩擦作用下发生燃烧或爆炸的难易程度。

静电感度包括药剂摩擦时产生静电的难易程度和对静电放电火花的敏感度。

烟花爆竹药剂的相容性可分为内相容性与外相容性。其中,外相容性是指药剂与接触材料(如弹壁、包覆层、油漆等)之间的相容性;内相容性是指药剂各组分之间的相容性。

烟火药的吸湿率应 $<2.0\%$,笛音药、粉状黑火药、含单基火药的烟火药应 $<4.0\%$。

烟火药的水分应 $<1.5\%$,笛音药、粉状黑火药、含单基火药的烟火药 $<3.5\%$。

烟火药的 pH 值应为 5 ~9。

二、烟花爆竹生产企业安全管理

烟花爆竹生产企业(以下简称企业)企业应当依照规定取得烟花爆竹安全生产许可证(以下简称安全生产许可证)。未取得安全生产许可证的,不得从事烟花爆竹生产活动。

企业应当设置安全生产管理机构,配备专职安全生产管理人员,并符合下列要求:

(1)确定安全生产主管人员。

(2)配备占本企业从业人员总数 1% 以上且至少有 2 名专职安全生产管理人员。

(3)配备占本企业从业人员总数 5% 以上的兼职安全员。

企业应当建立健全主要负责人、分管负责人、安全生产管理人员、职能部门、岗位的安全生产责任制,制定下列安全生产规章制度和操作规程:岗位安全操作规程;药物存储管理、领取管理和余(废)药处理制度;企业负责人及涉裸药生产线负责人值(带)班制度;特种作业人员管理制度;从业人员安全教育培训制度;安全检查和隐患排查治理制度;产品购销合同和销售流向登记管理制度;新产品、新药物研发管理制度;安全设施设备维护管理制度;原材料购买、检验、储存及使用管理制度;职工出入厂(库)区登记制度;厂(库)区门卫值班(守卫)制度;重大危险源(重点危险部位)监控管理制度;安全生产费用提取和使用制度;劳动防护用品配备、使用和管理制度;工作场所职业病危害防治制度。

企业主要负责人、分管安全生产负责人和专职安全生产管理人员应当经专门的安全生产培训和安全生产监督管理部门考核合格,取得安全资格证。从事药物混合、造粒、筛选、装药、筑药、压药、切引、搬运等危险工序和烟花爆竹仓库保管、守护的特种作业人员,应当接受专业知识培训,并经考核合格取得特种作业操作证。其他岗位从业人员应当依照有关规定经本岗位安全生产知识教育和培训合格。

链接

烟花爆竹生产企业不同级别建筑物的安全管理要求:A1 级建筑物应设有安全防护屏障;A2 级建筑物应单人单栋使用;A3 级建筑物应单人单间使用,并且每栋同时作业人员不得超过 2 人;C 级建筑物的人均使用面积不得少于 3.5 m^2。

三、烟花爆竹作业安全技术

(一)烟花爆竹作业安全的一般性规定

手工直接接触烟火药的工序应使用铜、铝、木、竹等材质的工具,不应使用铁器、瓷器和不导静电的塑料、化纤材料等工具盛装、掏挖、装筑(压)烟火药;盛装烟火药时药面应不超过容器边缘。

典型例题

【单选题】考虑使用工具与烟火药发生爆炸的概率之间的关系,在手工直接接触烟火药的工序中,对使用的工具材质有严格要求。下列工具中,不应使用的工具是(　　)。

A. 铝质工具　　　　B. 瓷质工具

C. 木质工具　　　　D. 竹质工具

B。**【解析】**根据《烟花爆竹作业安全技术规程》,手工直接接触烟火药的工序应使用铜、铝、木、竹等材质的工具,不应使用铁器、瓷器和不导静电的塑料、化纤材料等工具盛装、掏挖、装筑(压)烟火药;盛装烟火药时,药面应不超过容器的边缘。

操作工作台应稳定牢固;直接接触烟火药工序的工作台宜靠近窗口,应设置橡胶、纸质、木质工作台面,且应高于窗口,不应使用塑料、化纤等不导静电材质的工作台面。

直接接触烟火药的工序应按规定设置防静电装置,并采取增加湿度等措施,以减少静电积累。

烟火药、黑火药、引火线、效果件、含药半成品及成品生产、制作、装卸、搬运过程中应轻拿、轻放、轻操作,不应有拖拉、碰撞、抛摔、用力过猛等行为。

凡接触药物的机械传动部分,不应采用金属搭扣皮带和不宜采用平板皮带或万能皮带,应采用三角皮带轮或齿轮减速箱。

进行二元或三元黑火药混合的球磨机与药物接触的部分不应使用铁制部件,可用黄铜、杂木、楠竹和皮革及导电橡胶等材料制成。进行烟火药混合的设备应达到不产生火花和静电积累的要求,不应使用易产生火花(铁质)和静电积累(塑料)材质。

(二)烟火药制造及裸药效果件制作

1. 基本要求

烟火药制造、裸药效果件制作的各工序应分别在单独工房内进行。

除造粒和制开包(球)药外,电动机械制造(作)烟火药及裸药效果件,在机械运转时人与机械间应有防护设施隔离。

2. 原材料准备

烟火药的原材料应符合有关原材料质量标准要求,具有产品合格证;进厂应经过检验合格后方可使用。

原材料(药种)的使用应符合《烟花爆竹　安全与质量》规定。

在开启原材料的包装时,应检查包装是否完整;包装打开后,应检查包装内物质与有关标识是否相符;发现包装内物质与标识不符及物质受潮、变质等现象应停止使用。

3. 原材料粉碎筛选

原材料筛选粉碎,每栋工房定员 2 人。

粉碎前应对设备和工具进行全面检查,并认真清除粉尘;粉碎前后应筛选除去杂质。

粉碎氧化剂、还原剂应分别在单独专用工房内进行,每栋工房定员 2 人;严禁将氧化剂和还原剂混合粉碎筛选;粉碎筛选过一种原材料后的机械、工具、工房应经清扫(洗)、擦拭干净才能粉碎筛选另一种原材料;高感度的材料应专机粉碎;不应用粉碎氧化剂的设备粉碎还原剂,或用粉碎还原剂的设备粉碎氧化剂。

原材料粉碎时应保持通风并防止粉尘浓度过高。

用湿法粉碎时,不应有原材料外溢。

粉碎的原材料包装后,应标明品种、规格、数量和日期。

4. 原材料称量

原材料称量,每栋工房定员 1 人,定量 200 kg。

称量应符合下列要求:

(1)称量前应检查各种原材料的标志标签、色质以及计量器具的准确性。

(2)称量应准确,其每份总量应与每次药物混合工序定量相一致。

(3)称量氧化剂、还原剂,应分别使用取料工具和计量器具,称好的氧化剂应与还原剂及其他原材料应分别盛装,装入容器后应立即标识。

(4)不应在称原材料工房进行药物混合。

5. 药物混合

烟火药各成分混合宜采用转鼓等机械设备,每栋工房定机 1 台,定员 1 人;手工混药,每栋工房定员 1 人。

黑火药制造宜采用球磨、振动筛混合,三元黑火药制造应先将炭和硫进行二元混合。

含氯酸盐等高感度药物的混合,应有专用工房,并使用专用工具。

机械混药应符合下列要求:

(1)药物混合前对设备进行全面检查,并检查粉尘清理情况。

(2)应远距离操作,人员未离开机房,不应开机。

(3)人工进出料时,应停机断电、散热后进行。

药物混合每栋工房定量应符合下表规定。

药物混合定量表

<table>
<tr><th rowspan="2">序号</th><th rowspan="2">烟火药类别</th><th rowspan="2">烟火药种别</th><th colspan="2">定量/kg</th></tr>
<tr><th>手工</th><th>机械</th></tr>
<tr><td rowspan="2">1</td><td rowspan="2">硝酸盐
烟火药</td><td>黑火药</td><td>8</td><td>200</td></tr>
<tr><td>含金属粉烟火药</td><td>5</td><td>20(干法)
100(湿法)</td></tr>
<tr><td rowspan="2">2</td><td rowspan="2">高氯酸
盐烟火药</td><td>含铝渣、钛粉、笛音剂的烟火药、爆炸药</td><td>3</td><td>10</td></tr>
<tr><td>光色药、引燃药</td><td>5</td><td>10</td></tr>
<tr><td rowspan="3">3</td><td rowspan="3">氯酸盐烟火药</td><td>烟雾药、过火药</td><td>8</td><td>20</td></tr>
<tr><td>引火线药</td><td>3</td><td>10(干法)
100(湿法)</td></tr>
<tr><td>摩擦药</td><td>0.5(湿法)</td><td>—</td></tr>
<tr><td>5</td><td>其他烟火药</td><td>响珠烟火药等</td><td>5</td><td>10</td></tr>
</table>

注:表中未注明湿法的均为干法混合。

多种烟火药混合,每次限量取该若干种烟火药(按药物混合定量表)限量的平均值。

不应使用石磨、石臼混合药物;不应使用球磨机混合氯酸盐烟火药等高感度药物。

摩擦药的混合,应将氧化剂、还原剂分别用水润湿后方可混合,混合后的烟火药应保持湿度;不应使用干法和机械法混合摩擦药。

每次药物混合后,宜采用竹、木、纸等不易产生静电的材质容器盛装,及时送入下道工序或药物中转库存放,并立即标识。

混合药(除黑火药外)应及时用于制作产品或效果件,湿药应即混即用,保持湿度,防止发热;干药在中转库的停滞时间小于或等于 24 小时。

采用湿法配制含铝、铝镁合金等活性金属粉末的烟火药时,应及时做好通风散热处理。

混药结束后应及时清理粉尘和现场。

不应在混药工房进行装药。

6. 烟火药调湿

每栋工房定员 1 人,每栋工房的定量:使用水溶剂调湿硝酸盐烟火药 100 kg,含氯酸盐或使用易燃有机溶剂(如二硫化碳、酒精、丙酮、油漆)作黏合剂的药物(如擦火头药、擦地炮药)3 kg,其他药物 15 kg。

调湿时如发现温度异常,应迅速摊开散热;搅拌工具应避免与容器摩擦撞击。

调制湿药使用的溶剂和黏合剂 pH 应为 5～8。

7. 裸药效果件制作

药粒、开包炸药制作:

(1)电动机械造粒或制药,每栋工房定机 1 台,定员 1 人,定量(干法 5 kg,湿法 20 kg);手工造粒或制药,每栋工房定员 1 人,定量 5 kg。

(2)造粒或制药前应用相应溶剂湿润药罐内壁,造粒或制药后应用相应溶剂清洗药罐内壁。

(3)机械运转过程中,药物温度急剧上升时应及时停机处理。

(4)药粒的筛选分级应在药粒未干之前进行,每栋工房定员 1 人,定量(干法 5 kg,湿法 20 kg)。

药柱(块、片)制作:

(1)制作药柱应采用湿药筑压,定量按"药物混合定量表"限量的 1/2 计算。

(2)机械压药,每栋工房定机 1 台,定员 2 人,人机隔离操作;手工模具压药,每栋工房定员 1 人。

(3)褙药柱、药柱蘸(装)药,每栋工房定员 2 人,定量 5 kg。

(4)制药块(片)应采用湿药切割,每栋工房定员 1 人,定量 2 kg。

制成的湿效果件应摊开放置,摊开厚度小于或等于 1.5 cm(效果件直径大于 0.75 cm 时,其摊开厚度小于或等于效果件直径的 2 倍)。

8. 粒状黑火药制作

潮药装模、人工碎(药)片、包装,每栋工房定员 1 人;机械压(药)片、机械碎(药)片、造粒分筛、抛光、精筛,每栋工房定机 1 台,定员 1 人。

各工序工房定量分别为:潮药装模 120 kg、压(药)片 120 kg、散热 800 kg、人工碎(药)片 15 kg、机械碎(药)片 80 kg、造粒分筛 80 kg、抛光 250 kg、精筛 80 kg、包装 80 kg。

添加药和出药操作时,应在停机 10 min 后进行;装模时宜包片,压药应同时均匀加热,温度小于或等于 110 ℃;压药片时应预加压,并缓慢升压,最大压力小于或等于 20 MPa。

定量大的工序到定量小的工序之间应设置中转库。

9. 其他烟火药(雷酸银)制造

雷酸银制作应在单独专用工房内进行,每栋工房定员 1 人,每次制作时使用的硝酸银量小于或等于 15 g,制作好的雷酸银应保持湿度并迅速混砂。

雷酸银混砂:

(1)将湿雷酸银倒入计量的砂堆上,用竹或木片拌匀,不应使用金属棒或用手直接拌混。

(2)每次混砂砂量小于或等于 10 kg。

(3)雷酸银砂混好后,应保持湿度,拌混工具应放入硫代硫酸钠等还原性水中浸泡并清洗干净。

10. 药物干燥散热、收取包装

药物干燥应采用日光、热水(溶液)、低压热蒸汽、热风干燥或自然晾干,不应用明火直接烘烤药物。

被干燥的药物应摊开放置药盘中,药层厚度小于或等于 1.5 cm(效果件直径大于 0.75 cm时,其摊开厚度小于或等于效果件直径的 2 倍);药盘直径或边长应小于或等于 60 cm。

日光干燥应符合下列要求:

(1)日光干燥应在专用晒场进行,定量应小于或等于 1 000 kg,晒坪应硬化、平整、光洁。

(2)晒场应设晒架,晒架应稳固,高度宜在 25 ~ 35 cm,晒架间应留搬运、疏散通道,通道应与主干道垂直,通道宽度大于或等于 80 cm。

(3)严禁将药物直晒在地面上,气温高于 37 ℃时不宜进行日光直晒。

(4)晒场应由专人管理,同时进入场内不应超过 2 人,非管理和操作人员不应进入晒场;不应在晒场进行浆药、筛药、包装等操作。

(5)应时刻关注晒场气象情况,在大风、下雨前应将晒场内药物收入散热间或及时采取防雨淋措施;下雨时不应抢收药物,被淋湿的药物应摊开放置,不应堆放,不应放置在封闭室内。

烘房干燥应符合下列要求:

(1)水暖干燥时,每栋烘房定量应小于或等于 1 000 kg,烘房温度应小于或等于 60 ℃;热风干燥时,每栋烘房定量应小于或等于 500 kg,烘房温度应小于或等于 50 ℃,同时应有防止药物产生扬尘的措施,风速应小于或等于 0.5 m/s。

(2)烘房应设置温度感应报警装置,保持均匀供热,烘房升温速度应小于或等于30 ℃/h。

(3)烘房应有排湿装置并及时排湿。

(4)烘房内药物应用药盘盛装,分层平稳地放置在烘架上。

(5)烘房内药物堆码应符合下表规定。

烘房内药物堆码要求(单位:cm)

名称	烘架高度	距离地面高度	层间隔	与热源距离
药物	≤120	≥25	≥15	≥30

(6)烘架间应留搬运、疏散通道,宽度大于或等于 100 cm。

(7)烘房应由专人管理,加温干燥药物时任何人不应进入;烘干前后烘房内药物进出操作,每栋定员 2 人。

(8)烘房应保持清洁,散热器上不应留有任何药物。

药物在干燥散热时,不应翻动和收取,应冷却至室温时收取,如另设散热间,其定员、定量、药架设置应与烘房一致并配套;散热间内不应进行收取和计量包装操作,不应堆放成箱药物;湿药和未经摊凉、散热的药物不应堆放和入库。

不应在干燥散热场所检测药物。

干燥后的药物,水分含量应符合烟火药含水量相应标准的规定。

药物计量包装应在专用工房进行,每栋工房定员 1 人,定量 30 kg。

药物进出晒场、烘房、散热、收取和计量包装间,应单件搬运。

（三）引火线（含效果引线）制作

引火线应机械制作，并在专用工房操作；机械动力装置应与制引机隔离。

干法生产，每栋定机 4 台，单机单间；水溶剂湿法生产，每栋定机 16 台，每间定机 4 台；其他溶剂湿法生产，每栋定机 2 台，单机单间。

机械运转时，人机应分离；接引、添药、取引锭时，应停机。

工房地面应保持湿润，墙体和地面应定时清洗。

引火线制作定员、定量应符合下表规定。

引火线制作定员定量表

引火线种类		定员/（人/栋）		定量/（kg/台）	
		干法	湿法	干法	湿法
硝酸盐引火线	纸引火线	1	4	3	6
	安全引火线（含效果引火线）	1	4	6	12
	快速引火线	—	2（有机溶剂）	3	6
高氯酸盐引火线	纸引火线	1	4	3	6
	安全引火线（含效果引火线）	1	4	6	12
	快速引火线	—	2（有机溶剂）	3	6
氯酸盐引火线	纸引火线	1	4	1	2

（四）产品制作

1. 产品制作的基本要求

各工序应分别在单独专用工房进行；烟火药、黑火药、引火线、效果件及有药半成品应设专人管理，各工序应按定量领取并登记。

使用的烟火药为多种时，定量按“药物混合定量表”限量的平均值确定；产品制作如定量小于或等于单发（枚）产品药量时，定量为单发（枚）的含药量。

使用含氯酸盐、黄磷、赤磷、雷酸银、笛音剂等高感度烟火药的工房，不应改做其他产品制作工房。

每次限量药物、半成品用完后，应及时将半成品送入中转库或指定地点。

剩余的烟火药，应退还保管人，不应留置工房或临时存药洞过夜。

装、压纸片、安装点火引定员、定量、定机应按其前一道工序执行。

2. 装、筑（压）药（裸药效果件）的相关规定

装药前应筛除效果件中的药尘（灰），除药尘（灰）应在单独工房操作，定员、定量按下道工序执行。

1.1 级工房每栋工房定员 1 人；当隔离操作时，每栋工房定员 2 人，单人单间。

装药每栋工房定量按“药物混合定量表”确定：

(1)砂炮手工包(装)药砂每栋工房定员 24 人,每人定量 0.5 kg;砂炮机械包(装)药砂每栋工房定机 4 台,每台机 2 人,每机定量 5 kg。

(2)筑(压)药定量按“药物混合定量表”限量的 1/2 确定;笛音药筑(压)药每栋工房定量:手工 0.5 kg,机械 2 kg。

礼花弹装球时,只能轻轻按压,合球不应猛烈碰合,合球后,不应进行强烈敲击。

当筒体变形、筒体内壁不洁净或效果件变形时,按废弃物处理,不应将药物(效果件)强行装入。

摩擦药(含赤磷、雷酸银)应保持湿润。

筑(压)药的过程中,当模具与药物难以分离时,不应强行分离,采用酒精清洗。

含有较大颗粒的铝、钛、铁粉的烟火药,不应筑压。

礼花弹安装外导火索和发射药盒时,不应有药粉外泄。

3. 蘸(点)药的相关规定

效果内筒蘸药每栋工房定员 2 人,单人单间,效果内筒应单层摆放,每人定量 15 kg。

擦炮蘸药每栋工房定员 4 人,单人单间,含药半成品应单层摆放,每人定量 5 kg。

摩擦类产品手工蘸药每栋工房定员 4 人,每人定量 25 g;机械蘸药每栋工房定机 2 台,单人单间,每人定量 50 g。

线香类蘸药(提板)每栋工房定员 8 人,每人定量(湿药)25 kg。

电点火头手工蘸药每栋工房定员 8 人,每人定量 25 g;机械蘸药每栋工房定员 4 人,定机 4 台,每人定量 0.1 kg。

蘸(点)药时,不应将湿药黏附在内筒外壁、摩擦类产品的非效果处。

用于蘸(点)药的各类药物干涸后不应对其刮、铲、撞击,应用相应的溶剂,充分溶解后清洗。

4. 钻孔的相关规定

有药半成品机械钻孔每栋工房定机 1 台、定员 1 人;当隔离操作时,每栋工房定机 2 台、单人单间。

有药半成品手工钻孔每栋工房定员 1 人;当隔离操作时,每栋工房定员 4 人、单人单间。

每栋工房定量按“药物混合定量表”规定执行。

钻孔工具刃口应锋利,使用时应涂蜡擦油并交替使用,工具不符合要求时不应强行操作。

裸药效果件或单个药量大于 20 g 的半成品,不应钻孔;单个含药量大于 5 g 或不含黑火药、光色药的半成品不应手工钻孔。

有药半成品的机械钻孔,转速小于或等于 90 r/min。

5. 插引、安(串)引的相关规定

手工插引,每间定员 4 人,每栋工房定员 16 人;当单间只有 1 个疏散出口时,每间定员 2 人;每人定量 0.5 kg。

机械插引每栋工房定员 4 人,单人单间,每人定量 3 kg。

无药部件插、串、安引每栋工房定员 24 人,每人定量 0.5 kg。

切割刀片应锋利,引锭与插引机应隔离,含药半成品应用有盖的箱子盛装。

6. 封口(底)的相关规定

每栋工房定员2人。

爆音药半成品封口(底)每人定量3 kg,其余每人定量5 kg。

爆竹直接挤压封口,不应猛力敲打。

含爆炸药、笛音药的半成品,不应采用筑(压)方法封口。

半成品的封口应密实,防止药物外泄、受潮。

7. 结鞭的相关规定

手工(人力机械)结鞭,每人定量3 kg。每栋工房定员24人,每间定员4人;当单间只有1个疏散出口时,每间定员2人。

动力机械结鞭,每栋工房定机6台,单机单间,每机定量6 kg,每间定员2人,带包装的机械结鞭每间定员3人。

结鞭时,应除去半成品上黏附的药尘。

结鞭爆竹分割工具应锋利,宜用单刃刀片。

8. 礼花弹、小礼花类糊球的相关规定

手工糊球每间工房定员4人,每栋工房定员16人,每人定量15 kg;含全爆炸药的每人定量10 kg。

机械糊球每栋工房定机8台,每间定机2台,每机2人,每机定量30 kg;含全爆炸药的每机定量20 kg。

盛装工具应有围框,围框高度应超过弹(球)体直径(高度)的1/2,5号以上(含5号)弹(球)体应单层放置。

敷弹(球)后应及时进行干燥。

9. 组装的相关规定

升空类、吐珠类、小礼花类、组合烟花类直径大于或等于3.8 cm或单发药量大于或等于25 g的效果内筒(或球)等非裸药效果件的组装、礼花弹组装(含安引、装发射药包、串球),每栋工房定员1人,定量10 kg(含全爆炸药的定量4 kg);当工房采用抗爆间室结构时,每栋定员2人,单人单间,每间定量10 kg(含全爆炸药的定量4 kg)。

升空类、吐珠类、小礼花类、组合烟花类直径小于3.8 cm或单发药量小于25 g的效果内筒(或球)等非裸药效果件的组装每栋定员12人,每间定员2人,每人定量12 kg(含全爆炸药的定量7 kg)。操作时,效果内筒(或球)应单层摆放,不应堆积存放。

喷花类、架子烟花类、造型玩具类、旋转类、烟雾类、旋转升空类等产品组装每栋工房定员24人,每人定量15 kg。

礼花弹安装定时引线时,应使用竹、铜钎轻轻刺破中心管的砂纸。

组装前,应除去半成品、效果件、无药部件上黏附的药尘。

10. 包装(褙皮、封装、装箱)的相关规定

每栋工房定员24人;每人定量按“药物混合定量表”规定的3.5倍执行。

11. 成品、有药半成品的干燥的相关规定

应在专用场所(晒场、烘房)进行。

每栋工房定员、定量、热能选择、干燥方式等要求按“药物干燥散热,收取包装”规定执行。

晒礼花弹的抬架,应有围框,围框高度应超过礼花弹直径的1/2,弹体(球)宜单层放置。

产品干燥不应与药物干燥在同一晒场(烘房)进行,摩擦类产品不应与其他类产品在同一晒场(烘房)干燥。

蒸汽干燥的烘房温度小于或等于 75 ℃,升温速度小于或等于 30 ℃/h,不宜采用肋形散热器。

热风干燥成品,有药半成品室温小于或等于 60 ℃,风速小于或等于 1 m/s;循环风干燥应有除尘设备,除尘设备要定期清扫。

典型例题

【单选题】为保证烟花爆竹安全生产,生产过程中常采取增加湿度的措施或者湿法操作,然后再进行干燥处理。下列干燥工艺的安全要求中,错误的是(　　)。

A. 产品干燥不应与药物干燥在同一晒场(烘房)进行

B. 蒸汽干燥的烘房应采用肋形散热器

C. 摩擦类产品不应与其他类产品在同一晒场(烘房)干燥

D. 循环风干燥应有除尘设备并定期清扫

B。**【解析】**根据《烟花爆竹作业安全技术规程》,产品干燥不应与药物干燥在同一晒场(烘房)进行,摩擦类产品不应与其他类产品在同一晒场(烘房)干燥。蒸汽干燥的烘房温度小于或等于 75 ℃,升温速度小于或等于 30 ℃/h,不宜采用肋形散热器。热风干燥成品,有药半成品室温小于或等于 60 ℃,风速小于或等于 1 m/s;循环风干燥应有除尘设备,除尘设备要定期清扫。

干燥后的成品、有药半成品应通风散热。在干燥散热时,不应翻动和收取,应冷却至室温时收取。

四、烟花爆竹工程设计安全

(一)建(构)筑物危险等级和计算药量

危险性建(构)筑物的危险等级应按下列规定划分。

(1)1.1 级建(构)筑物,为建(构)筑物内的危险品在制造、储存、运输中具有整体爆炸危险或有迸射危险,其破坏效应将波及周围。可根据破坏能力划分为下列等级:1.1^{-1}级建(构)筑物,为建(构)筑物内的危险品发生爆炸事故时,其破坏能力相当于 TNT 的厂房和仓库;1.1^{-2}级建(构)筑物,为建(构)筑物内的危险品发生爆炸事故时,其破坏能力相当于黑火药的厂房和仓库。

(2)1.3 级建(构)筑物,为建(构)筑物内的危险品在制造、储存、运输中具有较大的燃烧危险,或有较小爆炸或较小迸射危险,或两者兼有,但无整体爆炸危险,其破坏效应局限于本建(构)筑物内,对周围建(构)筑物影响较小。

提示

以下相关内容采用“1.1 级”时,包括“1.1^{-1}级”和“1.1^{-2}级”。

厂房的危险等级应由其中最危险的生产工序确定。仓库的危险等级应由其中所储存最危险的物品确定。

链接

进行爆竹类装药工序的厂房属于1.1^{-1}级。进行吐珠类装(筑)药工序的厂房属于1.1^{-2}级。进行礼花弹类包装工序的厂房属于1.1^{-2}级。进行黑火药造粒工序的厂房属于1.1^{-2}级。

引火线仓库的危险等级为1.1^{-2}级,开球药仓库的危险等级为1.1^{-1}级,喷花类成品仓库、C级爆竹半成品仓库为1.3级。

计算药量的相关规定如下:

(1)危险性建(构)筑物内所有能同时爆炸或燃烧的危险品药量,均应计入该危险性建(构)筑物的计算药量。

(2)防护屏障内的危险品药量应计入该防护屏障内危险性建(构)筑物的计算药量。

(3)危险性建(构)筑物中抗爆间室的药量可不计入危险性建(构)筑物的计算药量,但该建(构)筑物的计算药量不应小于其中一个抗爆间室内的最大药量。

(4)当危险性建(构)筑物内已采取分隔防护措施,危险品相互间不会引起同时爆炸或燃烧时,危险性建(构)筑物的计算药量可分别计算,但应取其最大值。

提示

注意区分计算药量和定量。定量是指在危险性场所允许存放(或滞留)的最大药物质量(含半成品、成品中的药物质量)。

(二)总平面布置与安全距离

1. 总平面布置

危险品生产区的总平面布置应符合下列规定:

(1)同一生产区生产烟花爆竹多个产品类别时,应根据生产工艺特性、产品种类分别建立生产线,并宜做到分小区布置。

(2)生产线的厂(库)房的总平面布置应满足生产工艺流程顺畅及生产能力匹配的要求,宜避免危险品的往返和交叉运输。

(3)同一危险等级的厂房和仓库宜集中布置;计算药量大或危险性大的厂房和仓库,宜布置在危险品生产区的边缘或其他有利于安全的地形处;粉尘污染比较大的厂房应布置在厂区的边缘地带,且宜布置在厂区全年最小频率风向的上风侧。

(4)危险品生产厂房靠山布置时,距山脚不宜小于3 m;当危险品生产厂房布置在山凹中时,应利于人员的安全疏散和有害气体的扩散。

(5)危险品运输道路不应在其他危险性建(构)筑物防护屏障内穿行通过。

危险品总仓库区的总平面布置应符合下列规定:

(1)应根据仓库的危险等级和计算药量结合地形布置。

(2)比较危险或计算药量较大的危险品仓库,不宜布置在库区出入口的附近。

(3)危险品运输道路不应在其他危险品仓库防护屏障内穿行通过。

(4)化工原材料库、药物仓库、成品仓库宜分区布置;同一危险等级的仓库宜集中布置,计算药量大或危险性大的仓库宜布置在总仓库区的边缘或其他有利于安全的地形处。

危险品生产区和危险品总仓库区的围墙设置应符合下列规定:

(1)危险品生产区和危险品总仓库区应设置高度不低于2 m的围墙。

(2)围墙与危险性建(构)筑物之间的距离宜为12 m,不得小于5 m。

(3)围墙应为密砌墙,特殊地形设置密砌围墙有困难时,可设置刺丝网围墙。

2. 安全距离

危险品生产区内的危险品生产厂房、危险品中转库房、临时存药洞、晒场与其周围零散住户、居民点、企业、公共交通线路、高压输电线路、城镇规划边缘等的外部距离,应根据建(构)筑物的危险等级和计算药量计算确定。危险品生产厂房、危险品中转库房的外部距离应自危险性建筑物的外墙面算起,临时存药洞应自洞口外壁算起,晒场应自晒场边缘算起。

危险品生产区内各建(构)筑物之间的内部距离应分别按照各危险性建(构)筑物的危险等级及其计算药量所确定的距离和规范所规定的距离,取其最大值。内部距离应自建(构)筑物的外墙面算起,晒场应自晒场边缘算起。

链接

危险品生产区内1.1级建(构)筑物与公用建(构)筑物的内部距离应符合下列规定:(1)与厂区内办公室、食堂、汽车库、锅炉房、独立变电所、水塔、水泵房、有明火或散发火花建筑物的内部距离,应按本标准的要求计算后至少再增加50%,且不应小于50 m。(2)与半地下式消防水池的内部距离不应小于50 m,与地下式消防水池的内部距离不应小于30 m。

提示

烟花爆竹工厂的安全距离指危险性建筑物与周围建筑物之间的最小允许距离,包括外部距离和内部距离。

(三)工艺与布置

有易燃易爆粉尘散落的工作场所应设置清洗设施,并应有充足的清洗用水。

在危险品生产区内,危险品生产厂房各工序及临时存药洞允许的最大存药量应符合规定;危险品中转库最大存药量不应超过两天生产需要量。

除采用自动化、连续化生产工艺的烟花爆竹生产厂房外,1.1级、1.3级厂房和仓库应为单层建筑,其平面宜为矩形。

1.1级厂房设置应符合下列规定:

(1)采用手工作业的1.1级厂房,除采取抗爆间室、装甲防护装置或工艺有特殊要求外,应单机单栋或单人单栋独立设置。

(2)机械混药、机械筛药的1.1级厂房应单独布置,且应进行远距离隔离控制。

(3)干法生产引火线厂房的工作间不应超过4间,有机溶剂法生产引火线厂房的工作间不应超过2间。

1.3级厂房设置应符合下列规定:厂房内各工作间应采用密实砌体墙隔开,且工作间数不应超过6间,当厂房建筑耐火等级为三级或以下时,工作间数不应超过4间;氧化剂的粉碎筛选、可燃物的粉碎筛选应独立设置厂房。

有固定作业人员的非危险品生产厂房,不应和危险品生产厂(库)房联建。

危险品中转库的设置应符合下列规定:不同危险等级的中转库应独立设置,且不得和生产厂房联建；1.1 级生产工序宜就近设置半成品临时中转库。

1.1 级厂房内不应设置除更衣室、工器具室外的辅助用室；1.3 级厂房内可设置辅助用室，但应布置在厂房较安全的一端，并应采用防火墙与生产工作间隔开。

危险品生产厂房内设置临时存药间(暂存间)或在厂房附近设置临时存药洞时，临时存药间(暂存间)与操作间应采用钢筋混凝土墙或不小于 370 mm 的密实砌体墙隔开。

1.1 级厂房的人均使用面积不宜少于 9.0 m^2，1.3 级厂房的人均使用面积不宜少于 4.5 m^2。

有迸射危险的生产厂房与相邻厂房的门、窗不宜正对设置。若正对设置时，在门、窗前应设置拦截装置。

(四)危险品储存

仓库危险品的存药量和建设规模应符合下列规定：

(1)危险品生产区内，1.1 级中转库单库存药量不应超过 500 kg，爆炸药(白药)中转库单库存药量不应超过 200 kg，1.3 级中转库单库存药量不应超过 1 000 kg。

(2)危险品总仓库区内，各级仓库的单库存药量不应超过规定量。

(3)危险品总仓库、中转库的规模应与生产能力相匹配。危险品总仓库区内，1.1 级成品仓库单栋建筑面积不应超过 500 m^2，1.3 级成品仓库单栋建筑面积不应超过 1 000 m^2，每个防火分区面积不宜超过 500 m^2，烟火药、黑火药、引火线仓库单栋建筑面积不宜超过 100 m^2。

(五)危险品运输

危险品生产区运输危险品的主干道中心线，与各级危险性建(构)筑物的距离应符合下列规定：

(1)距离 1.1 级建(构)筑物不宜小于 15 m；有防护屏障时，可不小于 10 m。

(2)距离 1.3 级建(构)筑物不宜小于 10 m；与道路相对的墙面为密实墙体时，可不小于 6 m。

(3)运输裸露危险品的道路中心线距离有明火或散发火花的建筑物不应小于 30 m。

危险品总仓库区运输危险品的主干道中心线与各级危险品仓库的距离不应小于 10 m。

危险品生产区和危险品总仓库区内的道路纵向坡度应符合下列规定：

(1)汽车运输危险品，道路纵坡不宜大于 6%；山区受限区域，不应大于 8%。

(2)电瓶车运输危险品，道路纵坡不宜大于 4%；山区受限区域，不应大于 6%。

(3)手推车运输危险品，道路纵坡不宜大于 2%；山区受限区域，不应大于 4%。

机动车不应直接进入 1.1 级、1.3 级建(构)筑物内，装卸作业点宜位于各级危险性建(构)筑物门前 2.5 m 以外。

人工提送危险品时，宜设专用人行道，道路纵坡不应大于 8%，路面应平整，且不应设有台阶。

(六)建筑结构

1. 一般规定

建筑面积小于 20 m^2 的 1.1 级建(构)筑物和建筑面积不超过 300 m^2 的 1.3 级建(构)筑物，除屋顶承重构件外，其耐火等级不应低于现行国家标准《建筑设计防火规范》规定的三级耐火等级。屋顶承重构件的耐火等级不宜低于现行国家标准《建筑设计防火规范》规定的三级耐火等级。

危险性建(构)筑物室内梁或板中的最低净空高度不宜小于 2.8 m，并应满足正常的采光和通风要求。

在危险品生产区内，当工艺要求在两个危险性建筑物之间设置临时存药洞时，应符合下列规定：

（1）临时存药洞应镶嵌在天然山体内，存药洞门与山体前坡脚的距离不应小于 800 mm。

（2）临时存药洞的净空尺寸，宽度不应大于 800 mm，高度不应大于 1 000 mm，存药洞净深不应大于 600 mm，存药洞底宜高出存药洞外人行地面 600 mm。

（3）临时存药洞前面宜设置平开木门。

（4）临时存药洞墙体可采用不小于 240 mm 的密实砌体或钢筋混凝土墙体。

（5）临时存药洞上部覆土厚度不应小于 500 mm，两侧墙顶覆土宽度不应小于 1 500 mm。

（6）临时存药洞内应用水泥砂浆抹面，四周有土处应采取防水及隔潮措施。存药洞上部应采取排水措施。

距离本厂围墙小于 12 m 的危险性建（构）筑物，面向围墙方向的外墙宜为实体墙；如设有门、窗或洞口时，应采取防火措施。

2. 危险品生产区危险性建（构）筑物的结构选型和构造

1.1 级建（构）筑物应采用现浇钢筋混凝土框架结构或整体现浇钢筋混凝土结构，也可采用钢筋混凝土柱、梁承重结构或砌体承重结构。框架结构的填充墙应采用实心砖或多孔砖密砌。当采用钢筋混凝土柱、梁承重结构或砌体承重结构时，应符合下列规定之一：

（1）厂房的建筑面积应小于 20 m^2，且操作人员不应超过 1 人。

（2）生产过程采用远距离控制且室内无人操作。

1.3 级建（构）筑物应采用现浇钢筋混凝土框架结构，也可采用钢筋混凝土柱、梁承重结构或砌体承重结构。填充墙应采用实心砖或多孔砖密砌。当采用钢筋混凝土柱、梁承重结构或砌体承重结构时，应符合下列规定之一：

（1）厂房的跨度不应大于 7.5 m，长度不应大于 30 m，室内净高不应大于 4 m，且横隔墙间距不应大于 15 m。

（2）厂房内的横隔墙较密且间距不应大于 6 m。

采用钢筋混凝土柱、梁承重结构的 1.1 级、1.3 级建（构）筑物的填充墙应为密砌实体墙，不应采用空斗墙或毛石墙；采用砌体承重结构的 1.1 级、1.3 级建（构）筑物不应采用独立砖柱承重，并不应采用空斗墙和毛石墙。危险性建（构）筑物的砌体厚度不应小于 240 mm。

危险品生产厂房屋盖应符合下列规定：

（1）宜采用现浇钢筋混凝土屋盖并与框架连成整体，也可采用轻型泄压屋盖，轻质泄压部分的单位面积重量不应大于 0.8 kN/m^2。

（2）当厂房采用钢筋混凝土柱、梁或砌体承重结构时，宜采用轻型泄压屋盖。当厂房采用轻型泄压屋盖时，宜采取防止成片或整块屋盖飞出伤人的措施。

（3）1.1^{-2}级黑火药生产厂房宜采用轻质易碎屋盖或轻型泄压屋盖。轻质易碎部分的单位面积重量不应大于 1.5 kN/m^2。

（4）1.3 级厂房采用现浇钢筋混凝土屋盖时，宜设置能泄压的门窗。

危险性建（构）筑物结构应加强联结。1.1 级、1.3 级厂房结构构造应符合下列规定：

（1）装配式钢筋混凝土屋盖、轻质易碎屋盖或轻质泄压屋盖，宜在梁底或板底标高处沿外墙和内纵、横墙设置现浇钢筋混凝土闭合圈梁。

（2）梁与墙或柱应锚固可靠，梁与圈梁应联成整体。

(3)围护砌体和钢筋混凝土柱之间应加强联结,纵、横砌体之间也应加强联结。

(4)门窗洞口应采用钢筋混凝土过梁,过梁的支承长度不应小于 250 mm。当门洞口大于 2 700 mm 时,宜设置钢筋混凝土门框架或门樘。

(5)砌体承重结构的外墙四角及单元内、外墙交接处应设构造柱。

3. 抗爆间室和抗爆屏院

危险性建(构)筑物采用抗爆间室时,应在其轻型面外设置与抗爆间室设计药量匹配的钢筋混凝土抗爆屏院。抗爆间室和抗爆屏院应满足承受一次或多次爆炸破坏作用的强度要求。

抗爆间室的墙厚和屋盖应根据设计药量计算后确定,并应符合下列规定:

(1)设计药量不小于 1 kg 时,抗爆间室的墙和屋盖宜采用现浇钢筋混凝土结构,墙厚不应小于 250 mm。

(2)当设计药量小于 1 kg 时,抗爆间室的墙和屋盖宜采用现浇钢筋混凝土结构,墙厚不应小于 200 mm,也可采用钢板或组合钢板结构。

(3)当设计药量不大于 5 kg 且顶部泄压对邻近工作间不造成破坏时,抗爆间室屋盖可采用轻质易碎屋盖或轻质泄压屋盖。

(4)抗爆间室的墙高出厂房相邻屋面不应少于 0.5 m。

在抗爆间室轻型面的外面设置的抗爆屏院的高度不应低于抗爆间室的檐口高度。当抗爆屏院的进深超过 4 m 时,抗爆屏院中墙高度应增高,增加的高度不应小于进深超过量的 1/2,抗爆屏院边墙由抗爆间室的檐口高度应逐渐增加至屏院中墙高度。

危险品生产厂房内的抗爆间室应符合下列规定:

(1)抗爆间室之间以及抗爆间室与相邻工作间之间不应设置地沟相通。

(2)输送没有燃烧爆炸危险物料的管道必须通过或进出抗爆间室时,应在穿墙处采取防止爆炸产物泄出的密封措施。

(3)抗爆间室的门、操作口、观察孔和传递窗的结构应满足抗爆及不传爆的要求。

输送有燃烧爆炸危险物料的管道在未设隔火、隔爆措施的条件下,不应通过或进出抗爆间室。

抗爆间室门的开启应与室内设备动力系统的启停进行连锁。

当危险品仓库均采用抗爆间室时,相邻间室可按不殉爆、隔爆设计。

4. 危险品生产区危险性建(构)筑物的安全疏散

危险品生产厂房每一危险性工作间的建筑面积大于 25 m^2 时,安全出口的数量不应少于 2 个。

危险品生产厂房安全出口的设置应符合下列规定:

(1)危险品生产厂房每一危险性工作间的建筑面积不大于 25 m^2,且同一时间内的作业人员不超过 3 人时,可设 1 个安全出口,但应设置安全窗。当建筑面积不大于 9 m^2,且同一时间内的作业人员不超过 2 人时,可设 1 个安全出口。

(2)安全出口应布置在建(构)筑物室外有安全通道的一侧。

(3)需穿过另一危险性工作间才能到达室外的出口,不应作为本工作间的安全出口。

(4)防护屏障内的危险性厂房的安全出口,应布置在防护屏障的开口方向或安全疏散隧道的附近。

危险品生产厂房外墙上宜设置安全窗。安全窗不应计入安全出口。

危险品生产厂房每一危险工作间内由最远工作点至外部出口的疏散距离应符合下列规定：1.1 级厂房不应超过 5 m；1.3 级厂房不应超过 8 m。

厂房内的主通道宽度和外门宽度不应小于 1.2 m。每排操作岗位之间的通道宽度、工作间内的通道宽度和内门宽度不应小于 1.0 m。

疏散门的设置应符合下列规定：

(1) 应为向外开启的平开门，室内不得装插销。

(2) 当设置门斗时，应采用外门斗，门的开启方向应与疏散门一致。

(3) 危险性工作间的外门口不应设置台阶，室内外地面有高差时可做成防滑坡道。

5. 危险品生产区危险性建(构)筑物的建筑构造

危险品生产工作间的门窗及配件应采用不产生火花的材料；对静电敏感时，工作间的门窗及配件应采取防静电措施。黑火药生产 1.1 级厂房的门窗，应采用木质门窗，门窗的配件应采用不产生火花的材料。

危险性工作间的地面应符合现行国家标准《建筑地面设计规范》的有关要求，并应符合下列规定：对火花能引起危险品燃烧、爆炸的工作间，应采用不发生火花的地面；当工作间内的危险品对撞击、摩擦特别敏感时，应采用不发生火花的柔性地面；当工作间内的危险品对静电作用特别敏感时，应符合现行国家标准《导(防)静电地面设计规范》的有关要求；地面应平整、光滑。

6. 危险品总仓库区危险品仓库的建筑结构

危险品仓库宜采用现浇钢筋混凝土框架结构，也可采用钢筋混凝土柱、梁承重结构或砌体承重结构。当采用钢筋混凝土柱、梁承重结构或砌体承重结构时，应在梁底或板底标高处，沿外墙和内纵、横墙设置现浇钢筋混凝土闭合圈梁，砌体承重结构的外墙四角及单元内、外墙交接处应设构造柱。

危险品仓库的屋盖宜采用现浇钢筋混凝土屋盖，也可采用轻质泄压或轻质易碎屋盖。1.3 级仓库采用现浇钢筋混凝土屋盖时，宜多设置门和高窗或采用轻型围护结构等。

危险品仓库安全出口的设置应符合下列规定：当仓库或储存隔间的建筑面积大于 100 m^2或长度大于 18 m 时，安全出口不应少于 2 个；当仓库或储存隔间的建筑面积小于 100 m^2，且长度小于 18 m 时，可设 1 个安全出口；仓库内任一点至安全出口的疏散距离不应大于 15 m。

危险品仓库门的设计应符合下列规定：

(1) 仓库的门应向外平开，门洞的宽度不宜小于 1.5 m，不得设门槛。

(2) 当仓库设置门斗时，应采用外门斗，且内、外两层门均应向外开启。

(3) 总仓库的门宜为双层，内层门为通风用门，外层门宜为防火门，两层门均应向外开启。

7. 通廊和隧道

危险品运输通廊设计应符合下列规定：

(1) 通廊的承重及围护结构宜采用不燃烧体。

(2) 通廊宜采用钢筋混凝土柱或符合防火要求的钢柱承重，其耐火等级应与连接的危险性建(构)筑物一致。

(3)运输中有可能撒落药粉的通廊,其地面面层应与连接的危险性建(构)筑物地面面层相一致。

防护屏障的隧道应采用钢筋混凝土结构。运输中有可能撒落药粉的隧道地面应采用不发生火花地面,且不应设置台阶。

(七)危险场所的电气

1. 危险场所类别的划分

危险场所应划分为 F0、F1、F2 三类,并应符合下列规定:

(1)F0 类应为经常或长期存在能形成爆炸危险的黑火药、烟火药及其粉尘的危险场所。

(2)F1 类应为在正常运行时可能形成爆炸危险的黑火药、烟火药及其粉尘的危险场所。

(3)F2 类应为在正常运行时能形成火灾危险,而爆炸危险性极小的危险品及粉尘的危险场所。

(4)各类危险场所均应以工作间为单位。

2. 电气设备

危险场所的电气设备应符合下列规定:正常运行和操作时,可能产生电火花或高温的电气设备应安装在无危险或危险性较小的场所。危险场所内采用的防爆电气设备应符合规定。危险场所采用的接线盒、绕性连接管等管件配件的选型应与该危险场所电气设备防爆等级一致。危险场所电动机的电气设计应符合规定。危险场所不宜设置接插装置。当确需设置时,应选择相应防爆型、插座与插销带连锁保护装置,并应满足断电后插销才能插入或拔出的要求。电点火头等需要防止电磁辐射危害的场所、涉裸药的危险场所,不应安装、使用无线电遥控设备和无线电通信设备。

危险场所采用非防爆电气设备隔墙传动时,应符合下列规定:安装电气设备的工作间应采用不燃烧体密实墙与危险场所隔开,隔墙上不应设置门、窗、洞口;传动轴通过隔墙处的孔洞应采用填料函封堵或采取有同等效果的密封措施;安装电气设备工作间的门应设置在外墙上或通向非危险场所,且门应向室外或非危险场所开启。

F0 类危险场所不应安装电气设备。当确需安装时,可设置 Da 或 Ga 级、IP65 检测仪表,且电气设备允许最高表面温度,单基火药场所不应超过 85 ℃,其他场所不应超过 100 ℃。

F0 类危险场所的室外照明设备应符合下列规定:

(1)干法生产黑火药的 F0 区,应在距离外墙 3 m 以上设置不低于 Db 或 Gb 级、IP65 的投光灯进行照明。

(2)除本条第(1)款规定的 F0 区外,应选用不低于 Db 或 Gb 级、IP65、最高表面温度不超过 135 ℃的灯具,且应安装在不可开启的窗户外。门灯及安装在外墙外侧的开关、配电箱等的选型应与灯具防爆要求相同。

F1 类危险场所电气设备的选型应符合下列规定:

(1)电气设备应选用不低于 Db 或 Gb 级、IP65 的产品,且允许最高表面温度单基火药场所不应超过 100 ℃外,其他场所不应超过 135 ℃。

(2)门灯及安装在外墙外侧的开关应选用不低于 Dc 或 Gc 级、IP54 的产品,且单基火药场所允许最高表面温度不应超过 100 ℃,其他场所允许最高表面温度不应超过 135 ℃。

F2 类危险场所电气设备、门灯及安装在外墙外侧的开关应选用不低于 Dc 或 Gc 级、IP54 的产品,且单基火药场所允许最高表面温度不应超过 100 ℃,其他场所允许最高表面温度不应超过 135 ℃。

生产时严禁工作人员入内的工作间,其用电设备的控制按钮应安装在工作间外,应将用电设备的启停与门连锁,并应保证门关闭后用电设备再启动。

3. 防雷与接地

变电所引至危险性建(构)筑物的低压供电系统宜采用 TN-C-S 接地形式。从建(构)筑物内总配电箱开始引出的配电线路和分支线路应采用 TN-S 系统。

危险性建(构)筑物内电气设备的工作接地、保护接地、防雷电感应等接地、防静电接地、信息系统接地等应共用接地装置,接地电阻值应取其中最小值。该共用接地装置应与一类防雷建(构)筑物的独立接闪装置的接地装置分开,地中间隔距离应保持 3 m 以上。

危险性建(构)筑物内穿电线的钢管、电缆的金属外皮、除输送危险物质外的金属管道、建(构)筑物钢筋等设施均应等电位联结。

危险性建(构)筑物总配电箱内应设置电涌保护器。

当危险场所设有多台需要接地的设备且位置分散时,工作间内应设置构成闭合回路的接地干线。接地体宜沿建(构)筑物墙外埋地敷设,并应构成闭合回路,且应每隔 18 ~ 24 m 室内与室外连接 1 次,每个建(构)筑物的连接不应少于 2 处。

架空敷设的金属管道应在进、出建(构)筑物处与防雷电感应的接地装置相连接。距离建(构)筑物 100 m 内的金属管道应每隔小于 25 m 的间距接地 1 次,其冲击接地电阻不应大于 20 Ω。埋地或地沟内敷设的金属管道在进、出建(构)筑物处应与防雷电感应的接地装置相连。

平行敷设的金属管道,当其净距小于 100 mm 时,应每隔小于 25 m 的间距用金属线跨接 1 次;当交叉净距小于 100 mm 时,其交叉处应跨接。

4. 防静电

危险场所中可导电的金属设备、金属管道、金属支架及金属导体均应进行直接静电接地。

静电接地系统应与电气设备的保护接地共用同一接地装置。

危险场所中无法直接接地的金属设备、装置等,应通过防静电材料间接接地。

危险工作间应采用导静电地面、工作台面,其电阻值应控制在 0.05 ~ 1.0 MΩ。危险品中转库和药物仓库应采用防静电地面,其电阻值应控制在 0.05 ~ 10 000 MΩ。

当危险品生产厂房的空气相对湿度低于 60%,且黑火药生产厂房的空气相对湿度低于 65% 时,应采取空气增湿措施。

危险场所不应使用静电非导体材料制作的工装器具。当确需使用静电非导体材料制作的工装器具时,应对其进行导静电处理。

黑火药、烟火药生产危险场所入口处的外墙外侧应设置人体静电释放装置,并应与建(构)筑物接地装置连接在一起。

第5节　民用爆炸物品

一、民用爆炸物品的概念、特性及危险因素

(一)民用爆炸物品的概念

民用爆炸物品是用于非军事目的和列入民用爆炸物品品名表的各类火药、炸药及其制品、雷管、导火索等点火和起爆器材。

民用爆炸物品包括工业炸药、工业雷管、工业索类火工品、其他民用爆炸物品、原材料,具体包括的种类见下表。

民用爆炸物品

名称	种类
工业炸药	硝化甘油炸药、铵梯类炸药、多孔粒状铵油炸药、改性铵油炸药、膨化硝铵炸药、其他铵油类炸药、水胶炸药、乳化炸药(胶状)、粉状乳化炸药、乳化粒状铵油炸药、黏性炸药、含退役火药炸药、其他工业炸药、震源药柱、震源弹、人工影响天气用燃爆器材、矿岩破碎器材、中继起爆具、爆炸加工器材、油气井用起爆器、聚能射孔弹、复合射孔器、聚能切割弹、高能气体压裂弹、点火药盒、其他油气井用爆破器材、其他炸药制品
工业雷管	工业火雷管、工业电雷管、导爆管雷管、半导体桥电雷管、电子雷管、磁电雷管、油气井用电雷管、地震勘探电雷管、继爆管、其他工业雷管
工业索类火工品	工业导火索、工业导爆索、切割索、塑料导爆管、引火线
其他民用爆炸物品	安全气囊用点火具、其他特殊用途点火具、特殊用途烟火制品、其他点火器材、海上救生烟火信号
原材料	梯恩梯(TNT)/2,4,6－三硝基甲苯(含退役、拆解回收),工业黑索今(RDX)/环三亚甲基三硝胺(含退役、拆解回收),苦味酸/2,4,6－三硝基苯酚,民用推进剂(含退役、拆解回收),太安(PETN)/季戊四醇四硝酸酯,奥克托今(HMX),其他单质猛炸药,黑火药,起爆药,延期器材,硝酸铵,黑梯炸药(含退役、拆解回收),单基/双基发射药(含退役、拆解回收),国防科工委、公安部认为需要管理的其他民用爆炸物品

在应用上表时需注意下列事项:

(1)硝化甘油炸药指的是甘油三硝酸酯类混合炸药。

(2)铵梯类炸药含铵梯油炸药。

(3)其他铵油类炸药含粉状铵油、铵松蜡、铵沥蜡炸药等。

(4)乳化粒状铵油炸药指的是重铵油炸药。

(5)含退役火药炸药含退役火药的乳化、浆状、粉状炸药。

(6)人工影响天气用燃爆器材含炮弹、火箭弹等,限生产、购买、销售、运输管理。

(7)工业电雷管含普通电雷管和煤矿许用电雷管。

(二)民用爆炸物品的特性

炸药燃烧特性包括能量特性、燃烧特性、力学特性、安定性、安全性等。为了保证炸药在长期储存中的安全,一般会加入少量的二苯胺等化学药剂,此技术措施主要改善了炸药的安定性。

提示

炸药燃烧时气体产物所作的功属于能量特征。

炸药的燃烧特性标志着炸药能量释放的能力。

燃烧速率与炸药的组成和物理结构有关，燃烧速率随初始温度和工作压力的升高而增大。

与普通的化学反应过程相比，炸药爆炸这一化学过程具有反应过程的高速度、反应过程的放热性、反应生成物必定含有大量的气态物质等特征。

爆炸冲击波的初始压力(波面压力)可达100 MPa以上，其破坏作用主要是由于波面上的超压。

民用爆炸物品爆炸产生的冲击波会对周围的建(构)筑物、人体、动物等造成不同程度的破坏或损伤。

为了防止或减弱民用爆炸物品爆炸冲击波的破坏作用，生产、储存民用爆炸物品的工厂、仓库，应当建在远离城市的独立地段，禁止设立在城市市区和其他居民聚居的地方及风景名胜区。厂、库建筑与周围的水利设施、交通要道、桥梁、隧道、高压输电线路、通信线路、输油管道等重要设施的安全距离，必须符合国家有关安全规范的规定。

(三)民用爆炸物品的危险因素

乳化炸药是工业炸药的一种，其生产线存在着火灾爆炸危险，引发因素包括摩擦、撞击、雷电、电气、静电火花、高温等。乳化炸药在生产过程中，会受到高温、撞击摩擦、电气、静电火花、雷电等影响。乳化炸药在储存、运输过程中，会受到高温、撞击摩擦等产生火灾爆炸危险。

具体分析如下：

(1)乳化炸药在储存、运输过程中，静电放电的火花能量达到工业炸药的引燃能，会引发燃烧爆炸事故。

(2)硝酸铵储存过程中会发生自然分解，放出的热量聚集，温度达到其爆发点时会引发燃烧爆炸事故。

(3)油相材料都是易燃危险品，储存时遇到高温、氧化剂等，易引发燃烧爆炸事故。

(4)乳化炸药运输时发生翻车、撞车、坠落、碰撞及摩擦等险情，易引发燃烧爆炸事故。

链接

粉状乳化炸药是将水相和油相在高速运转和强剪切力作用下，借助乳化剂的乳化作用而形成乳化基质，再经过敏化剂敏化得到的一种油包水型的爆炸性物质。粉状乳化炸药生产中，火灾爆炸主要来自物质的危险性。

典型例题

【单选题】乳化炸药在生产、储存、运输和使用过程中存在诸多引发燃烧爆炸事故的危险因素，包括高温、撞击摩擦、电气、静电火花、雷电等。关于引发乳化炸药原料或成品燃烧爆炸事故的说法，错误的是(　　)。

A. 乳化炸药在储存、运输过程中，静电放电的火花温度达到其着火点，会引发燃烧爆炸事故

B. 硝酸铵储存过程中会发生自然分解，放出的热量聚集，温度达到其爆发点时会引发燃烧爆炸事故

C. 油相材料都是易燃危险品，储存时遇到高温、氧化剂等，易引发燃烧爆炸事故

D. 乳化炸药运输时发生翻车、撞车、坠落、碰撞及摩擦等险情，易引发燃烧爆炸事故

A。**【解析】**乳化炸药在生产过程中，会受到高温、撞击摩擦、电气、静电火花、雷电等影响。乳化炸药在储存、运输过程中，会受到高温、撞击摩擦等产生火灾爆炸危险。

二、民用爆炸物品工程设计安全

民用爆炸物品工程设计安全可参考《民用爆炸物品工程设计安全标准》，此标准适用于民用爆炸物品行业科研、生产、销售企业建设工程的新建、扩建、改建和技术改造。

（一）工程规划、平面布置及安全距离

生产企业应根据生产品种、生产特性、危险程度等因素进行分区规划。企业宜设危险品生产区（包括辅助生产部分）、危险品总仓库区、危险品性能试验场和销毁场及生活区。

生产企业各区应根据企业生产、运输、管理和生活等因素确定各区相互位置；危险品生产区宜设置在适中位置，危险品总仓库区、危险品性能试验场和销毁场宜设置在偏僻地带或边缘地带。

危险品生产区内的危险性建（构）筑物与其周围居住建筑物、企业、公共交通线路、高压输电线路、城镇规划边缘等的外部距离，应根据建（构）筑物的危险等级和计算药量计算确定。外部距离应自危险性建筑物的外墙面或储罐的外壁算起。

危险品总仓库区内仓库与其周围居住建筑物、企业、公共交通线路、高压输电线路、城镇规划边缘等的外部距离，应根据仓库的危险等级和计算药量计算确定。外部距离应自危险性仓库的外墙面算起。

危险品生产区和总仓库区的总平面布置应将危险性建（构）筑物与非危险性建（构）筑物分开布置。主厂区应布置在非危险区的下风侧。总仓库区的位置应远离工厂住宅区和城市，在条件允许的情况下，宜将总仓库区单独布置在山沟内，或者是其他有利安全的自然地形处。

危险品销毁场的位置应满足安全距离的要求，可选择在山沟、丘陵、河滩等有利的自然地形处。

（二）工艺布置

工艺设计中，应坚持减少危险品厂房计算药量和操作人员的原则，对有燃烧、爆炸危险的作业宜采用隔离操作、连续化、自动化等生产方式。

危险品厂房建筑平面宜为单层矩形；当工艺有特殊要求时，宜采用钢平台。

库房、仓库应为矩形单层建筑。

危险品厂房内设备、管道、运输装置和操作岗位的布置应方便操作人员的迅速疏散。

危险生产工序和非危险生产工序宜分别设置单独的厂房。危险生产工序宜布置在厂房的一端，且该端宜处于偏僻地段。工艺设备有泄爆要求时，设备的布置应使泄爆方向避开主要道路和其他建筑物。

危险品厂房中，设置抗爆间室应符合下列规定：

(1)抗爆间室与相邻工作间之间不应设地沟相通。

(2)输送有燃烧爆炸危险物料的管道,在未设隔火隔爆措施的条件下,不应通过或进出抗爆间室。

(3)输送没有燃烧爆炸危险物料的管道通过或进出抗爆间室时,应在穿墙处采取密封措施。

(4)抗爆间室的门、操作口、传递窗,其结构应能满足抗爆及不殉爆的要求。

(5)抗爆间室门的开启应与室内设备动力系统的启停进行联锁。

(6)抗爆间室(轻型泄爆窗外)应设置抗爆屏院。

(三)危险品储存和运输

不同品种危险品同库存放应符合下列规定:

(1)当受条件限制时,各种包装完整无损不同品种的危险品成品同库存放时,应符合下表的规定。

危险品同库存放表

危险品名称	雷管类	炸药类	射孔弹类	导爆索类	黑火药	导爆管
雷管类	○	×	×	×	×	○
炸药类	×	○	○	○	×	○
射孔弹类	×	○	○	○	×	○
导爆索类	×	○	○	○	×	○
黑火药	×	×	×	×	○	×
导爆管	○	○	○	○	×	○

注:○表示可同库存放,×表示不得同库存放。雷管类含工业雷管(含电雷管、导爆管雷管、数码电子雷管、磁电雷管、地震勘探电雷管等)、基础雷管、继爆管。导爆索类含导爆索和爆裂管。小粒发射药、单基发射药和双基发射药应单库存放。海上救生烟火信号生产使用的硝化纤维素应单库存放。海上救生烟火信号成品应单库存放。增雨防雹火箭弹生产的推进剂应单库存放,点火药及装填点火药的组件应单库存放,成品应单库存放。点火具应单库存放。

(2)当不同的危险品同库存放时,允许最大计算药量仍应符合规定。当危险等级相同的危险品同库存放时,同库存放的总药量不应超过其中一个品种的允许最大计算药量;当危险等级不同的危险品同库存放时,同库存放的总药量不应超过其中危险等级最高品种的允许最大计算药量。

(3)硝酸铵仓库硝酸铵与硝酸钠可分隔间同库存放,隔墙应采用厚度不小于370 mm实心砌体的防火墙。硝酸铵不应与任何其他物品同库存放。

(4)任何废品不应与成品同库存放。

(5)当符合同库存放的不同品种的危险品同库存放时应储存在分隔间内。

危险品生产区及危险品总仓库区内运输危险品的主干道,纵坡不宜大于6%,以运输硝酸铵为主的道路纵坡不宜大于8%。用手推车运输危险品的道路纵坡不宜大于2%。非防爆机动车辆不应直接进入危险性建筑物内,宜在其门前不小于2.5 m处进行装卸作业。防爆机动车辆可进入F1、F2类电气危险场所库房内进行装卸作业。人工提送起爆药时,应设专用人行道，纵坡不宜大于6%，路面不应设有台阶，不宜与机动车行驶的道路平面交叉。

民用爆炸危险品应采用专用运输工具进行运输，以保证运输环节的安全。民用爆炸危险品运输宜采用汽车运输，不应采用三轮汽车和畜力车运输。严禁采用翻斗车和各种挂车运输。

（四）供暖

危险性建筑物应采用热风或散热器供暖，严禁采用明火供暖。当采用散热器供暖时，供暖热媒应符合下列规定：

（1）对于散发有燃烧爆炸危险性粉尘或气体的建筑物，其供暖热媒应采用不高于90 ℃的热水。

（2）对于不散发有燃烧爆炸危险性粉尘或气体的建筑物，其供暖热媒应采用不高于110 ℃的热水或压力不大于0.05 MPa的饱和蒸汽。

散发有燃烧爆炸危险性粉尘或气体的危险性建筑物供暖系统的设计，应符合下列规定：

（1）散热器应采用光面管或其他易于擦洗的散热器，不应采用带肋片的散热器。

（2）散热器和供暖管道的外表面应涂以易于识别有爆炸危险性粉尘颜色的油漆。

（3）散热器外表面距墙面不应小于60 mm，距地面不宜小于100 mm。散热器不应设在壁龛内。

（4）抗爆间室的散热器，不应设在泄爆面。供暖干管不应穿过抗爆间室的墙和在抗爆屏院架空敷设，抗爆间室内的散热器支管上的阀门应设在操作走廊内。

（5）供暖管道不应设在地沟内。当在过门地沟内设置供暖管道时，应对地沟采取密闭措施。

（6）蒸汽、高温水管道的入口装置和换热装置不应设在危险工作间内。

（五）电气设备

F0类电气危险场所电气设备选择应符合下列规定：

（1）F0类电气危险场所内不应安装电气设备，当工艺确有必要安装控制按钮、检测仪表及固定监视设备（不含黑火药危险场所）时，应采用可燃性粉尘环境用电气设备DIP A21或DIP B21型（IP65级）、爆炸性粉尘环境用电气设备ExⅢC的iD，mD，tD型，设备最高表面温度不应超过100 ℃。

（2）F0类电气危险场所电气照明应采用安装在窗外的可燃性粉尘环境用电气设备DIP A21或DIP B21型（IP65级）、爆炸性粉尘环境用电气设备ExⅢC的tD型灯具，设备最高表面温度不应超过135 ℃，安装灯具的窗户为不可开启的固定窗。门灯及安装在墙外侧的开关、配电箱等选型应与灯具相同。

F1类电气危险场所电气设备应采用可燃性粉尘环境用电气设备DIP A21或DIP B21型（IP65级）、爆炸性气体环境用电气设备ExⅡB的d，e（仅限于灯具及控制按钮）、ib、爆炸性粉尘环境用电气设备ExⅢC的iD，mD，tD，pD型。

F2类电气危险场所电气设备、门灯及开关的选型均应采用可燃性粉尘环境用电气设备 DIP A22 或 DIP B22 型(IP54 级)、爆炸性粉尘环境用电气设备 ExⅢC 的 iD,mD,tD,pD 型。

三、民用爆炸物品生产安全管理

在中华人民共和国境内设立民用爆炸物品生产企业应当依据规定取得民用爆炸物品生产许可。

申请民用爆炸物品生产许可,应当具备下列条件:

(1)符合国家产业结构规划、产业技术标准和民爆行业发展规划。

(2)厂房和专用仓库的设计、结构、建筑材料、安全距离以及安全设备、设施符合国家有关标准和规范。

(3)生产设备、工艺技术符合有关安全生产的技术标准和规程。

(4)主要负责人具有与所生产民用爆炸物品相适应的安全生产知识和管理能力,与民用爆炸物品生产相关专业的技术人员占职工人数的比例不得低于15%。

(5)有健全的安全、质量管理制度和岗位安全责任制度。

(6)法律、行政法规规定的其他条件。

民用爆炸物品生产企业应当按照《民用爆炸物品生产许可证》核定的事项进行生产,生产作业应当执行安全技术规程等规定。无民事行为能力人、限制民事行为能力人或者曾因犯罪受过刑事处罚的人不得从事民用爆炸物品生产。

第6节　民用爆破安全技术要求

下面主要介绍爆破器材的销毁的相关内容。

经过检验,确认失效及不符合国家标准或技术条件要求的爆破器材,均应退回原发放单位销毁;包装过硝化甘油类炸药有渗油痕迹的药箱(袋、盒),应予销毁。

不应在阳光下暴晒待销毁的爆破器材。

销毁爆破器材,可采用爆炸法、焚烧法、溶解法、化学分解法。

用爆炸法或焚烧法销毁爆破器材时,应在销毁场进行,销毁场应符合《民用爆炸物品工程设计安全标准》的规定。

用爆炸法销毁爆破器材应按销毁技术设计进行,技术设计由爆破器材库主任提出并经单位爆破技术负责人批准后报当地县级公安机关监督销毁。

燃烧不会引起爆炸的爆破器材,可组织用焚烧法销毁;焚烧前,应仔细检查,严防其中混有雷管或其他起爆器材。

不抗水的硝铵类炸药和黑火药可置于容器中用溶解法销毁;不得将爆破器材直接丢入河塘江湖及下水道。

采用化学分解法销毁爆破器材时,应使爆破器材达到完全分解,其溶液应经处理符合有关规定后,方可排放到下水道。

每次销毁爆破器材后,应对现场进行检查,发现残存爆破器材应收集起来,进行再次销毁。

第五章　其他通用安全技术基础

第 1 节　危险化学品安全技术

危险化学品，是指具有毒害、腐蚀、爆炸、燃烧、助燃等性质，对人体、设施、环境具有危害的剧毒化学品和其他化学品。

一、危险化学品概述

（一）危险化学品的分类

根据《化学品分类和危险性公示　通则》，化学品危险分为理化危险、健康危险、环境危险三大类，如下图所示。

理化危险

爆炸物、易燃气体、易燃气溶胶、氧化性气体、压力下气体、易燃液体、易燃固体、自反应物质或混合物、自燃液体、自燃固体、自热物质或混合物、遇水放出易燃气体的物质或混合物、氧化性液体、氧化性固体、有机过氧化物、金属腐蚀剂

健康危险

急性毒性、皮肤腐蚀/刺激、严重眼损伤/眼刺激、呼吸或皮肤致敏、生殖细胞致突变性、致癌性、生殖毒性、特异性靶器官系统毒性——一次接触、特异性靶器官系统毒性——反复接触、吸入危险

环境危险

危害水生环境、危害臭氧层

化学品危险分类

理化危险中的压力下气体是指高压气体在压力等于或大于 200 kPa（表压）下装入贮器的气体，或是液化气体或冷冻液化气体。压力下气体包括压缩气体、液化气体、溶解液体、冷冻液化气体。

化学品分类和标签可参考《化学品分类和标签规范》系列国家标准。根据《化学品分类和标签规范 第 7 部分：易燃液体》，易燃液体根据闪点和初沸点分为四类：

（1）闪点小于 23 ℃且初沸点不大于 35 ℃。

（2）闪点小于 23 ℃且初沸点大于 35 ℃。

（3）闪点不小于 23 ℃且不大于 60 ℃。

（4）闪点大于 60 ℃且不大于 93 ℃。

（二）危险化学品的常见危害

毒性危险化学品主要通过人体的呼吸道、消化道以及皮肤进入人体，并在人体内积蓄，达到一定剂量后会引发人体中毒。其中，在工业生产中，主要是通过呼吸道和皮肤接触进入人体内，偶尔也会因为误食而进入人体，呼吸道是最重要的途径。工业毒性危险化学品会对人体造成刺激、过敏、窒息、麻醉和昏迷、中毒、致癌、致畸、致突变、尘肺等危害。

典型例题

【单选题】毒性危险化学品通过人体某些器官或系统进入人体,在体内积蓄到一定剂量后,就会表现出中毒症状。下列人体器官或系统中,毒性危险化学品不能直接侵入的是(　　)。

A. 呼吸系统　　B. 神经系统

C. 消化系统　　D. 人体表皮

B。【解析】毒性危险化学品可直接侵入人体表皮皮肤、呼吸系统、消化系统,并在人体内积蓄,达到一定剂量后会引发人体中毒。工业毒性危险化学品会对人体造成刺激、过敏、窒息、麻醉和昏迷、中毒、致癌、致畸、致突变、尘肺等危害。

工业毒性危险化学品可造成人体血液窒息,影响机体传送氧的能力。典型的血液窒息性物质是一氧化碳。长期接触某些化学物质可能引起细胞的无节制增长,形成恶性肿瘤。会导致皮肤癌的毒性危险化学品是石油,能引起再生障碍性贫血的毒性危险化学品是苯,能引起尘肺病的毒性危险化学品是石棉。

腐蚀性危险化学品主要是通过与人体的皮肤、眼睛、食道、肺部等的接触,造成灼伤,引起炎症,严重的会造成死亡。腐蚀性危险化学品会引起表皮细胞组织破坏,造成灼伤,被腐蚀性物品灼伤的伤口不易愈合。例如,接触氢氟酸时会引起剧痛,使组织坏死。

典型例题

【单选题】腐蚀性危险化学品按腐蚀性的强弱可以分为两级,按酸碱性及有机物、无机物可分为八类。下列腐蚀性危险化学品中,属于强腐蚀性的是(　　)。

A. 有机碱性腐蚀化学品　　B. 一级无机酸性腐蚀化学品

C. 其他无机腐蚀化学品　　D. 二级有机酸性腐蚀化学品

B。【解析】一级无机酸性腐蚀物质具有强腐蚀性和酸性。故选项 B 正确。有机碱性腐蚀化学品是具有碱性的有机腐蚀化学品,其他无机腐蚀化学品如漂白粉等,二级有机酸性腐蚀化学品主要是一些较弱的有机酸,这些化学品都不具有强腐蚀性。

放射性危险化学品主要会对人体的中枢神经和大脑系统、造血系统、肠胃造成放射伤害,不过此伤害在极高剂量的放射线作用下才会产生。高强度的放射线对人体造血系统造成伤害后,人体表现的主要症状为恶心、腹泻、流鼻血等。人体组织接触放射性危险化学品可能造成电离伤。

(三)常见的危险化学品标志

常见的危险化学品标志见下表。

常见的危险化学品标志

序号	危险特性	象形图	序号	危险特性	象形图	序号	危险特性	象形图
1	爆炸危险		4	燃烧危险		7	加强燃烧危险	
2	加压气体		5	腐蚀危险		8	毒性危险	
3	警告		6	健康危险		9	危害水环境	

（四）危险化学品的主要危险特性

1. 燃烧性

爆炸品、压缩气体和液化气体中的可燃性气体、易燃液体、易燃固体、自燃物品、遇湿易燃物品、有机过氧化物等，在条件具备时均可能发生燃烧。

2. 爆炸性

爆炸品、压缩气体和液化气体、易燃液体、易燃固体、自燃物品、遇湿易燃物品、氧化剂和有机过氧化物等危险化学品均可能由于其化学活性或易燃性引发爆炸事故。

3. 毒害性

许多危险化学品可通过一种或多种途径进入人体和动物体内，当其在人体累积到一定临界值时，从而扰乱或破坏肌体的正常生理功能，引起暂时性或持久性的病变，严重时会危及生命。

4. 腐蚀性

强酸、强碱等物质会对人体组织、金属等物品造成损坏，如在接触人的皮肤、眼睛或肺部、食道等部位时，会造成表皮组织坏死从而导致灼伤。在对内部器官造成灼伤后可引起炎症，甚至会造成死亡。

5. 放射性

放射性危险化学品通过放出的射线可阻碍和伤害人体细胞活动机能并导致细胞死亡。

（五）化学品安全技术说明书

化学品安全技术说明书（SDS）提供了化学品（物质或混合物）在安全、健康和环境保护等方面的信息，推荐了防护措施和紧急情况下的应对措施。在一些国家，化学品安全技术说明书又被称为物质安全技术说明书（MSDS），但在《化学品安全技术说明书　内容和项目顺序》中统一使用化学品安全技术说明书（SDS）这一称呼。

化学品安全技术说明书（SDS）是化学品的供应商向下游用户传递化学品基本危害信息（包括运输、操作处置、储存和应急行动等信息）的一种载体。同时化学品安全技术说明书还可以向公共机构、服务机构和其他涉及该化学品的相关方传递这些信息。

1. 化学品安全技术说明书的内容和填写要求

化学品安全技术说明书（SDS）将按照16个部分提供化学品的信息，每部分的标题、编号和前后顺序不应随意变更。16个部分化学品信息包括：化学品及企业标识；危险性概述；成分/组成信息；急救措施；消防措施；泄漏应急处理；操作处置与储存；接触控制和个体防护；理化特性；稳定性和反应性；毒理学信息；生态学信息；废弃处置；运输信息；法规信息；其他信息。

为方便SDS编制者识别不同化学品的SDS，应该设定SDS编号。

需在16个部分下面填写相关的信息，该项如果无数据，应写明无数据原因。16个部分中，除第16部分“其他信息”外，其余部分不能留下空项。SDS中信息的来源一般不用详细说明。

SDS的每一页都要注明该种化学品的名称，名称应与标签上的名称一致，同时注明日期和SDS编号。日期是指最后修订的日期。页码中应包括总的页数，或者显示总页数的最后一页。

SDS 正文的书写应简明、扼要、通俗易懂，推荐采用常用词语。SDS 应该使用用户可接受的语言书写。

2. 化学品安全技术说明书编写导则

(1)第 1 部分——化学品及企业标识

该部分主要标明化学品的名称，且名称应与安全标签上的名称一致，建议同时标注供应商的产品代码。应标明供应商的名称、地址、电话号码、应急电话、传真和电子邮件地址。除此之外，还应说明化学品的推荐用途和限制用途。

(2)第 2 部分——危险性概述

该部分应标明化学品主要的物理和化学危险性信息，以及对人体健康和环境影响的信息，如果该化学品具有某些特殊的危险性质，也应在该部分进行说明。

如果已经根据 GHS 对化学品进行了危险性分类，应标明 GHS 危险性类别，同时应注明 GHS 的标签要素，如象形图或符号、防范说明、危险信息和警示词等。象形图或符号如火焰、骷髅和交叉骨可以用黑白颜色表示。GHS 分类未包括的危险性，如粉尘爆炸危险等，也应在该部分注明。

该部分还应注明人员接触后的主要症状及应急综述。

(3)第 3 部分——成分/组成信息

该部分应注明该化学品是物质还是混合物。具体如下：

①如果是物质，应提供化学名或通用名、美国化学文摘登记号(CAS 号)及其他标识符。如果某种物质按 GHS 分类标准分类为危险化学品，则应列明包括对该物质的危险性分类产生影响的杂质和稳定剂在内的所有危险组分的化学名或通用名、浓度或浓度范围。

②如果是混合物，不必列明所有组分。如果按 GHS 标准被分类为危险的组分，并且含量超过了浓度限值，应列明该组分的名称信息、浓度或浓度范围。对已经识别出的危险组分，也应该提供被识别为危险组分的那些组分的化学名或通用名、浓度或浓度范围。

(4)第 4 部分——急救措施

该部分应说明必要时应采取的急救措施及应避免的行为，此处填写的文字须易于被受害人和(或)施救者理解。

根据不同的接触方式将信息细分为吸入、皮肤接触、眼睛接触和食入。

该部分应简要描述接触化学品后的急性和迟发效应、主要症状和对健康的主要影响。

如有必要，该部分应包括对保护施救者的忠告和对医生的特别提示；还要给出及时的医疗护理和特殊的治疗措施。

(5)第 5 部分——消防措施

该部分应说明合适的灭火方法和灭火剂，如有不合适的灭火剂也应在此处标明。

应标明化学品的特别危险性，如产品是危险的易燃品。

标明特殊灭火方法及保护消防人员的特殊防护装备。

(6)第 6 部分——泄漏应急处理

该部分应包括以下信息：

①作业人员防护措施、防护装备和应急处置程序。

②环境保护措施。

③泄漏化学品的收容、清除方法及所使用的处置材料(如果和第13部分不同,则需列明恢复、中和和清除的方法)。

该部分应当提供防止发生次生危害的预防措施。

(7)第7部分——操作处置与储存

①操作处置。应描述的安全处置注意事项包括:防止化学品人员接触、防止发生火灾和爆炸的技术措施,以及提供局部或全面通风,防止形成气溶胶和粉尘爆炸的技术措施等。还应包括防止直接接触不相容物质或混合物的特殊处置注意事项。

②储存。应描述安全储存的条件、安全技术措施、同禁配物隔离储存的措施、包装材料信息,其中,安全储存包括适合的储存条件和不适合的储存条件,包装材料信息包括建议的包装材料和不建议的包装材料。

(8)第8部分——接触控制和个体防护

第8部分内容应满足以下规定:

①列明容许浓度,如职业接触限值或生物限值。

②列明减少接触的工程控制方法,该信息是对第7部分内容的进一步补充。

③如果可能,列明容许浓度的发布日期、数据出处、试验方法及方法来源。

④列明推荐使用的个体防护设备。例如呼吸系统防护;手防护;眼睛防护;皮肤和身体防护。

⑤标明防护设备的类型和材质。

⑥化学品若只在某些特殊条件下才具有危险性,如量大、高浓度、高温、高压等,应标明这些情况下的特殊防护措施。

(9)第9部分——理化特性

该部分应提供以下信息:化学品的外观与性状,例如物态、形状和颜色;气味;pH值,并指明浓度;熔点/凝固点;沸点、初沸点和沸程;闪点;燃烧上下极限或爆炸极限;蒸汽压;蒸汽密度;密度/相对密度;溶解性;n-辛醇/水分配系数;自燃温度;分解温度。

如果有必要,该部分应提供下列信息:气味阈值;蒸发速率;易燃性(固体、气体)。

该部分也应提供化学品安全使用的其他资料,例如放射性或体积密度等。

(10)第10部分——稳定性和反应性

该部分应描述化学品的稳定性和在特定条件下可能发生的危险反应,应包括以下信息:应避免的条件,如静电、撞击或震动;不相容的物质;危险的分解产物(一氧化碳、二氧化碳和水除外)。

填写该部分时应考虑提供化学品的预期用途和可预见的错误用途。

(11)第11部分——毒理学信息

该部分应全面、简洁地描述使用者接触化学品后产生的各种毒性作用(健康影响),应包括以下信息:急性毒性;皮肤刺激或腐蚀;眼睛刺激或腐蚀;呼吸或皮肤过敏;生殖细胞突变性;致癌性;生殖毒性;特异性靶器官系统毒性——一次性接触;特异性靶器官系统毒性——反复接触;吸入危害。

该部分还可以提供下列信息:毒代动力学、代谢和分布信息。

(12)第 12 部分——生态学信息

该部分应提供化学品的环境影响、环境行为和归宿方面的信息,例如:化学品在环境中的预期行为,可能对环境造成的影响/生态毒性;持久性和降解性;潜在的生物累积性;土壤中的迁移性。

如果可能,提供更多的科学实验产生的数据或结果,并标明引用文献资料来源。

如果可能,提供任何生态学限值。

典型例题

【单选题】化学品安全技术说明书是向用户传递化学品的基本危害信息(包括运输、操作处置、储存和应急行动信息)的一种载体。下列化学品信息中,不属于化学品安全技术说明书内容的是(　　)。

A. 安全信息　　B. 健康信息

C. 常规化学反应信息　　D. 环境保护信息

C。【解析】根据《化学品安全技术说明书内容和项目顺序》,化学品安全技术说明书主要包括:化学品及企业标识、危险性概述、成分/组成信息、急救措施、消防措施、泄漏应急处理、操作处置与储存、接触控制和个体防护、理化特性、稳定性和反应活性、毒理学资料、生态学信息、废弃处置、运输信息、法规信息以及其他信息。选项 A 属于危险性概述的相关内容;选项 B 属于急救措施的相关内容;选项 D 属于生态学信息的相关内容。

(13)第 13 部分——废弃处置

第 13 部分应满足以下要求:

①该部分应包括为安全和有利于环境保护而推荐的废弃处置方法信息。这些处置方法应适用于化学品(残余废弃物),也适用于任何受污染的容器和包装。

②提醒下游用户注意当地有关废弃化学物品处置的法规和政策措施。

(14)第 14 部分——运输信息

该部分包括国际运输法规规定的编号与分类信息,这些信息应根据不同的运输方式,如陆运、海运和空运进行区分。应包含的信息有:联合国危险货物编号(UN 号);联合国运输名称;联合国危险性分类;包装组(如果可能);海洋污染物(是/否);提供使用者需要了解或遵守的其他与运输或运输工具有关的特殊防范措施。

该部分还可增加其他相关法规的规定。

(15)第 15 部分——法律法规信息

第 15 部分应满足以下要求:

①该部分应标明使用本 SDS 的国家或地区中,管理该化学品的法规名称。

②提供与法律相关的法规信息和化学品标签信息。

③提醒下游用户注意当地有关废弃化学物品处置的法规和政策措施。

(16)第 16 部分——其他信息

该部分应进一步提供上述各项未包括的其他重要信息。例如:可以提供需要进行的专业培训、建议的用途和限制的用途等。

参考文献可在该部分列出。

链接

任何化学产品出厂的时候都必须有化学品安全技术说明书，化学品安全技术说明书的作用有：化学品安全生产、安全流通、安全使用的指导性文件；应急作业人员进行应急作业时的技术指南；危害控制和预防措施的设计的技术依据；企业安全教育的主要内容。此外，化学品安全技术说明书还可为危险化学品的生产、处置、储存和使用等环节提供制订安全操作规程的技术信息。

（六）化学品安全标签

化学品安全标签是用于标示化学品所具有的危险性和安全注意事项的一组文字、象形图和编码组合，它可粘贴、挂拴或喷印在化学品的外包装或容器上。

标签要素包括化学品标识、象形图、信号词、危险性说明、防范说明、应急咨询电话、供应商标识、资料参阅提示语等。对于小于等于 100 mL 的化学品小包装，为方便标签使用，安全标签要素可以简化，包括化学品标识、象形图、信号词、危险性说明、应急咨询电话、供应商名称及联系电话、资料参阅提示语即可。化学品安全标签各要素的具体内容如下。

1. 化学品标识

用中文和英文分别标明化学品的化学名称或通用名称。名称要求醒目清晰，位于标签的上方。名称应与化学品安全技术说明书中的名称一致。

对混合物应标出对其危险性分类有贡献的主要组分的化学名称或通用名、浓度或浓度范围。当需要标出的组分较多时，组分个数以不超过 5 个为宜。对于属于商业机密的成分可以不标明，但应列出其危险性。

2. 象形图

采用规范规定的象形图。

典型例题

【单选题】《全球化学品统一分类和标签制度》（也称为“GHS”）是由联合国出版的指导各国控制化学品危害和保护人类健康与环境的规范性文件。为实施 GHS 规则，我国发布了《化学品分类和标签规范》。根据该规范，在外包装或容器上应当用下图作为标签的化学品类别是（　　）。

危险类别标签

A. 氧化性气体　　B. 易燃气体

C. 易燃气溶胶　　D. 爆炸性气体

A。【解析】对于氧化性气体，其外包装或容器上的化学品标签的内容应采用本题题干所示象形图，信号词为“危险”，危险性说明为“可引起燃烧或加剧燃烧；氧化剂”。

3. 信号词

根据化学品的危险程度和类别，用“危险”“警告”两个词分别进行危害程度的警示。信号词位于化学品名称的下方，要求醒目、清晰。根据规范规定选择不同类别危险化学品的信号词。

4. 危险性说明

简要概述化学品的危险特性。居信号词下方。

根据规范规定选择不同类别危险化学品的危险性说明。

5. 防范说明

表述化学品在处置、搬运、储存和使用作业中所必须注意的事项和发生意外时简单有效的救护措施等，要求内容简明扼要、重点突出。该部分应包括安全预防措施、意外情况（如泄漏、人员接触或火灾等）的处理、安全储存措施及废弃处置等内容。

6. 供应商标识

供应商名称、地址、邮编和电话等。

7. 应急咨询电话

填写化学品生产商或生产商委托的24 h化学事故应急咨询电话。

国外进口化学品安全标签上应至少有一家中国境内的24 h化学事故应急咨询电话。

8. 资料参阅提示语

提示化学品具有两种及两种以上的危险性时，安全标签的象形图、信号词、危险性说明的先后顺序规定如下：

（1）象形图先后顺序

①物理危险象形图的先后顺序，根据《危险货物品名表》中的主次危险性确定，未列入《危险货物品名表》的化学品，以下危险性类别的危险性总是主危险：爆炸物、易燃气体、易燃气溶胶、氧化性气体、高压气体、自反应物质和混合物、发火物质、有机过氧化物。其他主危险性的确定按照联合国《关于危险货物运输的建议书规章范本》危险性先后顺序确定方法确定。

②对于健康危害，按照以下先后顺序：如果使用了骷髅和交叉骨图形符号，则不应出现感叹号图形符号；如果使用了腐蚀图形符号，则不应出现感叹号来表示皮肤或眼睛刺激；如果使用了呼吸致敏物的健康危害图形符号，则不应出现感叹号来表示皮肤致敏物或者皮肤/眼睛刺激。

（2）信号词先后顺序

存在多种危险性时，如果在安全标签上选用了信号词"危险"，则不应出现信号词"警告"。

（3）危险性说明先后顺序

所有危险性说明都应当出现在安全标签上，按物理危险、健康危害、环境危害顺序排列。

（七）危险化学品的安全防护

当毒气的体积浓度不高于1%时，应选用过滤式防毒面具，具体可根据情况选用头罩式面具、导管式面罩、直接式面罩、双罐式防毒口罩、单罐式防毒口罩、简易式防毒口罩等。

当毒气浓度高，气体性质不明确，或者在缺氧的环境中进行可移动性作业时，应选用自给式氧气呼吸器、自给式空气呼吸器、生氧面具等。

当毒气浓度高，或者在缺氧的环境中进行固定作业时，应选用送风长管式呼吸器。自吸长管式呼吸器也可用于前述环境，但是导管长度应小于10 m，导管内径应大于18 mm。

二、危险化学品的燃烧爆炸类型及过程、事故危害

（一）燃烧爆炸类型及过程

危险化学品的爆炸按照爆炸反应物质分类分为简单分解爆炸、复杂分解爆炸和爆

炸性混合物爆炸。简单分解爆炸的特点是无燃烧现象，即不需要点火源，爆炸的能量全部由化学物质的分解而产生。常见的简单分解爆炸的化学物质有叠氮化铅、三氯化氮、三碘化氮、三硫化二氮、乙炔银、乙炔铜、雷汞、雷银等，此类物质只要稍微遇到震动便会发生爆炸，特别危险。还有些可爆气体如乙炔、环氧乙烷等在一定条件下，特别是在受压情况下，能发生简单分解爆炸。甲烷及梯恩梯必须具备一定的点火源才会发生爆炸。复杂分解爆炸物的危险性比简单分解爆炸物低，爆炸时伴有燃烧现象，本身分解产生的氧供燃烧所需；如黑索金、梯恩梯等。爆炸性混合物爆炸包括所有可燃性气体、蒸气、液体雾滴及粉尘与空气（氧）的混合物发生的爆炸等；爆炸性混合物爆炸需要一定的条件，例如混合物中可燃物浓度、含氧量及点火能量等，实质上此类爆炸就是满足一定条件的快速燃烧。

典型例题

【单选题】危险化学品爆炸按照爆炸反应物质分为简单分解爆炸、复杂分解爆炸和爆炸性混合物爆炸。关于危险化学品分解爆炸的说法，正确的是（　　）。

A. 简单分解爆炸或者复杂分解爆炸不需要助燃性气体

B. 简单分解爆炸一定发生燃烧反应

C. 简单分解爆炸需要外部环境提供一定的热量

D. 复杂分解爆炸物的危险性较简单分解爆炸物高

A。【解析】简单分解爆炸的特点是无燃烧现象，即不需要点火源或者助燃性气体，爆炸的能量全部由化学物质的分解而产生。复杂分解爆炸物的危险性比简单分解爆炸物低，爆炸时伴有燃烧现象，本身分解产生的氧供燃烧所需。爆炸性混合物爆炸需要一定的条件，例如混合物中可燃物浓度、含氧量及点火能量等，实质上此类爆炸就是满足一定条件的快速燃烧。

（二）燃烧爆炸事故的危害

危险化学品燃烧事故的危害主要包括三大方面：高温的破坏作用、爆炸的破坏作用、中毒和环境污染。其中爆炸的破坏作用主要包括爆炸碎片的破坏作用和爆炸冲击波的破坏作用。

爆炸过程虽然时间短，但会产生许多碎片，机械设备、装置、容器等爆炸后产生的碎片的飞散范围一般在 100～500 m，因此爆炸毁伤的范围相对较大。爆炸会产生冲击波，冲击波造成的破坏主要是由其波阵面上的超压引起的。爆炸冲击波可在作用区域产生震荡；在爆炸中心附近，空气冲击波波阵面上的超压可达到几个甚至十几个大气压。当冲击波大面积作用于建筑物时，波阵面超压可达到 20～30 kPa，可使砖木结构建筑物受到严重破坏，这与压力和建筑物的结构有一定的关系。

爆炸伴随燃烧，燃烧会释放大量的有毒气体和烟雾，会使气体毒性升高。

链接

危险化学品燃烧爆炸事故具有严重的破坏效应，其破坏程度与危险化学品的数量和性质、燃烧爆炸时的条件以及位置等因素有关。火灾损失随着时间的延续迅速增加，大约与时间的平方成比例。

典型例题

【单选题】危险化学品的燃烧爆炸事故通常伴随发热、发光、高压、真空和电离等现象,具有很强的破坏效应,该效应与危险化学品的数量和性质、燃烧爆炸时的条件以及位置等因素均有关系。下列关于危险化学品破坏效应的说法中,正确的是(　　)。

A. 爆炸的破坏作用主要包括高温的破坏作用和爆炸冲击波的破坏作用

B. 在爆炸中心附近,空气冲击波波阵面上的超压可达到几个甚至十几个大气压

C. 当冲击波大面积作用于建筑物时,所有建筑物将全部被破坏

D. 机械设备、装置、容器等爆炸后产生许多碎片,碎片破坏范围一般在0.5~1.0 km

B。【解析】危险化学品燃烧事故的危害主要包括三大方面:高温的破坏作用、爆炸的破坏作用、中毒和环境污染。其中爆炸的破坏作用主要包括爆炸碎片的破坏作用和爆炸冲击波的破坏作用。当冲击波大面积作用于建筑物时,波阵面超压可达到20~30 kPa,可使砖木结构建筑物受到严重破坏,这与压力和建筑物的结构有一定的关系。机械设备、装置、容器等爆炸后产生的碎片的飞散范围一般在100~500 m。

三、危险化学品事故的处理

(一)危险化学品中毒、污染事故的处理

预防控制危险化学品中毒、污染事故的主要措施是替代、变更工艺、隔离、通风、个体防护和保持卫生等。

替代即采用无毒或低毒化学品替代有毒化学品,这是最理想的方法,但通常较难做到。

生产中可以通过变更工艺来消除或者降低危险化学品的危害。

提示

注意区分替代和变更工艺。

替代示例:化工厂的循环水池用二氧化氯泡腾片杀菌替代液氯杀菌。用脂肪烃替代胶水或黏合剂中的芳烃。在油漆工艺中,使用甲苯替代喷漆和涂漆中的苯。

变更工艺示例:在制乙醛工艺中,使用乙烯为原料,通过氧化或氧氯化制乙醛,替代以往用乙炔制乙醛的方法,不需用汞作催化剂,彻底消除了汞害。

隔离,即采取封闭或设置屏障等措施。为了避免作业人员直接暴露于有害环境中,可以将生产设备完全封闭起来,也可以将生产设备与工人操作室隔离开,避免作业人员直接接触化学品。

利用通风,可以将作业场所中的有害气体、蒸汽或者粉尘浓度控制在规定范围内,是控制作业场所中的有害气体、蒸汽或者粉尘最有效的措施之一。通风方式有局部通风和全面通风之分。局部通风适用于点式扩散源,全面通风适用于面式扩散源。需注意,全面通风只是稀释污染物浓度,并不是为了消除污染物,因此仅适用于毒性较低的场合。

个体防护作为危险化学品防护的最后一道屏障,只是作为一种辅助性的防护措施,不能有效地控制或消除中毒和污染。应根据工作环境需要,为作业人员配备相应的头部防护器具、呼吸防护器具、眼部防护器具、手足防护器具、躯干防护器具等个体防护用品。

保持卫生就需要经常打扫清洗作业场所，适当处理废弃物，保持作业场所清洁；作业人员也应注意保持个人卫生。

典型例题

【单选题】危险化学品中毒、污染事故预防控制主要措施是替代、变更工艺、隔离、通风、个体防护和保持卫生。某涂料厂为了防止危险化学品中毒、污染事故，采取了如下具体措施，其中，属于保持卫生的措施的是(　　)。

A. 作业现场设置应急阀门　　B. 污染源设备上方设置废气收集罩

C. 为员工配置手套、口罩　　D. 将废弃固体有害物料送到危废间

D。【解析】选项 A 属于隔离措施。选项 B 属于通风措施。选项 C 属于个体防护措施。

(二)危险化学品火灾爆炸事故的处理

1. 火灾爆炸事故的预防

预防危险化学品火灾爆炸事故的基本原则：

(1)通过替代、密闭、惰性气体保护、通风转换、安全监测及联锁等方式防止燃烧爆炸系统的形成。

(2)通过采取防爆电气设备、防止摩擦和撞击产生火花、控制明火、控制高温表面等措施消除能引发事故的点火源。

(3)通过安装阻火装置、防爆装置、泄压装置，设置防火防爆分隔等措施限制火灾爆炸事故的蔓延与扩散。

2. 易燃液体化学品火灾扑救注意事项

比水轻又不溶于水的液体(如汽油、苯等)，用直流水、雾状水灭火往往无效。可用普通蛋白泡沫或轻水泡沫灭火。用干粉、卤代烷扑救时灭火效果要视燃烧面积大小和燃烧条件而定。

比水重又不溶于水的液体(如二硫化碳)起火时可用水扑救，水能覆盖在液面上灭火。用泡沫也有效。干粉、卤代烷扑救，灭火效果要视燃烧面积大小和燃烧条件而定。

具有水溶性的液体(如醇类、酮类等)，虽然从理论上讲能用水稀释扑救，但用此法要使液体闪点消失，水必须在溶液中占很大的比例。这不仅需要大量的水，也容易使液体溢出流淌，而普通泡沫又会受到水溶性液体的破坏(如果普通泡沫强度加大，可以减弱火势)，因此，最好用抗溶性泡沫扑救。用干粉或卤代烷扑救时，灭火效果要视燃烧面积大小和燃烧条件而定。

3. 遇湿易燃物品火灾扑救注意事项

遇湿易燃物品共同特点是遇湿后，能发生剧烈的化学反应产生可燃性气体，同时放出热量，以致引起燃烧爆炸。

遇湿易燃物品火灾应用干沙土、干粉等扑救，灭火时严禁用水、酸、碱灭火剂和泡沫灭火剂扑救。

遇湿易燃物品中，如锂、钠、钾、铷、铯、锶、镁、铝等，由于化学性质十分活泼，能夺取二氧化碳中的氧而引起化学反应，使燃烧更猛烈，所以不能用二氧化碳扑救；也不能用卤代烷扑救。

链接

电石与水作用可分解放出乙炔气体，因此电石火灾不适合采用雾状水扑救。对镁粉、铝粉等粉尘，切忌喷射有压力的灭火剂，防止引起粉尘爆炸。

4. 毒害品、腐蚀品火灾扑救注意事项

扑救时应尽量使用低压水流或雾状水，避免腐蚀品、毒害品溅出。遇酸类或碱类腐蚀品最好调制相应的中和剂稀释中和。

遇毒害品、腐蚀品容器泄漏，在扑灭火势后应采取堵漏措施。腐蚀品需用防腐材料堵漏。

浓硫酸遇水能放出大量的热，会导致沸腾飞溅，需特别注意防护。扑救浓硫酸与其他可燃物品接触发生的火灾，浓硫酸数量不多时，可用大量低压水快速扑救。如果浓硫酸量很大，应先用二氧化碳、干粉、卤代烷等灭火，然后再把着火物品与浓硫酸分开。

5. 易燃固体、易燃物品火灾注意事项

易燃固体、易燃物品一般都可用水或泡沫扑救，相对其他种类的化学危险物品而言是比较容易扑救的，只要控制住燃烧范围，逐步扑灭即可。但也有少数易燃固体、自燃物品的扑救方法比较特殊，如2,4－二硝基苯甲醚、二硝基萘、萘、黄磷等。

2,4－二硝基苯甲醚、二硝基萘、萘等是能升华的易燃固体，受热发出易燃蒸气。火灾时可用雾状水、泡沫扑救并切断火势蔓延途径，但应注意，不能以为明火焰扑灭即已完成灭火工作，因为受热以后升华的易燃蒸气能在不知不觉中飘逸，在上层与空气能形成爆炸性混合物，尤其是在室内，易发生爆燃。因此，扑救这类物品火灾千万不能被假象所迷惑。在扑救过程中应不时向燃烧区域上空及周围喷射雾状水，并用水浇灭燃烧区域及其周围的一切火源。

黄磷是自燃点很低在空气中能很快氧化升温并自燃的自燃物品。遇黄磷火灾时，首先应切断火势蔓延途径，控制燃烧范围。对着火的黄磷应用低压水或雾状水扑救。高压直流水冲击能引起黄磷飞溅，导致灾害扩大。黄磷熔融液体流淌时应用泥土、砂袋等筑堤拦截并用雾状水冷却，对磷块和冷却后已固化的黄磷，应用钳子钳入贮水容器中。来不及钳时可先用沙土掩盖，但应作好标记，等火势扑灭后，再逐步集中到储水容器中。

少数易燃固体和自燃物品不能用水和泡沫扑救，如三硫化二磷、铝粉、烷基铝、保险粉等，应根据具体情况区别处理。宜选用干砂和不用压力喷射的干粉扑救。

6. 爆炸物品火灾扑救注意事项

爆炸物品所引起的爆炸主要有以下四个特点：

(1)化学反应速度快，一般以万分之一秒的时间完成化学反应。

(2)爆炸时会产生大量热能，这是爆炸物品能量的主要来源。

(3)产生大量气体，造成高压。

(4)不需外界供氧，爆炸物品由于分子中含有特殊的不稳定基团，在爆炸时会引起分解或自身的氧化还原反应。

爆炸物品发生爆炸是很难扑救的，万一发生爆炸起火，应控制火势，妥善处理爆炸物品，以免发生再次爆炸。可用水或各种灭火剂扑救，但不能用沙土等物压盖爆炸物品，以免扩大爆炸。

爆炸物堆垛发生火灾，若使用高压水枪喷射灭火时，则喷射出的强力水流直接冲击堆垛，会引起堆垛倒塌，容易引发二次爆炸，因此现场人员应使用吊射水流灭火。

7. 气体类火灾扑救注意事项

对于气体类火灾，在没有采取堵漏措施之前，不得盲目扑灭火焰，应让其保持稳定燃烧。盲目地扑灭火焰会导致可燃气体与空气混合，进而形成爆炸性环境，会造成更加严重的后果

典型例题

【多选题】危险化学品容易引发火灾爆炸事故，一旦泄漏应针对其特性采用合适方法加以处置。下列危险化学品泄漏事故的处置措施中，正确的有(　　)。

A. 扑救遇湿易燃物品火灾时，绝对禁止用泡沫、酸碱等灭火剂扑救

B. 对镁粉、铝粉等粉尘，切忌喷射有压力的灭火剂，防止引起粉尘爆炸

C. 某区域有易燃易爆化学品泄漏，应作为重点保护对象，及时用沙土覆盖

D. 扑灭气体类火灾时，要立即扑灭火焰，再采取堵漏措施，避免二次火灾

E. 扑救爆炸物品堆垛火灾时，应避免用强力水流直接冲击堆垛

ABE。【解析】当发生爆炸物品泄漏而产生火灾时，切忌用沙土对其进行覆盖，沙土可能导致爆炸的威力增大而造成不必要的损失。故选项 C 错误。对于气体类火灾，在没有采取堵漏措施之前，不得盲目扑灭火焰，应让其保持稳定燃烧。盲目地扑灭火焰会导致可燃气体与空气混合，进而形成爆炸性环境，会造成更加严重的后果。故选项 D 错误。

(三)危险化学品泄漏事故处理

发生危险化学品泄漏事故必须采取的应急处理措施如下：

(1)疏散与隔离。在化学品生产、储存和使用过程中一旦发生泄漏，首先要疏散无关人员，隔离泄漏污染区。如果是大量泄漏，这时一定要打“119”报警，请求消防专业人员救援，同时要保护、控制好现场。

(2)切断火源。切断火源对化学品的泄漏处理特别重要，如果泄漏物是易燃品，则必须立即消除泄漏污染区域内的各种火源。

(3)个人防护。参加泄漏处理人员应对泄漏品的化学性质和反应特征有充分的了解，要于高处和上风处进行处理，严禁单独行动，要有监护人。必要时要用水枪(雾状水)掩护。要根据泄漏品的性质和毒物接触形式，选择适当的防护用品，防止事故处理过程中发生伤亡、中毒事故。个人防护包括呼吸系统防护、眼睛防护、身体防护、手防护等。

(4)泄漏控制。如果在生产使用过程中发生泄漏，要在统一指挥下，通过关闭有关阀门，切断与之相连的设备、管线，停止作业，或改变工艺流程等方法来控制化学品的泄漏。如果是容器发生泄漏，应根据实际情况，采取措施堵塞和修补裂口，制止进一步泄漏。另外，要防止泄漏物扩散，殃及周围的建筑物、车辆及人群，万一控制不住泄漏，要及时处置泄漏物，严密监视，以防火灾爆炸。

(5)泄漏物的处置。要及时将现场的泄漏物进行安全可靠处置。

①气体泄漏物处置。应急处理人员要做的只是止住泄漏，如果可能的话，用合理的通

风使其扩散不至于积聚,或者喷洒雾状水使之液化后处理。

②液体泄漏物处理。对于少量的液体泄漏,可用沙土或其他不燃吸附剂吸附,收集于容器内后进行处理。而大量液体泄漏后四处蔓延扩散,难以收集处理,可以采用筑堤堵截或者引流到安全地点。为降低泄漏物向大气的蒸发,可用泡沫或其他覆盖物进行覆盖,在其表面形成覆盖后,抑制其蒸发,然后进行转移处理。

③固体泄漏物处理。用适当的工具收集泄漏物,然后用水冲洗被污染的地面。

(四)危险化学品中毒事故处理

毒性化学品会引起人体器官、系统的损害。毒性危险化学品对人的机体的作用是一个复杂的过程,通常按照进入人体的时间和剂量分为急性中毒和慢性中毒,一旦发生急性中毒,需要立即施救,否则会危害人的生命。

救护人员发现有人中毒,应首先确定有毒物性质,采取必要的防护措施;然后将中毒者安全地从中毒环境内抢救出来,迅速转移到空气清新且流通的地区;脱离污染区后,立即脱去受污染的衣物,清洗身体。对于皮肤、毛发甚至指甲缝中的污染,都要注意清洗。对能由皮肤吸收的毒物及化学灼伤,应在现场用大量清水或其他备用的解毒、中和液冲洗。对于误食非腐蚀性有毒物质者,可用稀碳酸氢钠溶液或其他有效溶液洗胃。对于误食腐蚀性有毒物质者,通常情况下不宜洗胃,可用牛奶、豆浆及蛋白水等灌服。

救护人员进入现场后除救治中毒者外,还应立即切断毒性化学品来源。

四、危险化学品废弃物处理

危险化学品废弃物处理方法应根据废弃物的种类进行选择:

(1)爆炸性物品。爆炸物品变质和过期失效的,应及时清理出库,并予以销毁。销毁是指采用爆炸法、焚烧法(烧毁法)、溶解法或化学分解法等技术手段消除爆炸性废弃物爆炸危险性的作业过程。销毁前应报告所在地公安部门,由公安部门组织监督销毁。

(2)危险废弃物。通过固体/稳定化方法进行处理。固体危险废弃物的固化/稳定化方法有水泥固化法、石灰固化法、塑性材料固化法、有机聚合物固化法等。此外,熔融固化或陶瓷固化法、自凝胶固化法也属于固化/稳定化方法。固化/稳定化方法属于无害化处理方式。

(3)工业固体废弃物。进行填埋处理。一般可以直接进入填埋场填埋,当其粒度很小时,需要装进编织袋中再进行填埋。

(4)有机过氧化物。主要采取分解、烧毁、填埋的方式进行销毁。

五、危险化学品的安全管理

(一)危险化学品安全管理概述

危险化学品安全管理,应当坚持安全第一、预防为主、综合治理的方针,强化和落实企业的主体责任。

生产、储存、使用、经营、运输危险化学品的单位(以下统称危险化学品单位)的主要负责人对本单位的危险化学品安全管理工作全面负责。

危险化学品单位应当具备法律、行政法规规定和国家标准、行业标准要求的安全条件,建立、健全安全管理规章制度和岗位安全责任制度,对从业人员进行安全教育、法制教育和岗位技术培训。从业人员应当接受教育和培训，考核合格后上岗作业；对有资格要求的岗位，应当配备依法取得相应资格的人员。

任何单位和个人不得生产、经营、使用国家禁止生产、经营、使用的危险化学品。国家对危险化学品的使用有限制性规定的，任何单位和个人不得违反限制性规定使用危险化学品。

对危险化学品的生产、储存、使用、经营、运输实施安全监督管理的有关部门（以下统称负有危险化学品安全监督管理职责的部门），依照下列规定履行职责：

(1)应急管理部门负责危险化学品安全监督管理综合工作，组织确定、公布、调整危险化学品目录，对新建、改建、扩建生产、储存危险化学品（包括使用长输管道输送危险化学品，下同）的建设项目进行安全条件审查，核发危险化学品安全生产许可证、危险化学品安全使用许可证和危险化学品经营许可证，并负责危险化学品登记工作。

(2)公安机关负责危险化学品的公共安全管理，核发剧毒化学品购买许可证、剧毒化学品道路运输通行证，并负责危险化学品运输车辆的道路交通安全管理。

(3)国家市场监督管理部门负责核发危险化学品及其包装物、容器（不包括储存危险化学品的固定式大型储罐，下同）生产企业的工业产品生产许可证，并依法对其产品质量实施监督，负责对进出口危险化学品及其包装实施检验。

(4)生态环境主管部门负责废弃危险化学品处置的监督管理，组织危险化学品的环境危害性鉴定和环境风险程度评估，确定实施重点环境管理的危险化学品，负责危险化学品环境管理登记和新化学物质环境管理登记；依照职责分工调查相关危险化学品环境污染事故和生态破坏事件，负责危险化学品事故现场的应急环境监测。

(5)交通运输主管部门负责危险化学品道路运输、水路运输的许可以及运输工具的安全管理，对危险化学品水路运输安全实施监督，负责危险化学品道路运输企业、水路运输企业驾驶人员、船员、装卸管理人员、押运人员、申报人员、集装箱装箱现场检查员的资格认定。铁路监管部门负责危险化学品铁路运输及其运输工具的安全管理。民用航空主管部门负责危险化学品航空运输以及航空运输企业及其运输工具的安全管理。

(6)卫生主管部门负责危险化学品毒性鉴定的管理，负责组织、协调危险化学品事故受伤人员的医疗卫生救援工作。

(7)国家市场监督管理部门依据有关部门的许可证件，核发危险化学品生产、储存、经营、运输企业营业执照，查处危险化学品经营企业违法采购危险化学品的行为。

(8)邮政管理部门负责依法查处寄递危险化学品的行为。

负有危险化学品安全监督管理职责的部门依法进行监督检查，可以采取下列措施：

(1)进入危险化学品作业场所实施现场检查，向有关单位和人员了解情况，查阅、复制有关文件、资料。

(2)发现危险化学品事故隐患，责令立即消除或者限期消除。

(3)对不符合法律、行政法规、规章规定或者国家标准、行业标准要求的设施、设备、装置、器材、运输工具，责令立即停止使用。

(4)经本部门主要负责人批准，查封违法生产、储存、使用、经营危险化学品的场所，扣押违法生产、储存、使用、经营、运输的危险化学品以及用于违法生产、使用、运输危险化学品的原材料、设备、运输工具。

(5)发现影响危险化学品安全的违法行为,当场予以纠正或者责令限期改正。

负有危险化学品安全监督管理职责的部门依法进行监督检查,监督检查人员不得少于2人,并应当出示执法证件;有关单位和个人对依法进行的监督检查应当予以配合,不得拒绝、阻碍。

县级以上人民政府应当建立危险化学品安全监督管理工作协调机制,支持、督促负有危险化学品安全监督管理职责的部门依法履行职责,协调、解决危险化学品安全监督管理工作中的重大问题。负有危险化学品安全监督管理职责的部门应当相互配合、密切协作,依法加强对危险化学品的安全监督管理。

(二)危险化学品生产、储存安全

1. 危险化学品生产企业的规定

危险化学品生产企业进行生产前,应当依照《安全生产许可证条例》的规定,取得危险化学品安全生产许可证。生产列入国家实行生产许可证制度的工业产品目录的危险化学品的企业,应当依照《工业产品生产许可证管理条例》的规定,取得工业产品生产许可证。负责颁发危险化学品安全生产许可证、工业产品生产许可证的部门,应当将其颁发许可证的情况及时向同级工业和信息化主管部门、生态环境主管部门和公安机关通报。

危险化学品生产企业应当提供与其生产的危险化学品相符的化学品安全技术说明书,并在危险化学品包装(包括外包装件)上粘贴或者拴挂与包装内危险化学品相符的化学品安全标签。化学品安全技术说明书和化学品安全标签所载明的内容应当符合国家标准的要求。危险化学品生产企业发现其生产的危险化学品有新的危险特性的,应当立即公告,并及时修订其化学品安全技术说明书和化学品安全标签。

生产实施重点环境管理的危险化学品的企业,应当按照国务院生态环境主管部门的规定,将该危险化学品向环境中释放等相关信息向生态环境主管部门报告。生态环境主管部门可以根据情况采取相应的环境风险控制措施。

2. 危险化学品贮存的基本要求

贮存化学危险品必须遵照国家法律、法规和其他有关的规定。

化学危险品必须贮存在经公安部门批准设置的专门的化学危险品仓库中,经销部门自管仓库贮存化学危险品及贮存数量必须经公安部门批准。未经批准不得随意设置化学危险品贮存仓库。

化学危险品露天堆放,应符合防火、防爆的安全要求,爆炸物品、一级易燃物品、遇湿燃烧物品、剧毒物品不得露天堆放。

贮存化学危险品的仓库必须配备有专业知识的技术人员,其库房及场所应设专人管理,管理人员必须配备可靠的个人安全防护用品。

贮存的化学危险品应有明显的标志,标志应符合《危险货物包装标志》的规定。同一区域贮存两种或两种以上不同级别的危险品时,应按最高等级危险物品的性能标志。

危险化学品贮存方式分为三种:

(1)隔离贮存,在同一房间或同一区域内,不同的物料之间分开一定的距离,非禁忌物料间用通道保持空间的贮存方式。

(2)隔开贮存,在同一建筑或同一区域内,用隔板或墙,将其与禁忌物料分离开的贮存方式。

(3)分离贮存,在不同的建筑物或远离所有建筑的外部区域内的贮存方式。

根据危险品性能分区、分类、分库贮存。各类危险品不得与禁忌物料混合贮存。

贮存化学危险品的建筑物、区域内严禁吸烟和使用明火。

实验室化学品安全存放基本原则如下:

(1)酸与碱分开放。

(2)氧化性化学品与还原性化学品分开放。

(3)有机物与无机物分开放。

(4)易燃易爆的化学品应放在化学品安全柜(防爆柜)中,没有化学品安全柜的应放在通风阴凉的地方。

(5)易燃易挥发有机试剂存放处不得有电开关,有机试剂挥发遇到电火花很可能发生爆炸。

(6)氢气等易燃易爆气体与氧气、空气等具有助燃性的气体钢瓶不可放在同一房间内。

(7)特别注意强氧化剂(高锰酸钾、过氧化氢、浓硫酸、硝酸、次氯酸钠、高氯酸等)不得与易燃有机试剂(如丙酮、乙腈、乙醚、无水乙醇等)混放。

(8)玻璃瓶装化学品、具有强腐蚀性化学品、大瓶化学品应放在试剂柜下层(便于取放的高度),塑料瓶装、小瓶装和质量轻的试剂可放在试剂柜上层。

(9)其他化学品之间的相容性:互相抵触的物品严格分开储存,如高锰酸钾与甘油、松节油、酒精及丙酮;氰化钠与盐酸或硝酸盐;过氯酸与乙醇;铝粉与过硫酸铵;氯酸盐与硝酸铵、硫化锑或硫黄;铬酸酐与乙醇、硫酸或硫黄;硝酸与醋酐;硝酸铵与锌粉;硫氰化钡与硝酸钠;硝酸与噻吩或碘化氢;过氧化物与镁、锌或铝粉;氯酚盐、过氯酸盐与硫酸;黄磷、亦磷与硝酸、硝酸盐或氯酸盐;氧化汞与硫黄;镁与磷酸盐;氧与有机物或油类;发烟硝酸与硫化氮;丙酮与过氧化氢;苯与过氯酸;氢气与氯气或氟气;氨与氯气或氯化氢、碘化氢;氯与乙炔或乙烯等等一定要分开储存。金属钠和硝化棉,丙酮和电石,赤磷和电石,乙醇和苯、硫黄和 H 发泡剂等灭火方法不同的化学危险品不能同储存柜储存。

关于腐蚀性危险化学品的储存要求,下面以典型例题的形式进行介绍。

典型例题

【单选题】腐蚀性危险化学品及其相关废弃物应严格按照相关规定进行存放、使用、处理。下列针对腐蚀性危险化学品所采取的安全措施中,正确的是(　　)。

A. 某工厂要求存放腐蚀性危险化学品应注意容器的密封性,并保持室内通风

B. 某工厂采取填埋方法有效处理废弃的腐蚀性危险化学品

C. 某试验室要求将液态腐蚀性危险化学品存放在试剂柜的上层

D. 某工厂将腐蚀性危险化学品的废液经稀释后排入下水道

A。【解析】腐蚀性危险化学品包装应封闭严密,完好无损,无水湿、污染。根据储存腐蚀性危险化学品的库房条件和腐蚀性危险化学品的性质,应采用机械(要有防护措施)方法通风、去湿、保温。

3. 危险化学品包装类别的规定

危险化学品的包装应当符合法律、行政法规、规章的规定以及国家标准、行业标准的要求。危险化学品包装物、容器的材质以及危险化学品包装的型式、规格、方法和单件质量(重量),应当与所包装的危险化学品的性质和用途相适应。

根据盛装内装物的危险程度,将运输包装分为三个类别:

(1)Ⅰ类包装:适用内装危险性较大的货物。

(2)Ⅱ类包装:适用内装危险性中等的货物。

(3)Ⅲ类包装:适用内装危险性较小的货物。

危险货物包装类别的划分:

(1)基本方法。按《危险货物分类和品名编号》中危险货物的不同类项及有关的定量值,确定其包装类别。但各类中性质特殊的货物其包装类可另行规定。货物具有两种以上危险性时,其包装类别须按级别高的确定。

(2)第3类:易燃液体,根据其闭杯闪点和初沸点的大小来确定其包装类别。

(3)第6类:毒性物质,根据口服、皮肤接触,以及吸入粉尘和烟雾的方式确定包装类。

4. 危险化学品生产装置或者储存数量的规定

危险化学品生产装置或者储存数量构成重大危险源的危险化学品储存设施(运输工具加油站、加气站除外),与下列场所、设施、区域的距离应当符合国家有关规定:

(1)居住区以及商业中心、公园等人员密集场所。

(2)学校、医院、影剧院、体育场(馆)等公共设施。

(3)饮用水源、水厂以及水源保护区。

(4)车站、码头(依法经许可从事危险化学品装卸作业的除外)、机场以及通信干线、通信枢纽、铁路线路、道路交通干线、水路交通干线、地铁风亭以及地铁站出入口。

(5)基本农田保护区、基本草原、畜禽遗传资源保护区、畜禽规模化养殖场(养殖小区)、渔业水域以及种子、种畜禽、水产苗种生产基地。

(6)河流、湖泊、风景名胜区、自然保护区。

(7)军事禁区、军事管理区。

(8)法律、行政法规规定的其他场所、设施、区域。

已建的危险化学品生产装置或者储存数量构成重大危险源的危险化学品储存设施不符合前款规定的,由所在地设区的市级人民政府应急管理部门会同有关部门监督其所属单位在规定期限内进行整改;需要转产、停产、搬迁、关闭的,由本级人民政府决定并组织实施。储存数量构成重大危险源的危险化学品储存设施的选址,应当避开地震活动断层和容易发生洪灾、地质灾害的区域。

5. 生产、储存危险化学品、剧毒化学品或易制爆危险化学品单位的规定

生产、储存危险化学品单位的规定:

(1)生产、储存危险化学品的单位,应当根据其生产、储存的危险化学品的种类和危险特性,在作业场所设置相应的监测、监控、通风、防晒、调温、防火、灭火、防爆、泄压、防毒、中和、防潮、防雷、防静电、防腐、防泄漏以及防护围堤或者隔离操作等安全设施、设备,并按照国家标准、行业标准或者国家有关规定对安全设施、设备进行经常性维护、保养,保证安全设施、设备的正常使用。生产、储存危险化学品的单位,应当在其作业场所和安全设

施、设备上设置明显的安全警示标志。

(2)生产、储存危险化学品的单位,应当在其作业场所设置通信、报警装置,并保证处于适用状态。

(3)生产、储存危险化学品的企业,应当委托具备国家规定的资质条件的机构,对本企业的安全生产条件每3年进行一次安全评价,提出安全评价报告。安全评价报告的内容应当包括对安全生产条件存在的问题进行整改的方案。生产、储存危险化学品的企业,应当将安全评价报告以及整改方案的落实情况报所在地县级人民政府应急管理部门备案。在港区内储存危险化学品的企业,应当将安全评价报告以及整改方案的落实情况报港口行政管理部门备案。

生产、储存剧毒化学品或易制爆危险化学品单位的规定:生产、储存剧毒化学品或者国务院公安部门规定的可用于制造爆炸物品的危险化学品(以下简称易制爆危险化学品)的单位,应当如实记录其生产、储存的剧毒化学品、易制爆危险化学品的数量、流向,并采取必要的安全防范措施,防止剧毒化学品、易制爆危险化学品丢失或者被盗;发现剧毒化学品、易制爆危险化学品丢失或者被盗的,应当立即向当地公安机关报告。生产、储存剧毒化学品、易制爆危险化学品的单位,应当设置治安保卫机构,配备专职治安保卫人员。

6. 危险化学品专用仓库规定

危险化学品应当储存在专用仓库、专用场地或者专用储存室(以下统称专用仓库)内,并由专人负责管理;剧毒化学品以及储存数量构成重大危险源的其他危险化学品,应当在专用仓库内单独存放,并实行双人收发、双人保管制度。危险化学品的储存方式、方法以及储存数量应当符合国家标准或者国家有关规定。

储存危险化学品的单位应当建立危险化学品出入库核查、登记制度。对剧毒化学品以及储存数量构成重大危险源的其他危险化学品,储存单位应当将其储存数量、储存地点以及管理人员的情况,报所在地县级人民政府应急管理部门(在港区内储存的,报港口行政管理部门)和公安机关备案。

危险化学品专用仓库应当符合国家标准、行业标准的要求,并设置明显的标志。储存剧毒化学品、易制爆危险化学品的专用仓库,应当按照国家有关规定设置相应的技术防范设施。储存危险化学品的单位应当对其危险化学品专用仓库的安全设施、设备定期进行检测、检验。

7. 生产、储存危险化学品的单位转产、停产、停业或者解散的相关规定

生产、储存危险化学品的单位转产、停产、停业或者解散的,应当采取有效措施,及时、妥善处置其危险化学品生产装置、储存设施以及库存的危险化学品,不得丢弃危险化学品;处置方案应当报所在地县级人民政府应急管理部门、工业和信息化主管部门、生态环境主管部门和公安机关备案。应急管理部门应当会同生态环境主管部门和公安机关对处置情况进行监督检查,发现未依照规定处置的,应当责令其立即处置。

(三)危险化学品运输安全

从事危险化学品道路运输、水路运输的,应当分别依照有关道路运输、水路运输的法律、行政法规的规定,取得危险货物道路运输许可、危险货物水路运输许可,并向市场监督管理部门办理登记手续。危险化学品道路运输企业、水路运输企业应当配备专职安全管理人员。

危险化学品道路运输企业、水路运输企业的驾驶人员、船员、装卸管理人员、押运人

员、申报人员、集装箱装箱现场检查员应当经交通运输主管部门考核合格,取得从业资格。具体办法由国务院交通运输主管部门制定。危险化学品的装卸作业应当遵守安全作业标准、规程和制度,并在装卸管理人员的现场指挥或者监控下进行。水路运输危险化学品的集装箱装箱作业应当在集装箱装箱现场检查员的指挥或者监控下进行,并符合积载、隔离的规范和要求;装箱作业完毕后,集装箱装箱现场检查员应当签署装箱证明书。

运输危险化学品,应当根据危险化学品的危险特性采取相应的安全防护措施,并配备必要的防护用品和应急救援器材。用于运输危险化学品的槽罐以及其他容器应当封口严密,能够防止危险化学品在运输过程中因温度、湿度或者压力的变化发生渗漏、洒漏;槽罐以及其他容器的溢流和泄压装置应当设置准确、起闭灵活。运输危险化学品的驾驶人员、船员、装卸管理人员、押运人员、申报人员、集装箱装箱现场检查员,应当了解所运输的危险化学品的危险特性及其包装物、容器的使用要求和出现危险情况时的应急处置方法。

1. 道路运输危险化学品规定

通过道路运输危险化学品的,托运人应当委托依法取得危险货物道路运输许可的企业承运。

通过道路运输危险化学品的,应当按照运输车辆的核定载质量装载危险化学品,不得超载。危险化学品运输车辆应当符合国家标准要求的安全技术条件,并按照国家有关规定定期进行安全技术检验。危险化学品运输车辆应当悬挂或者喷涂符合国家标准要求的警示标志。

通过道路运输危险化学品的,应当配备押运人员,并保证所运输的危险化学品处于押运人员的监控之下。运输危险化学品途中因住宿或者发生影响正常运输的情况,需要较长时间停车的,驾驶人员、押运人员应当采取相应的安全防范措施;运输剧毒化学品或者易制爆危险化学品的,还应当向当地公安机关报告。

提示

危险化学品运输实行资质认定制度,未经资质认定不得运输危险化学品。道路危险货物运输途中,驾驶人员不得随意停车。

危险货物装卸过程中,不得与普通货物混合堆放。装运爆炸、剧毒、放射性、易燃液体、可燃气体等物品,必须使用符合安全要求的运输工具,具体要求如下:

(1)运输爆炸性物品,禁止使用翻斗车、电瓶车。

(2)运输强氧化剂、爆炸品时,可以使用铁底板车及汽车挂车,但前提是必须采取了可靠的安全措施。

(3)搬运易燃、易爆液化气体等危险物品时,禁止用叉车、铲车、翻斗车。

(4)运输遇水燃烧物品及有毒物品时,禁止使用小型机帆船、水泥船。

(5)液化气体钢瓶不得露天装运,且在高温条件下装运时应有防晒措施。

(6)采用专用抬架搬运放射性物品。

(7)可用铁路槽车运输液化石油气物品,用汽车槽车运输甲醇。

未经公安机关批准,运输危险化学品的车辆不得进入危险化学品运输车辆限制通行的区域。危险化学品运输车辆限制通行的区域由县级人民政府公安机关划定,并设置明显的标志。

通过道路运输剧毒化学品的，托运人应当向运输始发地或者目的地县级人民政府公安机关申请剧毒化学品道路运输通行证。申请剧毒化学品道路运输通行证，托运人应当向县级人民政府公安机关提交下列材料：

(1)拟运输的剧毒化学品品种、数量的说明。

(2)运输始发地、目的地、运输时间和运输路线的说明。

(3)承运人取得危险货物道路运输许可、运输车辆取得营运证以及驾驶人员、押运人员取得上岗资格的证明文件。

(4)《危险化学品安全管理条例》第三十八条第一款、第二款规定的购买剧毒化学品的相关许可证件，或者海关出具的进出口证明文件。

县级人民政府公安机关应当自收到前款规定的材料之日起7日内，作出批准或者不予批准的决定。予以批准的，颁发剧毒化学品道路运输通行证；不予批准的，书面通知申请人并说明理由。剧毒化学品道路运输通行证管理办法由国务院公安部门制定。

剧毒化学品、易制爆危险化学品在道路运输途中丢失、被盗、被抢或者出现流散、泄漏等情况的，驾驶人员、押运人员应当立即采取相应的警示措施和安全措施，并向当地公安机关报告。公安机关接到报告后，应当根据实际情况立即向应急管理部门、生态环境主管部门、卫生主管部门通报。有关部门应当采取必要的应急处置措施。

2. 水路运输危险化学品规定

通过水路运输危险化学品的，应当遵守法律、行政法规以及国务院交通运输主管部门关于危险货物水路运输安全的规定。

海事管理机构应当根据危险化学品的种类和危险特性，确定船舶运输危险化学品的相关安全运输条件。拟交付船舶运输的化学品的相关安全运输条件不明确的，货物所有人或者代理人应当委托相关技术机构进行评估，明确相关安全运输条件并经海事管理机构确认后，方可交付船舶运输。

禁止通过内河封闭水域运输剧毒化学品以及国家规定禁止通过内河运输的其他危险化学品。前款规定以外的内河水域，禁止运输国家规定禁止通过内河运输的剧毒化学品以及其他危险化学品。禁止通过内河运输的剧毒化学品以及其他危险化学品的范围，由国务院交通运输主管部门会同国务院生态环境主管部门、工业和信息化主管部门、应急管理部门，根据危险化学品的危险特性、危险化学品对人体和水环境的危害程度以及消除危害后果的难易程度等因素规定并公布。

典型例题

【单选题】危险化学品的运输事故时有发生，全面了解和掌握危险化学品的安全运输规定，对预防危险化学品事故具有重要意义。下列运输危险化学品的行为中，符合运输安全要求的是(　　)。

A. 某工厂安排押运员与专职司机一起运输危险化学品二氯乙烷

B. 在运输危险化学品氯酸钾时，司机临时将车辆停在马路边买水

C. 某工厂计划通过省内人工河道运输少量危险化学品环氧乙烷

D. 某工厂采用特制叉车将液化石油气钢瓶从库房甲转移到库房乙

A。【解析】通过道路运输危险化学品的，应当配备押运人员，并保证所运输的危险化学品处于押运人员的监控之下。道路危险货物运输途中，驾驶人员不得随意停车。因住宿或者发生影响正常运输的情况需要较长时间停车的，驾驶人员、押运人员应当设置警戒带，并采取相应的安全防范措施。运输剧毒化学品或者易制爆危险化学品需要较长时间停车的，驾驶人员或者押运人员应当向当地公安机关报告。禁止通过内河封闭水域运输剧毒化学品以及国家规定禁止通过内河运输的其他危险化学品。禁止使用叉车、铲车、翻斗车搬运易燃、易爆液化气体等危险物品。

国务院交通运输主管部门应当根据危险化学品的危险特性，对通过内河运输上述禁运规定以外的危险化学品（以下简称通过内河运输危险化学品）实行分类管理，对各类危险化学品的运输方式、包装规范和安全防护措施等分别作出规定并监督实施。

通过内河运输危险化学品，应当由依法取得危险货物水路运输许可的水路运输企业承运，其他单位和个人不得承运。托运人应当委托依法取得危险货物水路运输许可的水路运输企业承运，不得委托其他单位和个人承运。

通过内河运输危险化学品，应当使用依法取得危险货物适装证书的运输船舶。水路运输企业应当针对所运输的危险化学品的危险特性，制定运输船舶危险化学品事故应急救援预案，并为运输船舶配备充足、有效的应急救援器材和设备。通过内河运输危险化学品的船舶，其所有人或者经营人应当取得船舶污染损害责任保险证书或者财务担保证明。船舶污染损害责任保险证书或者财务担保证明的副本应当随船携带。

通过内河运输危险化学品，危险化学品包装物的材质、型式、强度以及包装方法应当符合水路运输危险化学品包装规范的要求。国务院交通运输主管部门对单船运输的危险化学品数量有限制性规定的，承运人应当按照规定安排运输数量。

用于危险化学品运输作业的内河码头、泊位应当符合国家有关安全规范，与饮用水取水口保持国家规定的距离。有关管理单位应当制定码头、泊位危险化学品事故应急预案，并为码头、泊位配备充足、有效的应急救援器材和设备。用于危险化学品运输作业的内河码头、泊位，经交通运输主管部门按照国家有关规定验收合格后方可投入使用。

船舶载运危险化学品进出内河港口，应当将危险化学品的名称、危险特性、包装以及进出港时间等事项，事先报告海事管理机构。海事管理机构接到报告后，应当在国务院交通运输主管部门规定的时间内作出是否同意的决定，通知报告人，同时通报港口行政管理部门。定船舶、定航线、定货种的船舶可以定期报告。在内河港口内进行危险化学品的装卸、过驳作业，应当将危险化学品的名称、危险特性、包装和作业的时间、地点等事项报告港口行政管理部门。港口行政管理部门接到报告后，应当在国务院交通运输主管部门规定的时间内作出是否同意的决定，通知报告人，同时通报海事管理机构。载运危险化学品的船舶在内河航行，通过过船建筑物的，应当提前向交通运输主管部门申报，并接受交通运输主管部门的管理。

载运危险化学品的船舶在内河航行、装卸或者停泊，应当悬挂专用的警示标志，按照规定显示专用信号。载运危险化学品的船舶在内河航行，按照国务院交通运输主管部门的规定需要引航的，应当申请引航。

载运危险化学品的船舶在内河航行，应当遵守法律、行政法规和国家其他有关饮用水水源保护的规定。内河航道发展规划应当与依法经批准的饮用水水源保护区划定方案相协调。

3. 危险化学品托运规定

托运危险化学品的，托运人应当向承运人说明所托运的危险化学品的种类、数量、危险特性以及发生危险情况的应急处置措施，并按照国家有关规定对所托运的危险化学品妥善包装，在外包装上设置相应的标志。运输危险化学品需要添加抑制剂或者稳定剂的，托运人应当添加，并将有关情况告知承运人。

托运人不得在托运的普通货物中夹带危险化学品，不得将危险化学品匿报或者谎报为普通货物托运。任何单位和个人不得交寄危险化学品或者在邮件、快件内夹带危险化学品，不得将危险化学品匿报或者谎报为普通物品交寄。邮政企业、快递企业不得收寄危险化学品。对涉嫌违反前述规定的，交通运输主管部门、邮政管理部门可以依法开拆查验。

通过铁路、航空运输危险化学品的安全管理，依照有关铁路、航空运输的法律、行政法规、规章的规定执行。

（四）危险化学品经营安全

1. 危险化学品的经营许可

国家对危险化学品经营（包括仓储经营，下同）实行许可制度。未经许可，任何单位和个人不得经营危险化学品。依法设立的危险化学品生产企业在其厂区范围内销售本企业生产的危险化学品，不需要取得危险化学品经营许可。依照《港口法》的规定取得港口经营许可证的港口经营人，在港区内从事危险化学品仓储经营，不需要取得危险化学品经营许可。

从事危险化学品经营的企业应当具备下列条件：

（1）有符合国家标准、行业标准的经营场所，储存危险化学品的，还应当有符合国家标准、行业标准的储存设施。

（2）从业人员经过专业技术培训并经考核合格。

（3）有健全的安全管理规章制度。

（4）有专职安全管理人员。

（5）有符合国家规定的危险化学品事故应急预案和必要的应急救援器材、设备。

（6）法律、法规规定的其他条件。

链接

危险化学品经营企业从业人员技术要求：

（1）危险化学品经营企业的法定代表人或经理应经过国家授权部门的专业培训，取得合格证书方能从事经营活动。

（2）企业业务经营人员应经国家授权部门的专业培训，取得合格证书方能上岗。

（3）经营剧毒物品企业的人员，除满足（1）（2）要求外，还应经过县级以上（含县级）公安部门的专门培训，取得合格证书方可上岗。

办理危险化学品经营许可证的行政管理程序为：申请→审查与发证→登记注册。

从事剧毒化学品、易制爆危险化学品经营的企业，应当向所在地设区的市级人民政府应急管理部门提出申请，从事其他危险化学品经营的企业，应当向所在地县级人民政府应急管理部门提出申请（有储存设施的，应当向所在地设区的市级人民政府应急管理部门提出申请）。申请人应当提交其符合规定条件的证明材料。设区的市级人民政府应急管理部门或者县级人民政府应急管理部门应当依法进行审查，并对申请人的经营场所、储存设施进行现场核查，自收到证明材料之日起 30 日内作出批准或者不予批准的决定。予以批准的，颁发危险化学品经营许可证；不予批准的，书面通知申请人并说明理由。设区的市级人民政府应急管理部门和县级人民政府应急管理部门应当将其颁发危险化学品经营许可证的情况及时向同级生态环境主管部门和公安机关通报。申请人持危险化学品经营许可证向市场监督管理部门办理登记手续后，方可从事危险化学品经营活动。

2. 危险化学品经营企业安全技术要求

危险化学品商店禁止选址在人员密集场所、居住建筑内。

危险化学品商店建筑构造、耐火等级、安全疏散、消防设施、电气、通风应按《建筑设计防火规范》规定执行。

危险化学品商店的营业场所面积(不含备货库房)应不小于60 m^2，危险化学品商店内不应设有生活设施。营业场所与备货库房之间，以及危险化学品商店与其他场所之间应进行防火分隔。

备货库房应设置高窗，窗上应安装防护铁栏，窗户应采取避光和防雨措施。

备货库房地面应防潮、平整、坚实、易于清扫。可能释放可燃性气体或蒸气，在空气中能形成粉尘、纤维等爆炸性混合物的备货库房应采用不发生火花的地面。储存腐蚀性危险化学品的备货库房的地面、踢脚应采用防腐材料。

营业场所只允许存放单件质量小于50 kg或容积小于50 L的民用小包装危险化学品，其存放总质量不得超过1 t，且营业场所内危险化学品的量与《危险化学品重大危险源辨识》中所规定的临界量比值之和应不大于0.3。

备货库房只允许存放单件质量小于50 kg或容积小于50 L的民用小包装危险化学品，其存放总质量不得超过2 t，且备货库房内危险化学品的量与《危险化学品重大危险源辨识》中所规定的临界量比值之和应不大于0.6。

只允许经营除爆炸物、剧毒化学品(属于剧毒化学品的农药除外)以外的危险化学品。

经营有机过氧化物、遇水放出易燃气体的物质和混合物、自热物质和混合物、自反应物质和混合物的商店应分别具备相应的存储要求。

危险化学品不应露天存放。

危险化学品的摆放应布局合理，禁忌物品要求应按规范的规定执行。

链接

危险化学品经营企业的经营场所应坐落在交通便利、便于疏散处。从事危险化学品批发业务的企业，应具备经县级以上(含县级)公安、消防部门批准的专用危险品仓库(自有或租用)。所经营的危险化学品不得存放在业务经营场所。零售店面备货库房应根据危险化学品的性质与禁忌分别采用隔离储存或隔开储存或分离储存等不同方式进行储存。

3. 危险化学品经营企业的购买规定

危险化学品经营企业不得向未经许可从事危险化学品生产、经营活动的企业采购危险化学品，不得经营没有化学品安全技术说明书或者化学品安全标签的危险化学品。

依法取得危险化学品安全生产许可证、危险化学品安全使用许可证、危险化学品经营许可证的企业，凭相应的许可证件购买剧毒化学品、易制爆危险化学品。民用爆炸物品生产企业凭民用爆炸物品生产许可证购买易制爆危险化学品。上述规定以外的单位购买剧毒化学品的，应当向所在地县级人民政府公安机关申请取得剧毒化学品购买许可证；购买易制爆危险化学品的,应当持本单位出具的合法用途说明。

个人不得购买剧毒化学品(属于剧毒化学品的农药除外)和易制爆危险化学品。

申请取得剧毒化学品购买许可证,申请人应当向所在地县级人民政府公安机关提交下列材料:

(1)营业执照或者法人证书(登记证书)的复印件。

(2)拟购买的剧毒化学品品种、数量的说明。

(3)购买剧毒化学品用途的说明。

(4)经办人的身份证明。

县级人民政府公安机关应当自收到前款规定的材料之日起3日内,作出批准或者不予批准的决定。予以批准的,颁发剧毒化学品购买许可证;不予批准的,书面通知申请人并说明理由。

4. 危险化学品生产企业、经营企业销售剧毒化学品、易制爆危险化学品的规定

危险化学品生产企业、经营企业销售剧毒化学品、易制爆危险化学品,应当查验危险化学品安全生产许可证、危险化学品安全使用许可证、危险化学品经营许可证和剧毒化学品购买许可证等,不得向不具有相关许可证件或者证明文件的单位销售剧毒化学品、易制爆危险化学品。对持剧毒化学品购买许可证购买剧毒化学品的,应当按照许可证载明的品种、数量销售。

禁止向个人销售剧毒化学品(属于剧毒化学品的农药除外)和易制爆危险化学品。

危险化学品生产企业、经营企业销售剧毒化学品、易制爆危险化学品,应当如实记录购买单位的名称、地址、经办人的姓名、身份证号码以及所购买的剧毒化学品、易制爆危险化学品的品种、数量、用途。销售记录以及经办人的身份证明复印件、相关许可证件复印件或者证明文件的保存期限不得少于1年。

剧毒化学品、易制爆危险化学品的销售企业、购买单位应当在销售、购买后5日内,将所销售、购买的剧毒化学品、易制爆危险化学品的品种、数量以及流向信息报所在地县级人民政府公安机关备案,并输入计算机系统。

5. 剧毒化学品、易制爆危险化学品转让的规定

使用剧毒化学品、易制爆危险化学品的单位不得出借、转让其购买的剧毒化学品、易制爆危险化学品;因转产、停产、搬迁、关闭等确需转让的,应当向具有危险化学品安全生产许可证、危险化学品安全使用许可证、危险化学品经营许可证和剧毒化学品购买许可证等的单位转让,并在转让后将有关情况及时向所在地县级人民政府公安机关报告。

(五)危险化学品使用安全

使用危险化学品的单位,其使用条件(包括工艺)应当符合法律、行政法规的规定和国家标准、行业标准的要求,并根据所使用的危险化学品的种类、危险特性以及使用量和使用方式,建立、健全使用危险化学品的安全管理规章制度和安全操作规程,保证危险化学品的安全使用。另外,申请危险化学品安全使用许可证的化工企业,还应当具备下列条件:

(1)有与所使用的危险化学品相适应的专业技术人员。

(2)有安全管理机构和专职安全管理人员。

(3)有符合国家规定的危险化学品事故应急预案和必要的应急救援器材、设备。

(4)依法进行了安全评价。

使用危险化学品从事生产并且使用量达到规定数量的化工企业(属于危险化学品生

产企业的除外,下同),应当依照《危险化学品安全管理条例》的规定取得危险化学品安全使用许可证。此处规定的危险化学品使用量的数量标准,由国务院应急管理部门会同国务院公安部门、农业主管部门确定并公布。

申请危险化学品安全使用许可证的化工企业,应当向所在地设区的市级人民政府应急管理部门提出申请,并提交符合规定条件的证明材料。设区的市级人民政府应急管理部门应当依法进行审查,自收到证明材料之日起45日内作出批准或者不予批准的决定。予以批准的,颁发危险化学品安全使用许可证;不予批准的,书面通知申请人并说明理由。应急管理部门应当将其颁发危险化学品安全使用许可证的情况及时向同级生态环境主管部门和公安机关通报。

关于危险化学品的安全管理的其他内容,下面以典型例题的形式进行介绍。

典型例题

【多选题】某化工厂厂区东侧0.1 km是河流,南侧0.5 km是农田,西侧0.5 km和1.0 km分别是甲、乙化工厂,北侧紧邻公路,公路北1.0 km是城镇。该厂在生产过程中需要使用加氯工艺,氯气库房设在办公大楼的北侧。按照该厂年度计划,准备开展一次氯气泄漏应急演练。演习当日根据天气预报有南风,演习地点设在氯气库房。从拟定的氯气泄漏应急演练方案中提取了以下内容,正确的有(　　)。

A. 指挥中心设在公路旁　　B. 使用有毒化学品模拟泄漏并处置

C. 洗消废水排放至厂区东侧的河流　　D. 疏散撤离地点设在农田

E. 模拟泄漏量大小及堵漏洗消措施

DE。【解析】指挥中心应设置在上风向以保证安全。演习当日有南风,公路旁为下风向,是氯气泄漏扩散的方向,指挥中心不应设置在公路旁。故选项A错误。演习不应使用有毒化学品。故选项B错误。洗消废水有毒有害,未经处理不能直接排入河里。故选项C错误。

第2节　受限空间(含有限空间、密闭空间)作业安全技术

一、受限空间及受限空间作业基本规定

(一)受限空间及其分类

受限空间是指工厂的各种设备内部(炉、塔、罐、仓、池、槽车、管道、烟道等)和工厂的隧道、下水道、沟、坑、井、池、涵洞、阀门间、污水处理设施等封闭、半封闭的设施及场所(地下隐蔽工程、密闭容器、长期不用的设施或通风不畅的场所等)。总之,一切通风不良、容易造成有毒有害气体积聚和缺氧的设备、设施和场所都叫受限空间(作业受到限制的空间),在受限空间的作业都称为受限空间作业。

受限空间分为:密闭设备;地下有限空间;地上有限空间。

主要危险因素有:缺氧、一氧化碳(CO)中毒、挥发性有机溶剂中毒(如苯、己烷、甲醇、含氮化合物)、硫化氢(H_2S)中毒、易燃易爆物质(可燃性气体、爆炸性粉尘)爆炸、磷化氢(PH_3)中毒等。

（二）进入受限空间作业检查及对策措施

进入受限空间作业检查及对策措施见下表。

进入受限空间作业检查及对策措施

序号	作业检查	对策措施
1	是否有防止人员误入的措施	在受限空间入口处应设置“危险！严禁入内”警告牌或采取其他封闭措施
2	劳保着装是否规范	必须戴安全帽、防护眼镜、防护手套、穿工作服、劳保鞋，若进入有腐蚀介质的受限空间，必须穿戴防腐工作服、防腐面具、防腐鞋及手套
3	作业人员和监护人是否了解现场情况，清楚潜在的风险	作业前必须进行安全教育。生产单位必须与施工单位进行现场检查交底，施工单位负责人应向施工作业人员进行作业程序和安全措施交底
4	是否制定了相应的作业程序、安全防范和应急措施	进入受限空间作业前，监护人员和作业人员必须熟知紧急状况时的逃生路线和救护方法，监护人与作业人员约定的联络信号。作业现场应配备一定数量的、符合规定的救生设施和灭火器材等
5	是否严格执行“三不进入”	没有办理进入受限空间作业许可证不进入；安全防护措施没有落实不进入；监护人不在现场不进入
6	进入受限空间作业前，是否已做好工艺处理	将受限空间吹扫、蒸煮、置换合格，所有与其相连且可能存在可燃可爆、有毒有害物料的管线、阀门应加盲板隔离，盲板处应挂牌标识
7	进入受限空间作业是否使用安全电压和安全行灯	进入金属容器（炉、塔、釜、罐等）和特别潮湿、工作场地狭窄的非金属容器内作业，照明电压不大于 12 V；当需要使用电动工具或照明电压大于 12 V 时，应按规定安装漏电保护器，其接线箱（板）必须放置在容器外部
8	是否使用卷扬机、吊车等运送作业人员	进入受限空间作业，不得使用卷扬机、吊车等运送作业人员，作业人员所带的工具、材料须进行登记
9	是否是易燃易爆环境	在易燃易爆环境中，应使用防爆电筒或电压不大于 12 V 的防爆安全行灯，行灯变压器不得放在容器内或容器上；作业人员应穿戴防静电服装，使用防爆工具
10	带有搅拌器等转动部件的设备，在断电后是否采取了必要的安全防范措施	带有搅拌器等转动部件的设备，应在停机后切断电源，摘除保险，并在开关上挂上“禁止合闸、有人工作”警示牌，必要时拆除转动部件与电机连接的联轴器
11	作业场所照明光线不良或过度	按照国家标准设置照度
12	进入受限空间需要进行登高、动火等作业，是否按相应规定办理了作业许可手续	按规定办理相关作业许可

（三）受限空间作业安全管理制度的构成要素

1. 作业前实施隔断（隔离）、清洗、置换通风

应当采取可靠的隔断（隔离）措施，将可能危及作业安全的设施设备、存在有毒有害物

质的空间与作业地点隔开。

有限空间作业应当严格遵守“先通风、再检测、后作业”的原则。检测指标包括氧浓度、易燃易爆物质(可燃性气体、爆炸性粉尘)浓度、有毒有害气体浓度。检测应当符合相关国家标准或者行业标准的规定。

2. 作业前严格进行取样分析

对作业空间的气体成分,特别是置换通风后的气体进行取样分析,对各种可能存在的易燃易爆、有毒有害气体、烟气以及蒸汽、氧气的含量要符合相关的标准和要求。

动火作业前应进行气体分析,要求如下:

(1)气体分析的检测点要有代表性,在较大的设备内动火,应对上、中、下(左、中、右)各部位进行检测分析。

(2)在管道、储罐、塔器等设备外壁上动火,应在动火点10 m范围内进行气体分析,同时还应检测设备内气体含量;在设备及管道外环境动火,应在动火点10 m范围内进行气体分析。

(3)气体分析取样时间与动火作业开始时间间隔不应超过30 min。

(4)特级、一级动火作业中断时间超过30 min,二级动火作业中断时间超过60 min,应重新进行气体分析;每日动火前均应进行气体分析;特级动火作业期间应连续进行监测。

动火分析合格判定指标为:

(1)当被测气体或蒸气的爆炸下限大于或等于4%时,其被测浓度应不大于0.5%(体积分数)。

(2)当被测气体或蒸气的爆炸下限小于4%时,其被测浓度应不大于0.2%(体积分数)。

典型例题

【单选题】甲烷爆炸下限为5%,对甲烷输送设备、管道清洗后,采用氮气进行吹扫置换。气体分析时符合要求的甲烷浓度应小于(　　)。

A. 0.2%　　　　B. 0.5%

C. 0.8%　　　　D. 1.0%

B。【解析】受限空间作业前,应对作业空间的气体成分,特别是置换通风后的气体进行取样分析,对各种可能存在的易燃易爆、有毒有害气体、烟气以及蒸汽、氧气的含量要符合相关的标准和要求。动火分析合格判定指标为:当被测气体或蒸气的爆炸下限大于等于4%时,其被测浓度不大于0.5%(体积分数);当被测气体或蒸气的爆炸下限小于4%时,其被测浓度不大于0.2%(体积分数),则为合格。

氧气浓度的规定:《危险化学品企业特殊作业安全规范》规定氧含量为19.5% ~21%,在富氧环境下不应大于23.5%。

3. 安排专人进行作业安全监护

进入受限空间作业要安排专人现场监护,并为其配备便携式有毒有害气体和氧含量检测报警仪器、通信、救援设备,不得在无监护人的情况下作业。作业监护人应熟悉作业区域的环境和工艺情况,有判断和处理异常情况的能力,掌握急救知识。

4. 急救措施

受限空间救援注意事项:没有合适的救援装备禁止入内救人。不明情况绝对不能冒险进入。必须对受限空间进行长时间的强制通风,稀释有毒有害、易燃易爆气体。监护人员收到作业人员请求或发现作业人员遇险时，应用绳索将人员拉出，或佩戴呼吸器后进入空间将人员救出。

应急设备应当包括但不局限于以下内容：人员回救装置（救生索和相应救生设备）、供气（空气）管式呼吸器、灭火器、急救箱，便携式防爆电气设备、无线电通信系统或其他联络系统等。

二、密闭空间作业职业危害防护

（一）密闭空间的界定

与外界相对隔离，进出口受限，自然通风不良，足够容纳一人进入并从事非常规、非连续作业的有限空间（如炉、塔、釜、槽车以及管道、烟道、隧道、下水道、沟、坑、井、池、涵洞、船舱、地下仓库、储藏室、地窖、谷仓等）。

经持续机械通风和定时监测，能保证在密闭空间安全作业，并不需要办理准入证的密闭空间，称为无须准入密闭空间。

具有包含可能产生职业病危害因素，或包含可能对进入者产生吞没，或因其内部结构易引起进入者落入产生窒息或迷失，或包含其他严重职业病危害因素等特征的密闭空间称为需要准入密闭空间（简称准入密闭空间）。

（二）综合控制措施

用人单位应采取综合措施，消除或减少密闭空间的职业病危害以满足安全作业条件。

设置密闭空间警示标识，防止未经准入人员进入。进入密闭空间作业前，用人单位应当进行职业病危害因素识别和评价。用人单位制定和实施密闭空间职业病危害防护控制计划、密闭空间准入程序和安全作业操作规程。提供符合要求的监测、通风、通信、个人防护用品设备、照明、安全进出设施以及应急救援和其他必须设备，并保证所有设施的正常运行和劳动者能够正确使用。在进入密闭空间作业期间，至少要安排一名监护者在密闭空间外持续进行监护。按要求培训准入者、监护者和作业负责人。制定和实施应急救援、呼叫程序，防止非授权人员擅自进入密闭空间进行急救。制定和实施密闭空间作业准入程序。如果有多个用人单位同时进入同一密闭空间作业，应制定和实施协调作业程序，保证一方用人单位准入者的作业不会对另一用人单位的准入者造成威胁。制定和实施进入终止程序。当按照密闭空间管理程序所采取的措施不能有效保护劳动者时，应对进入密闭空间作业进行重新评估，并且要修订职业病危害防护控制计划。进入密闭空间作业结束后，准入文件或记录至少存档 1 年。

（三）安全作业操作规程

密闭空间作业应当满足的条件：

(1)配备符合要求的通风设备、个人防护用品、检测设备、照明设备、通信设备、应急救援设备。

(2)应用具有报警装置并经检定合格的检测设备对准入的密闭空间进行检测评价；检测、采样方法按相关规范执行；检测顺序及项目应包括：测氧含量——正常时氧含量为 18% ~22%，缺氧的密闭空间应符合《缺氧危险作业安全规程》的规定，短时间作业时必须采取机械通风。测爆——密闭空间空气中可燃性气体浓度应低于爆炸下限的 10%；对油轮船舶的拆修，以及油箱、油罐的检修，空气中可燃性气体的浓度应低于爆炸下限的 1%。测有毒气体——有毒气体的浓度，须低于《工作场所有害因素职业接触限值　第 1 部分：

化学有害因素》所规定的浓度要求;如果高于此要求,应采取机械通风措施和个人防护措施。

对密闭空间可能存在的职业病危害因素进行检测、评价。

隔离密闭空间注意事项:封闭危害性气体或蒸气可能回流进入密闭空间的其他开口。采取有效措施防止有害气体、尘埃或泥土、水等其他自由流动的液体和固体涌入密闭空间。将密闭空间与一切不必要的热源隔离。

进入密闭空间作业前,应采取水蒸气清洁、惰性气体清洗和强制通风等措施,对密闭空间进行充分清洗,以消除或者减少存于密闭空间内的职业病有害因素。

设置必要的隔离区域或屏障。

保证密闭空间在整个准入期内始终处于安全卫生受控状态。

(四)密闭空间的应急救援要求

用人单位应建立应急救援机制,设立或委托救援机构,制定密闭空间应急救援预案,并确保每位应急救援人员每年至少进行一次实战演练。救援机构应具备有效实施救援服务的装备;具有将准入者从特定密闭空间或已知危害的密闭空间中救出的能力。救援人员应具有在规定时间内在密闭空间危害已被识别的情况下对受害者实施救援的能力。

进行密闭空间救援和应急服务时,应采取以下措施:告知每个救援人员所面临的危害;为救援人员提供安全可靠的个人防护设施,并通过培训使其能熟练使用;无论准入者何时进入密闭空间,密闭空间外的救援均应使用吊救系统;应将化学物质安全数据清单或所需要的类似书面信息放在工作地点,如果准入者受到有毒物质的伤害,应当将这些信息告知处理暴露者的医疗机构。

第3节　职业性危害相关控制技术

职业性有害因素,又称职业病危害因素,在职业活动中产生和(或)存在的、可能对职业人群健康、安全和作业能力造成不良影响的因素或条件,包括化学、物理、生物等因素。

化学有害因素是指化学物质、粉尘,以及生物因素。

物理有害因素包括噪声、振动、辐射和异常天气等。

一、常见职业性危害因素

(一)粉尘

粉尘是指能够较长时间悬浮于空气中的固体微粒。

生产性粉尘是指在生产过程中形成的粉尘。

按粉尘的性质分为:

(1)无机粉尘,含矿物性粉尘、金属性粉尘、人工合成的无机粉尘。

(2)有机粉尘,含动物性粉尘、植物性粉尘、人工合成有机粉尘。

(3)混合性粉尘,混合存在的各类粉尘。

(二)毒物

毒物是指在一定条件下,较低剂量能引起机体功能性或器质性损伤的外源性化学物质。

生产性毒物是指生产过程中产生或存在于工作场所空气中的各种毒物。

(三)异常气象

高温作业是指在高气温,或有强烈的热辐射,或伴有高气湿相结合的异常气象条件下，WBGT 指数超过规定限值的作业。

寒冷环境是指环境温度、湿度、风速等负荷联合作用于人体，引起人体更多散热，导致人体发生冷应激反应的环境状态。

低温作业是指平均气温≤5 ℃的作业。

(四)噪声

噪声是指一切有损听力、有害健康或有其他危害的声响。

生产性噪声是指在生产过程中产生的噪声。

按噪声的时间分布分为连续声和间断声；声级波动 < 3 dB(A)的噪声为稳态噪声，声级波动≥3 dB(A)的噪声为非稳态噪声；持续时间≤0.5 s，间隔时间 > 1 s，声压有效值变化≥40 dB(A)的噪声为脉冲噪声。

(五)振动

振动是指一个质点或物体在外力作用下沿直线或弧线围绕平衡位置来回重复的运动。

手传振动，又称手臂振动或局部振动，指生产中使用振动工具或接触受振动工件时，直接作用或传递到人手臂的机械振动或冲击。

全身振动是指人体足部或臀部接触并通过下肢或躯干传导到全身的振动。

(六)辐射

电离辐射是指能使受作用物质发生电离现象的辐射，即波长 < 100 nm 的电磁辐射。

非电离辐射是指波长 > 100 nm 不足以引起生物体电离的电磁辐射。

二、职业危害个体防护

个体防护装备是从业人员为防御物理、化学、生物等外界因素伤害所穿戴、配备和使用的各种护品的总称。在生产作业场所穿戴、配备和使用的劳动防护用品也称个体防护装备。

防护性能是指防御物理、化学、生物等有害因素，保护作业人员安全与健康的能力。

根据作业类别可以或建议佩戴的个体防护装备，见下表。

个体防护装备的选用

类别名称	可以使用的防护用品	建议使用的防护用品
高温作业	安全帽；防强光、紫外线、红外线护目镜或面罩；隔热阻燃鞋；白帆布类隔热服；热防护服	镀反射膜类隔热服；其他零星防护用品
易燃易爆场所作业	防静电手套；防静电鞋；化学品防护服；阻燃防护服；防静电服；棉布工作服	防尘口罩(防颗粒物呼吸器)；防毒面具；防尘服
可燃性粉尘场所作业	防尘口罩(防颗粒物呼吸器)；防静电手套；防静电鞋；防静电服；棉布工作服	防尘服；阻燃防护服
高处作业	安全帽；安全带；安全网	防滑鞋
吸入性气相毒物作业	防毒面具；防化学品手套；化学品防护服	劳动护肤剂
密闭场所作业	防毒面具(供气或携气)；防化学品手套；化学品防护服	空气呼吸器；劳动护肤剂
吸入性气溶胶毒物作业	工作帽；防毒面具；防化学品手套；化学品防护服	防尘口罩(防颗粒物呼吸器)；劳动护肤剂

（续表）

类别名称	可以使用的防护用品	建议使用的防护用品
沾染性毒物作业	工作帽；防毒面具；防腐蚀液护目镜；防化学品手套；化学品防护服	防尘口罩（防颗粒物呼吸器）；劳动护肤剂
生物性毒物作业	工作帽；防尘口罩（防颗粒物呼吸器）；防腐蚀液护目镜；防微生物手套；化学品防护服	劳动护肤剂
噪声作业	耳塞	耳罩

典型例题

【单选题】在工业生产中，为防止毒性危险化学品对人体造成伤害，须佩戴防护用具。呼吸道防毒面具包括过滤式和隔离式两类。下列呼吸道防毒面具中，属于隔离式的是（　　）。

A. 空气呼吸器　　B. 单罐式防毒口罩

C. 头罩式防毒面具　　D. 双罐式防毒口罩

A。【解析】呼吸道防毒面具包括隔离式和过滤式两种。其中，隔离式呼吸道防毒面具有自给式、隔离式两类。自给式又有供氧式（氧气呼吸器或空气呼吸器）、生氧式（生氧面具、自救器）两类；隔离式又有送风长管式（电动或人工）、自吸长管式两类。选项 B，C，D 属于过滤式。

【单选题】某化工厂对储罐进行清洗作业时，罐内作业人员突然晕倒，原因不明，现场人员需要佩戴呼吸道防毒劳动防护用品进行及时营救。下列呼吸道防毒劳动防护用品中，营救人员应该选择佩戴的是（　　）。

A. 自给式氧气呼吸器　　B. 头罩式面具

C. 双罐式防毒口罩　　D. 长管式送风呼吸器

A。【解析】自给式氧气呼吸器适用于毒气浓度高，气体性质不明确或者缺氧的可移动性作业。此外，自给供氧式空气呼吸器也适用于毒气浓度高，气体性质不明确或者缺氧的可移动性作业。头罩式面具、双罐式防毒口罩适用于毒气浓度低的场所。长管式送风呼吸器通常适用于毒气浓度高，缺氧的固定作业。根据本题背景，罐内作业人员突然晕倒的原因不明，且为可移动作业，因此应该选择佩戴的是自给式氧气呼吸器。

三、职业健康监护

粉尘作业人员职业健康监护，粉尘包括：游离二氧化硅粉尘（结晶型二氧化硅粉尘）、煤尘（包括煤矽尘）、石棉粉尘、其他粉尘、棉尘（包括亚麻、软大麻、黄麻粉尘）等。

接触有害物理因素作业人员职业健康监护，有害物理因素包括：噪声、振动、高温、高气压、紫外辐射（紫外线）、微波等。

接触有害生物因素作业人员职业健康监护，有害生物因素包括：布鲁菌属、炭疽芽孢杆菌（简称炭疽杆菌）等。

特殊作业人员职业健康监护，特殊作业包括：电工作业、高处作业、压力容器作业、结核病防治工作、肝炎病防治工作、职业机动车驾驶作业、视屏作业、高原作业、航空作业等。